TURING 图灵原创

RECOMMENDATION SYSTEM IN ACTION

推荐系统

算法、案例与大模型

刘强 ◎ 著

人民邮电出版社

北 京

图书在版编目（CIP）数据

推荐系统 ：算法、案例与大模型 / 刘强著. -- 北京 ：人民邮电出版社，2024.3
（图灵原创）
ISBN 978-7-115-63907-3

Ⅰ. ①推… Ⅱ. ①刘… Ⅲ. ①计算机算法 Ⅳ. ①TP301.6

中国国家版本馆CIP数据核字(2024)第048969号

内 容 提 要

互联网上信息庞杂，信息生产者很难将合适的信息传送至合适的用户，同时用户也很难从海量信息中获取其感兴趣的内容。推荐系统能够将信息生产者和用户链接起来，帮助平台解决需求和资源匹配的难题。本书覆盖推荐系统在行业应用中涉及的召回算法、排序算法的原理和实现思路，以及特征工程、冷启动、效果评估、A/B 测试、Web 服务等核心工程知识，并包含金融、零售等行业的实施案例，另外也与时俱进地介绍了大模型及其在推荐系统中的应用。

本书适合推荐系统从业者、数智化转型从业者及精细化运营从业者等阅读。

◆ 著　　　刘　强
　责任编辑　王军花
　责任印制　胡　南
◆ 人民邮电出版社出版发行　　北京市丰台区成寿寺路11号
　邮编　100164　　电子邮件　315@ptpress.com.cn
　网址　https://www.ptpress.com.cn
　天津千鹤文化传播有限公司印刷
◆ 开本：720×960　1/16
　印张：23.5　　　　2024年3月第1版
　字数：458千字　　　2024年3月天津第1次印刷

定价：99.80元

读者服务热线：(010)84084456-6009　印装质量热线：(010)81055316

反盗版热线：(010)81055315

广告经营许可证：京东市监广登字 20170147 号

前言

写作缘由

最开始规划写作本书是在2021年9月，那时我的第一本讲推荐系统的书《构建企业级推荐系统：算法、工程实现与案例分析》刚出版，我就想着手写一本更简洁（之前那本有500页）、更容易上手、有代码实战的推荐系统读物。2021年9~10月写了3章后，2021年10月25日我去杭州一家to B的创业公司任职，由于工作较忙，一年半内只完成了前13章。2023年4月初我离职出来创业，时间相对充裕，就花了4个月的时间完成了本书剩余部分的写作（包括代码）、整理、修改、校对。当然，本书也融合了我过去两年的实践经验。

在杭州工作一年半的时间里，我的工作内容是为金融等传统行业提供内容及内容的精细化运营解决方案。在这期间，我对于推荐系统如何更好地服务于企业用户（如银行类App）有了更深的了解和感悟。在现今流量见顶的后移动互联网时代，企业利用推荐系统在自己的流量池（App、小程序等）中进行精细化运营是必由之路。我们当时独创地将推荐系统解构为适合企业内容运营的产品：在召回部分利用各类标签对内容进行筛选，标签可以人工筛选圈定；在推送到客户App的过程中可以基于精细的粒度（完全个性化推荐、用户分群推荐、全体统一推荐）实现排序算法的自动配置；在整个过程中客户的运营人员可以对内容进行审核、修改，最终投放给用户，获得C端的数据反馈（通过客户数据回传或者埋点收集）。我们通过这个数据闭环迭代优化内容的创作、筛选、运营策略和效果排序逻辑。

在杭州工作期间，我利用业余时间带领两个算法工程师帮助美国的一家创业公司从0到1搭建了一套完全基于微服务的推荐系统。这家公司的主要产品是一款运动音乐App，在用户运动的过程中为其提供智能化音乐推荐，以贴合用户当时的身体状态和运动情况，并会随着用户运动幅度、运动频率、心跳的变化自动切换音乐。这个产品的推荐系统中的召回、排序、策略等模块都部署成了微服务，并在最终服务用户的过程中串联成完整的推荐系统服务。

通过上述两段经历，我对推荐系统的技术、产品、工程和应用场景有了更深刻的认知，因此希望将自己的学习、思考整合进这本书，为致力于利用推荐系统这个强大的工具进行精细化运营的个人和企业提供一些帮助。

2023 年 5 月初，我想组织一次面向 B 端客户的数智化转型技术沙龙，并通过出版社的朋友认识了达观数据董事长兼 CEO 陈运文博士，交流中我发现陈总和我一样早在 2010 年就开始接触推荐系统了。推荐系统也一直是达观数据的核心产品之一，达观数据是国内智能推荐领域的佼佼者。达观智能推荐部门的一位行业负责人刚好还是我之前的下属。有了这些共同的经历和背景，我们自然而然开始讨论是否可以在推荐系统上合作，第一项合作就是在本书中增加两章由达观提供的行业案例，这让本书更贴近实际，能更好地帮助传统行业精细化运营的参与者和决策者。

2022 年 11 月底 ChatGPT 发布后，在全世界掀起新一轮人工智能浪潮，以 ChatGPT 为标志的大模型技术开始渗透到各个应用场景和领域（当然也包括推荐系统）。为了跟上技术发展的步伐，紧跟时代潮流，过去几个月我阅读了大量论文并结合自己的理解，在本书中增加了两章介绍大模型在推荐系统中的应用，希望能起到抛砖引玉的作用。

我有 14 年推荐系统的研究与实战经验，在从业过程中也深刻感受到推荐系统提升用户体验、为企业创造商业价值的巨大作用，因此非常乐意花精力和时间写一本适合后移动互联网时代的推荐系统读物。

以上所有的经历和积淀最终汇聚成这本书：《推荐系统：算法、案例与大模型》。本书适合后移动互联网时代需要进行精细化、智能化运营的所有个人和企业，特别是银行等精细化运营、推荐系统应用还不够深入的传统企业。

读者对象

本书主要讲解推荐系统相关的算法、工程、产品、运营知识，既包含代码实战，又包含行业案例，聚焦于如何构建、运营、优化企业级推荐系统。本书的目标读者很广，具体如下：

1. 想在企业中引入推荐系统进行精细化运营的传统行业从业者

2. 推荐系统开发及推荐算法研究相关从业者
3. 期望未来从事推荐系统相关工作的学生
4. 在高校从事推荐算法研究，希望了解推荐系统在工业界的应用的科研人员
5. 对推荐系统感兴趣的产品、运营人员
6. 期望将推荐系统引入产品体系的公司管理层

内容简介

本书共 8 篇 24 章，从不同角度介绍了推荐系统构建的理论、方法、策略、案例，围绕推荐系统在企业（特别是 B 端行业）中的应用与实践展开叙述，下面简单介绍主要内容。

第一部分为推荐系统基础篇，包括第 1~5 章。这部分主要讲解推荐系统相关的基础知识，包括其产生的背景、解决的问题、产品与运营、业务流程与架构、数据来源与预处理，以及特征工程。熟悉这部分知识的读者可以选择跳过，阅读后面的章节；对于想回顾相关知识的读者，这部分是很好的材料。

第二部分为召回算法篇，包括第 6~9 章。这部分介绍了召回算法的一般思路和策略，并且从基于规则和策略的召回算法、基础召回算法、高阶召回算法 3 个角度讲解了 10 多种召回算法的实现原理，其中基于物品标签的召回、基于用户画像的召回、协同过滤、矩阵分解、嵌入召回等算法是重点。在企业级推荐系统中一般采用多路召回，所以各种召回算法的适用范围、应用场景、优缺点等需要熟记于心。

第三部分为排序算法篇，包括第 10~13 章。第 10 章会讲解排序算法的一般原理和常见类型，接下来的 3 章重点介绍基于规则和策略的排序算法、基础排序算法和高阶排序算法。基于规则和策略的排序算法在冷启动或者强运营的业务场景中比较适合。基础排序算法中的 logistic 回归、FM、GBDT 等是经典算法，在数据量不是很多、用户规模不是很大的企业级场景中非常适用。第 13 章重点介绍 Wide & Deep、YouTube DNN 这两个排序算法。关于深度学习排序的算法非常多，参考资料也非常丰富，本书只重点讲解这两个在推荐系统发展历史中起奠基性作用的算法，这部分讲解非常细致，希望读者能深入理解，之后学习其他高阶算法就更容易了。

第四部分为工程实践篇，包含第 14~17 章。这部分主要讲解推荐系统中最重要的几个与工程相关的主题。第 14 章讲解如何解决推荐系统冷启动问题，这是所有企业级推荐

系统都要面对的问题，解决好这个问题对于提升用户体验、促进用户留存及提升公司业务价值非常关键。第 15 章从离线评估、在线评估、主观评估 3 个角度系统讲解具体的评估方法和策略，并且特别提到如何评估推荐系统的商业价值。第 16 章提供了一个实现 A/B 测试的技术方案，该方案是我多年实践经验的总结，既简单又实用，适合没有太多技术积累的公司从零开始构建。第 17 章重点介绍推荐系统的 Web 服务，包括各个模块及其作用，以及两种推荐系统推断服务的部署模式：事先计算型和实时装配型。

第五部分为代码实战篇，包括第 18~19 章。这两章结合两个竞赛案例（Netflix Prize 竞赛和 H&M 推荐系统竞赛，正是 Netflix Prize 竞赛掀起了推荐系统商业化的浪潮）“手把手”教读者如何实现第二、第三部分提到的各种召回、排序算法。这些代码都已在 GitHub 上开源，方便没有代码实战经验的读者学习和参考。

第六部分为行业案例篇，包含第 20~21 章。这两章是跟达观数据合作的，结合达观数据服务 B 端企业多年的实践经验，总结了达观数据的推荐系统方法论。这两章覆盖金融、零售两大推荐系统重点应用场景，方便相关从业者学习和参考。企业级推荐系统是一套完整的解决方案，前面章节提到的各种算法、工程模块都是这些企业级推荐系统的组件，所以这两章也是前述内容在企业级推荐系统中应用的体现与延伸。

第七部分为 ChatGPT、大模型与推荐系统篇，包括第 22~23 章。第 22 章介绍 ChatGPT 和大模型的基础知识，为对此不熟悉的读者进行适当的科普，也为第 23 章提供知识铺垫。第 23 章重点讲解大模型应用于推荐系统的方方面面，包括数据处理、特征工程、召回、排序、交互控制、冷启动、推荐解释、跨领域推荐等，在这些方面大模型都有用武之地。另外，这一章也提到了在将大模型应用于推荐系统方面当前存在的问题以及未来的发展趋势。由于大模型在推荐系统中的应用尚处在初级阶段，主要以学术研究为主，因此这两章算是抛砖引玉，让我们一起见证未来大模型在推荐系统领域的应用爆发。

第八部分是结尾篇，只有第 24 章。本章重点介绍推荐系统的未来发展，包括政策和技术发展对推荐系统行业的影响、后移动互联网时代推荐系统行业的就业环境变化，以及推荐系统应用场景、交互方式、算法与工程架构等未来的走向。同时我也认为，要想让推荐系统更好地服务于产品和用户，需要关注多维的价值取向，发挥人的主观能动性，体现技术的人文关怀。

从上面的简单介绍，读者应该能感受到本书内容相当丰富。希望本书能够成为从业者的方法论和落地实战指南，帮助他们更好地利用推荐系统进行企业精细化运营。

目前作者在创业，任杭州数卓信息技术有限公司（Databri AI）CEO，公司主要业务聚焦于金融等传统行业的数智化转型，包括数据中台建设、智能决策、精细化运营、智能 RPA、大模型赋能业务等方向，欢迎有意向的读者或企业与我们交流，一起参与和推进大数据与 AI 赋能企业数智化转型的历史进程。

勘误和支持

由于本人水平有限，写作时间也比较有限，因此书中难免存在一些不准确甚至错误之处，恳请读者批评指正，以便重印或者再版时更正。读者可以通过微信（liuq4360）与我联系；如果有更多的宝贵意见，也欢迎发送邮件（891391257@qq.com），期待大家真挚的反馈。

致谢

首先要感谢移动互联网及 AI 时代，正是移动互联网的出现及大数据、AI 等技术的发展，才使得互联网生态如此繁荣。我算是最早接触大数据、AI 技术的一批人，跟着整个时代一路走过来，在从业过程中一直参与并见证了信息技术的发展与产业落地。

感谢达观数据的董事长兼 CEO 陈运文博士及达观数据推荐业务负责人于敬老师，在陈总和于老师的帮助下，本书补充了两章企业案例，增色不少。

感谢达观数据的纪达麒、周莹、司晓春、刘文海、石京京、蹇智华等同行，本书第 20、21 两章的内容是他们在反复讨论和梳理后撰写的，配图也是由他们精心设计的，在此基础上我做了适当的调整以适配全书整体结构，最后由于老师和陈总把关，确保了内容的质量。

感谢廖旋、金相宇，本书中基于规则和策略的召回、排序算法是在我们为（前述）美国的一家运动音乐创业公司构建推荐系统的过程中经过多轮讨论后提出的。本书第 18 章中基于 implicit 做矩阵分解的代码参考了之前金相宇的实现逻辑，本书第 19 章中基于 GBDT 排序的代码参考了之前廖旋的实现逻辑。感谢傅瞳对全书进行校对。

感谢人民邮电出版社图灵公司的王军花、武芮欣老师，在过去的半年中，通过与她们的不断交流，我进一步优化了本书的结构和内容，提高了本书的质量。

最后要感谢我的父母，是他们的无私付出让我有机会接受高等教育，让我无后顾之忧来完成这本书的写作和修订。

谨以此书献给我最亲爱的家人，以及所有懂我、关心我、支持我的朋友。

刘强

2023年8月31日于上海图书馆东馆

目录

推荐系统基础篇

召回算法篇

排序算法篇

工程实践篇

代码实战篇

行业案例篇

ChatGPT、大模型与推荐系统篇

推荐系统基础篇

- 第 1 章　推荐系统基础
- 第 2 章　推荐系统的产品与运营
- 第 3 章　推荐系统的业务流程与架构
- 第 4 章　推荐系统的数据源与数据预处理
- 第 5 章　推荐系统的特征工程

第 1 章

推荐系统基础

在信息技术出现之前，人类与外界的交互主要是与实体世界的交互。当信息技术出现后，特别是在当前的移动互联网时代，人类与外界的交互方式多了一种，这就是网上的虚拟交互：我们可以通过鼠标点击、手指触屏、语音控制、视线移动、手势操控等方式连接世界。在电脑、手机、智能手表、VR/AR 头盔等电子设备上，我们可以读书、听音乐、看视频、社交、购物、创作、工作，等等。虚拟交互变得日益重要，我们越来越离不开它们了。

与实体世界的交互受限于时间、空间等物理属性，很多时候不够便捷，而基于互联网的虚拟空间突破了实体空间的限制，交互的形式、广度、深度有了质的飞跃。举个简单的例子：任何一个线下商店，不管面积多大，能够容纳的商品是有限的，但电商平台上某个网店的商品可以做到“无限多”，突破空间的限制。**既然虚拟世界中有这么多的物品，那么如何选择就是一个问题了。**

在与实体世界的交互过程中，受限于时间、空间，我们能够接触到的对象是有限的，一般通过自主筛选获得信息（比如逛商店，通过货架导航、问服务人员或者随便逛逛找到需要的商品）；而在虚拟空间，物品的数量可能趋近无限，同时也受限于展示方式的限制（手机屏幕上一屏只能展示少量的物品），主动选择变得更加困难。

在远古时代，受限于生产力，人类只能顾及生存、繁衍需求，这类需求主要出于生物本能，是非常明确、**主动的**。随着科技的发展和物质生活的丰富，生存问题普遍得到改善。非生存需求（比如娱乐、学习、购物、社交等）不是那么迫切，即使没有得到满足，人也不会因此死亡，所以这类需求一般是非本能、非迫切、偏**被动的**。

当人们不需要为生存问题而烦恼时，就有能力去追求更多精神层面的东西了，在这个过程中，人们变得更愿意表达、展示自己的个性。我们可以明显地感受到 95 后、00 后非常有个性，很多人不再满足于拥有跟大众一样的品味了，而更喜欢那些能满足自己情感需求、个性需求的商品和服务。

总结一下，随着科技的发展和人类社会的进步，出现了 3 个显而易见的现象：虚拟世界中的商品和服务可以无限多，导致用户很难主动选择（**物品的丰富性**），人类的非生存需求是偏被动的（**需求的被动性**），人们越来越希望获得满足自身个性化需求的服务（**个体的个性化**）。正是这 3 个现象推动了互联网新服务范式的出现，这就是**个性化推荐**。所谓个性化推荐，就是系统通过算法主动为用户展示他可能喜欢的、能够满足其独特需求的商品和服务，供用户选择和消费。

可以说，个性化推荐完美地解决了上述 3 个现象带来的问题。商品无限多？个性化推荐可以解决商品曝光问题。不知道需要什么？不需要你主动寻找，在推荐结果中就能发现自己被动的需求。用户差异大？个性化推荐可以借助算法，将商品直接展现给可能喜欢它的人，达到千人千面的效果。

随着 2012 年今日头条将推荐系统作为产品的核心功能，我们见证了推荐系统在国内移动互联网行业的繁荣壮大。目前推荐系统已经成为互联网产品的标配技术，几乎所有的手机 App 都将推荐系统作为产品的核心能力，以期为公司创造更多商业价值。毫不夸张地说，推荐系统是互联网行业最有商业价值的解决方案之一。

了解了推荐系统产生的时代背景，下面简单介绍推荐系统的一些基础知识。本章主要从推荐系统的定义、推荐系统解决的问题、推荐系统的应用领域、常用的推荐算法、构建推荐系统的挑战、推荐系统的价值 6 个维度展开讲解。

1.1 推荐系统的定义

前面说到，推荐系统通过算法主动展示用户可能喜欢的物品或者服务。那么什么是推荐系统呢？本节试图给推荐系统下一个定义，帮助大家更好地理解推荐系统。

推荐系统是计算机软件工程的一个子领域，通过大数据、机器学习等技术，在用户使用产品的过程中，学习用户的兴趣偏好，主动展示他可能喜欢的“物品”（这里的物品是指待推荐的东西，可以是商品、电影、视频、文章、音乐、美食、景点、理财产品甚至是人，后面都用物品指代，不再说明），从而促成“消费”，节省用户时间，提升用户体验，优化资源配置，最终为服务提供方、物品提供方创造商业价值。上述定义有几点需要说明，以便大家更好地理解推荐系统的特性与本质。

- 推荐系统是一种软件工程解决方案，通过代码实现推荐能力，将为用户推荐物品这一流程做到完全自动化。
- 推荐系统是机器学习的一种应用，通过学习用户的行为数据，构建数学模型，预测用户的兴趣，最终为用户推送其可能喜欢的物品，满足用户被动的需求，提升用户体验。
- 推荐系统是一项交互式产品功能，产品为推荐系统提供载体，用户在使用产品的过程中触发推荐系统，推荐系统为用户提供个性化的推荐。作为一个产品，物品怎么展示、如何与用户交互、交互过程中可能遇到什么问题，这些都要考虑。
- 推荐系统是一项人机协同的（软件）服务，通过推荐系统，用户可以获得符合自身兴趣的物品推荐，满足其个性化的、被动的需求。任何服务都需要运营，在服务过程中，服务的宣导、问题的解决等都需要借助人力。
- 推荐系统是一种过滤信息、匹配资源的手段，通过机器学习算法和软件工程，推荐系统从海量信息中为用户进行筛选和过滤。
- 推荐系统最终的目标是提升用户体验，为服务提供方和物品提供方创造商业价值。

从上面的说明可知，推荐系统是一个偏业务的交叉学科，需要综合利用软件工程、机器学习、产品设计、运营、大数据等跨学科的知识，才可以构建出满足用户需求、有商业价值的推荐系统。

1.2　推荐系统解决的问题

推荐系统是互联网（特别是移动互联网）快速发展的产物。它本质上是一种从海量信息中为用户检索其感兴趣的信息的技术手段。推荐系统结合用户信息（地域、年龄、性别等）、物品信息（名称、价格、产地等）以及用户行为（浏览、购买、点击、播放等），利用机器学习技术构建用户兴趣模型，利用软件工程技术实现软件服务，为用户提供精准的个性化推荐。

推荐系统能够很好地满足物品提供方、平台方、用户三方的需求。拿淘宝购物举例，物品提供方是成千上万的网店，平台方是淘宝，用户是在淘宝上购物的自然人或企业。推荐系统可以更好地将物品曝光给有需要的用户，提升用户和物品的匹配效率。

从本质上讲，**推荐系统解决的是资源配置问题**。通过软件、算法、工程手段，将供给端（物品提供方）和需求端（用户）通过平台（提供个性化推荐的产品，如淘宝）进行匹配。**推荐系统的目标是提升资源的配置效率。**

1.3 推荐系统的应用领域

对于一款互联网产品来说，只要平台上存在“大量供用户消费的物品”，推荐系统就有用武之地。具体来说，推荐系统的应用领域主要有如下几类。

- 电商：淘宝、京东、亚马逊等。
- 视频：B 站、爱奇艺、抖音、快手等。
- 音乐：网易云音乐、酷狗音乐、QQ 音乐等。
- 资讯：微信公众号、今日头条、网易新闻等。
- 生活服务：美团、携程、脉脉等。

可以说，只要是 to C 的互联网产品，都能看到推荐系统的身影。随着技术的发展、生活方式的改变，推荐系统更多的应用场景正在不断被挖掘和创造，比如无人驾驶汽车上的推荐、VR 设备上的推荐、线上线下融合推荐、跨品类的商品和服务推荐等。

1.4 常用的推荐算法

推荐系统大量使用机器学习技术，机器学习技术是推荐系统中最核心的部分。本节简单介绍推荐系统的常用算法，其主要分为两类：基于内容的推荐算法和协同过滤算法。

1.4.1 基于内容的推荐算法

推荐系统通过技术手段将物品与人关联起来。物品自身包含很多属性，这些属性可以作为用户偏好的标签。通过记录用户与物品的交互行为，我们可以挖掘出代表用户对物品的偏好的标签，利用这些偏好标签为用户进行推荐，就是基于内容的推荐算法。拿商品推荐来说，商品有品牌、品类、价格、产地等属性，推荐系统可以根据用户以前的购买行为获得他对商品品牌、品类、价格、产地等属性的偏好，从而为他推荐可能感兴趣的商品。比如用户购买过 iPhone 手机，我们就可以根据这一行为挖掘出用户对“苹果”这个标签感兴趣，进而为用户推荐苹果电脑、苹果手机壳、苹果电源线等商品，如图 1-1 所示。

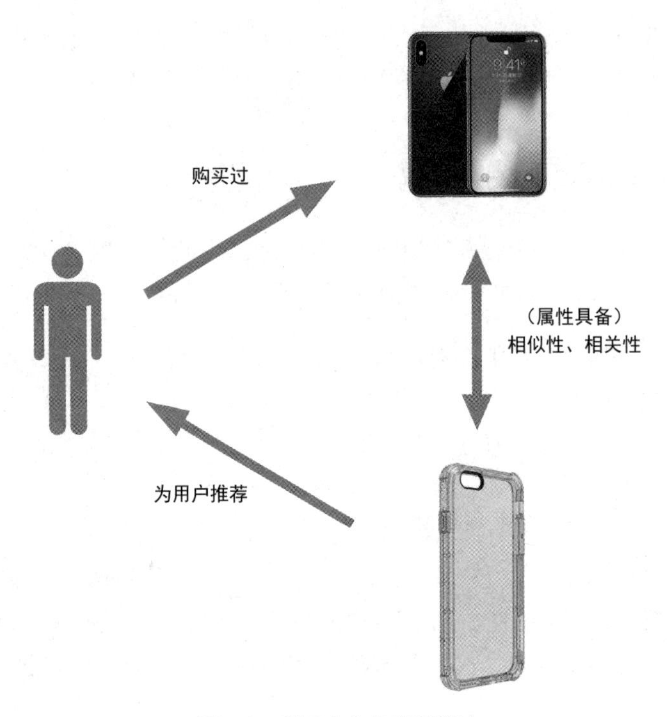

图 1-1　基于内容的推荐算法

1.4.2　协同过滤算法

通过记录用户在互联网产品上的交互行为，可以利用“物以类聚，人以群分”的朴素思想来为用户提供个性化推荐。

具体来说，“物以类聚”是指如果有很多用户对某两个物品有相似的偏好，说明这两个物品是“相似”的，我们可以给用户推荐与其喜欢的物品“相似”的物品，这就是基于物品的（item-based）协同过滤算法。“人以群分”就是找到与目标用户兴趣相同的用户（有过类似的行为），将他们浏览过的内容推荐给目标用户，这就是基于用户的（user-based）协同过滤算法。

图 1-2 展示了这两类算法。

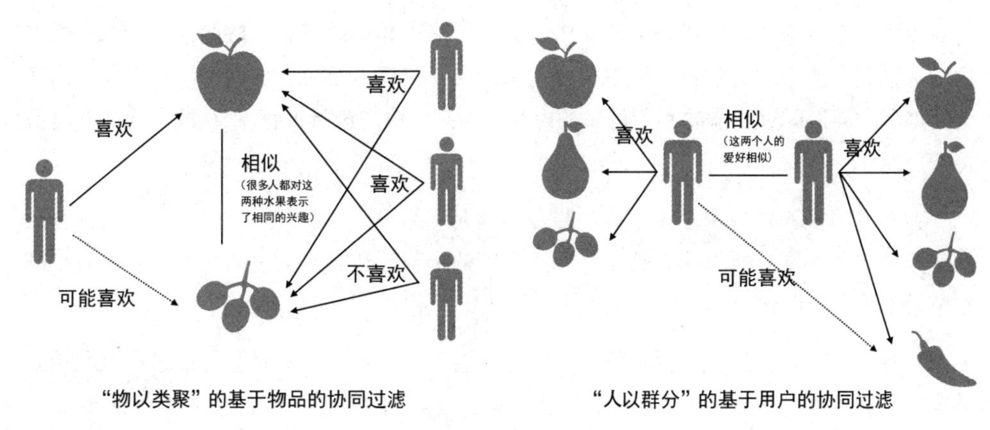

图 1-2 协同过滤算法

这里提到的协同过滤算法是最古老、最简单的协同过滤算法。我们熟知的基于社交关系的推荐其实也是一种协同过滤，比如微信公众号将朋友点过“在看”的内容推荐给你，如图 1-3 所示。

图 1-3 基于社交关系的协同过滤推荐

这里说明一下，本节提到的协同过滤是比较宽泛的概念，不局限于 user-based、item-based。我认为，只要利用群体行为构建推荐算法模型，就属于协同过滤的范畴。协同过滤的概念类似于生物学中的协同进化，通过个体之间直接或者间接的相互作用，挖掘出个体之间隐含的联系，由此推荐系统会越来越懂用户的兴趣偏好。

在进入下一节之前，讲一下基于内容的推荐算法和协同过滤算法的差异。二者最本质的区别是：**基于内容的推荐算法只使用用户自身的行为信息（与别的用户无关）为其进行推荐，而协同过滤需要利用群体的行为来为某个用户进行推荐（“协同”代表的是群体智慧）**。

在真实的推荐场景中，多种算法往往会混合使用，比如混合多种基于内容的推荐算法，混合多种协同过滤算法，甚至将基于内容的推荐算法和协同过滤算法混合。后续的章节及案例中会讲到。

另外，在商业应用中，推荐算法一般包括召回和排序，召回是初筛的过程（利用多种策略、算法将用户可能喜欢的物品筛选出来），排序是精准打分的过程（构建打分模型，将初选的、用户可能感兴趣的物品按照用户兴趣分数降序排列），后续章节会详细介绍。

1.5　构建推荐系统的挑战

推荐系统解决的是大规模用户场景下的资源匹配问题。这个问题看起来简单、朴素，那么构建一个有商业价值的推荐系统是不是很容易呢？答案是否定的。

构建一个高效、有价值的推荐系统非常困难。本节简单梳理构建推荐系统可能遇到的困难与挑战，将从数据、模型、服务、场景、价值 5 个维度来说明。

1.5.1　数据维度

构建推荐系统会用到用户、物品以及用户行为相关数据。这些数据的种类繁多、形式复杂，有结构化数据，也有文本、图片、音频、视频等非结构化数据，收集、存储、处理这些数据非常困难。

而且，目前企业的“服务窗口”往往呈多样化，大家有自己的官网、小程序、公众号、视频号、抖音号、快手号、淘宝店铺、线下直营店、合作授权店……光是收集、融合各个渠道的数据，就面临非常大的挑战。

鉴于以上情况，我们需要用好的分布式存储系统来存储这些数据，比如新出现的数据湖、对象存储等技术就可以解决结构化数据与异构数据的存储问题；同时，我们也需要采用合适的技术将这些数据转化为机器学习可以识别的对象，这就是数据预处理与特征工程要做的事情。

数据质量、数据隐私等问题也同样重要。2022 年 3 月 1 日正式出台的《互联网信息服务算法推荐管理规定》是我国首次从法律层面对推荐算法进行约束和规范，这对推荐系统的数据收集、推荐服务等方面会产生深远影响。这些变化都是构建企业级推荐系统要面临的挑战。

另外，针对新用户和新物品，我们缺乏相关的用户行为数据，这种情况下怎么做推荐，是非常大的挑战，也是必须要解决的问题，这就是推荐系统中经典的冷启动问题，第 14 章会详细介绍。

1.5.2 模型维度

构建推荐算法模型涉及特征工程、模型构建、模型推断等环节，每个环节都存在很多挑战。前面提到，目前很多企业的数据是异构的，这些数据怎么融合、怎么预处理、怎么构建特征，需要很好的思路和方法去解决。

在模型构建的过程中，我们还需要结合产品形态、物品类别、服务场景等选择合适的推荐算法。算法能否应对海量用户，算法是否支持分布式计算，算法的稳定性是否良好，算法的效果能否达到要求，方方面面都需要考量。

最后，使用训练好的模型为用户提供个性化推荐的过程中，我们需要关注服务的时效性、稳定性、线上指标等问题。

1.5.3 服务维度

当模型构建好后，我们需要将推荐系统作为一项软件服务部署到服务器上。在推荐系统服务用户的过程中，我们需要考虑服务的稳定性、服务的一致性、服务响应高并发的能力等，这些工程上的挑战都需要丰富的经验和好的设计方案来应对。

1.5.4 场景维度

推荐系统是一个偏业务的系统。不同行业、不同场景、不同业务目标对推荐系统的要求是不一样的。比如外卖推荐首先需要考虑用户的地理位置和预计送达时间；家庭场景相关推荐需要考虑到家里可能有小孩，因此对推荐内容可能存在的风险要严格把控；

而生鲜类商品对存储、运送有特殊要求，在时效性、季节性等方面都需要考虑。总之，如果推荐系统不结合具体场景的特性去设计，那么肯定无法服务好用户，无法提供好的体验，最终无法创造商业价值。

1.5.5 价值维度

推荐系统的目标是在为用户提供便利的同时，让平台方和物品提供方都获得商业利益，因此，平衡多方的利益关系非常关键。如果只考虑平台方自身的利益，生意是无法长久的。正是由于之前部分推荐算法服务存在侵害消费者利益的问题，因此我国正式出台《互联网信息服务算法推荐管理规定》。

1.6 推荐系统的价值

当前推荐系统是互联网公司的标配技术，因为它能很好地解决物品提供方、平台方、用户三方的需求。本节介绍详细推荐系统的价值，其主要体现在四个方面。

从用户的角度来说，推荐系统可以帮助用户从纷繁芜杂的信息中快速找到自己感兴趣的内容，节省用户时间，提升用户体验。

从平台的角度来说，精准的推荐能提升用户对平台的黏性与好感，进而通过高效的广告投放等手段来获取更多利润。

从物品提供方的角度看，如果平台将物品顺利推荐给喜欢它的用户，可以大大提高物品销售概率，进而获取更多收益。

另外，平台精准地将物品（实物，如冰箱、电视机等）推荐出去并被用户购买，缩短了物品的周转时间，减少了库存积压，对于社会资源的节省和有效利用等方面也大有益处。

在这个信息爆炸的时代，推荐系统作为一种信息过滤、筛选工具，可以很好地满足用户不确定的、个性化的、被动的需求，以及提升整个社会资源的匹配效率。相信随着互联网的深入发展，推荐系统会发挥越来越大的作用。

1.7 小结

本章介绍了推荐系统相关的一些基本概念。希望通过本章的学习，读者对推荐系统有大概的了解。

互联网发展带来的虚拟空间，让用户可以链接无穷的商品和服务。随着科技和社会的发展，人类的非生存需求得到更多重视，大家也趋向于积极表达自己的个性，需求更加个性化。在这一大背景下，推荐系统作为一种能够高效解决这些问题的工具应运而生。

推荐系统很好地解决了信息过滤、资源匹配的问题，因而被应用于各类产品中，如电商、视频、音乐、资讯、社交、生活服务等。推荐系统是机器学习的一个分支，是一个偏工程和业务的系统，它采用软件工程和机器学习技术来解决资源匹配问题。推荐算法种类繁多，主要有基于内容的推荐、协同过滤等。

由于推荐系统的复杂性，构建一个好用、有业务价值的企业级推荐系统并非易事，需要兼顾数据、模型、服务、场景、价值等维度。由于推荐系统具备极大的商业价值和社会价值，因此几乎所有互联网公司（甚至数智化转型中的传统行业，如银行）都将推荐系统作为公司产品的标配技术。

第2章

推荐系统的产品与运营

推荐系统从诞生开始就是服务于业务的（为用户推荐可能感兴趣的物品）。推荐系统要产生真正的业务价值（提升用户体验和用户留存率，促进分享、转发、下单等），就需要触达用户。推荐系统通过前端（手机 App、PC 网站等）UI 与用户交互。一般是网站或者 App 上的某个模块（首页、详情页等）单独提供推荐能力，用户可以感知到它的存在。推荐系统的服务也让用户“所见即所得”。这种呈现在产品中的推荐系统功能模块即推荐系统产品形态。

引入推荐系统最重要的目的是革新早期门户网站的“人肉”运营模式，提升运营效率，全天候、实时、精准地为用户提供千人千面的个性化服务。但算法不能解决一切问题，有些时候还需要人工运营 / 干预（涉及业务聚焦、内容安全、价值传递、情感交流、价值引导等）。当前的推荐系统是人工（注入创始人、产品与运营人员的理念、思考、情感、价值观等）与智能（通过机器学习算法挖掘用户的兴趣和偏好）的有机结合体。

可以说，产品（包括视觉呈现和交互逻辑）与运营（内容运营、用户运营、策略运营等）在推荐系统中发挥着无法替代的重要作用。推荐算法工程师在日常工作中会跟产品和运营人员直接接触、沟通，因此了解产品、运营方面的知识对于做好本职工作和更好地迭代推荐系统大有裨益，也有利于培养全局观（特别是对业务和商业价值的理解）和职业发展。

本章会讲解推荐系统产品与运营相关的知识。具体来说，我会从推荐系统产品、推荐系统产品形态、推荐系统运营三个维度进行讲解。希望读者学习完本章后，对推荐系统产品与运营方面的知识有比较直观的了解，更加重视产品设计与运营调控对推荐系统创造价值所起的巨大作用。

2.1 推荐系统产品

首先给推荐系统产品下一个比较形式化的定义。**所谓推荐系统产品，就是 PC 网站、手机 App（以及智能电视、智能音箱、智能车载系统、VR/AR 等新硬件平台）中基于算法或者策略向用户展示物品的功能模块。该模块通过用户与产品的交互将物品曝光，促使用户更高效地“消费”物品，在满足用户需求的同时可以提升用户体验和用户留存率，通过用户的“消费”产生商业价值。**

上面这个定义中有几点需要说明：首先，推荐系统产品是软件产品中的一个或者多个子模块，每个推荐模块就是一种推荐系统产品形态；其次，向用户展示物品是通过算法或者策略实现的，一般来说，推荐算法通过机器学习技术自动化地生成物品列表，而不是依赖人工编排；再次，推荐系统产品是一个功能点，需要用户与之交互才会生成推荐列表，交互的过程是否自然、流畅，对用户体验和效果转化有极大影响；最后，推荐系统产品有一定的商业目标，即提升用户体验和用户留存率，产生商业价值（如广告曝光、商品购买、会员购买、软件下载等）。

推荐系统涉及两类实体：用户和物品。推荐系统解决的是信息匹配问题，即将物品匹配给对其有兴趣的用户，让用户可以看到它，进而“消费”它。匹配的准确度和及时性非常重要，对推荐能否实现商业目标极为关键。从物品的角度看推荐系统也很重要，特别是像今日头条、淘宝这类平台，物品是由第三方（对于今日头条，是 MCN 机构、创作者等；对于淘宝，是品牌方、店家等）提供的，因此怎么将优质物品分发出去，进而为其提供方带来利益，对于整个生态的维护和繁荣至关重要。

2.2 推荐系统产品形态

所谓推荐系统产品形态，是指可以直接被用户感知到、基于推荐算法生成、由物品列表“编排”成一定的展示形态、用户可以与之交互（比如点击、滑动等）的各类功能模块。根据推荐的个性化程度及推荐服务的使用场景，推荐系统产品形态主要分为热门推荐 / 榜单推荐、个性化推荐、信息流推荐、物品关联推荐等，下面分别讲解。

2.2.1 热门推荐 / 榜单推荐

热门推荐 / 榜单推荐是通过简单的数据分析，将网站或者 App 上最受用户欢迎（比如点击最多、购买最多）的物品统计出来作为推荐。这种推荐的底层逻辑是基于人的从众效应。大家都喜欢的物品，个体喜欢的概率往往比较大，从中可获得社会认同感和归属感。

传统门户网站的编辑对内容的编排就可以看成一种类似的策略（只不过这是基于编辑的经验来决定哪些物品用户可能感兴趣）。

在具体实施时，热门推荐有两种方式：一种是首先计算全局的Top$M$物品，然后根据用户的兴趣和特征对这 M 个物品排序，将前 N 个（用户最感兴趣的 N 个）物品推荐给用户（这 N 个物品是这 M 个物品的一个子集，即 $N < M$），这时每个用户看到的是不一样的，例如图 2-1 中微信看一看中的热点；另一种是首先计算全局的Top$N$物品（比如根据播放量排序的Top$N$列表），然后统一推荐给所有用户，这时每个用户看到的都是一样的，例如图 2-2 中的百度热搜。

图 2-1　微信看一看中的“热点”

图 2-2　百度热搜

热门推荐既可以独立作为一个产品形态服务用户，也可以作为其他推荐（比如个性化推荐）的冷启动策略，即面对新用户，由于还不知道其兴趣点，因此可以将热门推荐作为对该用户的初始推荐，这还是基于前面提到的从众效应假设。

2.2.2 个性化推荐

在个性化推荐下，每个用户看到的内容都不一样（所谓的千人千面），这基于用户的行为及兴趣，是最主流的一种推荐形式，例如图 2-3 中淘宝首页的“猜你喜欢”。大多数时候我们所说的推荐就是指这种形式。

图 2-3 淘宝首页的“猜你喜欢”，不同用户看到的商品不一样

也可以基于用户的社交关系来进行推荐。图 2-4 所示的是微信看一看的“在看”模块，会将朋友爱看的内容推荐给你（还有推荐解释，即多少个朋友读过；如果有朋友点赞，也会展示出来，以此提升推荐的可信度）。

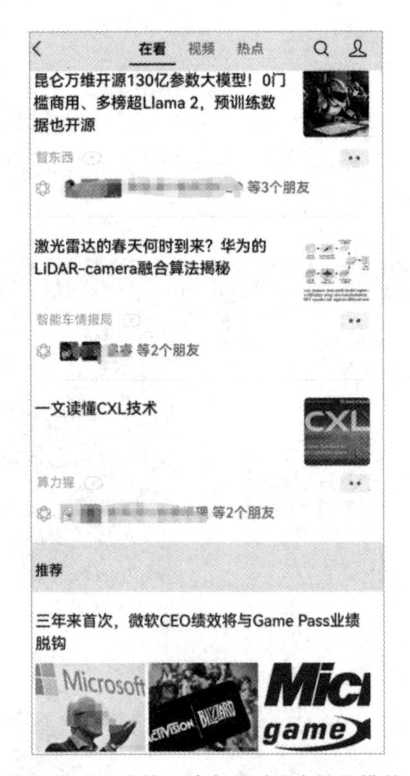

图 2-4　微信基于社交关系的个性化推荐

从用户行为的角度看，个性化推荐可以分为两种范式：基于用户个人行为的推荐和基于群体行为的推荐。前者在构建推荐算法时只依赖用户个人的行为，不需要其他用户的行为，例如常见的基于内容推荐。后者除了利用用户个人的行为外，还依赖其他用户的行为来构建算法模型，这类推荐算法可视作全体用户行为的“协同进化”，这就是协同过滤推荐。

2.2.3　信息流推荐

信息流推荐是个性化推荐的一种特例，只不过采用实时信息流的方式与用户进行交互，是目前业界最主流的推荐系统产品形态，所以单独拿出来细讲。随着今日头条、抖音、快手的流行，信息流推荐越来越受到业界重视，并产生极大的商业价值。信息流推荐比较适合提供“快消”类物品，用户可以在碎片化时间中获得更好的使用体验。

信息流推荐的特点是实时性、瀑布流式的内容组织形式。实时性指基于用户的实时行为（挖掘用户的实时兴趣）调整推荐结果，互动性更强、推荐更精准、更懂用户。瀑布流式的内容组织方式让用户更有沉浸感，仿佛置身于信息的洋流中，用户只需筛选自己感兴趣的内容“消费”即可，信息就像水一样从眼前流过。

信息流推荐的UI交互更友好，互动性更强（用户可以下拉刷新推荐结果），让用户有“所见即所得”的直观感受。信息流推荐也更具挑战性，需要实时收集用户行为数据并挖掘用户兴趣和特征，将其整合到推荐模型中，近实时地反馈给用户，这对信息的收集和处理提出了极高的要求。大家熟悉的抖音就采用信息流推荐，如图2-5所示。目前的行业趋势是推荐系统产品信息流化，淘宝、京东、拼多多、微信、B站、知乎等产品都采用了信息流推荐。

图2-5 抖音首页的信息流推荐

虽然信息流推荐的效果和用户体验更好，但并非适用于所有位置。一般信息流会放在用户曝光比较频繁的位置（比如首页），用户进入后更容易沉浸其中。如果某个推荐系统产品在 App 的某个分类下，用户访问频度很低，这时做成 T+1 推荐（每天更新一次）就足够了，否则 ROI（投资回报率）就太低了。

2.2.4　物品关联推荐

物品关联推荐是指在用户浏览物品详情页或者浏览后退出时，展示一批相似或者相关的物品列表。图 2-6 所示的是淘宝上的商品关联推荐，当退出一个商品的详情页后，该商品的下面会以 4 张小图的形式展示关联商品作为推荐。

图 2-6　淘宝商品的关联推荐

物品关联推荐也可以做成信息流的形式。还是图 2-6 中的瑜伽服，点击后就出现了图 2-7 中的信息流，你可以无限地下滑浏览相关商品，每次进入，关联结果都不一样，而且是个性化的。

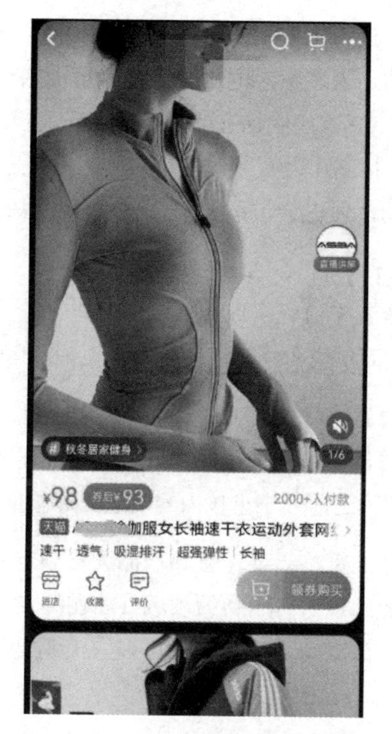

图 2-7 淘宝上物品关联推荐的信息流

前面简单介绍了 4 种常见的推荐系统产品形态。在实际业务中，最主要的产品形态是关联推荐和个性化推荐。关联推荐之所以重要，是因为这种产品形态的用户触点多，用户在产品上的任何有效行为最终都会将其导向详情页，进而可以进行关联推荐，因此流量大。个性化推荐为每个用户提供不一样的推荐，这类推荐一般可以部署到产品首页。产品首页是用户的必经之地，流量最大，如果推荐效果好，可以产生极大的商业价值。淘宝、京东、拼多多的首页早已个性化了，并且都做到了实时个性化（信息流推荐）。

2.3 推荐系统运营

前面简单介绍了推荐系统产品，下面谈谈与推荐系统运营相关的主题。推荐系统是一个强业务的系统，虽然整个推荐流程可以利用机器学习技术实现全自动化无人干预，但是不能所有工作都交给机器完成，在推荐过程中需要发挥人的主观能动性，发挥人在深刻洞察行业、把握人性、引导情感共鸣等方面无可替代的作用。

推荐系统可以看成一种运营工具，运营人员通过推荐系统可以实现更精准、更细粒度（千人千面）的用户运营。大家熟悉的用户画像就可以用于精细化运营，运营人员通过用户画像系统圈定一批人（具有相同标签的一组用户），进行统一运营。比如视频行业，当会员快到期时，可以借助精细化运营留住用户，具体做法是：将快到期的会员圈出来，针对性地推送会员打折活动，促进会员续费。这个过程可以看成人工介入、人起主导作用的一种半自动化推荐。

另外，推荐系统的整个工作流程可以让人工参与进来。下面对几种比较常见、可以体现人的专业价值的情形做简单说明，让读者更直观地理解运营在推荐中的价值。

首先，待推荐的候选物品池可以人工圈定。比如在银行 App 上，内容需要符合行业要求及产品定位，内容的质量和安全性也非常重要，为此需要人工精选某些主题的内容作为推荐候选集，甚至在推荐之前人工审核内容（过滤掉质量不高或低俗的内容等）。

其次，很多推荐算法中的策略需要运营和产品人员制定或者参与制定，因为很多策略是偏业务的，比如公司近期进入一个新的领域（如在淘宝上开拓一个新的商品门类），需要加大对这个领域内物品的支持力度，这时可以人工调整该类目下物品的权重，给予更多曝光机会。

再次，推荐算法在将最终结果展现给用户之前也需要运营调控，比如需要考虑物品覆盖的广度，人工添加某些合作、推广的物品。对于在推荐列表中插入营销广告的场景，也需要人工制定规则来控制广告的数量和出现频度。

最后，推荐系统在前端 UI 层面的展示位置、展示数量、排布规则、交互形式等都需要运营或者产品人员统筹规划，因为这时需要将推荐系统看成整个产品中的一个模块，需要跟其他模块配合，来充分发挥自己的作用，所有模块作为一个整体更加一致、高效地服务于用户。

2.4　小结

本章讲解了推荐系统产品与运营相关的基础知识，了解这部分内容有助于后续章节的学习。推荐系统是一个强业务的系统，产品与运营在推荐系统整个生命周期中起着不可替代的作用。

从产品视角看，推荐系统主流的推荐形态有4大类：热门推荐/榜单推荐、个性化推荐、信息流推荐和物品关联推荐，其他推荐形态基本都是这几种形态的变种、组合，或者在特殊场景下的展现形式（比如在用户搜索无结果时，提供个性化推荐）。这4种推荐形态中，以个性化推荐、物品关联推荐最为重要。信息流推荐是个性化推荐的一种特定形式，当前越来越受到关注和重视，基本所有的个性化推荐都信息流化了。

推荐系统也是一个强运营的系统，运营人员可以参与推荐系统的调控，比如推荐候选集选择、推荐策略制定、推荐结果调控、UI布局和交互调整等。有了运营人员专业知识的加持，推荐系统可以更好地创造业务价值。

第 3 章

推荐系统的业务流程与架构

推荐系统的最大价值在于商业应用，架构设计和工程实现对于推荐系统能否产生商业价值非常关键。好的架构设计和工程实现也方便推荐系统的维护与迭代。在讲解推荐算法和推荐系统工程实践方面的知识之前，先简单介绍推荐系统架构与工程相关的基本概念和原理，方便读者更好地理解后续章节的内容。

推荐算法工程师在日常工作中可能不会直接参与工程架构相关的工作，但是对推荐系统工程与架构有宏观和整体的认识有助于更好地设计算法和与工程团队交流。在小公司中，算法和工程可能分得不是那么严格，算法开发人员也会参与工程实现，了解推荐系统工程和架构方面的知识就更加必要了。

本章从推荐算法的业务流程、推荐服务的 pipeline（管道，意思是将各种推荐服务串联成前后衔接的类似于水管的结构，将推荐流程化）架构、推荐系统的工程架构设计原则三个方面来讲解。首先介绍推荐算法的业务流程。

3.1 推荐算法的业务流程

推荐算法是机器学习的一个子领域，因此推荐算法的业务流程跟一般的机器学习流程类似，可以从数据流向的角度加以说明。如图 3-1 所示，浅色模块是数据（或者模型），深色模块是基于数据的操作（算子），下面分别对各个操作（数据收集、ETL 与特征工程、模型构建、模型预测、Web 服务、离线评估、在线评估等）进行说明，让大家更好地了解每一个模块的功能和特点。

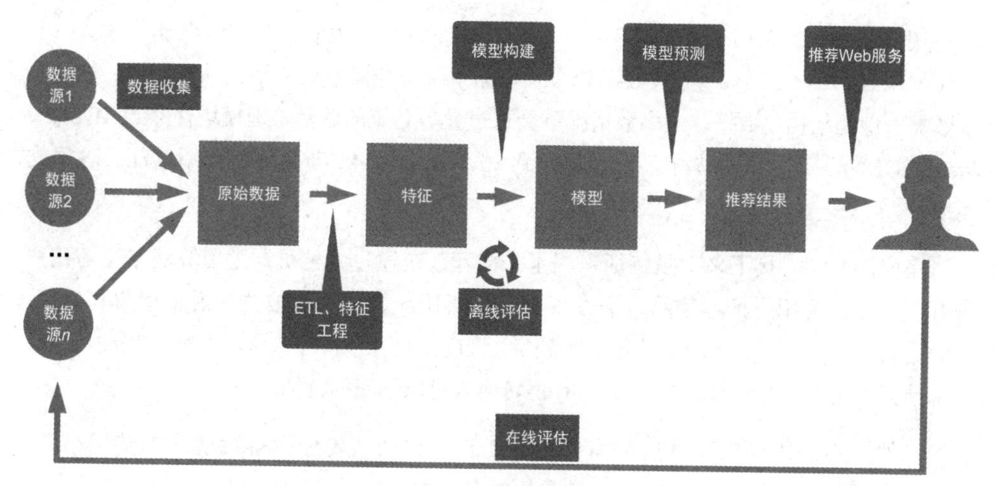

图 3-1 推荐系统业务流程

3.1.1 数据收集

构建推荐算法模型需要收集很多数据，包括用户行为数据、用户画像数据、物品画像数据、场景数据（如用户设备属性、用户当前位置、当前时间、用户停留的页面等）。如果将推荐算法进行推荐的过程类比为厨师做菜，那么这些数据就相当于构建推荐算法模型的各种食材和配料。巧妇难为无米之炊，要构建好的推荐算法，收集到足够多有价值的数据非常关键。4.1 节会全面介绍推荐系统相关数据，这里先不展开。

3.1.2 ETL 与特征工程

收集到的原始数据一般是非结构化、杂乱无章的，在进行后续步骤之前，需要进行 ETL（extract-transform-load，抽取－转换－加载）。ETL 的主要目的是从原始数据中提取推荐算法建模需要的关键字段（拿视频推荐来说，用户 id、播放时间、播放的视频、播放时长等都是关键字段），将数据转化为结构化数据并存储到数据仓库中。同时，根据一定的规则或策略过滤掉脏数据，保证数据质量。

用户行为数据跟用户规模成正比，所以当用户规模很大时，数据量会非常大。一般采用 HDFS、Hive、HBase 等大数据分布式存储系统来存储数据。用户画像数据、物品画像数据一般是结构化数据，大多数情况下会通过业务系统的后台管理模块存储到 MySQL、ProgreSQL 等关系型数据库中（或者快照到 Hive 表中）。4.2 节会详细介绍 ETL，这里先不展开。

完成了 ETL，接下来就是特征工程了。推荐系统通过各种机器学习算法来学习用户偏好，并据此为用户推荐物品。推荐算法训练所用的数据要能被数学模型理解和处理，一般是向量形式的，其中向量的每一个分量 / 维度就是一个特征，所以特征工程的目的就是将推荐算法需要的原始数据通过 ETL 再转换为可以学习的特征。

当然，不是所有推荐算法都需要特征工程，比如，要进行排行榜式的热门推荐，只需对数据做统计排序就可以了。最常用的基于物品的协同过滤和基于用户的协同过滤也只用到用户 id、物品 id、用户对物品的评分三个维度，也谈不上特征工程（KNN 推荐、贝叶斯算法、关联规则等推荐算法也都不需要特征工程）。logistic 回归、FM、深度学习等机器学习算法需要特征工程，一般基于复杂模型的推荐算法都需要特征工程。

特征工程比较复杂，需要很多技巧、行业知识、经验等。第 5 章会介绍推荐系统中特征工程相关的知识点。具体的特征工程的相关方法和技巧读者可以自行学习，本书不展开讲解。

3.1.3　模型构建

推荐算法模块是整个推荐系统的核心之一。在推荐算法模块，需要根据具体业务及可用数据，设计一套精准、易于实现、可以处理大规模数据（分布式）的机器学习算法，进而预测用户的兴趣和偏好。这里一般涉及模型训练和模型预测。图 3-2 简单描绘了这两个过程，这也是机器学习的通用流程。好的推荐算法工程实现旨在将这两个过程解耦，尽量做到通用，方便应用到各种推荐业务中。本节不会详细讲解具体的推荐算法。

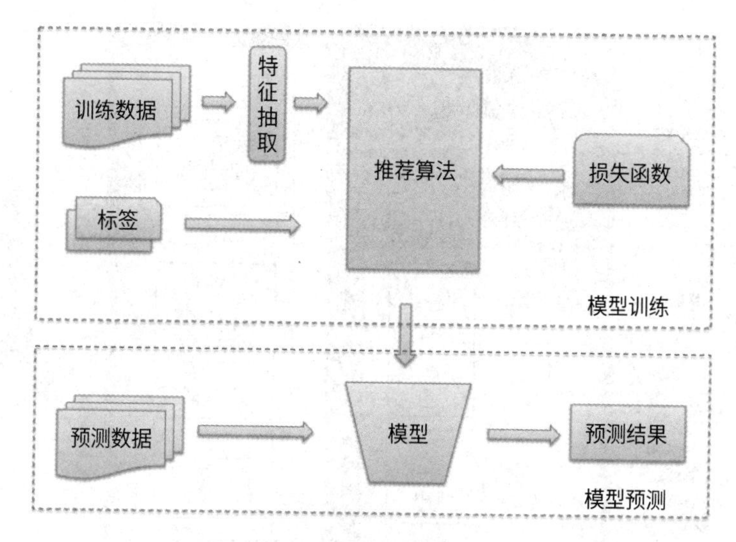

图 3-2 推荐算法建模过程

3.1.4 模型预测

构建好推荐算法模型后，就可以进行预测了（为用户提供个性化推荐）。如果是 T + 1（每天为用户进行一次推荐）的推荐模型，可以将推荐模型加载到推荐预测的代码块中（用计算机术语来说，一般预测的逻辑是一个函数或者一个方法），循环（轮询所有待推荐的用户）为用户计算推荐结果。

在计算机工程中，有所谓的“空间换时间”的说法。对于推荐系统来说，事先针对每个用户计算好推荐结果并存储下来，可以更快地为用户提供推荐服务，及时响应用户的请求，提升用户体验（对于 T + 1 推荐，这样做非常合适）。由于推荐系统会为每个用户生成推荐结果，并且每天都会（基本全量）更新推荐结果，因此一般采用 NoSQL 数据库来存储数据，并且要求数据库可拓展、高可用、支持大规模并发读写。

针对实时推荐，上面的方法也是可行的（只不过需要基于用户的实时行为近实时更新推荐结果），不过一般会将推荐预测过程部署成一个 Web 服务，对于用户的每一次请求，通过该服务来实时为用户计算推荐结果，像 TorchServe 就是提供这种能力的一种实现（T + 1 的推荐也可以采用这种方式，在为所有用户循环推荐的过程中调用该服务），如图 3-3 所示。

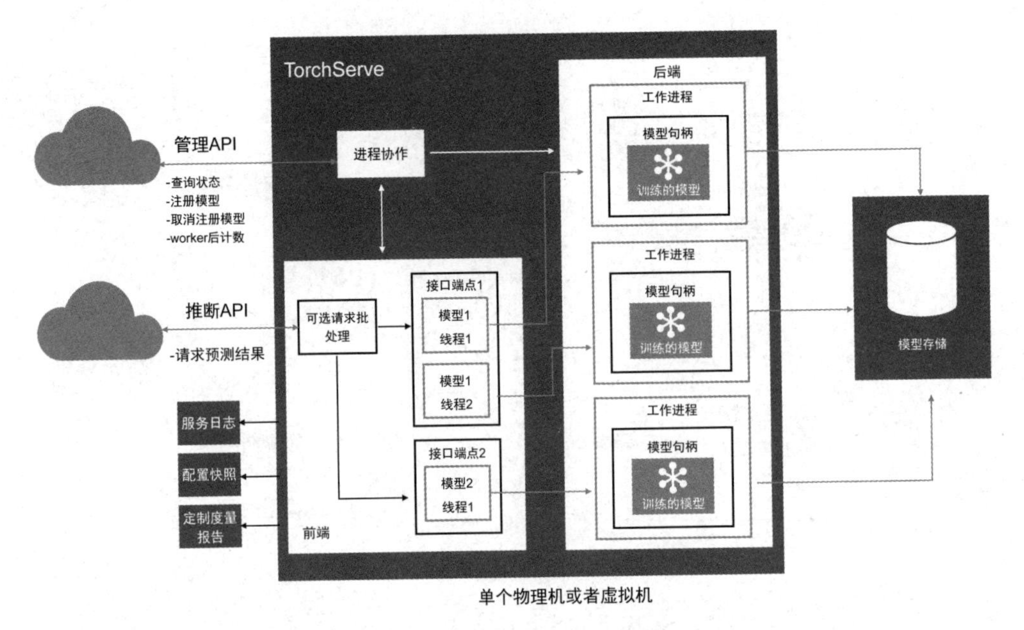

图 3-3　TorchServe 的服务流程

上面提到的事先计算推荐结果并存储下来再提供服务，以及实时为用户提供推荐服务，是两种服务范式，第 17 章会详细讲解。

推荐预测是推荐系统产生业务价值最重要的支撑。企业中的推荐服务更加复杂，还要进行很多工程和业务上的处理。在企业级推荐系统中，一般会将推荐预测过程拆分为更多子模块，方便进行更精细的业务控制。具体的推荐模型进行推荐过程中的工程实现细节见 3.2 节。

3.1.5　Web 服务

Web 服务模块是推荐系统直接服务用户的模块，其主要作用是当用户通过 UI 交互使用推荐系统时，触发 Web 接口服务（比如用户在抖音中下拉滑动，参见图 3-4 中的 Web 服务模块），为用户提供个性化推荐。该模块的稳定性、响应时长直接影响到用户体验。跟推荐存储模块类似，Web 服务模块也需要支持高并发访问、水平可拓展、亚秒级（一般在 200 ms 之内）响应延迟。第 17 章会详细介绍推荐系统 Web 服务相关知识点，这里不赘述。

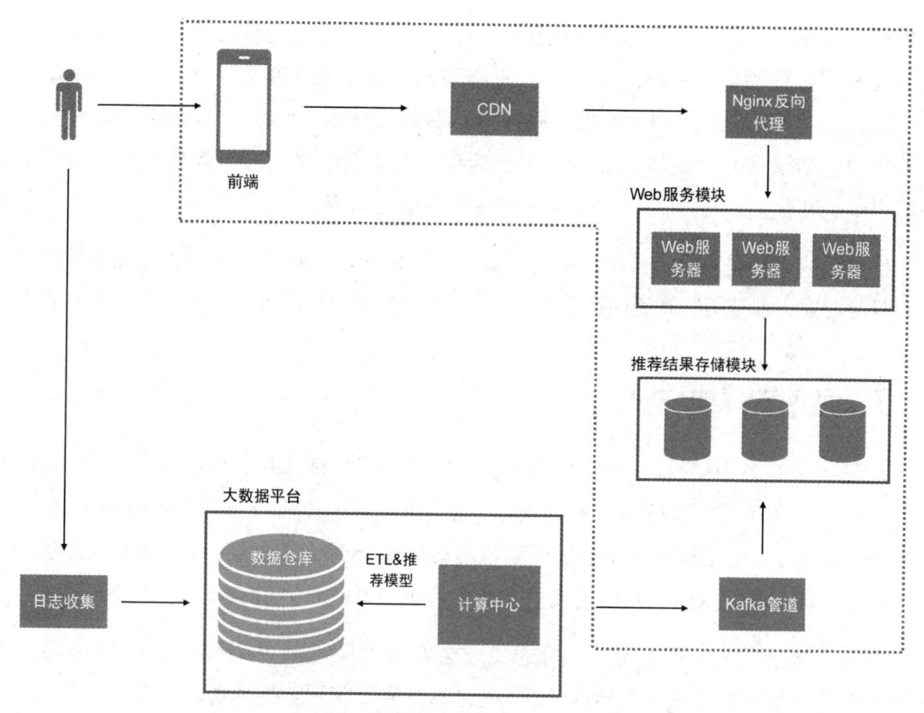

图 3-4 推荐系统中的 Web 服务模块

3.1.6 离线评估与在线评估

推荐评估模块的主要作用是评估整个推荐系统的质量及价值产出。一般可以从以下两个维度来评估。

1. 离线评估

离线评估是在构建推荐算法模型过程中的评估（参见图 3-1），主要评估训练好的推荐模型的质量（常用的评估指标有精确率、召回率等）。模型在上线服务之前，需要评估其准确度。一般的做法是将样本数据划分为训练集和测试集，训练集用于训练模型，测试集用于评估模型的预测误差（往往还会有验证集，在模型训练过程中用于调优模型的超参数）。

2. 在线评估

在线评估是在模型上线提供推荐服务的过程中（参见图 3-1）评估一些真实的用户体

验指标、转化指标，比如转化率、购买率、点击率、人均播放时长等。在线评估一般会结合 A/B 测试做不同模型的对比实验，先用部分流量部署新模型（对部分用户用新模型提供服务，对其他用户用旧模型提供服务），如果效果达到期望，再将新服务逐步拓展到所有用户。如果一开始就将全部流量用于新模型，而新模型的线上效果不好，会严重影响用户体验和收益，通过 A/B 测试可以避免这种情况出现。

推荐系统评估是对推荐质量的一种度量，只有满足一定评估要求的推荐系统才能产生好的业务效果。本节不展开说明评估细节，第 15 章会细致介绍推荐系统评估相关知识点。

3.1.7 其他支撑模块

推荐系统的各个模块（上面讲到的模块）要真正发挥作用，需要部署到服务器上，并且能够自动化运行，这就涉及任务调度。常用的任务调度有 Linux 的 Crontab，针对少量任务的调度，Crontab 还可以胜任，当任务多时就不那么方便了，Crontab 也无法很好处理任务依赖关系。这时一般用更友好、更专业的 Azkaban、Airflow 等来实现。

推荐系统是一个工程系统，不可避免地会偶尔出现问题（代码中隐含的 bug 或者软件及硬件的不稳定等因素都会导致问题），这时就需要使用监控模块。当推荐业务（依赖的）任务由于各种原因调度失败、运行报错时，监控模块可以及时发现错误并告警——通过邮件或者短信通知运维或者业务的维护者。监控模块还可以做到更智能化，当出现问题时，可以自行判断问题的原因并在后台自动拉起服务（这要求业务是幂等的）。

为了监控服务的各种状态，可以事先根据业务需要定义一些监控指标（比如文件大小、状态变量的值、日期时间等），当这些状态变量无值或者值超过事先定义的阈值范围时及时告警。使用监控模块的主要目的是保证推荐业务的稳定性，时时刻刻为用户提供一致、高质量的个性化推荐服务。监控模块的开发和设计一般需要运维人员配合实施。

3.2 推荐服务的 pipeline 架构

上一节从推荐算法业务流程的角度简单介绍了推荐算法实施过程中涉及的各个模块及其作用。本节聚焦于推荐预测与推荐服务（简称**推荐预测服务**），介绍一些处理方法和思路。企业级推荐系统为了更好地响应业务需求，需要将系统解耦，来对推荐预测服务进行更细致的拆分。一般将推荐预测过程按照 pipeline 的模式拆分为召回、排序、业务调控 3 个阶段，如图 3-5 所示。

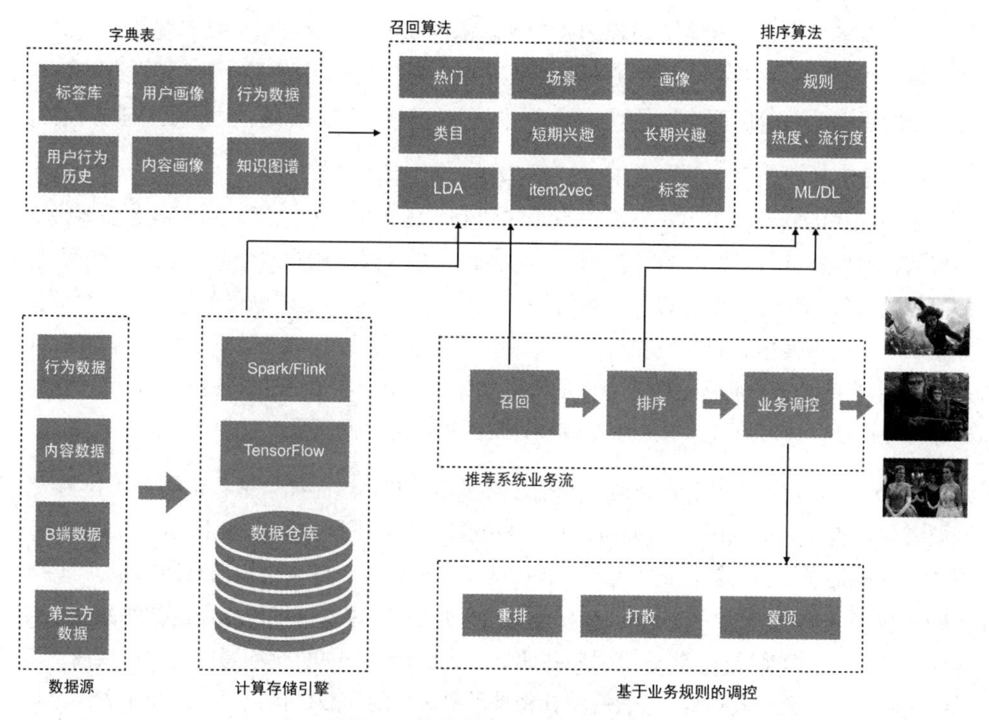

图 3-5 推荐服务的 pipeline 架构

召回就是将用户可能感兴趣的物品通过召回算法从全量物品库中取出。一般采用多个算法来进行召回，比如热门召回、协同过滤召回、基于标签召回、基于地域召回等。排序阶段将召回阶段的物品列表根据用户的点击概率大小排序（所谓的 CTR 预估，也可以预测用户的停留时长，具体用什么指标需要根据业务来定）。在实际业务中，在排序后还会增加一层业务调控逻辑，根据业务规则及运营策略对排序后的列表做微调，以满足特定的运营需要。本书的第 6~13 章会讲解各种召回算法和排序算法。

为了让大家更好地理解上述每个步骤的作用，这里用相亲来举例说明召回、排序和业务调控的过程。对于单身人士，每年过年回家不可避免地会被家长、亲戚们问起找对象的事情，他们也会非常热心地帮忙介绍对象。假如有 3 个亲戚朋友帮你介绍对象，每人物色了 3 个候选人，一共产生 9 个候选人（越多的人帮你介绍对象，你最终找到满意对象的概率也越大）。他们基于对你的了解及自己的人脉寻找合适的人选，这个过程就叫作召回。由于你的时间有限，无法与这 9 个人都见面，因此基于这 9 个人的条件（长相、身材、学历、性格、家庭背景等）和自己的择偶标准，最终从中选择 3~4 人见面。有了更深入的了解之后，这 3~4 人与你的匹配度基本就知道了，这个过程就是排序。这时你的父母可能会提一些建议，在你心里排第 2 位的人选，父母可能觉得更合适，你可能会听父母的建议（父母阅历更多，有时看人更准），与其深入接触，这个过程就是业务调控。

通过上面这个例子，相信你对召回、排序、业务调控有了更深入的了解，也知道了各个阶段解决的问题和价值是什么。在真实的业务场景中，整个推荐预测服务需要做更多事情，比如进行不同算法的 A/B 测试、过滤用户**操作过**（用户对物品的行为，如阅读、播放、购买等，统称操作，以后不再说明）的物品、对推荐结果进行信息填补（存储推荐结果时一般只存物品 id，但展示在前端时需要有标题、海报等元数据信息）等。图 3-6 是推荐预测服务过程涉及的相关操作的时序关系图（这不是唯一可行的顺序，部分操作顺序可以调换。读者可以思考一下，哪些模块的顺序可以调整）。

首先，当用户请求推荐服务时，我们获得了用户 id，这时如果推荐系统有 A/B 测试，需要首先获得用户的 A/B 测试分组信息（A/B 测试中对不同的组应用不同的召回、排序算法，目的是评估各个算法的效果），然后基于用户分组获得该用户的召回结果（图 3-6 中的召回 _1、召回 _2、……、召回 _*n* 等）。召回之后，过滤掉用户操作过的物品并进行排序（图 3-6 中的排序），之后应用一些业务规则（图 3-6 中的业务调控，比如新闻资讯 App 中会将某些新闻置顶等），然后填补物品需要展示的元数据信息，最终将推荐结果展现在前端。

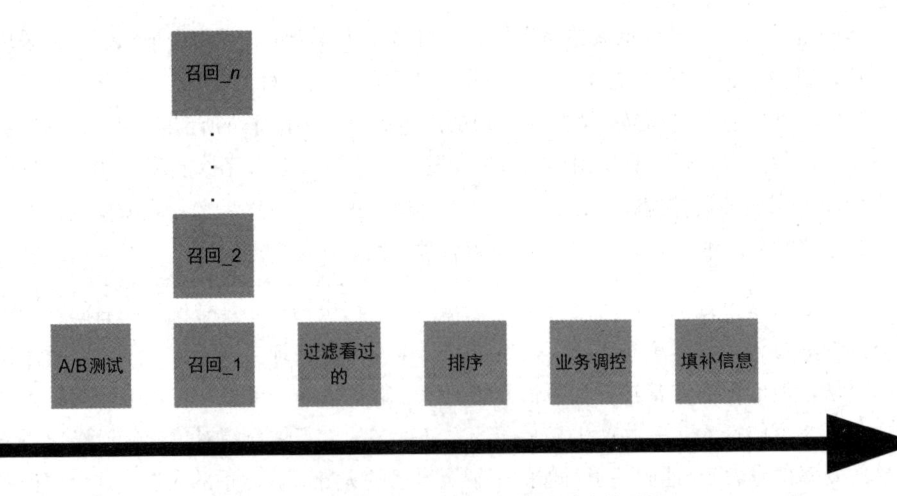

图 3-6　推荐系统的 pipeline 架构的时序关系图

这里顺便说一下，A/B 测试、召回、排序、业务调控等都可以独立部署成一个 Web 服务（微服务），推荐预测过程可以通过 RPC 或者 HTTP 获取召回、排序结果。这样做的目的是解耦各个排序、召回算法，方便每个算法独立迭代，也便于问题排查与维护。这么做有一定的工程设计哲学上的考虑。下面介绍推荐系统的工程架构设计原则。

3.3 推荐系统的工程架构设计原则

笔者在早期构建推荐系统时由于经验不足，业务又比较多，当时采取的策略是每个算法工程师负责几个推荐业务（一个推荐业务对应一个推荐系统产品形态）。由于每个人只对自己的业务负责，因此开发基本是独立的，每个人只关注自己的算法实现。虽然用到的算法很多是一样的，但前期开发过程中没有将通用的模块抽象出来，ETL、模型训练、模型预测、推荐结果存储、Web 服务都是独立完成的，每个人在实现过程中整合了自己的一些优化逻辑，一竿子插到底（所谓的烟囱式架构），导致资源（计算资源、存储资源、人力资源）利用率不高，开发效率低下，代码也极难维护和复用。图 3-7 就是这两种设计方案的对比。

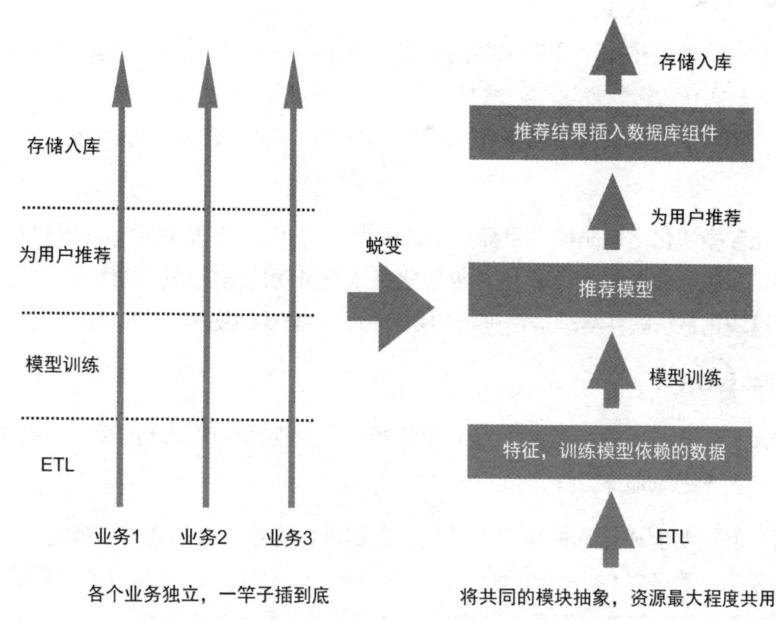

图 3-7 烟囱式架构与模块化架构

为了支撑更多类型的推荐业务，减少系统的耦合，便于发现和追踪问题，节省人力成本，方便算法快速上线和迭代，需要设计更好的推荐系统架构。好的推荐系统架构应该具备 4 大特性：**通用性、组件化、模块化、可拓展性**。下面简要说明这 4 大特性，阐述它们的目标和意义。

- **通用性**

所谓通用，就是该架构具备包容的能力，业务上的任何推荐系统产品都可以用这个架构来实现。对于多条相似的产品线（比如公司有两个 App，都需要做推荐功能），也可以采用同样的架构。

- **组件化**

组件化的目的是方便维护，将一个大的软件系统拆分成多个独立的组件，从而减少系统耦合。一个独立的组件可以是一个软件包、Web 服务、Web 资源或者封装了一些函数的模块，各个组件的边界和责任明确，可以单独维护和升级，而不会彼此影响。组件可插拔，通过拼接和增减提供完整的服务能力。前一节提到的将推荐预测服务拆解为召回、排序、业务调控 3 个部分可以看成组件化。

- **模块化**

模块化的目的是将一个业务按照其功能拆分成相互独立的模块，每个模块只包含与其功能相关的实现逻辑，模块之间通过一致性的协议（如特定数据结构、Thrift、接口等）调用。每个模块都可以高度复用，比如应用不同的推荐业务逻辑，甚至用于不同的产品线中。

组件化和模块化比较类似，目标分别是解耦和复用，就像搭积木一样构建复杂系统。一个组件可以进一步分成多个模块，**组件化是从业务功能角度进行的划分，是更宏观的视角；而模块化是从软件实现层面进行的划分，是偏微观的视角。**

- **可拓展性**

系统须具备支撑大规模数据、高并发的能力，并且容易增添新的模块，提供更丰富的能力，让业务更加完备。

下面举例说明上述理念的应用。首先，我们可以将输入数据通过“操作”得到输出的过程抽象为“**算子**”（参考图 3-8）。按照这个抽象，ETL、机器学习训练模型、召回、排序、业务调控等功能都是算子，其中输入输出可以是数据或者模型。

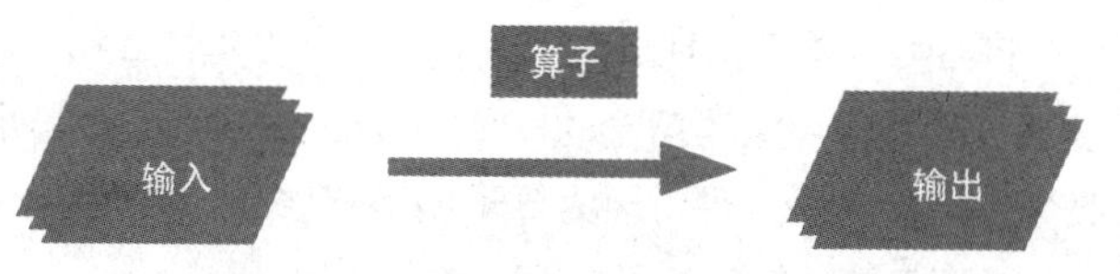

图 3-8　算法或者操作的算子抽象

其次，任何推荐业务都是由一系列算子组成的，它们通过互相配合让整个推荐系统产出业务价值。所有推荐业务都可以抽象为以数据 / 模型为节点，以算子为边的“有向无环图”。图 3-9 是笔者之前的团队实现的一个深度学习的推荐业务（电影推荐）流程，由各个算子通过依赖关系链接而成，整个算法实现就是一个有向无环图。

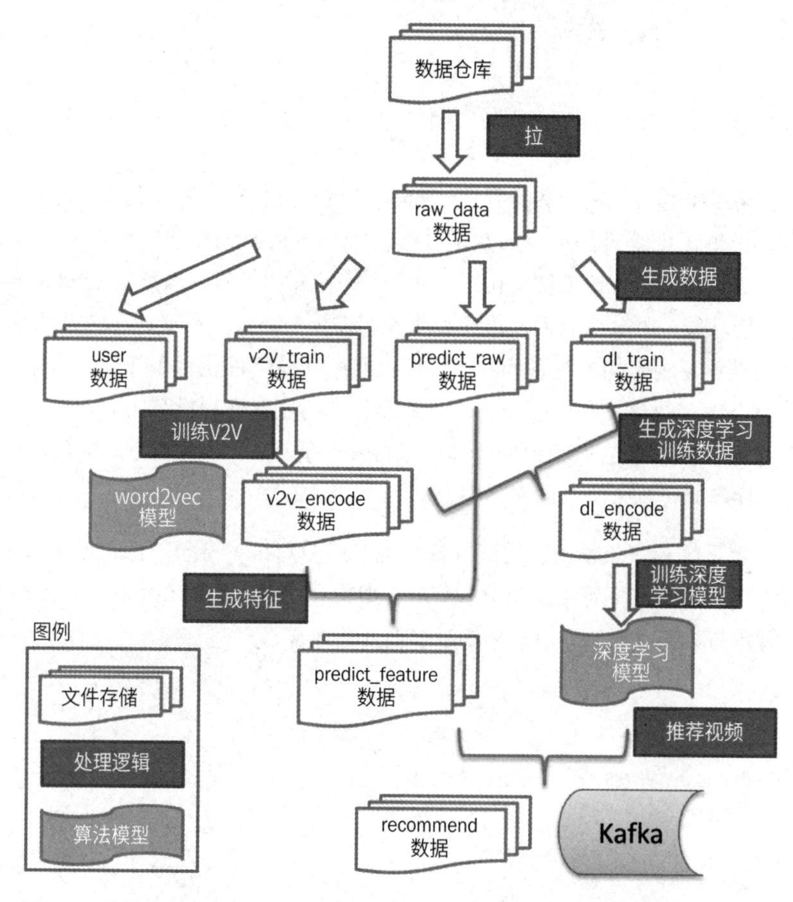

图 3-9　推荐业务的有向无环图抽象（可以看成图 3-6 中排序模块的一种实现）

上一节中提到的将召回、排序实现成一个个微服务（参见图 3-6，不熟悉微服务概念的读者可以自行搜索）就是基于上述理念的一种很好的实现。这里说明一下，算子是模块化的实现，微服务是组件化的实现，因为算子偏微观层面，而微服务偏宏观的功能层面。一般来说，一个微服务可以包含多个算子。

当召回、排序部署为微服务后，就可以通过 RPC 或者 HTTP 供其他业务调用，调用的输入和输出类似于算子的输入参数和输出参数。这么做的一个好处是各个系统相互隔离，每个召回、排序微服务都可以由独立的人员实现，具体实现既可以是 Python 代码，也可以是 Java 代码，实现细节可以很好地屏蔽，算法开发人员只需实现自己的功能，在接口层面跟微服务的使用方约定好就行了；另一个好处是便于发现和定位问题，一个模块出了问题不会影响其他模块。

3.4　小结

本章讲解了推荐系统的业务流程、pipeline 架构和具体的工程架构设计原则。在业务流程部分，讲解了推荐算法涉及的数据收集、ETL 与特征工程、模型训练、模型预测、Web 服务、效果评估及支撑模块。在架构部分，简单介绍了推荐服务的 pipeline 架构，工业级推荐系统功能一般分为召回、排序和业务调控 3 个部分。在工程架构设计原则部分，总结了好的推荐系统架构应具备的 4 大特性：通用性、组件化、模块化、可拓展性，简单介绍了每个理念的含义和价值，还说明了推荐系统业务流程拆分为召回、排序等微服务组件的好处。推荐算法流程中的操作可以抽象为算子，整个推荐业务（或某个模块，如召回、排序等）可抽象为有向无环图。

本章内容是笔者多年学习、实践推荐系统的经验总结，希望能够帮助从事推荐系统开发的读者更好地理解推荐系统相关的流程、架构和设计原则，在工程实现上少走弯路。了解和掌握本章知识点对于学习后面的章节也大有裨益。

第 4 章

推荐系统的数据源与数据预处理

推荐系统是机器学习的子领域，跟一般的机器学习算法一样，推荐算法依赖数据来构建推荐模型。有了数据，确定了模型结构，就需要训练模型，最终为用户提供个性化的推荐服务（进行模型推断）。

推荐系统由于所解决问题的特性（信息过滤与资源匹配问题）以及自身的强业务相关性，因此构建推荐算法模型的数据来源及数据处理方式有自己的特点。本章对这部分知识进行了介绍，方便读者理解后续章节。

4.1 推荐系统的数据源

推荐系统根据用户在终端（App、网站等）的操作行为，挖掘用户的兴趣点，预测用户的兴趣和偏好，最终为用户提供个性化推荐。在整个推荐过程中，涉及的要素有用户、物品、用户的操作行为、用户所处的场景。这些要素都具有相关数据，可供推荐算法利用。

另外，根据数据载体的不同，推荐系统依赖的数据可以分为 5 类：数值数据、类别数据、文本数据、图片数据、音视频数据。

根据组织形式（数据范式）的不同，推荐系统依赖的数据又可以分为结构化数据、半结构化数据、非结构化数据 3 大类。下面按照这 3 种分类方式详述推荐系统所依赖的数据及其特点。

4.1.1 根据产品功能来划分

根据产品功能不同，推荐系统依赖的数据可分为用户行为数据、用户画像数据、物品画像数据、场景数据 4 大类，如图 4-1 所示。下面分别介绍各类数据及其特点。

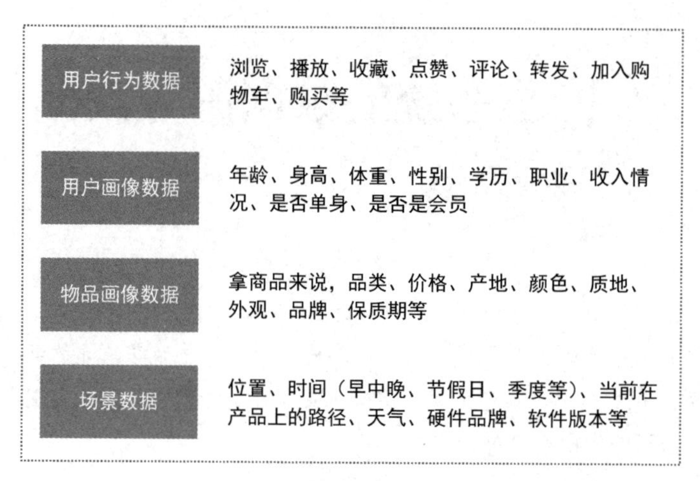

图 4-1　推荐系统依赖的 4 类数据源

1. 用户行为数据

行为数据是用户在产品上的各种操作的记录，比如浏览、点击、播放、购买、搜索、收藏、点赞、评论、转发、加入购物车，甚至滑动、暂停、快进快退等。用户行为是用户真实意图的反映，为我们了解用户提供了线索。通过挖掘用户行为，我们可以获得对用户兴趣和偏好的深刻洞察。

根据是否直接表明用户对物品的兴趣和偏好，用户行为一般分为显式行为和隐式行为。前者包括评分、点赞、购买等。后者可以间接反映用户的兴趣和偏好，包括浏览、点击、播放、收藏等。

用户行为数据最容易收集、数据量最多（因为可以对用户的任何操作行为进行埋点收集）。这类数据需要经过预处理才能被推荐算法使用。只要按照规范（需要事先定义好日志格式，一般可以用 JSON 的数据形式记录日志，方便增删，处理起来也方便）进行埋点，就能够保证数据范式正确。当然，埋点需要经验。目前有很多第三方服务商提供埋点实施方案，在这方面没有经验的企业可以选择采购。

有些产品由于自身特性，往往很难收集到除了用户行为外的其他数据（即使可以收集到，可能处理成本太大或者数据格式非常杂乱）。因此，充分利用用户行为数据对构建高质量的推荐系统非常关键。

2. 用户画像数据

用户画像数据是对用户相关情况的客观描述，包含用户自身的属性，比如年龄、身高、体重、性别、学历、家庭组成、职业等。这些数据一般是稳定不变的（如性别）或者缓慢变化的（如年龄）。用户画像数据固然重要，但不是所有产品都能收集到这类数据。

有些产品由于业务特性可以便捷地收集到用户画像数据，比如支付宝、微信等需要用户身份证信息或者绑定银行卡，可以获得比较完整、隐私的用户个人信息。而有些产品（比如今日头条、快手等）不需要注册就可以使用，比较难获得用户个人信息。

人类是一种社会化动物，人的不同属性反映了其所处的阶层或圈层，用户画像数据可以用于对人进行圈层划分。不同的阶层或圈层有不同的行为特征、生活方式、偏好等，在同一圈层的用户具有一定的相似性，这种相似性为个性化推荐提供了方法和思路，即对同一圈层的用户可以推荐相似的物品。

虽然年龄、性别这种画像数据比较难收集，但是有一类画像数据非常容易获取，这就是兴趣画像。用户使用产品会留下行为轨迹，由此可以挖掘出用户行为特征。我们可以将用户行为关联的物品所具备的特征按照某种权重赋予用户，这些特征就构成了用户的兴趣画像，相当于给用户打上相关的兴趣标签（比如喜欢看“恐怖片”）。从这些兴趣和偏好出发，可以给用户提供个性化推荐。

3. 物品画像数据

推荐系统中最重要的一个“参与方”是待推荐的物品，物品自身包含很多特征和属性。就商品来说，品类、价格、产地、颜色、质地、外观、品牌、保质期等都是元数据。如果有关于物品的描述信息（如电影的剧情介绍），我们还可以利用 NLP 技术从中提取关键词来作为物品画像特征。另外，对于图片、音频、视频，通过 NLP、CV、机器学习等技术也可以提取关键词来作为画像特征。

物品画像也可以通过用户行为来刻画。比如某个物品比较热销，我们可以给其打上“热销”的标签；某个物品很受某类人喜欢，可以给其打上相关标签，比如“× × 专用”。

4. 场景数据

场景数据是用户对物品进行操作时所处的环境特征及状态的总称，比如用户所在地理位置、当时的时间、是否是工作日、是否是重大节日、是否有重大事件（比如“双十一”）、当时的天气、用户当时的心情、在产品中的路径（比如加入购物车之前）等。

这些信息对于用户决策非常重要，甚至起决定性作用。比如，美团、饿了么这类基于地理位置提供服务的产品，为用户推荐的餐厅一定在用户所在位置或者指定收货地点附近。

恰当地使用场景数据，将其整合到推荐算法中，可以为用户提供更加精准的个性化推荐，提升使用体验和商业价值。按照产品功能来划分数据是一种比较偏业务的划分方式，可以让我们更清晰地看到具体的问题。

4.1.2　根据数据载体来划分

随着互联网与科技的发展，网络上传输、交换、展示的数据种类越来越多样化，从最初的数值、类别、文本到图片，再到现在主流的音视频。根据数据载体的不同，推荐系统建模依赖的数据可以分为 5 类，如图 4-2 所示。这种划分方式的好处是方便处理数据，从中提取构建推荐算法需要的特征。

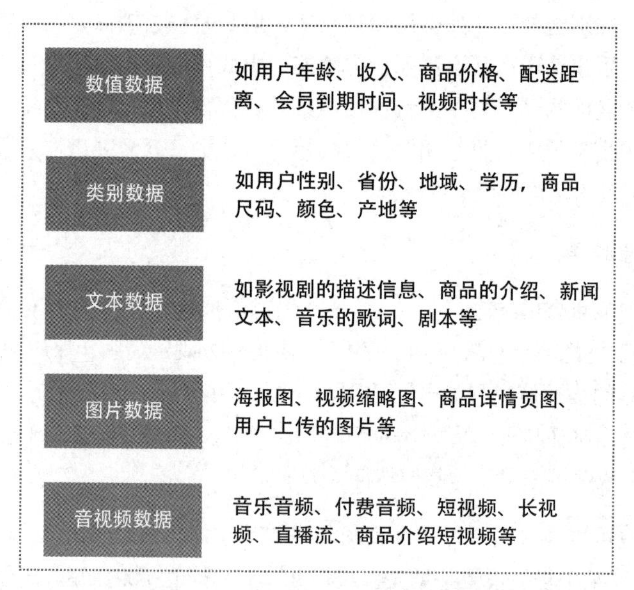

图 4-2　推荐系统依赖的 5 种数据载体

1. 数值数据

推荐算法用到的可以用数值表示的数据都属于这一类，比如用户年龄、收入、商品价格、配送距离等。这也是计算机最容易处理的一类数据，基本上可以直接用于算法中

(部分数据可能需要进行缺失值填充、归一化处理等)。其他类型的数据要想很好地被推荐算法利用，一般会先利用各种方法转化为数值数据。

2. 类别数据

类别数据是指具有有限个值的数据，类似于计算机编程语言中的枚举值，比如性别、学历、地域、品牌、尺码等。类别数据比较容易处理，一般用 one-hot 编码或者编号就可以转化为数值数据（在某些情况下，如果类别本身就是数值的，可以直接使用）。当然，如果类别数量巨大，用 one-hot 编码会导致维度很高、数据过于稀疏等问题，这时可以采用哈希或者嵌入的方法编码。

3. 文本数据

文本数据是互联网中数量最多、最普遍的一类数据，比如物品的描述信息、新闻文本、歌词、剧情简介等。处理文本数据需要借助自然语言处理相关技术。TF-IDF、LDA 等是比较传统的方法，当前流行的 embedding 方法效果比较好。

4. 图片数据

随着智能手机摄像头技术的成熟、图像处理软件的进步，以及各类 App 的流行，拍照和分享照片变得更加容易了。随着大模型技术的出现，可以更容易地生成各种精美的图片，图片数据量有爆发之势。

相比于文本，图片有时能更高效地承载信息，人类也更容易从图片中快速获取信息。当前互联网上充斥着各种图片，商品的海报图、电影的缩略图、朋友圈的照片等都以图片的形式存在。

对于图片数据的处理，目前的 CV 及深度学习技术已相对成熟，包括分类、对象识别、OCR、特征提取等，精度已经足够商用了，在某些方面（如图片分类）甚至超越了人类专家的水平。

5. 音视频数据

音视频数据对我们来说并不陌生，在移动互联网繁荣之前就已经存在很多年了（录音机和摄像机可以记录声音和视频）。而当移动互联网及软硬件技术成熟后，以这两类数据为信息载体的产品迅速发展壮大。音频类的产品有喜马拉雅、荔枝 FM 等，视频类的产品除了爱奇艺、腾讯视频、优酷等长视频 App 外，还有目前大火的抖音、快手等短视频 App。游戏直播、电商导购直播等应用也是视频数据的输出媒介。音乐的数字化、各类音频学习软件（如樊登读书、得到 App 等）也促进了音频数据的增长。

音视频数据的价值密度低，占用空间多，处理起来相对复杂。在深度学习时代，这些复杂数据的处理变得方便了。音频数据可以通过语音识别转换为文本，视频数据既可以通过抽帧转换为图片数据来处理，也可以提取其中的音频数据来处理。目前比较火热的多模态技术可以直接处理原始的音视频数据。

图片、音视频数据属于富媒体数据。随着拍摄设备种类的极大丰富（手机、无人机、激光雷达、红外线探测器等）、拍摄精度的提高、相关互联网应用的繁荣（如抖音、快手等），网络上的富媒体数据越来越多，占据了互联网数据的绝大部分。富媒体数据是未来的推荐系统需要重点利用的数据。

4.1.3 根据数据组织形式来划分

组织形式不同的数据处理起来难易程度不一样。人类比较善于理解和处理二维表格类数据（结构化数据），这就是关系型数据库（主要用于处理表格类数据）在计算机发展史上具有举足轻重的地位的原因。但不是所有数据都是结构化的。随着互联网的蓬勃发展，数据形式越发丰富，出现了半结构化数据甚至非结构化数据，如图 4-3 所示。下面分别对这 3 类数据加以说明。

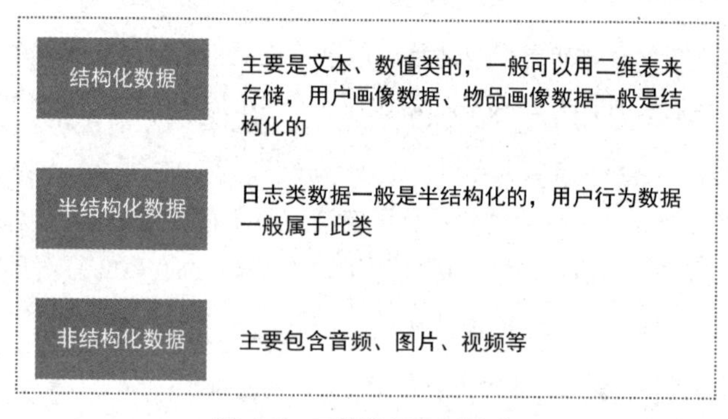

图 4-3 三种数据组织形式

1. 结构化数据

所谓结构化数据，就是可以用关系型数据库中的一张表来存储的数据，每一列代表一个属性 / 特征，每一行就是一个数据样本。一般用户画像数据和物品画像数据都可以用一张表来存储，用户和物品的每一个属性都是表的一个字段，因此是结构化数据。表 4-1 所示的是商品画像数据的结构化表示。

表 4-1 商品画像数据的结构化表示

产 品	品牌	价格	品类	颜 色
iPhone 15 Pro	苹果	8988 元	手机	白色、黑色、原色、蓝色
尼康 D7500	尼康	7299 元	数码产品	黑色
浪琴（Longines）瑞士手表 康卡斯潜水系列 机械钢带男表 L37824066	浪琴	13 000 元	钟表	绿色

结构化数据是一类具备 Schema 的数据，也就是每一列数据的类型、值的长度或者范围是确定的，一般可以用关系型数据库（如 MySQL、ProgreSQL、Hive 等）存储，用 SQL 语言进行查询和处理。

2. 半结构化数据

半结构化数据虽不具备关系型数据库这么严格的 Schema，但数据组织有一定规律或者规范，利用特殊的标记或者规则来分隔语义元素或对记录和字段进行区隔，因此也称自描述的数据结构。常见的 XML、JSON、HTML 等数据就属于这一类。

对于用户在产品上的操作行为，我们一般按照一定的规则对相关字段进行记录（比如可以用 JSON 格式来记录日志，或者按照规定的字符来分割不同字段，再拼接起来记录日志），这类数据也属于半结构化数据。一些半结构化数据可以通过一定的预处理转化为结构化数据。

半结构化数据对于推荐系统非常关键。推荐系统最终的推荐结果可以采用 JSON 格式进行存储或者以 JSON 格式在互联网上传输，最终展示给终端用户。很多推荐模型也采用固定的数据格式存储，比如 ONNX（Open Neural Network Exchange，开放神经网络交换）格式，是一种用于表示深度学习模型的标准，可使模型在不同框架之间进行迁移。

半结构化数据的范式一般比较松散，一般用 NoSQL 数据库以键 - 值对形式存储，比如 HBase、Redis、MongoDB、Elasticsearch 等。

3. 非结构化数据

非结构化数据的结构不规则或不完整，没有预定义的数据范式，不方便用数据库二维逻辑表来存储，包括文本、图片、报表、音视频数据、代码等。由于没有固定的数据范式，因此非结构化数据最难处理。

文本、音频、短视频、商品等都包含大量非结构化数据。即使物品本身是非结构化的（比如抖音上的短视频），我们也可以从几个已知的维度来对其进行定义，从而形成对物品的结构化描述（如表 4-1 中就是针对商品从多个维度来构建结构化数据），这样就可以间接获得非结构化数据的结构化描述（一定会损失一些信息）。

随着移动互联网、物联网的发展，传感器日益丰富、功能多样，人际交往也更加密切，人们更愿意表达自我，人类的社交和生产活动产生的非结构化数据呈几何级数增长。

如何处理非结构化数据，挖掘其中包含的丰富信息并用于推荐算法模型中，存在极大的挑战。非结构化数据如果利用得好，可以大大提升推荐算法的精准度、转化率等用户体验和商业化指标。随着 NLP、图像处理、深度学习等 AI 技术的发展与成熟，现在有更多的工具和方法来处理非结构化数据了（前面也做了介绍）。推荐系统也享受到了这一波技术红利，在这些新技术的加持下，推荐效果越来越好。

非结构化数据由于没有固定范式，因此一般可以采用对象存储工具进行存储，如 Apache Ozone、Minio 等。目前基本所有的云服务厂商都会提供对象存储工具，方便客户存储非结构化的对象文件。

上面从 3 种分类角度介绍了推荐系统的数据源，讨论了推荐系统的数据特性以及这些数据对于推荐系统的价值。当获取了这些数据之后，需要对它们进行适当的预处理并存储下来，方便后续的推荐算法建模使用。下面简单介绍数据预处理相关知识点。

4.2　数据预处理

这里所说的数据预处理一般是指 ETL，用来描述数据从获取到最终存储的一系列处理过程。数据预处理的目的是将企业中分散、零乱、标准不统一的数据整合到一起，将非结构化数据或者半结构化数据（的部分信息）抽取为后续业务可以方便使用的（结构化）数据，为企业的数据驱动、数据决策、智能服务提供数据支撑。

数据基础设施完善的企业一般会构建层次化的数据仓库系统。数据预处理的最终目的是将杂乱的数据结构化、层次化、有序化，最终存入数据仓库。对于推荐系统来说，通过 ETL 将数据处理成特殊结构（可能是结构化数据），使它方便用于特征工程，最终供推荐算法学习和模型训练使用。下面简单介绍 ETL 3 个阶段的原理。

4.2.1 抽取

这一阶段的主要目的是将企业中分散的数据聚合起来，方便后续统一处理。推荐系统依赖的数据源多种多样，因此非常有必要将这些数据聚合起来。不同数据的抽取方式不一样，下面简单介绍。

用户行为数据一般通过在客户端埋点，经 HTTP 上传到日志收集 Web 服务（如 Nginx 服务器），中间可能会通过域名分流或者负载均衡服务来增强日志收集的容错性和可拓展性。日志一般通过离线和实时两条数据流进行处理。离线数据通过预处理（比如安全性校验等）进入数据仓库，实时流经 Kafka 等消息队列，被实时处理程序（如 Spark Streaming、Flink 等）处理或者进入 HBase、Elasticsearch 等实时存储系统，供后续业务使用。用户行为日志的收集流程如图 4-4 所示。

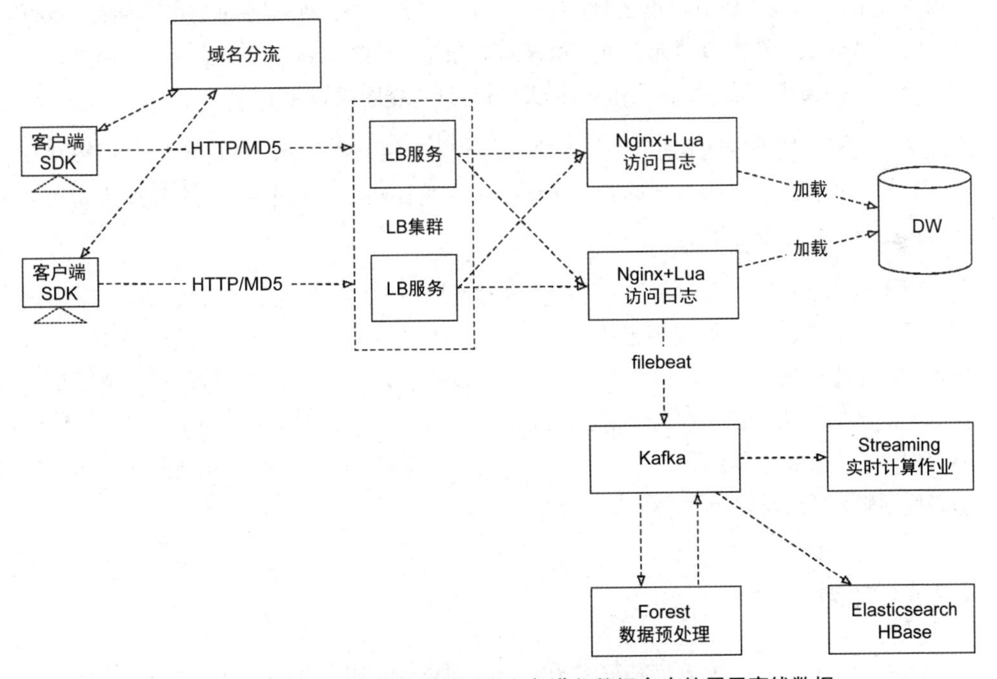

图 4-4 用户行为日志收集流程（右上角进入数据仓库的属于离线数据，右下角经过 Kafka 的属于实时流）

用户画像数据、物品画像数据一般存放在关系型数据库中，供推荐业务使用。对实时性要求不高的推荐业务可以采用数据表快照（按天从业务系统中将数据库同步到 Hive 中）进行抽取，对实时性有较高要求的信息流推荐采用 binlog 实时同步或者消息队列的方式抽取。

场景相关数据描述的是用户当前状态，一般通过各种传感器或者埋点进行收集。这类数据也生成于客户端。通过图 4-4 右下角的实时日志收集系统进入消息队列，供后端的实时统计（如通过时间序列数据库、ES 进行存储，进而查询并展示）或者算法进行处理（通过 Spark Streaming 或者 Flink 等，这里就是实时处理了，没有中间的存储环节）。

4.2.2　转换

这是 ETL 的核心环节，也是最复杂的一环。它的主要目标是将抽取的各种数据进行清洗、格式转换、缺失值填充、重复值剔除等操作，最终得到一份格式统一、高度结构化、质量高、兼容性好的数据，供推荐算法的特征工程阶段处理。

清洗过程包括剔除脏数据、校验数据合法性、剔除无效字段、检查字段格式等步骤。格式转换是根据推荐算法对数据的定义和要求，将不同来源的同一类数据转换为相同格式，使之统一化、规范化。

由于日志埋点或数据收集过程中存在各种问题，因此在真实的业务场景中，字段值缺失是一定存在的。可以利用平均数、众数进行填充，或者利用算法（如样条插值等）来填充。由于网络原因，日志一般会采用重传策略，导致数据重复，剔除重复值就是过滤重复的数据，从而提升数据质量，以免影响最终推荐算法的效果（如果一个人有更多的数据，那么在推荐算法训练的过程中，相当于他有更大的投票权，模型的学习会向他的兴趣倾斜，导致泛化能力下降）。

4.2.3　加载

加载的主要目标是把数据存放至最终的存储系统，比如数据仓库、关系型数据库、键 - 值型 NoSQL 中等，供后续的特征工程或者推荐算法建模使用。

用户行为数据通过数据预处理一般可以转化为结构化数据或半结构化数据。用户行为数据最容易获取，数据量也最大。这类数据一般存放在分布式文件系统中，原始数据一般放在 HDFS 中，处理后的行为数据会统一存放在企业的数据仓库中。离线数据基于 Hive 等构建数据仓库，而实时数据基于 HBase 等构建数据仓库，最终形成统一的数据服务，供上层的业务使用。

用户画像、物品画像数据一般属于关系型数据，比较适合存放在关系型数据库（如 MySQL）或者 NoSQL 中。

某些数据，比如通过特征工程转化为具体特征的数据，可能需要实时获取、实时更新、实时服务于业务，一般存放在 HBase 或者 Redis 等 NoSQL 中。

图片、音视频这类比较复杂的非结构化数据，一般适合存放在对象存储中。当前比较火的数据湖技术（如 Delta Lake、Iceberg、Hudi 等）旨在整合以数据仓库为主的传统结构化数据与以图像、音视频为主的非结构化数据。在该体系下，推荐系统依赖的所有数据源都可以存储在数据湖中。

4.3 小结

推荐系统是机器学习的一个分支，推荐算法依赖数据来构建模型，最终为用户提供个性化的物品推荐。本章简单梳理了推荐系统的数据源及数据预处理相关的知识点。

推荐系统数据源可以按照 3 种方式来分类：按照推荐系统产品功能可以分为用户行为数据、用户画像数据、物品画像数据和场景数据 4 类；按照数据载体可以分为数值数据、类别数据、文本数据、图片数据、音视频数据 5 类；按照数据组织形式可以分为结构化数据、半结构化数据与非结构化数据 3 类。

当获得了可以用于构建推荐系统模型的各类数据，我们还需要将其收集、转运、预处理并存储到数据中心。当所有数据都准备就绪，才可以构建算法模型的特征（进行特征工程）并训练推荐算法。下一章会讲解推荐系统的特征工程。

第 5 章

推荐系统的特征工程

在机器学习任务中，需要事先将原始数据转化为机器学习可以直接使用的数据格式（一般是数值向量的形式），这个过程就是特征工程（本书聚焦推荐系统领域，只讲解与推荐系统相关的特征工程知识，不会深入介绍特征工程的原理和方法，对此不熟悉的读者可以自行查阅相关书籍、材料进行学习），然后才能进行机器学习模型的训练和推断。

推荐系统作为机器学习的一个偏应用的子领域，当然也需要进行特征工程相关的工作。在推荐系统的业务流程中，特征工程所起的作用也类似，我们需要通过特征工程将推荐系统依赖的数据转化为可以被推荐算法直接使用的特征，然后进行模型构建、训练、评估、推断，具体流程如图 5-1 所示。

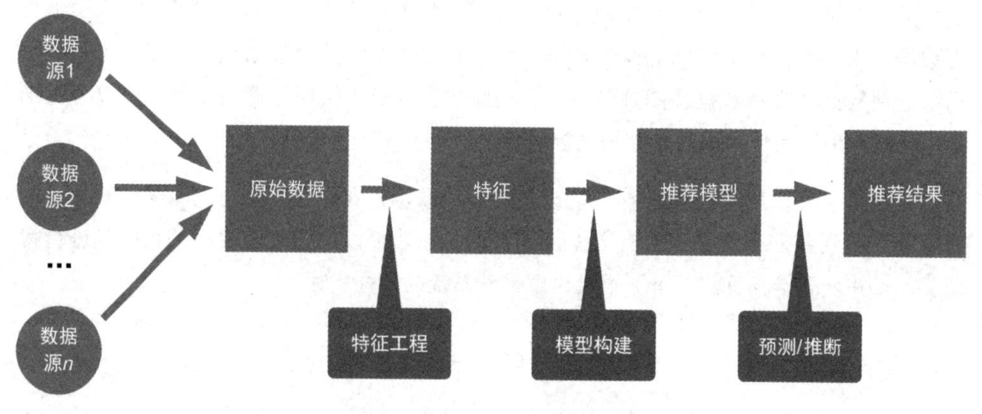

图 5-1　特征工程在推荐算法建模中所处的阶段

推荐系统作为机器学习应用的子领域，有其自身的特点，因此推荐系统的特征工程有具体而特殊的思路和方法。本章会讲解推荐系统中特征工程的整体框架和基本概念，让读者对推荐系统中特征工程的原理和方法有比较清晰的了解。

具体来说，本章会从推荐系统架构下的特征工程、推荐系统的 5 类特征、推荐算法与特征工程、推荐系统特征工程面临的挑战 4 个方面来讲解。

5.1 推荐系统架构下的特征工程

作为一本企业级推荐系统读物，本书会基于当前主流的企业级推荐系统架构来讲解。在企业级推荐系统中，推荐过程一般采用 pipeline 架构，推荐算法核心流程可以分解为召回、排序、业务调控 3 个阶段（第 3 章已经做了介绍），如图 5-2 所示。

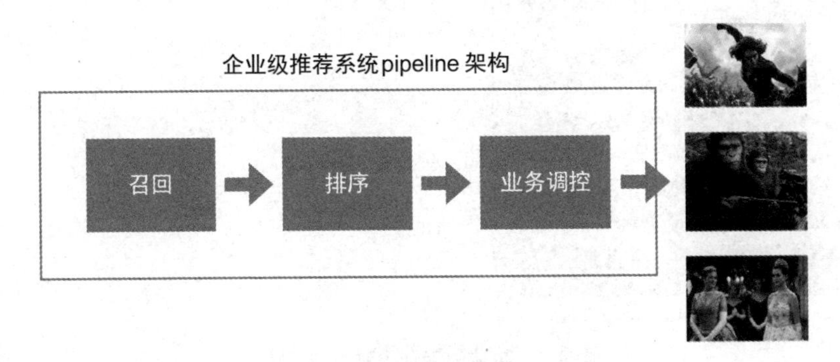

图 5-2 企业级推荐系统 pipeline 架构

下面对这 3 个阶段涉及的具体工作及与特征工程相关的事项进行说明。

召回阶段一般采用不同的方法和策略（既可以是机器学习算法，也可以是人工规则或者策略，后面会详细介绍）将用户可能喜欢的物品筛选出来。不同的方法选择物品的维度及侧重点不一样，这样多种召回方法可以全面覆盖用户可能喜欢的物品范围，避免漏选。图 5-3 展示了一组可行的召回策略（召回相关章节基本覆盖了这里提到的所有召回策略）。

从图 5-3 大致可以看出，有些召回基于一些规则和策略（比如基于用户地域的召回、基于新热的召回），这就不需要复杂的算法，只需要进行选择和过滤就够了，因此也就不需要特征工程。有些复杂的召回算法（比如聚类、矩阵分解、深度学习等）则需要进行特征工程。

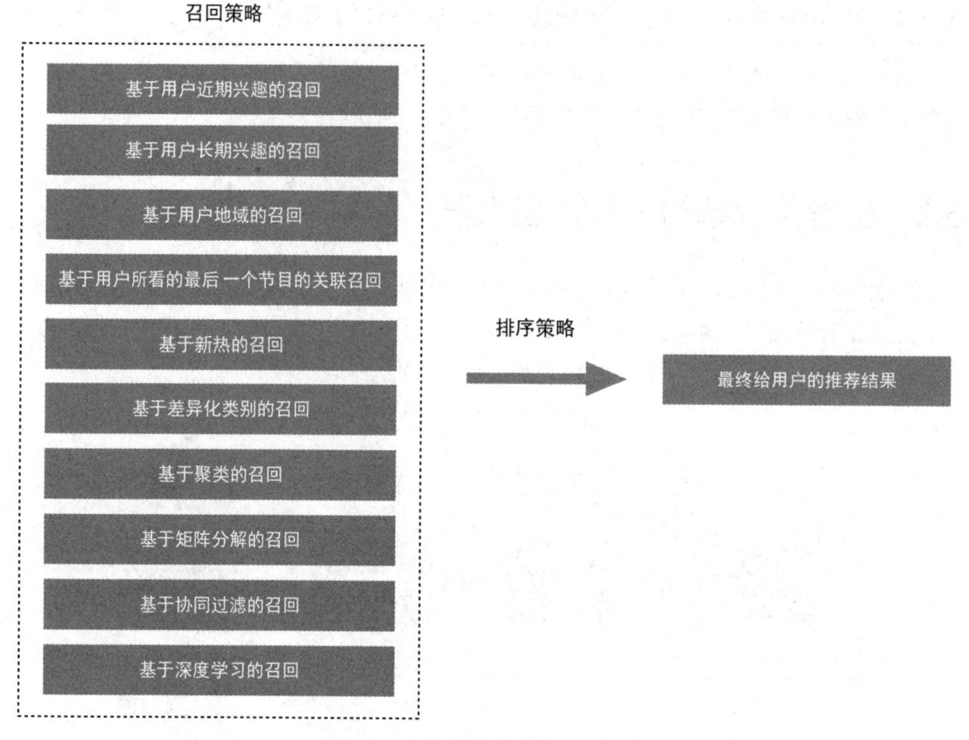

图5-3 企业级推荐系统召回策略

每一种召回算法会获得一个推荐物品的候选集，排序阶段会对所有的召回候选集进行打分，获得所有待推荐物品的最终排序。一般来说，排序阶段可以用统一的模型对候选集进行打分，如基于规则和策略的模型（不需要机器学习算法）、简单的模型（如logistic回归、因子分解机、树模型等）或复杂的深度学习模型。只要不是基于规则和策略的模型，都需要构建特征（只要利用机器学习算法，一般都需要构建特征）。

一些业务更复杂的公司（比如阿里、美团等）一般会将排序分为粗排和精排。如果粗排和精排都基于机器学习算法，那么这两个阶段都需要进行特征工程。

我们还需要基于具体的业务规则对排序结果进行微调，这个过程通常基于业务或者运营中的具体活动或者场景进行——一般基于人工策略，不需要进行特征工程。

因此，在推荐系统的召回和排序中都需要进行特征工程。下面谈谈在推荐系统中可以从哪些维度构建特征。

5.2 推荐系统的 5 类特征

一般来说，在推荐系统中至少可以收集到 3 个维度的数据：用户维度、物品维度、用户行为维度，这 3 个维度都可以构建相关特征。另外，推荐系统是一类偏业务的应用，推荐服务一般在具体的场景中进行（比如推荐餐厅、推荐视频等），因此场景特征也非常重要。最后，前面讲到的 4 个维度的特征可以进行交叉，因此我们可以从这 5 个维度来构建推荐系统的特征。

5.2.1 用户画像特征

用户画像信息对推荐算法非常关键。用户的年龄、性别、地域、学历、工作、收入等信息关系到推荐的精准度，这些信息都可以构建成特征，供推荐算法模型使用。

由于行业限制或者隐私保护，不是所有用户信息都可以收集到，有些敏感信息也需要谨慎对待。一些支付场景可以收集到用户的身份信息等，而一些不需要登录就可以使用的 App（比如新闻资讯、短视频等）可获得的用户信息比较有限。

如果某个公司有多个产品，那么在一个产品中获得的用户信息可以迁移到另一个产品中使用，比如盒马鲜生在刚开始做推荐时，可以使用淘宝的用户信息，因为绝大多数盒马用户也是淘宝用户，而它们又都是阿里旗下的公司，内部会共享信息。

在家庭场景中，由于家里一般有多个人，我们不知道在电视机前观看的人是谁，所以如何挖掘和表示多人场景的用户画像信息非常有挑战性。

5.2.2 物品画像特征

推荐的物品也包含很多信息，比如商品的价格、产地、品类、颜色、尺寸等，这些维度的信息都可以作为模型的特征。物品画像信息一般有文本、图片、音频、视频等几大类，针对不同类别的数据，构建特征的方式也不一样。物品画像特征对于推荐效果非常关键。

不同的产品获取物品画像特征的难易程度不一样。在长视频领域，一般会有结构化的元数据，物品画像特征比较完整。而在新闻资讯领域，由于内容一般是用户生成的，没有完整的物品维度的画像，因此需要从新闻文本中提取相关信息构建特征（比如标签等）。

5.2.3　用户行为特征

用户在产品上的操作行为（比如点击、购买、播放、收藏、转发、点赞等）代表了其兴趣和偏好。用户行为数据最容易获取，数据量也最多，因此在构建推荐系统特征时至关重要。

用户行为特征既可以从单个用户维度构建，如最近一次操作时间、最近一次操作的物品、平均一周登录次数、平均单次使用时长、客单价等；也可以从群体维度构建，比如平均停留时长、平均客单价等；还可以基于行为进行 embedding 表示等。

5.2.4　场景特征

推荐系统是一个偏业务的应用领域，具体的应用场景对于推荐算法非常重要，直接影响算法的具体部署和实施。因此与场景相关的特征对于推荐系统很关键，甚至是决定性的。场景特征主要有地理位置、时间（早中晚、周中周末、是否是节假日、季节等）、上下文、产品上的访问路径（比如在加入购物车之前、在商品详情页等）、用户使用的软硬件相关信息（比如手机品牌、价位、系统版本等），甚至用户操作习惯（按键轻重）、用户的心情（比如微信可以设置状态，这反映了用户的情绪、状态等）、天气等都可以作为场景特征。

这里举例说明场景特征的重要性。比如在外卖场景，用户当前位置是决定性的，这涉及餐厅的选择、配送路径等。在家庭互联网场景，时间非常重要，白天和晚上在家看电视的用户不一样（白天可能是老人，傍晚可能是小孩，晚上是下班的年轻父母）。

5.2.5　交叉特征

不同特征（上述 4 类特征内部或跨类别）之间可以通过笛卡儿积（或者笛卡儿积的一个子集）生成新的特征，通过特征交叉可以捕捉细致的信息，对模型预测能起到很重要的作用。举个例子，比如将用户地域与视频语言做交叉，众所周知，广东人一般更喜欢看粤语剧，因此这个交叉特征对于预测粤语视频的点击会非常有帮助。一般需要对业务有较深的理解和足够的领域知识，才可以构建出好的交叉特征。

学习了与推荐系统相关的 5 类特征，读者应该知道了构建推荐系统特征的方向。具体如何操作，可以结合上述思路和特征工程相关书籍进行学习，本书第 18 章和第 19 章的代码案例也是非常好的学习材料。这里再提一下，深度学习和自动特征工程等技术已经使构建特征的复杂度降低了，但是特征工程仍是必要的，好的特征可以起到四两拨千斤的效果（借助好的特征，简单模型也能获得媲美深度学习等复杂模型的效果）。下面讲解针对主流的推荐系统产品形态，如何确定样本进而构建上述5类特征。

5.3 推荐算法与特征工程

推荐算法是机器学习问题，因而也是数学问题。可以用一个简单的数学公式来定义推荐问题：$y = F(f(S) \mid \theta)$，其中 F 是我们要学习的模型，θ 是模型参数（包括超参数），S 是样本，f 是样本到模型特征的映射，这个过程可以看作特征工程，$f(S)$ 就是样本 S 对应的特征，记为 $f(S) = (f_1, f_2, \cdots, f_k)$，这里 $f_1, f_2, \cdots, f_k$ 是 k 个特征。y 是最终的预测值，一般是一个实数值，可以理解为预测评分或者预测用户点击的概率（具体怎么理解，需要根据选择的模型而定）。

有了上面的简单定义，下面分别从个性化推荐和物品关联推荐的角度说明样本选择与特征构建之间的关系。这也是业界最重要的两种推荐算法，当前比较主流的信息流推荐是个性化推荐在实时场景下的特例，思路是一样的，这里不会赘述。

5.3.1 个性化推荐下的样本与特征

一般来说，个性化推荐的样本是“用户物品对”，即 $S = (U, T)$，这里 U 是用户，T 是物品。样本集是所有用户 U 对物品 T 有过操作行为的“用户物品对”构成的集合，即 $\{(U, T) \mid F(f(U, T)) \text{ is not null}\}$。

在选择训练样本时，存在两种情况可能影响模型效果：一是某些物品是热门物品，那么包含这个物品的“用户物品对”会非常多，导致模型向热门物品偏移；二是某些用户非常活跃，操作行为非常多，而某些用户操作很稀少，这会导致操作行为多的用户“主导”了整个模型。这些问题可以通过对热门物品或者操作行为多的用户进行下采样来处理。

有了样本集，接下来就需要考虑如何构建特征。由于每一个样本包含用户和物品，因此可以从上一节讲解的5个维度（用户维度、物品维度、用户行为维度、场景维度、交叉维度）来构建特征，将所有维度的特征进行拼接，就获得了样本 $S = (U, T)$ 的特征 $f(S) = (f_1, f_2, \cdots, f_k)$，这个过程就是特征工程。图5-4展示了每个样本按照5个维度的特征拼接获得的训练样本。

样本	用户画像特征	物品画像特征	用户行为特征	场景特征	交叉特征	标签
(U_1, T_1)	(1,0,1,···,1,0,1)	(0,0,1,···,1,0,1)	(1,1,0,···,1,0,1)	(0,1,1,···,1,0,0)	(0,1,0,···,1,0,0)	1
(U_2, T_2)	(1,0,1,···,1,1,1)	(0,0,1,···,1,0,0)	(1,0,1,···,1,0,1)	(1,0,1,···,1,0,0)	(1,1,1,···,1,0,0)	0
······	······	······	······	······	······	······
(U_i, T_i)	(1,0,0,···,1,0,0)	(1,0,0,···,0,0,1)	(1,1,1,···,1,0,1)	(1,0,0,···,1,0,0)	(1,0,0,···,1,0,1)	0
······	······	······	······	······	······	······
(U_n, T_n)	(0,0,1,···,1,1,1)	(1,1,1,···,1,1,1)	(1,0,0,···,1,0,0)	(0,0,0,···,1,1,1)	(0,1,0,···,1,1,1)	1

图 5-4　个性化推荐样本的特征构建（上面为了说明方便都用了 one-hot 特征，值都是 0、1，其实可以有别的特征，比如数值特征、嵌入特征等，图 5-5 类似，不再说明）

这里以二分类问题（图 5-4 中标签值为 0、1，二分类也可以看成点击率预估问题）为例说明如何构建正负样本。正样本是用户明确表示喜欢的物品，比如被点赞、收藏、分享等。负样本可以是物品曝光给了用户但是用户没有进行任何操作，或者用户明确表示不喜欢。

有了训练样本，我们就可以选择合适的模型进行训练。当模型训练好后，就可以针对未知“用户物品对” $S=(U, T)$，采用跟构建训练集样本一样的方法构建这个待预测的“用户物品对”的特征，然后灌入训练好的模型获得最终的预测结果。

对某个用户没操作过的所有物品都采用上面的方式进行预测，根据预测评分进行降序排列，取 Top$N$ 作为对该用户的推荐（如果是召回算法，那么就获得了 N 个召回结果；如果是排序算法，那么选取的 Top$N$ 就是排序后的推荐结果）。

这里再提一下，针对某个用户物品对 $S=(U, T)$，可能上述某些特征无法取得值，这就需要用一些特殊技巧来处理了。比如性别是特征，如果获取不到某个用户的性别，那么避免这个问题的做法是提前将性别分为男、女、其他三类，将获取不到性别的用“其他”替代。这类情况还有很多，需要具体问题具体分析，这里不展开。

5.3.2　物品关联推荐下的样本与特征

这里只讲非个性化的物品关联推荐场景（个性化关联推荐跟上述个性化推荐一样），这时某个物品的关联推荐对于所有用户都一样，那么如何选择训练样本呢？

如果产品形态已经有了物品关联推荐（这里将物品关联推荐看成一个点击率预估问题），那么用户在物品关联推荐下的点击行为就可以当成一个正样本，比如用户 U 在物品 T_1 的关联推荐下点击了 T_2，那么三元组 (U, T_1, T_2) 就可以作为一个正样本。如果产品没有物品关联推荐，那么可以将用户在相近时间浏览的两个商品（比如用户搜索手机这个关键词，在搜索结果中同时浏览了 iPhone 15 和华为 Mate 60）可以构成一个正样本对。之所以这样选择，是考虑到用户在相近时间的兴趣点一致，这个一致性刚好是物品关联推荐需要挖掘的信息。

上面提到了正样本对的构建，这里讲一下如何构建负样本。负样本可以是在 T_1 的关联推荐物品中用户表现出负向行为的物品（比如踩、不喜欢等），或者是在 T_1 的关联推荐物品中曝光给了用户但是用户没有产生任何行为的物品。如果负样本数量不足（比正样本少很多），还可以随机取一些样本对作为负样本。

有一点需要指出，虽然样本中存在用户（因为样本是 (U, T_1, T_2) 三元组），但是这里讲的是非个性化的物品关联推荐，所以特征中不应该包含用户画像特征，同时用户行为特征也不是单个用户的特征，而是群体相关特征（比如 T_1 的平均播放时长等）。由于是两个物品 T_1, T_2 的关联推荐，因此特征中可以包含两个物品的画像特征。图 5-5 直观地展示了具体的特征情况。

样本	物品T_1画像特征	物品T_2画像特征	用户行为特征	场景特征	交叉特征	标签
(U_1, T_1^1, T_2^1)	(1,0,1,…,1,0,1)	(0,0,1,…,1,0,1)	(1,1,0,…,1,0,1)	(0,1,1,…,1,0,0)	(0,1,0,…,1,0,0)	1
(U_2, T_1^2, T_2^2)	(1,0,1,…,1,1,1)	(0,0,1,…,1,0,0)	(1,0,1,…,1,0,1)	(1,0,1,…,1,0,0)	(1,1,1,…,1,0,0)	0
……	……	……	……	……	……	……
(U_i, T_1^i, T_2^i)	(1,0,0,…,1,0,0)	(1,0,0,…,0,0,1)	(1,1,1,…,1,0,1)	(1,0,0,…,1,0,0)	(1,0,0,…,1,0,1)	0
……	……	……	……	……	……	……
(U_n, T_1^n, T_2^n)	(0,0,1,…,1,1,1)	(1,1,1,…,1,1,1)	(1,0,0,…,1,0,0)	(0,0,0,…,1,1,1)	(0,1,0,…,1,1,1)	1

图 5-5　关联推荐样本的特征构建

构建好了模型特征，就可以选择具体模型，再利用测试数据进行训练。当模型训练好后，可以将任意两个物品对 T_1, T_2 的特征灌入模型，获得它们之间的关联度，进而将与 T_1 最相关的 N 个物品按照相似度降序排列作为 T_1 的关联推荐。

至此，我们讲了在个性化推荐、物品关联推荐这两个产品形态中如何构建样本和特征，以及模型训练和推断的过程。上面讲到的模型构建的思路主要用于排序阶段，召回阶段当然也可以利用这类采用多维度复杂特征的模型，但有更多的选择（比如选择简单的模型或者基于策略、规则来召回）。

本节讲解了个性化推荐和物品关联推荐两类场景中构建模型样本与特征的思路。下一节谈谈进行推荐系统特征工程面临的挑战。

5.4　推荐系统特征工程面临的挑战

前面讲到，可以从 5 个维度为推荐系统构建特征。虽然有了大致的思路，但是在真实的业务场景中构建推荐系统特征并不容易，会面临很多问题和挑战。具体来说，针对企业级推荐系统，特征工程会面临如下 4 类挑战。

5.4.1　异构数据

推荐系统依赖的数据是异构的，既有结构化数据，也有非结构化的文本、图片、音频、视频数据，种类繁多，形式多样（第 4 章已经详细介绍过了）。对于不同的数据源，抽取特征的技术手段不一样，对于文本，可以用 TF-IDF、LDA、word2vec 等方法；对于图片，可以采用 SIFT ；对于视频，可能还需要进行抽帧、提取音频等操作，处理起来比较复杂。

在真实的业务场景中，数据的质量往往参差不齐，特别是 UGC 数据，信息不完整、不规范，存在噪声（比如闲鱼商品图片上的文字可能比较乱，包含很多营销信息），在进行特征工程之前需要进行大量的数据预处理工作。

5.4.2　实时推荐

在信息流等实时推荐场景中，需要针对用户最近的行为构建实时特征，然后灌入模型进行实时推荐，让用户即刻感受到推荐系统的服务。在实时推荐场景下，数据预处理、特征抽取要在毫秒级完成，这对特征抽取的复杂度、及时响应度等有极高的要求，对推荐算法也有要求。

5.4.3　复杂场景下的推荐

对于比较依赖场景信息的推荐系统，比如外卖推荐高度依赖位置和时间，就需要将特定场景的特征很好地整合到模型中。

目前的推荐系统趋向于推荐跨领域的物品（比如美团既会推荐外卖，也会推荐服务等，如图 5-6 所示），推荐的物品跨多个品类，构建跨品类的特征并将它们融入算法模型极具挑战性。

图 5-6 美团跨领域物品推荐（涉及美食、娱乐、美妆等多个领域）

5.4.4 用户隐私与信息安全

随着《中华人民共和国个人信息保护法》的出台，个人信息保护变得越来越重要。用户可以关闭 App 的数据收集，这意味着未来更难收集用户数据了。在数据不足或者缺失的情况下，如何构建模型特征也是比较大的挑战。

5.5 小结

本章讲解了推荐系统与特征工程相关的知识点。推荐系统作为机器学习中一个非常有业务价值的子领域，构建特征工程的思路和方法有其自身特点。

在企业级推荐系统架构下，召回和排序过程中都需要进行特征工程相关工作。推荐系统中的特征工程可以从用户、物品、用户行为、场景、交叉 5 个维度来进行，本章也针对个性化推荐和物品关联推荐讲解了如何构建模型的样本和特征。有了这些基础知识，就大致知道了在推荐系统中如何构建模型需要的特征。最后简单描述了推荐系统中进行特征工程可能面临的挑战。

希望本章能够给读者提供一个宏观视角，在这个大的框架下更好地为各种推荐算法构建相关特征，进而获得好的模型效果。第 18 章和第 19 章的代码案例提供了实操方法。如果想要了解特征工程相关的知识细节，可以参考更专业的材料和书籍。下一章开始讲解推荐系统召回算法方面的知识点。

召回算法篇

第 6 章

推荐系统的召回算法

前面几章介绍了推荐系统的一些基本概念，本章开始介绍推荐系统的核心内容——推荐算法。推荐系统一般包括召回和排序，召回可以看成推荐前的初筛过程，排序是对初筛结果进行精细打分的过程。

召回和排序阶段使用的算法就是推荐系统的核心算法。召回和排序在本书中占的篇幅最大，可见其重要性。本章简单介绍常用的召回算法及其特性，后续 3 章具体介绍各类召回算法。

6.1　什么是召回算法

一般在企业级推荐系统中，涉及的推荐候选集（可被推荐的所有物品）数量非常大，比如淘宝上就有上亿款商品。**召回是一个初筛的过程，先通过简单的算法和策略将推荐候选集的规模控制在一个比较小的范围**（一般几百到几千个），再用精准的排序算法对候选集进行精细排序。这么做的目的是将推荐过程拆解为两个前后依赖的步骤，所获得的最大价值是将复杂的推荐问题解耦，降低问题的复杂度，方便工程实现。召回的过程可以参考图 6-1。

基于初筛目的，召回算法一般用比较简单的算法来实现，这样可以在大规模候选集中快速将待推荐的物品筛选出来。简单的召回算法在工程实现和效率上都是更好的选择。

另外，为了不至于错失用户真正喜欢的物品（如果物品在召回阶段没有被筛选出来，就没有机会将其推荐给用户了），一般会使用多种召回算法，每个算法可以从不同的角度，用不同的策略将用户可能喜欢的物品筛选出来。这个思路有点儿类似于机器学习中的集成学习，通过多路召回起到“三个臭皮匠，顶个诸葛亮”的作用。

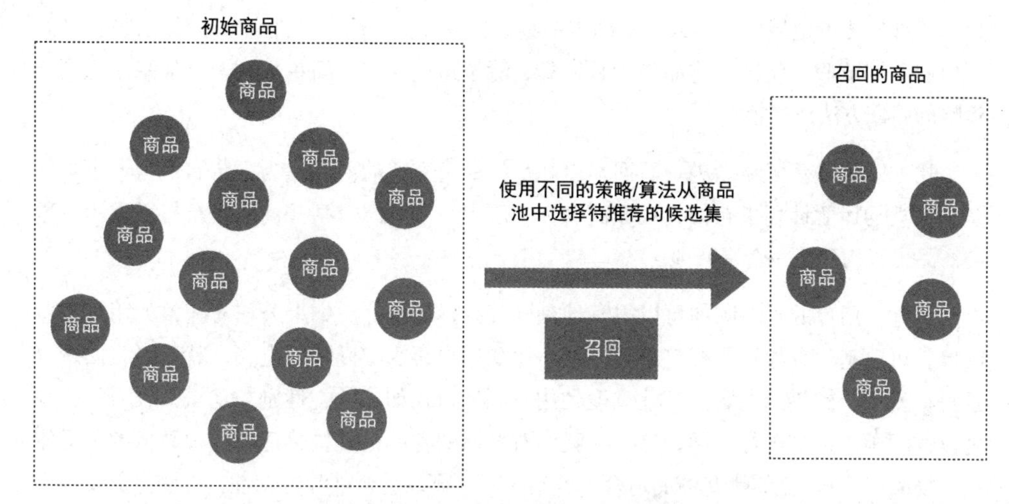

图 6-1　以商品推荐为例的召回过程说明

前面介绍了召回算法及召回的目的，下面介绍一些常用的召回算法，让大家了解可以从哪些维度进行召回，有哪些方法和策略可用。

6.2　常用的召回算法介绍

召回算法的种类非常多，既可以基于算法复杂度划分，也可以从数据维度划分，还可以从是否是个性化算法来划分。下面从 3 个维度分别介绍常用的召回算法，方便读者理解各种召回算法之间的区别和联系。

6.2.1　基于算法复杂度分类

召回算法按照复杂度可分为基于规则和策略的召回、基于简单（基础）算法的召回、基于复杂（高阶）算法的召回 3 类。顺便说一下，接下来的 3 章就是按照本节的分类展开介绍的。下面简单介绍这 3 类召回算法。

1. 基于规则和策略的召回

这类召回算法基于具体的业务场景和产品运营策略来设计。比如可以基于热门进行召回（如各类排行榜）；可以基于重点运营类目进行召回（一般由运营人员来确定）；可以基于性别或者地域由运营人员整理出一批候选集，根据用户的性别或者地域进行召回；可以在不同节假日将部分物品作为召回集。除了这里介绍的简单规则，其他基于规则和策略的召回方法还有很多。

比如既可以基于新品进行召回，也就是将最新上架的商品作为一个召回池；也可以基于最近的运营计划来召回，比如商家在“双十一”期间对某些商品进行打折促销，这类商品可以构建成一个召回池。

另外，用户的兴趣画像可以很好地刻画其兴趣和偏好。如果公司有完整的用户兴趣画像，可以基于兴趣画像标签进行召回。比如用户喜欢“爱情”电影，就可以召回所有具备“爱情”标签的电影。其他维度的用户画像，比如年龄、性别、地域、收入等，都可以作为画像标签进行召回，这要求我们对召回的物品也要构建适配用户画像的分类体系（物品画像），比如哪些商品适合推荐给男性、哪些适合推荐给女性、哪些是男女都可以推荐的。

基于规则和策略的召回一般跟行业、策略、业务、场景相关，不同的行业在不同时期有不同的做法，这需要算法工程师跟业务部门（主要是产品、运营、销售、品牌、渠道等部门）很好地配合，算法工程师在实施这类召回策略时一定要理解具体的业务场景和业务价值。

2. 基于简单算法的召回

可以利用简单有效的算法进行召回。这类算法的工程实现一般比较简单，容易理解，只要有相关的数据储备（用作算法的训练数据）就可以实施，在真实的业务场景中用得比较多。

对于推荐系统来说，每个用户都有历史行为（这里不考虑冷启动用户），因此可以召回与用户最近有操作行为（比如购买）的物品相似的物品。这类召回算法在信息流推荐中用得比较多。计算相似度的方法很多，既可以基于物品画像的相似度，也可以利用更高级的嵌入算法，比如矩阵分解、item2vec、大模型等。

简单的召回算法有很多，比如关联规则召回算法、聚类召回算法、朴素贝叶斯召回算法、协同过滤召回算法、矩阵分解召回算法等。第8章会详细介绍算法原理，这里不展开。

3. 基于复杂算法的召回

这里的复杂召回算法主要是指采用深度学习、强化学习、迁移学习、半监督学习、GPT 等较现代、更复杂的算法来进行召回。比如 YouTube 在 2016 年发布的那篇经典的深度学习推荐论文中的深度学习召回算法（见本章参考文献 1），第 9 章会介绍这个算法，这里不展开。

6.2.2 基于数据维度分类

召回算法按照使用的数据可以分为基于用户画像的召回、基于物品画像的召回、基于用户行为数据的召回、基于场景数据的召回 4 类，下面简单介绍。

1. 基于用户画像的召回

这是指召回算法依赖用户画像数据进行召回。前面已经做了简单介绍，这里不再赘述。

2. 基于物品画像的召回

可以基于物品的元数据信息（比如描述信息、分类、标签、价格、颜色、产地等，这些是物品的画像）进行召回。

可以将物品每个维度的信息看成一个特征，那么任意两个物品之间的相似度可以通过计算两个向量的距离得到，每个维度的相似度可以有单独的算法，不同维度也可以赋予不同的权重，这就是所谓的向量空间模型。可以通过如下方式计算两个物品之间的相似度。

假设两个物品的向量表示分别为：

$$\boldsymbol{V}_1=(p_1,p_2,p_3,\cdots,p_k),\ \boldsymbol{V}_2=(q_1,q_2,q_3,\cdots,q_k)$$

这时这两个物品的相似度可以表示为：

$$\text{sim}(\boldsymbol{V}_1,\boldsymbol{V}_2)=\sum_{t=1}^{k}\text{sim}(p_t,q_t)$$

其中 $\text{sim}(p_t, q_t)$ 代表向量的两个分量 p_t, q_t 之间的相似度。可以采用 Jaccard 相似系数等方法计算两个分量之间的相似度。上式中还可以针对不同的分量采用不同的权重策略，见下式，其中 w_t 是第 t 个分量（特征）的权重，权重的具体数值可以根据对业务的理解人工设置，或者利用机器学习算法训练学习得到：

$$\mathrm{sim}(\boldsymbol{V}_1,\boldsymbol{V}_2)=\sum_{t=1}^{k} w_t * \mathrm{sim}(p_t,q_t)$$

我们也可以采用更高阶的算法，将物品信息嵌入一个向量空间（文本类物品的推荐比较适合使用这类算法），通过计算两个向量的相似度得到两个物品的相似度。

基于物品画像的召回既可以用到物品关联推荐中（为每个物品关联与之最相似的物品），也可以用到个性化推荐中（比如将与用户最近喜欢的物品相似的物品作为召回结果）。

3. 基于用户行为数据的召回

基于用户行为数据的召回可以分为两类：一类是只基于用户自己的行为进行召回，另一类是基于群体的行为进行召回。

将用户喜欢的物品或者最近一次操作过的物品的相似物品作为召回结果，就属于只基于用户自己行为的召回。基于内容的推荐算法也属于这一类。

前面提到的矩阵分解算法、用户聚类算法、关联规则算法、朴素贝叶斯算法等都属于基于群体行为的召回。这类算法也称协同过滤算法，因为利用群体行为来实现协同进化，所以群体规模越大，用户行为越多，推荐效果越好。

4. 基于场景数据的召回

场景数据包括时间、地点、天气、时机、路径（比如在加入购物车之前、购买之前、购买之后），也称上下文数据。下面简单说明一些基于场景数据的召回。

美团外卖就是一个典型的基于时间、地点召回的场景。早上、中午、晚上召回的食物是不一样的，早上的是早餐，晚上是的晚餐。地点更好理解，召回的食物一定是所在地附近（或者收货地址附近）的店提供的。

像携程这种生活消费类 App，在不同目的地、季节、天气状况下，召回的出行方式或者景点是不一样的。

时机也比较好理解。比如你最近浏览了手机，那么淘宝会给你召回手机相关的电子产品；当你付款买了手机后，淘宝就会给你召回手机配件等产品（比如耳机、护膜、挂饰），这个时候再召回手机就是非常傻的策略了。

根据不同的路径进行召回也是类似的。在你将商品加入购物车之前，可能召回的是更多样化、符合你兴趣的物品；等你加入购物车之后，召回的可能是跟购物车中的商品比较搭配的商品（比如你往购物车中加入一件上衣，系统会为你召回裤子、鞋子、帽子等，这就是所谓的穿搭推荐）。

6.2.3 基于算法是否个性化分类

基于是否是个性化的，召回算法可以分为非个性化召回算法和个性化召回算法，下面简单介绍。

1. 非个性化召回算法

所谓非个性化召回算法，就是不基于某个待推荐用户相关信息进行召回，比如前面提到的热门召回、基于运营策略的召回、基于时间的召回、基于地域的召回。

2. 个性化召回算法

所谓个性化召回算法，就是基于用户相关信息（比如用户画像、用户行为、群体行为等）进行召回，比如基于用户兴趣标签的召回、协同过滤召回。

如果用一句话来总结二者的区别，那就是：如果为每个用户召回的结果是不一样的，就是个性化召回，否则是非个性化召回。当然，还有一种中间状态，就是首先将用户分群，然后按照每个群进行召回，同一个群的用户的召回结果一样，不同群的召回结果不一样（当然，两个群召回的物品可能有部分重叠）。

召回的粒度按照从粗到细可分为全体（所有人的召回结果都一样）、群体（不同群体的召回结果不一样）、个体（每个人的召回结果都不一样），可以分别叫作千人一面、千人十面、千人千面，这样更好理解和记忆。

上面从多个维度介绍了召回算法，目的是希望大家更好地理解，企业级推荐系统会基于具体的业务场景采用多种召回算法。表 6-1 列举一些常用的召回算法及其分类，供大家参考。

表 6-1　召回算法分类

召回算法	基于算法复杂度分类	基于数据维度分类	基于是否个性化分类
热门召回	基于规则和策略的算法	用户行为数据	非个性化
基于物品标签召回	简单算法	物品画像数据	非个性化
基于用户画像召回	简单算法	用户画像数据	个性化
基于地域召回	基于规则和策略的算法	场景数据	非个性化
基于时间召回	基于规则和策略的算法	场景数据	非个性化
协同过滤（item-based、user-based）召回	简单算法	用户行为数据	个性化
矩阵分解召回	简单算法	用户行为数据	个性化
关联规则召回	简单算法	用户行为数据	个性化
用户聚类召回	简单算法	用户行为数据	个性化
朴素贝叶斯召回	简单算法	用户行为数据	个性化
深度学习召回	复杂算法	用户行为数据	个性化

上面简单介绍了各种召回算法及其分类。在企业级推荐系统中使用召回算法需要注意一些问题，下面简单总结。

6.3　关于召回算法的使用说明

企业级推荐系统是一个非常复杂的业务系统，涉及非常多部门的配合。在真实的业务场景中使用召回算法，需要注意如下 3 点。

6.3.1　别使用太复杂的召回算法

召回的目的是为推荐进行初筛，所以需要平衡精准度和效率。太复杂的召回算法工程实现难度大，计算效率低（可能要从所有候选集中选择待召回的物品），使用起来不划算，特别当物品数量非常多时。

虽然前面提到 YouTube 的深度学习推荐系统（见本章参考文献 1）将深度学习作为召回算法，但是在具体实施召回算法时采用了一些工程技巧，能在毫秒级从千万量级的候选集中进行召回，所以是可行的。第 9 章介绍这个召回算法时会详细说明。

6.3.2 使用多维度的召回算法

前面提到，用多个召回算法相当于采用集成学习的思想。既然建议大家用简单的算法，那么其准确度不会特别高（准确度越高表示召回的物品用户越喜欢）。如果采用多个召回算法（特别是用了很多彼此有差异性的召回算法），可以提升整体的召回准确度（这就是集成学习的优势）。

具体采用多少个召回算法，视具体业务及资源而定。我个人建议至少要有 3 类召回算法：基于规则和策略的召回（比如热门召回）、基于算法的召回（协同过滤、矩阵分解等）、基于内容的召回（比如基于兴趣标签的召回）。

6.3.3 基于业务策略进行召回

推荐系统需要解决一些具体的业务问题（比如增加用户停留时长、留存、转化等），因而基于业务目标选择能实现业务价值的召回算法是必需的。这里举个简单的例子说明，如果业务目标是希望增加用户的视频观看时长，那么可以推荐一些经典电影或者人均播放时长久的电影。

6.4 小结

本章介绍了什么是召回算法以及推荐系统中常用的召回算法，还从 3 个维度对召回算法进行了简单分类，对每类召回算法也给出了案例加以说明，希望可以帮助读者更好地了解各个召回算法的特点及它们之间的联系和区别。召回算法是推荐系统的基础和核心，每个从事推荐算法相关工作的人必须了解、掌握和熟练运用。本章可视作概述和大纲，下一章开始介绍具体的召回算法原理及实现思路。

参考文献

1. Covington P, Adams J, Sargin E. Deep neural networks for YouTube recommendations[C]//Proceedings of the 10th ACM conference on recommender systems. 2016: 191-198.

第 7 章

基于规则和策略的召回算法

上一章简单梳理了推荐系统中的召回算法。从本章开始的 3 章将详细介绍推荐系统召回算法的具体思路和实现细节。上一章提到，可以按照复杂度将召回算法分为 3 类，这 3 章将按照这个分类展开介绍，包括基于规则和策略的召回算法、基础召回算法和高阶召回算法。

本章分别介绍基于热门、物品标签、用户画像、地域和时间的召回方法，都非常简单和容易理解。本章旨在给读者提供一些基本的思路和方法，以便更好地理解基于规则和策略召回的原理。这类召回算法非常多，无法穷举，不同的行业、场景、阶段可选择的方法也不一样。读者可以基于自己公司的业务场景思考该怎么做，以及是否有更好的选择。

在讲解之前需要说明一下，本书的所有核心算法都有对应的代码实现。**第 6~9 章中介绍的召回算法，第 10~13 章中介绍的排序算法，在第 18~19 章中都有具体的实现案例，读者可以自行参考，对比学习，后面不再说明。**

7.1 热门召回

所谓热门召回，就是召回大家都喜欢的物品。该召回算法的核心思想是利用人的从众效应。从众效应指个体受到群体的影响而怀疑、改变自己原本的观点、判断和行为等，以和他人保持一致，也就是通常所说的“随大流”。从众效应有进化论作为理论基础，“随大流”能够降低人的决策风险（想想在远古狩猎时代，有个同伴突然跑起来，他身边的人肯定也会跑起来。首先跑起来的同伴可能是看到或听到了危险临近，比如发现了一头猛兽，虽然可能是虚惊一场，但如果不跑，遇到猛兽，很可能会丢掉性命）。了解了什么是热门召回及其理论基础，下面看看具体怎么做。

一般来说，上架到某个产品（可以是某个网站、某个 App，未来也可能是 VR/AR 设备中的应用等）中的物品会有用户行为记录（比如淘宝上的商品销售记录），那么我们就可以根据行为日志统计物品在某个时间区间（比如过去半年）的相关量（比如销售量、播放量、阅读量、收藏量等），按照统计量降序排列就可以获得 Top*N* 物品，作为召回列表。

在实际情况中，可能会考虑物品的多样性、价格、质量等多个维度，可以对 Top*N* 进行微调，或者首先将物品按照某个规则分类（如果物品是商品，可以按照生活用品、服饰、3C 等分类；如果物品是内容，可以按照科技、军事、影视等分类），然后在每个类目中统计 Top*N*，将不同类目下的 Top*N* 混编在一起作为最终的召回结果（不同分类的召回结果怎么混编，可以参考第 11 章）。

如果数据量不大，用 Python 就可以统计出 Top*N* 物品。如果数据量大并且公司有大数据平台，可以利用 Spark 等大数据分析系统统计 Top*N* 物品。总之，热门召回算法的工程实现非常容易。召回的热门物品可以存放到 Redis 等数据库中，供具体的召回服务调用。对于一般的产品来说，每日计算一次召回就够了；对于新闻等时效性非常强的产品，可以按 T+1、按小时或实时计算 Top*N*，用于不同的推荐场景中。

对于物品统计量变化不大的场景（如两次统计 Top*N* 发现结果基本没有变化，甚至一样），可以采用更灵活的策略，比如可以先取 Top200，再从中随机选择 100 个形成 Top100，这样能够保证推荐的多样性。

热门召回除了作为一种召回策略外，也经常作为针对冷启动用户的备选推荐策略。从众效应决定了利用热门召回作为冷启动策略一般效果不错。

7.2 基于物品标签的召回

对于各种业务场景来说，物品一般是有标签的，比如商品的价格、材质、产地、尺码，以及新闻的类目、关键词等。基于物品标签进行召回是一种比较好的方法，实现难度较低，计算量小，可解释性也很好。基于物品标签的召回可以用于两个推荐场景，一是物品关联推荐，一是个性化推荐。下面分别说明如何实现。

7.2.1　物品关联召回

假设物品 X 的标签集合是 A，物品 Y 的标签集合是 B，那么物品 X 和 Y 的相似度可以用 **Jaccard 相似系数**（Jaccard similarity coefficient）来表示：

$$J(A,B)=\frac{|A\cap B|}{|A\cup B|}=\frac{|A\cap B|}{|A|+|B|-|A\cap B|}$$

Jaccard 相似系数的取值范围为 0 到 1，值越大表明越相似，这很好理解。这个计算方法非常简单，在具体实施时可以采用如下两种方法。

方法 1：利用 Redis 数据结构

将每个物品的标签存到 Redis 中（可以不用存标签的中文，而是存标签的 id，一般业务中标签都有唯一的 id，id 既可以是字符串，也可以是长整型。不熟悉 Redis 的读者可自行学习，Redis 是相关从业者必备技能），利用 set（集合）数据结构存储每个物品的标签，其中键是物品 id，值是物品的所有标签构成的 set。另外建立一个标签到物品的反向索引，也是利用 set 数据结构，键是标签，值是所有包含这个标签的物品 id 构成的 set。

计算与 X 物品最相似的物品时，可以首先从 Redis 中查找 X 所有的标签 T_1、T_2、…、T_{n_X}，然后从 Redis 中基于标签到物品的反向索引查找 T_1、T_2、…、T_{n_X} 关联的物品（这些物品必须包含 T_1、T_2、…、T_{n_X} 中至少一个标签，否则跟 X 的相似度为 0，因为 Jaccard 计算公式的分子为 0），标签关联的物品结构如下：

$$\begin{aligned}&T_1\leftarrow Y_1^1,Y_1^2,\cdots,Y_1^{k_1}\\&T_2\leftarrow Y_2^1,Y_2^2,\cdots,Y_2^{k_2}\\&\cdots\cdots\\&T_{n_X}\leftarrow Y_{n_X}^1,Y_{n_X}^2,\cdots,Y_{n_X}^{k_{n_X}}\end{aligned}$$

这样就可以利用 Jaccard 相似系数计算 X 与下面的物品集合（需要去重，因为上面 T_1、T_2、…、T_{n_X} 关联的物品可能有重叠）的相似度了，然后按照相似度降序排列，选取 Top$N$ 的物品作为最终的召回结果：

$$Y_1^1,Y_1^2,\cdots,Y_1^{k_1},Y_2^1,Y_2^2,\cdots,Y_2^{k_2},\cdots,Y_{n_X}^1,Y_{n_X}^2,\cdots,Y_{n_X}^{k_{n_X}}$$

Redis具备丰富的集合操作，上面计算相似度的操作可以利用Redis的集合操作函数来实现。如果物品的标签数量不是很多，这个算法完全可以实时实现。当推荐系统请求某个物品的相似召回时，可以基于上面的计算过程实时计算出该物品的相似物品列表。当然，也可以利用Spark（不熟悉Spark的读者需自行学习，Spark也是大数据和机器学习从业者必备技能）事先计算好存储下来（计算好每个物品的Top*N*相似物品并存放到Redis中）供召回服务调用。这里利用Spark进行计算跟下面方法2的方案不一样：利用Spark对所有物品按照上述计算过程调用Redis来实现，主要使用Spark并行计算物品的相似物品，是对所有物品的并行化。

方法2：利用Spark进行分布式计算

利用Spark可以将每个物品及对应标签存放到一个DataFrame数据结构中。这个DataFrame包含两列，一列是物品id，另一列是物品标签，数据结构是数组的形式。具体可参考表7-1的案例说明。

表7-1 案例说明

物品id	物品标签
6712345	array(134, 456, 789)
3490671	array(314, 816, 260, 519)
⋮	⋮

下面简单说明具体的计算逻辑。假设这个DataFrame记为D，如果物品数量不是很大，可以将D广播到每个Spark的计算节点，广播变量记为E，然后利用Spark的函数将物品id列表并行化到多个计算节点，计算与每个物品最相似的Top*N*物品（两个物品之间的相似度可以采用上面的Jaccard相似系数公式计算）。计算好之后可以将结果存放到Redis中。图7-1很好地说明了利用Spark进行分布式计算的过程。

讲完了基于物品标签计算相似召回的两种方法，相信读者可以理解其中的思想。基于物品标签的召回方法也可以推广到标签有权重的情况，只不过这时Jaccard相似系数的计算公式要调整一下：使用Redis方法时要用sorted set，而不是set，sorted set中的score刚好表示权重，Spark方法的计算过程也需要稍微调整一下。由于没有太大的挑战，这里便不赘述，感兴趣的读者可以自行探索。

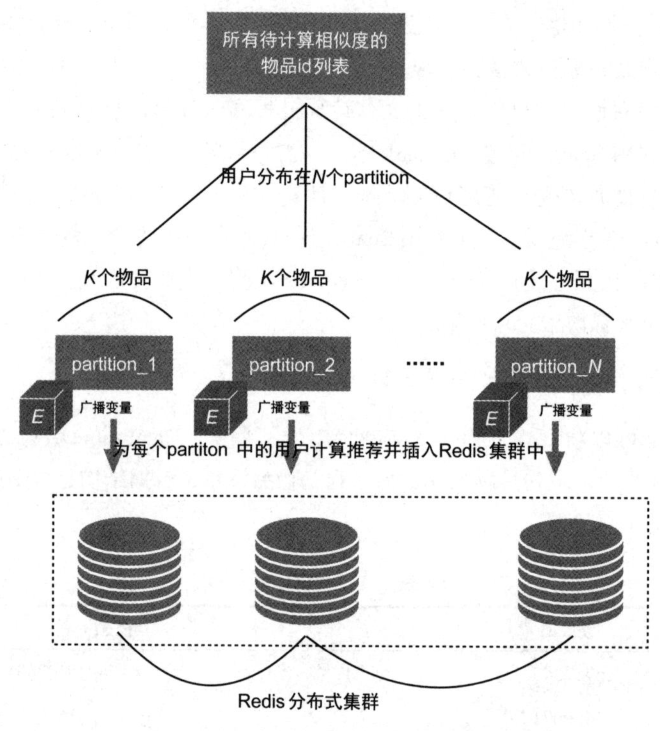

图 7-1　物品关联召回的分布式计算架构

7.2.2　个性化召回

个性化召回就是基于标签为每个用户召回其可能喜欢的物品，属于个性化推荐范式。可以采用两种方法实现个性化召回，下面分别介绍。

1. 利用种子物品进行召回

这个方法是将与用户喜欢的物品最相似的物品召回。可以选择用户最近一段时间评分（如果没有评分，可以基于购买过、收藏过、分享过、播放过等表明用户有兴趣的行为）比较高的几个物品作为种子进行召回（具体选择多少个种子物品，需要根据实际情况来定）。

这种方法适用于实时推荐场景，这时一般可以将与用户最近操作过的 1~2 个物品最相似的物品召回，然后插入用户的推荐流中（这里需要利用排序算法，将新召回结果和之前的排序结果进行融合排序）。比如在抖音中，如果用户刚刚看了一个瑜伽的视频，就可以将与之相似的视频（比如还是瑜伽视频）作为召回结果，然后融入该用户的后续推荐列表中。

2. 利用用户兴趣标签进行召回

这个方法是基于用户行为构建用户的兴趣标签，将物品标签赋予用户，这样用户也就具备标签了，然后就可以采用与 7.2.1 节类似的方法进行个性化召回了。

这里举例说明如何给用户赋予标签。比如用户看了一部电影，该电影有 3 个标签，分别是爱情、生活、艺术，就可以给该用户打上爱情、生活、艺术这 3 个标签，代表用户对这 3 个方面感兴趣。将用户看过的所有电影的标签都赋予用户，为用户构建兴趣标签的过程就完成了。这个方法其实是下面要介绍的基于用户画像召回算法的一种（基于用户兴趣标签的召回），为了内容的完整性，这里提前介绍了。7.3 节覆盖的范围更广，除了兴趣标签，还有自然属性等。

上面两个方法其实都可以赋予标签权重，比如基于用户对操作过的物品的喜好程度。以抖音为例，如果一个视频 A 用户 U 观看了 w（$w \in [0,1]$）比例（完成度）的时间，那么权重就是 w（比如一个视频 5 分钟，看了 2 分钟，那么 $w = 2/5 = 0.4$）。如果视频 A 本身的标签也有权重，那么用户对标签的权重就是这两个权重的乘积。

视频 A 的标签权重：$A \leftarrow T_A^1 : w_A^1, T_A^2 : w_A^2, \cdots, T_A^{K_A} : w_A^{K_A}$

那么，用户 U 在视频 A 的标签上的权重为：$U \leftarrow T_A^1 : w * w_A^1, T_A^2 : w * w_{\mathrm{A}}^2, \cdots, T_A^{K_A} : w * w_A^{K_A}$

如果用户 U 观看了多个视频，每个视频都可以按照上式获得用户基于这个视频的标签权重，所有这些标签权重合并同类项（有相同的标签，权重累加）就可以了，这个计算逻辑很容易理解，这里就不展开具体的式子了，有兴趣的读者可以自行尝试。

在实际的推荐系统中，不同场景的具体实施方式不一样。以音乐推荐为例，可以基于歌手、风格两个维度来打标签。分别统计用户最喜欢的歌手、最喜欢的风格（比如都保留最喜欢的 3 个），就可以将这些歌手的歌曲、具备这些风格的歌曲分别作为该用户的两类召回结果。这个例子其实是对标签进行分类，在每一类中分别统计用户的兴趣标签，然后分别召回，比上面介绍的平展化的兴趣标签更复杂一些。另外，标签还可以有层级（树状结构，可以拿淘宝上的类目和子类目来类比），可以基于不同层级来计算召回。这里说的标签的分类和层级在真实的业务场景中非常常见。

基于物品标签召回的原理、实现方式非常简单，推荐过程也容易解释，是一种很实用、常用且有效的召回策略。下面介绍基于用户画像的召回。

7.3　基于用户画像的召回

用户画像其实就是用户的标签化，通过给用户贴上标签，可以更好地刻画用户的特点。上面介绍的兴趣标签就是其中一种。我们还可以从用户的自然属性、社会属性、业务属性、设备属性等多个维度来刻画用户（详细的用户画像讲解超出了本书的范畴，感兴趣的读者可以参考用户画像相关的文章或书籍）。下面从这 4 个维度简单介绍如何基于用户画像进行召回，给大家提供一些思路，大家可以结合自己公司的场景思考还能从哪些用户画像维度进行召回。

7.3.1　基于用户自然属性的召回

用户的年龄、性别等都是固有属性。可以基于这些属性进行召回，下面举例说明。

根据年龄怎么召回呢？可以将用户按照年龄分为学生、青年、中年、老年 4 大类，每类用户喜欢的物品是不一样的，这样就可以根据用户所属的年龄区间分别进行召回。以音乐推荐为例，可以将这 4 个年龄段的用户最喜欢的歌曲 Top100 统计出来（注意，这里可以用前面提到的热门召回方法分别统计各个年龄段的 Top$N$），分别作为这 4 类用户的召回结果。

上面提到的年龄划分只是其中一种可行的方法，不同业务、不同场景的年龄分类方式不一样，大家可以基于自己公司的产品考虑如何按照年龄给用户分群。当然，在一些场景中，可以基于运营或者产品人员的经验，人工为这几类用户事先编辑出待召回的物品列表。

同理，基于性别召回就非常简单了。将用户分为男、女两类，分别为每类用户进行召回，这里就不举例说明了。

7.3.2　基于用户社会属性的召回

像职业、收入等可以看成用户的社会属性。拿职业来说，不同职业的人看的书可能不一样，那么在图书推荐场景下，就可以利用职业进行召回。具体做法是将可能的职业分为若干类（可以参考招聘网站上的职业分类方法），为每一类人分别召回。跟上一节的做法类似，可以统计不同职业的人最常购买的书的 Top*N* 作为召回结果。

收入也是一样，可以将用户的收入分为高、中、低 3 档，为每个用户召回不同的物品。以滴滴打车为例，针对高收入人群，可以为其召回附近的高档车。

7.3.3 基于用户业务属性的召回

用户的业务属性种类很多，不同的业务场景有所不同，比如用户在游戏中的等级、用户使用某个产品已有多久、用户是不是会员、用户使用该产品是否频繁（活跃用户、非活跃用户）、用户是高净值客户还是低净值客户等。

不同产品的业务场景非常不一样，即使是同样的业务场景，不同的公司定义业务属性的方式也不同。具体的召回思路跟上面介绍的一些方法类似，这里就不展开讲解了，读者可以结合自己公司的业务场景思考一下。

7.3.4 基于用户设备属性的召回

这里以手机 App 场景为例来说明。设备属性按照操作系统可以分为 iOS、Android，按照品牌可以分为苹果、华为、小米、OPPO、vivo 等，按照屏幕尺寸可以分为 4.7 英寸[①]、5.5 英寸、6.7 英寸等，按照价位可以分为高端、中端、低端等。

基于设备属性进行召回的方式多种多样。比如，一般来说 iOS 用户的商业价值更大，在召回时就可以为 iOS 用户召回客单价更高的商品。基于其他设备属性的召回思路可能类似，也可能不一样，读者可以思考一下。

前面简单讲解了基于不同的属性如何召回，具体的召回思路也非常简单。基于用户画像召回的难点是如何获得用户画像。有些公司的业务很难获得完善的用户画像（特别是自然属性），这时就很难实施这类召回了。不过，基于兴趣标签召回任何业务都可以做，只要对用户的操作行为进行埋点就可以了。

① 1 英寸为 2.54 厘米。——编者注

7.4　基于地域的召回

有些产品是 LBS（location-based service）应用，比如美团、滴滴、携程等。这类产品为用户进行召回时，必须考虑地理位置的限制（美团不可能推荐下单地址几十千米外的商家）。对于这类场景，一般可以基于用户的手机 GPS 信号获取用户的地址或者利用用户填写的地址，计算服务商与用户的实际距离（不是物理距离，因为要考虑道路实际的连通性），将某个阈值（可以由用户自己选择，或者由产品经理根据经验设定，又或者基于某种策略来决定，可以参考美团、大众点评、滴滴）之内的商品或者服务召回。

计算距离既可以利用地图供应商提供的服务，像百度地图、高德地图等都提供这类 SaaS（计算任何两个地址之间的距离），也可以根据经纬度用公式或者数据库计算（Redis、MongoDB 等数据库可以基于地理位置进行查询）出距离。如果有大量的真实服务数据，可以利用大数据计算出来。以美团为例，美团的骑手非常多，运营了这么多年，从某家店到某个小区的外卖单不计其数，每单派送用时都有日志记录，这样就可以利用大数据统计出大概的送达时间。美团 App 上显示的预计送达时间就是基于大数据结合当前交通拥堵信息利用算法预估出来的。

非 LBS 应用也可以基于地域（比如用户所在区域）进行召回，这也算是一种用户画像。以短视频推荐为例，广东的用户更喜欢看粤语视频、东北的用户更喜欢看二人转，因此可以基于用户的爱好分别进行召回。

7.5　基于时间的召回

可以说，人类的任何活动都跟时间相关，时间是众多商业行为中最重要的因子之一，推荐系统也不例外，因此基于时间为用户进行召回非常有必要。本节简单说明基于时间可以从哪些维度进行召回，以及具体的召回思路。

人类的活动有节假日和工作日之分，因此基于节假日和工作日进行召回成为可能。节假日大家的时间更加充裕，可以召回“花费用户更多时间的物品”。比如携程这种旅游类 App，节假日可以给用户推荐距离更远的旅游地点。

人们早上、晚上做的事情也不一样，推荐的物品就会有差别。比如美团外卖，早上和中午召回的食物是不一样的，早上推荐早餐，中午推荐正餐。再比如今日头条，早上可以多推荐新闻，晚上可以多推荐电影、电视剧的片花（目的是将用户导流到头条系的长视频中，更多消耗用户晚上的时间）。

另外，生活中还存在特定事件和特定日期，相应召回的物品也会不一样。比如在世界杯期间，今日头条、抖音这类新闻、视频类 App 可以为用户召回一些球赛相关的新闻和视频。在“双十一”等特定日期，淘宝上有很多商家和商品参与促销活动，针对用户的召回方式也会跟平时不一样。

上面简单列举了不同时间场景下的召回思路。不同的产品由于自身的业务属性不一样，召回方法可能有比较大的差别，读者可以结合自己公司的产品思考一下如何基于时间设计召回方案，这里不赘述。

7.6 小结

本章介绍了几类基于简单规则和策略的召回算法，其原理都非常简单、易懂，工程实现很容易，计算复杂度也非常低。这些召回方法在真实的推荐业务场景中经常用到，所以需要好好掌握，特别是热门召回、基于物品标签的召回。

上一章说过，在真实的业务场景中会用多种召回算法，这个过程类似于集成学习，所以别看本章介绍的召回算法都非常简单，只要使用得当，配合后一阶段的排序算法，也可以获得比较好的推荐效果。下一章会介绍协同过滤、矩阵分解等其他基础召回算法。

第 8 章

基础召回算法

上一章介绍了基于规则和策略的召回算法，这类方法非常简单，只需利用行业知识、业务经验和基础的统计计算（需要借助 Redis、Spark 等工具）就可以实现。本章讲解一些基础的召回算法，都是非常经典的方法，相比上一章的方法更复杂一点，不过也不难，只要懂基础的机器学习和数学知识就可以理解和掌握算法原理。

具体来说，本章会讲解关联规则召回、聚类召回、朴素贝叶斯召回、协同过滤召回、矩阵分解召回 5 类召回算法，涵盖具体的算法原理及工程实现的核心思想，读者可以结合自己公司的业务情况思考一下，这些算法依赖的数据等条件是否具备，以及这些算法怎么用到具体的业务场景中。

8.1 关联规则召回算法

关联规则是数据挖掘中最著名的方法之一，相信大家都听过啤酒与尿布的故事（不知道的读者可以百度搜索了解一下）。下面给出关联规则的定义。

假设 $P=\{p_1, p_2, p_3,\cdots, p_n\}$ 是所有物品的集合（对于超市来说，就是所有商品的集合）。关联规则一般表示为 $X \Rightarrow Y$ 的形式，其中 X, Y 是 P 的子集，并且 $X \cap Y = \varnothing$。关联规则 $X \Rightarrow Y$ 表示，如果 X 在用户的购物篮（用户一次购买的物品的集合称为一个购物篮；在大卖场刚兴起的时候，用户会将购买的物品放到一个篮子里，所以叫作购物篮）中，那么用户有很大概率同时购买 Y。

通过定义关联规则的度量指标，一些常用的关联规则算法（如 Apriori）能够自动发现所有关联规则。关联规则的度量指标主要有支持度（support）和置信度（confidence），支持度是指所有购物篮中包含 $X \cup Y$ 的购物篮的比例（X, Y 同时出现在一次交易中的频率），而置信度是指包含 X 的购物篮中同时包含 Y 的比例（在 X 给定的情况下，Y 出现的频率）。它们的算式如下：

$$\text{support} = \frac{\text{包含 } X \cup Y \text{ 的交易数量}}{\text{交易数量}}$$

$$\text{confidence} = \frac{\text{包含 } X \cup Y \text{ 的交易数量}}{\text{包含 } X \text{ 的交易数量}}$$

支持度越高，包含 $X \cup Y$ 的交易样本越多，说明关联规则 $X \Rightarrow Y$ 有更多的样本支撑，"证据"更充分。置信度越高，我们更有把握推断出包含 X 的交易也包含 Y，推断更有说服力。我们需要挖掘出支持度和置信度大于某个阈值的关联规则，这样的关联规则更可信，更有说服力，泛化能力也更强。

有了上面关于关联规则的定义，下面讲解如何将关联规则应用于召回。对于推荐系统来说，一个购物篮即是用户操作过的所有物品的集合。关联规则 $X \Rightarrow Y$ 的意思是，如果用户操作过 X 中的所有物品，那么用户很可能喜欢 Y 中的物品。有了这些说明，可得利用关联规则为用户 u 生成召回结果的算法流程如下（假设 u 操作过的所有物品集合为 A）。

步骤 1：挖掘出所有达到一定支持度和置信度（支持度和置信度大于某个常数，一般根据业务情况、数据情况人为确定，是模型的超参数）的关联规则 $X \Rightarrow Y$。

步骤 2：从步骤 1 所有的关联规则中筛选出所有满足 $X \subseteq A$ 的关联规则 $X \Rightarrow Y$。

步骤 3：为用户 u 生成召回候选集，具体算式如下：

$$S = \bigcup_{X \subseteq A, X \Rightarrow Y} \{y \mid y \in Y, y \notin A\}$$

即将所有满足步骤 2 的关联规则 $X \Rightarrow Y$ 中的 Y 合并，并剔除用户已经操作过的物品，这些物品就是待召回给用户 u 的。

对于步骤 3 中的召回候选集 S，可以按照该物品所在关联规则的置信度的高低降序排列。对于多个关联规则生成同样候选推荐物品的，可以用置信度最高的那个关联规则的置信度。除了采用置信度外，也可以用支持度和置信度的乘积作为排序依据。对于 S 中排序好的物品，可以取 Top$N$ 作为召回给用户 u 的推荐结果。

基于关联规则的召回算法思路非常简单朴素，也易于实现。Spark MLlib 中有关联规则的两种分布式实现：FP-Growth（见本章参考文献 8）和 PrefixSpan（见本章参考文献 9）。根据笔者的使用经验，如果物品数量太多、用户行为记录量巨大，整个计算过程会非常慢，所以关联规则一般适合用户数量和物品数量不是特别多的推荐场景。

8.2 聚类召回算法

机器学习中的聚类算法种类非常多，大家用得最多的是 *k*-means 聚类，因此本节用 *k*-means 聚类来说明怎么召回。首先简单介绍 *k*-means 聚类的算法原理。

k-means 算法的步骤如下。

输入：N 个样本点，每个样本点是一个 n 维向量，每一维代表一个特征。最大迭代次数为 M。

(1) 从 N 个样本点中随机选择 k 个作为中心点，尽量保证这 k 个点之间的距离相对远一点。

(2) 针对每个非中心点，计算它们离 k 个中心点的距离（欧氏距离）并将该点归类到与之距离最近的中心点。

(3) 针对每个中心点，基于归类到该中心点的所有点，计算它们新的中心点（可以用各个点的坐标轴的平均值来估计），进而获得 k 个新的中心点。

(4) 重复步骤 (2) 和步骤 (3)，直到迭代次数达到 M 或者前后两次中心点变化不大（可以计算前后两次中心点变化的平均绝对误差，与某个很小的阈值比较）。

(5) 迭代终止或者收敛后的中心点就是最终的聚类中心，这时每个点都属于某个（与它最近的）聚类中心。

可以看出，*k*-means 是一个迭代算法，原理非常简单，可操作性也很强，scikit-learn 和 Spark 中都有 *k*-means 算法的实现，可以直接调用。

了解了 *k*-means 聚类的算法原理，就可以基于用户或物品进行 *k*-means 召回了，这两种方法分别用在个性化召回和物品关联召回中，下面分别说明。

8.2.1 基于用户聚类的召回

如果将所有用户聚类了，就可以将某用户所在类别的其他用户操作过的物品（但是该用户没有操作行为）作为该用户的召回结果。具体算式如下，其中 $\mathrm{Rec}(u)$ 是给用户 u 的召回结果，U 是用户所在的聚类，$A(u')$、$A(u)$ 分别是用户 u'、u 的操作历史集合：

$$\mathrm{Rec}(u)=\bigcup_{u'\in U}\{v \mid v\in A(u')\wedge v\notin A(u)\}$$

上式计算出来的是一个集合，如果这个集合很大，该怎么选择呢？都作为召回结果吗？当然不是。有两种处理方法，一种是随机选择 N 个作为召回结果，另一种是进行排序，可以将用户 u' 到他所在聚类中心的距离与 u' 对 v 的评分的乘积作为用户 u 对 v 的偏好度，然后基于该偏好度降序排列，取 Top$N$ 作为用户 u 的召回结果。这里就不写出具体式子了，读者可以自己思考一下。

那么，如何对用户进行聚类呢？方法有很多，下面简单介绍一些常见的方法，读者可以思考一下有没有其他更好的方法。

(1) 如果是社交网络产品，可以通过是否是好友关系进行用户聚类（这不属于 *k*-means 聚类方法，但是可以用于召回，所以这里简单提一下）。

(2) 如果有用户操作行为，那么可以获得行为矩阵（8.4 节会介绍），将矩阵的行作为用户向量，再进行聚类。

(3) 8.5 节介绍的矩阵分解算法也可以获得用户的向量表示，然后用 *k*-means 算法进行聚类。

(4) 如果获得了物品的向量表示，那么用户的向量表示可以是他操作过的物品向量表示的加权平均，从而使用 *k*-means 聚类。

上面只是列举了一些简单、容易理解的方法，还有一些嵌入方法可以使用（比如构建用户关系图，然后利用图嵌入），这里不进行说明，读者可以参考相关文献。

8.2.2 基于物品聚类的召回

有了物品的聚类，就可以进行物品关联召回了，具体做法是将物品 A 所在类别中的其他物品作为关联召回结果。另外，我们还可以利用物品聚类为用户进行个性化召回。

具体做法是从用户有过操作行为的物品所在类别中挑选用户没有过操作行为的物品作为召回结果，这种召回方式非常直观、自然。具体算式如下，其中 Rec(u) 是给用户 u 的推荐，H 是用户的历史行为集合，Cluster(s) 是物品 s 所在的聚类：

$$\text{Rec}(u) = \bigcup_{s \in H} \{t \mid t \in \text{Cluster}(s) \wedge t \neq s\}$$

跟上一节一样，当上式计算出的结果很多时，既可以随机选择 N 个召回，也可以进行排序。可以将物品 t 到它所在聚类中心的距离与用户 u 对 s 的评分的乘积作为用户 u 对 t 的偏好度，对所有召回物品基于偏好度降序排列，选择 Top$N$ 最匹配的召回物品。这个计算过程很简单，读者可以思考一下，这里就不写出具体式子了。

如何对物品进行聚类呢？既可以利用物品的元数据信息，采用 TF-IDF、LDA、word2vec 等方式获得物品的向量表示，再利用 k-means 聚类；也可以基于用户的历史行为，获得物品的嵌入向量表示（使用矩阵分解、item2vec 等算法），用户行为矩阵的列向量也是物品的一种向量表示，这样就可以用 k-means 聚类了。

8.3　朴素贝叶斯召回算法

利用概率方法构建算法模型为用户进行召回也是可行的。用户召回问题可以看成一个预测用户对物品的评分问题，预测评分问题可以看成一个分类问题，将可能的评分离散化为有限个离散值（比如 1、2、3、4、5，一共 5 个可行的分值，不同的分值代表不同的兴趣度，分值越高代表用户越喜欢），那么预测用户对某个物品的评分，就转化为对用户对该物品的兴趣度进行分类（按照分值 1、2、3、4、5 分为 1、2、3、4、5 个类别，这里不考虑不同类之间的有序关系）。本节利用最简单的朴素贝叶斯分类器来进行个性化召回。

假设一共有 k 个不同的预测评分，记为 $S = \{s_1, s_2, s_3, \cdots, s_k\}$，所有用户对物品的评分构成用户行为矩阵 $\boldsymbol{R}_{n \times m}$，该矩阵的 (u, i) 元素记为 r_{ui}，即用户 u 对物品 i 的评分，取值为评分集合 S 中的某个元素。下面讲解如何利用贝叶斯公式为用户 u 召回推荐结果。

假设用户 u 有过评分的所有物品记为 I_u，$I_u = \{i \mid r_{ui} \in S\}$ 。现在需要预测用户 u 对未评分物品 j 的评分 r_{uj} $(r_{uj} \in S)$，可以将这个过程理解为在用户已经有评分记录 I_u 的条件下，用户对新物品 j 的评分 r_{uj} 取集合 S 中某个值的条件概率：

$$P(r_{uj} = s_p \mid \text{Observed ratings in } I_u)$$

上式是一个条件概率，$P(A|B)$表示在事件B发生的情况下事件A发生的概率。根据著名的贝叶斯定理，条件概率可以通过如下公式来计算：

$$P(A|B)=\frac{P(A)\cdot P(B|A)}{P(B)}$$

回到我们的召回问题，$\forall p\in\{1,2,3,\cdots,k\}$，基于贝叶斯公式，有

$$P(r_{uj}=s_p|\text{Observed ratings in }I_u)=\frac{P(r_{uj}=s_p)\cdot P(\text{Observed ratings in }I_u|r_{uj}=s_p)}{P(\text{Observed ratings in }I_u)}$$

我们需要确定具体的P值，让上式左边$P(r_{uj}=s_p|\text{Observed ratings in }I_u)$的值最大，这个最大的值$S_p$就可以作为用户$u$对未评分物品$j$的评分$(r_{uj}=s_p)$。由于上式中右边分母的值与具体的$P$无关，因此右边分子值的大小最终决定上式左边值的相对大小。基于该观察，可以将上式记为：

$$P(r_{uj}=s_p|\text{Observed ratings in }I_u)\propto P(r_{uj}=s_p)\cdot P(\text{Observed ratings in }I_u|r_{uj}=s_p)$$

现在问题就转化为如何估计上式右边项的值。实际上，基于用户评分矩阵，这些项的值比较容易估计出来。下面就来估计这些值。

1. 估计$P(r_{uj}=s_p)$

$P(r_{uj}=s_p)$其实是r_{uj}的先验概率，可以用对物品j评分为s_p的用户比例来估计该值，即

$$P(r_{uj}=s_p)=\frac{\|\{u|r_{uj}=s_p\}\|}{\|\{u|r_{uj}\in S\}\|}$$

这里分母是所有对物品j有过评分的用户数量，而分子是对物品j评分为s_p的用户数量。

2. 估计$P(\text{Observed ratings in }I_u|r_{uj}=s_p)$

要估计$P(\text{Observed ratings in }I_u|r_{uj}=s_p)$，需要做一个朴素的假设，即条件无关性假设：用户$u$所有的评分$I_u$是独立的，也就是不同的评分之间没有关联，互不影响（这就是朴素贝叶斯名称的由来）。实际上，同一用户对不同物品的评分可能有一定的关联，这里做这个假设是为了计算方便，使用朴素贝叶斯进行召回效果还是很不错的，泛化能力也可以。

有了条件无关性假设，$P(\text{Observed ratings in } I_u \mid r_{uj} = s_p)$ 就可以用下式来估计了：

$$P(\text{Observed ratings in } I_u \mid r_{uj} = s_p) = \prod_{i \in Iu} P(r_{ui} \mid r_{uj} = s_p)$$

而 $P(r_{ui} \mid r_{uj} = s_p)$ 可以用所有对物品 j 评分为 s_p 的用户中对物品 i 评分为 T_{ui} 的用户比例来估计，即

$$P(r_{ui} \mid r_{uj} = s_p) = \frac{\|\{u \mid r_{ui} = r_{ui} \wedge r_{uj} = s_p\}\|}{\|\{u \mid r_{uj} = s_p\}\|}$$

有了上面的两个估计，利用朴素贝叶斯计算用户对物品的评分概率问题最终可以表示为

$$P(r_{uj} = s_p \mid \text{Observed ratings in } I_u) \propto P(r_{uj} = s_p) \cdot \prod_{i \in Iu} P(r_{ui} \mid r_{uj} = s_p) \tag{8-1}$$

对于上式，一般可以采用极大似然方法来估计 r_{uj} 的值。该方法就是用 $\forall p \in \{1,2,3,\cdots,k\}$ 使得 $P(r_{uj} = s_p \mid \text{Observed ratings in } I_u)$ 取值最大的 p 对应的 s_p 作为 r_{uj} 的估计值，即

$$\begin{aligned}\hat{r}_{uj} &= \arg\max_{s_p} P(r_{uj} = s_p \mid \text{Observed ratings in } I_u) \\ &= \arg\max_{s_p} P(r_{uj} = s_p) \cdot \prod_{i \in Iu} P(r_{ui} \mid r_{uj} = s_p)\end{aligned}$$

利用上面的算式可以计算用户对每个没有过操作行为的物品的评分，基于这些评分进行降序排列再取 Top$N$，就可以获得该用户的召回结果了。

从上面的算法原理可以看出，朴素贝叶斯方法非常简单、直观，工程实现也很容易，且易于并行化。它对噪声有一定的“免疫力”，不太会受到个别评分不准的影响，并且不易过拟合（前面介绍的条件无关性假设是其泛化能力强的主要原因），一般情况下召回效果还不错，而且当用户行为不多时也可以使用，读者可以通过本章参考文献 1、2 了解具体细节。朴素贝叶斯方法的代码实现也有现成的，大家可以参考 scikit-learn 和 Spark MLlib 中相关的算法实现。

8.4 协同过滤召回算法

协同过滤召回算法分为基于用户的协同过滤（user-based CF）和基于物品的协同过滤（item-based CF）两类，其核心思想是很朴素的“物以类聚、人以群分”。所谓“物以类聚”，就是计算出与每个物品最相似的物品列表，为用户推荐与他喜欢的物品相似的物品，这就是基于物品的协同过滤。所谓“人以群分”，就是将与该用户相似的用户喜欢的物品推荐给该用户（而该用户对该物品未曾有过操作），这就是基于用户的协同过滤。具体思想可以参考图 8-1。

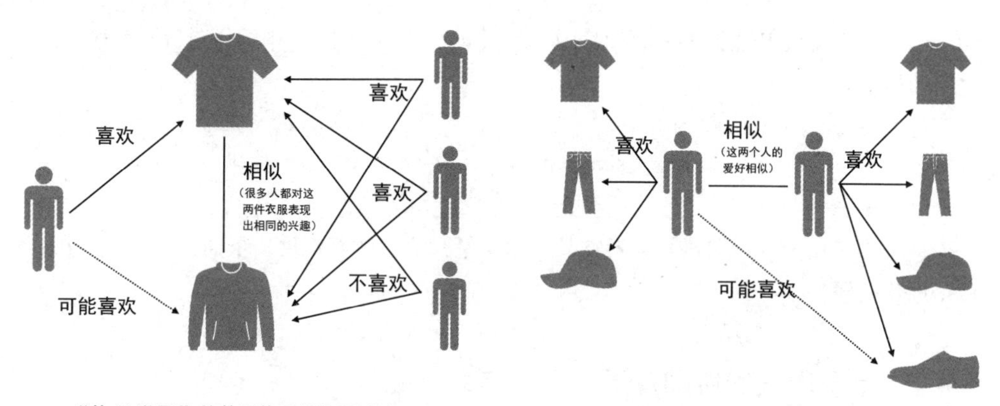

图 8-1 基于“物以类聚，人以群分”思想的朴素协同过滤召回算法

协同过滤的核心是计算物品之间的相似度以及用户之间的相似度。可以采用非常朴素的思想来计算相似度。我们将用户对物品的评分（或者隐式反馈，如点击、收藏等）构建为用户行为矩阵（如图 8-2 所示），矩阵的某个元素代表某个用户对某个物品的评分（如果是隐式反馈，值为 1），如果某个用户对某个物品未产生操作行为，值为 0。其中行向量代表某个用户对所有物品的评分向量，列向量代表所有用户对某个物品的评分向量。有了行向量和列向量，就可以计算用户与用户之间、物品与物品之间的相似度了。具体来说，行向量之间的相似度就是用户之间的相似度，列向量之间的相似度就是物品之间的相似度。

在真实的业务场景中，用户数量和物品数量一般都很大（用户数量可能是百万级、千万级、亿级，物品数量可能是十万级、百万级、千万级），而每个用户操作过的物品数量有限，所以用户行为矩阵是稀疏的，因而计算任意两个用户或者任意两个物品之间的相似度比较简单。如果计算所有用户或者所有物品最相似的 Top$N$，则需要轮询所有用户或所有物品，一般用户数量远远大于物品数量，所以基于物品的协同过滤计算量更小。

$$\begin{pmatrix} R_{11} & R_{12} & \cdots & R_{1m} \\ R_{21} & R_{22} & \cdots & R_{2m} \\ \vdots & \vdots & \ddots & \vdots \\ R_{n1} & R_{n2} & \cdots & R_{nm} \end{pmatrix}$$

图 8-2　用户对物品的操作行为矩阵

可以采用余弦相似度算法计算两个向量 $\boldsymbol{v}_1, \boldsymbol{v}_2$（可以是图 8-2 中的行向量或者列向量）之间的相似度：

$$\text{sim}(\boldsymbol{v}_1, \boldsymbol{v}_2) = \frac{\boldsymbol{v}_1 * \boldsymbol{v}_2}{\| \boldsymbol{v}_1 \| \times \| \boldsymbol{v}_2 \|}$$

计算出了用户（行向量）或者物品（列向量）之间的相似度，下面介绍如何为用户做个性化召回。

8.4.1　基于用户的协同过滤

我们可以将与该用户最相似的用户喜欢的物品作为该用户的召回结果，这就是基于用户的协同过滤的核心思想。

用户 u 对物品 s 的喜好度 $\text{sim}(u, s)$ 可以用下式计算，其中 U 是与该用户最相似的用户集合（可以基于用户相似度找到与某用户最相似的 K 个用户，具体实现方案可以采用上一章中 Spark 分布式实现的思路），$\text{score}(u_i, s)$ 是用户 u_i 对物品 s 的喜好度（对于隐式反馈，值为 1；对于非隐式反馈，值为用户对物品的评分），$\text{sim}(u, u_i)$ 是用户 u_i 与用户 u 的相似度：

$$\text{sim}(u, s) = \sum_{u_i \in U} \text{sim}(u, u_i) * \text{score}(u_i, s)$$

基于上式可以计算该用户对所有物品的评分，然后基于评分降序排列，取评分最高的 Top$N$ 物品作为该用户的召回结果。

8.4.2 基于物品的协同过滤

类似地，可以将与用户操作过的物品最相似的物品作为该用户的召回结果，这就是基于物品的协同过滤的核心思想。

用户 u 对物品 s 的喜好度 $\text{sim}(u, s)$ 可以用下式计算，其中 S 是所有用户操作过的物品列表，$\text{score}(u, s_i)$ 是用户 u 对物品 s_i 的喜好度，$\text{sim}(s_i, s)$ 是物品 s_i 与 s 的相似度（在实际的工程实践中，一般先针对每个物品计算出 K 个与之最相似的物品及对应的相似度，旨在事先将物品的相似信息保存起来，方便使用下式计算）：

$$\text{sim}(u,s)=\sum_{s_i \in S}\text{score}(u,s_i)*\text{sim}(s_i,s)$$

有了用户对每个物品的评分，基于评分降序排列取相似度最高的 Top$N$ 物品作为该用户的召回结果。

前面也介绍了如何计算物品之间的相似度，因此可以通过计算与每个物品最相似的 N 个物品获得物品关联召回结果，这里不详述。

从上面的介绍可以看出，协同过滤算法的思路非常直观易懂，计算也相对简单，且易于工程实现，同时，该算法不依赖用户及物品的其他元数据信息。在推荐系统发展早期，协同过滤算法被 Netflix、亚马逊等大型互联网公司证明效果非常好，能够为用户推荐新颖的物品，所以一直以来在工业界得到广泛的应用。

第 18 章会讲解协同过滤的工程实现细节（单机版的实现）。对于用户规模较大、物品较多的场景，需要分布式实现。基于 Spark 分布式实现协同过滤的原理也非常简单，笔者的另一本专著《构建企业级推荐系统：算法、工程实现与案例分析》的 4.3 节、4.4 节详细说明了思路，读者可以参考。关于协同过滤的论文，可以阅读本章参考文献 3、4、5。

8.5 矩阵分解召回算法

8.4 节中讲过，用户操作行为可以转化为用户行为矩阵（参见图 8-2）。其中 R_{ij} 是用户 i 对物品 j 的评分，如果是隐式反馈，值为 0 或者 1（隐式反馈可以通过一定的策略转化为得分）。本节主要用显示反馈（用户的真实评分）来讲解矩阵分解召回算法（隐式反馈也适用），包括核心思想、实现原理和求解方法。

8.5.1　矩阵分解召回算法的核心思想

矩阵分解算法将用户评分矩阵 $\boldsymbol{R}$ 分解为两个矩阵 $\boldsymbol{U}_{n\times k}$ 和 $\boldsymbol{V}_{k\times m}$ 的乘积：

$$\boldsymbol{R}_{n\times m}=\boldsymbol{U}_{n\times k}*\boldsymbol{V}_{k\times m}$$

其中，$\boldsymbol{U}_{n\times k}$ 代表用户特征矩阵，$\boldsymbol{V}_{k\times m}$ 代表物品特征矩阵。

某个用户对某个物品的评分，可以采用矩阵 $\boldsymbol{U}_{n\times k}$ 对应的行（该用户的特征向量）与矩阵 $\boldsymbol{V}_{k\times m}$ 对应的列（该物品的特征向量）的乘积（两个向量的内积）。当计算完用户对所有物品的评分后，就很容易为其进行召回了。具体来说，可以采用如下计算方法。

首先将用户特征向量 $(u_1,u_2,\cdots,u_k)$ 乘以物品特征矩阵 $\boldsymbol{V}_{k\times m}$，从而得到用户对每个物品的评分 $(r_1,r_2,\cdots,r_m)$，如图 8-3 所示。

$$(u_1,u_2,\cdots u_k)*\begin{pmatrix} v_{11} & v_{12} & \cdots & v_{1m} \\ v_{21} & v_{22} & \cdots & v_{2m} \\ \vdots & \vdots & \ddots & \vdots \\ v_{k1} & v_{k2} & \cdots & v_{km} \end{pmatrix}_{k\times m}=(r_1,r_2,\cdots,r_m)$$

图 8-3　计算用户对所有物品的评分

得到用户对物品的评分 $(r_1,r_2,\cdots,r_m)$ 后，从中过滤掉用户已经操作过的物品，将剩下的物品评分降序排列，取 Top$N$ 作为该用户的召回结果。

有了矩阵分解，类似于上面的用户召回，我们也可以进行物品关联召回。比如要召回与第 i 个物品最相似的物品，就可以将物品特征矩阵 $\boldsymbol{V}_{k\times m}$ 的第 i 列与该矩阵相乘，得到与物品 i 相似的所有物品的相似度向量（图 8-4 最右边的向量），然后剔除自身（剔除第 i 个分量），对剩余相似度进行降序排列，就可以获得与物品 i 最相似的 Top$N$ 物品作为最终的召回结果。

$$(v_{1i},v_{2i},\cdots,v_{ki})*\begin{pmatrix} v_{11} & v_{12} & \cdots & v_{1m} \\ v_{21} & v_{22} & \cdots & v_{2m} \\ \vdots & \vdots & \ddots & \vdots \\ v_{k1} & v_{k2} & \cdots & v_{km} \end{pmatrix}_{k\times m}=(r_{1i},r_{2i},\cdots,r_{mi})$$

图 8-4　为物品计算相似度

矩阵分解算法的核心思想是将用户行为矩阵分解为两个低秩矩阵的乘积，通过分解，分别将用户和物品嵌入同一个 k 维的向量空间（k 一般很小，取值为几十到上百），用户向量和物品向量的内积代表用户对物品的偏好度。所以，矩阵分解算法本质上是一种**嵌入方法**（下一章中会介绍）。

上面提到的 k 维向量空间的每一个维度是**隐因子**（latent factor）。之所以叫隐因子，是因为每个维度不具备与现实场景对应的具体的、可解释的含义，所以矩阵分解算法也是一类隐因子算法。这 k 个维度代表某种行为特性，但是该行为特性无法用具体的特征解释。从这一点可以看出，矩阵分解算法的可解释性不强。

矩阵分解的目的是通过机器学习将用户行为矩阵中缺失的数据（用户没有评分的元素）填补完整，最终达到用户做推荐的目的。下面简单说明其工程实现原理。

8.5.2 矩阵分解召回算法的实现原理

前面只是形式化地描述了矩阵分解算法的核心思想，下面详细讲解如何将矩阵分解问题转化为一个机器学习问题，以便训练机器学习模型、求解该模型，最终为用户进行召回。

假设用户评过分的所有 $(\boldsymbol{u},\boldsymbol{v})$ 对（$\boldsymbol{u}$ 代表用户，$\boldsymbol{v}$ 代表物品）组成的集合为 A，$A=\{(\boldsymbol{u},\boldsymbol{v})\mid r_{uv}\neq\varnothing\}$，通过矩阵分解将用户 $\boldsymbol{u}$ 和物品 $\boldsymbol{v}$ 嵌入 k 维隐式特征空间的向量分别为：

$$\boldsymbol{u}\leftarrow \boldsymbol{p}_u=(u_1,u_2,\cdots,u_k)$$

$$\boldsymbol{v}\leftarrow \boldsymbol{q}_v=(v_1,v_2,\cdots,v_k)$$

那么用户 $\boldsymbol{u}$ 对物品 $\boldsymbol{v}$ 的预测评分为 $r_{uv}=\boldsymbol{p}_u*\boldsymbol{q}_v^{\mathrm{T}}$，真实值与预测值之间的误差为 $\Delta r=r_{uv}-\hat{r}_{uv}$。预测得越准，$\|\Delta r\|$ 越小。针对用户评过分的所有 $(\boldsymbol{u},\boldsymbol{v})$ 对，如果可以保证这些误差之和尽量小，那么有理由认为预测是精准的。

经过上面的分析，我们可以将矩阵分解转化为一个机器学习问题。具体地说，可以将矩阵分解转化为如下等价的求最小值的最优化问题：

$$\min_{p^*,q^*}\sum_{(\boldsymbol{u},\boldsymbol{v})\in A}(r_{uv}-\boldsymbol{p}_u*\boldsymbol{q}_v^{\mathrm{T}})^2+\lambda(\|\boldsymbol{p}_u\|^2+\|\boldsymbol{q}_v\|^2) \tag{8-2}$$

其中 λ 是超参数，可以通过交叉验证等方式来确定；$\|\boldsymbol{p}_u\|^2+\|\boldsymbol{q}_v\|^2$ 是正则项，作用是避

免模型过拟合。通过求解该最优化问题，可以获得用户和物品的特征嵌入（用户的特征嵌入 $\boldsymbol{P}_u$ 就是上一节中用户特征矩阵 $\boldsymbol{U}_{n\times k}$ 的行向量，同理，物品的特征嵌入 $\boldsymbol{q}_v$ 就是物品特征矩阵 $\boldsymbol{V}_{k\times m}$ 的列向量）。有了特征嵌入，基于上一节的思路，就可以为用户进行个性化召回或物品关联召回了。

8.5.3　矩阵分解召回算法的求解方法

对于上一节讲到的最优化问题，在工程上一般有两种求解方法，SGD（stochastic gradient descent）和 ALS（alternating least squares）。下面分别讲解这两种方法的实现原理。

假设用户 u 对物品 v 的评分为 r_{uv}，那么 u, v 嵌入 k 维隐因子空间的向量分别为 $\boldsymbol{p}_u, \boldsymbol{q}_v$，我们定义真实评分和预测评分的误差为 e_{uv}：

$$e_{uv} \stackrel{\text{def}}{=} r_{uv} - \boldsymbol{p}_u * \boldsymbol{q}_v^{\mathrm{T}}$$

可将式 (8-2) 写为如下函数：

$$f(\boldsymbol{p}_u,\boldsymbol{q}_v) = \sum_{(\boldsymbol{u},\boldsymbol{v})\in A} (r_{uv} - \boldsymbol{p}_u * \boldsymbol{q}_v^{\mathrm{T}})^2 + \lambda(\| \boldsymbol{p}_u \|^2 + \| \boldsymbol{q}_v \|^2)$$

$f(\boldsymbol{p}_u,\boldsymbol{q}_v)$ 对 $\boldsymbol{p}_u,\boldsymbol{q}_v$ 求偏导数，具体计算如下：

$$\frac{\partial f(\boldsymbol{p}_u,\boldsymbol{q}_v)}{\partial \boldsymbol{p}_u} = -2(r_{uv} - \boldsymbol{p}_u * \boldsymbol{q}_v^{\mathrm{T}})\boldsymbol{q}_v + 2\lambda * \boldsymbol{p}_u = -2(e_{uv}\boldsymbol{q}_v - \lambda \boldsymbol{p}_u)$$

$$\frac{\partial f(\boldsymbol{p}_u,\boldsymbol{q}_v)}{\partial \boldsymbol{q}_v} = -2(r_{uv} - \boldsymbol{p}_u * \boldsymbol{q}_v^{\mathrm{T}})\boldsymbol{p}_u + 2\lambda * \boldsymbol{q}_v = -2(e_{uv}\boldsymbol{p}_u - \lambda \boldsymbol{q}_v)$$

有了偏导数，我们沿着导数（梯度）相反的方向更新 $\boldsymbol{p}_u,\boldsymbol{q}_v$：

$$\boldsymbol{p}_u \leftarrow \boldsymbol{p}_u + \gamma(e_{uv}\boldsymbol{q}_v - \lambda \boldsymbol{p}_u)$$

$$\boldsymbol{q}_v \leftarrow \boldsymbol{q}_v + \gamma(e_{uv}\boldsymbol{p}_u - \lambda \boldsymbol{q}_v)$$

上式中 γ 为步长超参数，也称学习率（导数前面的系数 2 可以吸收到参数 γ 中），取大于零的较小值（比如 0.001、0.0001、0.000 01 等）。$\boldsymbol{p}_u, \boldsymbol{q}_v$ 可以先随机取值，通过上式不断更新 $\boldsymbol{p}_u, \boldsymbol{q}_v$，直到收敛到最小（一般是局部最小值），最终求得所有的 $\boldsymbol{p}_u, \boldsymbol{q}_v$。

SGD 方法一般可以快速收敛，但是对于海量数据的情况，单机无法承载，所以在单机上无法或者难以在较短时间内完成上述迭代计算，这时我们可以采用 ALS 方法来求解，该方法可以非常容易地进行分布式拓展。

ALS 方法是一个高效的求解矩阵分解的算法，目前 Spark MLlib 中的协同过滤算法就是基于 ALS 的矩阵分解算法，它可以很好地拓展到分布式计算场景，轻松应对大规模训练数据的情况（本章参考文献 6 中有 ALS 分布式实现的详细说明）。下面简单介绍 ALS 算法原理。

顾名思义，ALS 算法通过交替优化求得极小值。一般过程是先固定 $\boldsymbol{p}_u$，那么式 (8-2) 就变成了一个关于 $\boldsymbol{q}_v$ 的二次函数，可以作为最小二乘问题来解决。求出最优的 $\boldsymbol{q}_v^*$ 后，固定 $\boldsymbol{q}_v^*$，再解关于 $\boldsymbol{p}_u$ 的最小二乘问题，交替进行直到收敛。

对工程实现感兴趣的读者可以参考 Spark ALS 算法的源码。开源框架 implicit 是一个关于隐式反馈矩阵分解的算法库，笔者之前使用过，效果还不错（第 18 章的代码实战中也是用的 implicit 框架）。关于利用隐式反馈进行推荐，可以阅读本章参考文献 7，Spark ALS 算法正是基于该论文的思路实现的。另外，开源的 Python 库 Surprise 中也有矩阵分解的实现，可以参考。

8.6 小结

本章讲解了 5 类最基本的推荐召回算法的原理和具体的工程实现思路。这 5 类算法的原理都非常简单易懂，计算过程简单，也易于工程实现，它们在推荐系统发展史上有着举足轻重的地位，现在仍经常用于推荐系统的召回业务中，所以读者需要掌握它们的基本原理（特别是协同过滤算法和矩阵分解算法），并能在实际项目中灵活运用。下一章会讲解基于嵌入方法和深度学习方法的召回算法。

参考文献

1. Chien Y H, George E I. A bayesian model for collaborative filtering[C]//AISTATS. 1999.
2. Miyahara K, Pazzani M J. Collaborative filtering with the simple bayesian classifier[C]//Pacific Rim International conference on artificial intelligence. Berlin, Heidelberg: Springer Berlin Heidelberg, 2000: 679-689.

3. Sarwar B, Karypis G, Konstan J, et al. Item-based collaborative filtering recommendation algorithms[C]//Proceedings of the 10th international conference on World Wide Web. 2001: 285-295.

4. Deshpande M, Karypis G. Item-based top-n recommendation algorithms[J]. ACM Transactions on Information Systems (TOIS), 2004, 22(1): 143-177.

5. Hu Y, Koren Y, Volinsky C. Collaborative filtering for implicit feedback datasets[C]//2008 Eighth IEEE international conference on data mining. Ieee, 2008: 263-272.

6. Zhou Y, Wilkinson D, Schreiber R, et al. Large-scale parallel collaborative filtering for the Netflix Prize[C]//Algorithmic Aspects in Information and Management: 4th International Conference, AAIM 2008, Shanghai, China, June 23-25, 2008. Proceedings 4. Springer Berlin Heidelberg, 2008: 337-348.

7. Hu Y, Koren Y, Volinsky C. Collaborative filtering for implicit feedback datasets[C]//2008 Eighth IEEE international conference on data mining. Ieee, 2008: 263-272.

8. Spark Apache. FP-Growth. Frequent Pattern Mining.

9. Spark Apache. PrefixSpan. Frequent Pattern Mining.

第 9 章

高阶召回算法

上一章介绍了 5 种基础的召回算法，这 5 种算法原理简单，工程实现容易，非常实用。本章讲解两类更复杂的召回算法：嵌入方法召回和深度学习召回。

本章只讲解比较基础的、在推荐系统发展史上有重大影响的召回算法，旨在给读者提供思路，以便更好地理解更现代的方法（本章会提到更先进、更复杂的召回算法，但是不会深入介绍，感兴趣的读者可以自行学习相关文献和材料）。话不多说，下面先讲解嵌入方法召回。

9.1 嵌入方法召回

嵌入方法召回是指将用户或者物品嵌入一个低维的稠密向量空间，然后通过向量的相似度算法（如余弦相似度、内积等）计算用户与物品（或者物品与物品）的相似度来进行召回。上一章中介绍的矩阵分解算法就是一种简单的嵌入方法召回，用户特征向量和物品特征向量分别是用户和物品的嵌入。

本节主要介绍 2016 年微软提出的 item2vec 嵌入方法，这个算法是对谷歌著名的 word2vec 算法的推广。毫不夸张地说，正是谷歌的 word2vec 拉开了嵌入方法在各类业务场景（推荐、搜索、广告等）中应用的序幕。现在嵌入方法是推荐系统中最常用、最核心的方法之一。为了让大家更好地理解 item2vec，有必要先介绍 word2vec 的基本原理。

9.1.1 word2vec 原理介绍

word2vec 算法是谷歌工程师在 2013 年提出的一种浅层神经网络嵌入方法，其主要目的是将词嵌入低维向量空间，捕获词的上下文之间的关系。word2vec 方法自从被提出后，在各类 NLP 任务中取得了非常好的效果，并被拓展到包括推荐系统等在内的多种业务场景中。下面简单介绍该算法的原理。后面要讲到的 item2vec 嵌入方法及很多其他嵌入方法都是受该算法启发而提出的。

word2vec 方法可以保证语义之间的相关性。这里举两个简单的例子：假设基于一个大的中文语料库，利用 word2vec 算法获得了字和词组的嵌入向量表示，那么一个训练得足够好的模型可以得到如下结论：

- embedding(男) – embedding(女) ≈ embedding(雄性) – embedding(雌性)
- embedding(中国) – embedding(北京) ≈ embedding(美国) – embedding(华盛顿)

上面的减号表示两个向量对应分量的相减，比如 (4,5) – (1,3) = (3,2)，约等号表示左右两边的向量相似（在欧氏空间中距离非常近）。从这个例子中，读者应该能感受到 word2vec 模型的强大和神奇之处吧！

word2vec 有两种实现方法：CBOW 和 skip-gram，CBOW 基于前后的单词预测中间单词的出现概率，而 skip-gram 基于中间单词预测前后单词的出现概率，如图 9-1 所示。实践经验表明 skip-gram 的效果更好，所以这里只讲解 skip-gram 算法。

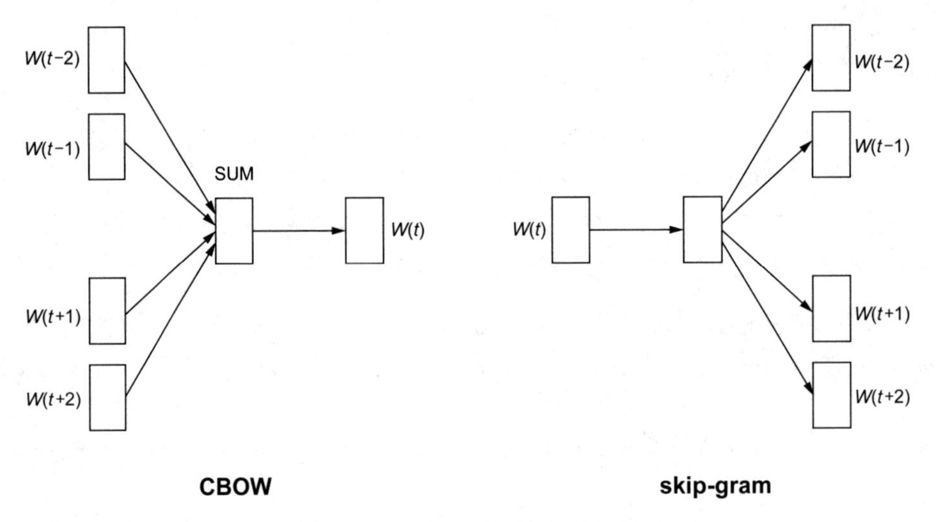

图 9-1　word2vec 的两种实现方法

假设 $(w_i)_{i=1}^{k}$ 是有限词汇表 $W=\{w_i\}_{i=1}^{N}$ 中的一个词序列。word2vec 方法将求解词向量嵌入问题转化为求解下面的目标函数的极大值问题：

$$\frac{1}{K}\sum_{i=1}^{K}\sum_{-c\leqslant j\leqslant c,\, j\neq 0}\log p(w_{i+j}\mid w_i) \tag{9-1}$$

其中，c 是词 w_i 的上下文（附近的词窗口）大小，$p(w_{i+j} \mid w_i)$ 是下面的 softmax 函数（从式 (9-1) 中 j 的取值范围可知，skip-gram 方法是基于中间单词预测前后单词的概率）：

$$p(w_j \mid w_i)=\frac{\exp(\boldsymbol{u}_i^{\mathrm{T}} v_j)}{\sum_{k\in Iw}\exp(\boldsymbol{u}_i^{\mathrm{T}} v_k)} \tag{9-2}$$

$\boldsymbol{u}_i \in \boldsymbol{U}(\subset \mathbf{R}^m)$ 和 $\boldsymbol{v}_i \in \boldsymbol{V}(\subset \mathbf{R}^m)$ 分别是词 w_i 的目标（target）和上下文（context）嵌入向量表示，这里 $I_W \triangleq \{1,2,\cdots,N\}$，参数 m 是嵌入空间的维度。

为了更好地理解 $\boldsymbol{u}_i \in \boldsymbol{U}(\subset \mathbf{R}^m)$ 和 $\boldsymbol{v}_i \in \boldsymbol{V}(\subset \mathbf{R}^m)$ 到底是什么，可以将 word2vec 看成一个浅层的神经网络模型（参考图 9-2），$\boldsymbol{u}_i \in \boldsymbol{U}(\subset \mathbf{R}^m)$ 就是从输入层到隐藏层的矩阵 $\boldsymbol{A}_{N\times m}$ 的行向量，$\boldsymbol{v}_i \in \boldsymbol{V}(\subset \mathbf{R}^m)$ 就是从隐藏层到输出层的矩阵 $\boldsymbol{B}_{m\times N}$ 的列向量，$\boldsymbol{u}_i \in \boldsymbol{U}(\subset \mathbf{R}^m)$ 就是单词的嵌入向量表示。

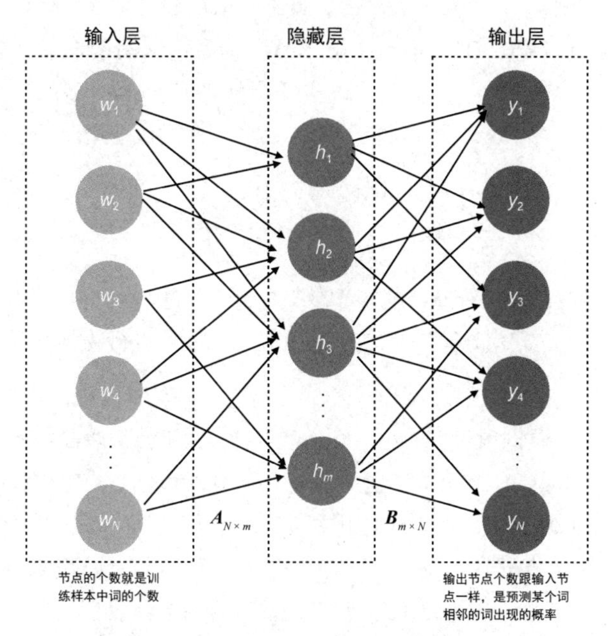

图 9-2　word2vec 嵌入方法的神经网络解释

对比式 (9-2) 和图 9-2 的神经网络结构很容易知道，上述神经网络中隐藏层的激活函数是 ReLU，输出层的激活函数是 softmax。相信通过上面的类比，读者可以更好地理解 word2vec 模型。

那么怎么求解式 (9-1) 中的最优化模型呢？直接优化式 (9-1) 的目标函数非常困难，因为求 $\nabla p(w_j \mid w_i)$ 计算量太大，是词库大小 N 的线性函数，一般 N 在百万级别以上。

我们可以通过负采样（negative sampling）技术来减少计算量，具体来说，就是用下式代替上面的 softmax 函数：

$$p(w_j \mid w_i) = \sigma(\boldsymbol{u}_i^{\mathrm{T}} v_j) \prod_{k=1}^{M} \sigma(-\boldsymbol{u}_i^{\mathrm{T}} v_k)$$

这里 $\sigma(x) = \dfrac{1}{1+\exp(-x)}$ 是 logistic 函数，M 是采样的负样本（抽样的词 w_k 不在词 w_i 的上下文中）数量。

通过上面的负采样，计算量大大减少，最终可以用随机梯度下降算法来训练式 (9-1) 中的模型，估计出 $\boldsymbol{u}_i \in \boldsymbol{U}(\subset \mathbf{R}^m)$ 和 $\boldsymbol{v}_i \in \boldsymbol{V}(\subset \mathbf{R}^m)$。读者可以阅读本章参考文献 1、2、3、4，对 word2vec 进行深入学习和了解。很多开源软件有 word2vec 的实现，比如 Spark、Gensim、TensorFlow、PyTorch 等，读者可以自行学习和尝试使用。

9.1.2　item2vec 原理介绍

微软在 2016 年提出了 item2vec（本章参考文献 5），基于用户的操作行为，通过将物品嵌入低维向量空间的方式计算物品之间的相似度，最后进行物品关联推荐。下面简单介绍该方法。

我们可以将用户操作过的所有物品看成词序列，这里每个物品就相当于一个词，只是用户操作过的物品是一个集合，不是一个有序序列。虽然用户操作物品是有时间顺序的，但是物品之间不像词序列那样有上下文关系（一般不存在一个用户看了电影 A 之后才能看电影 B，但是在句子中，词的搭配存在有序关系），因此这里将用户操作列表当成集合会更合适。所以需要对 word2vec 的目标函数进行适当修改，最终可以将 item2vec 的目标函数定义为：

$$\frac{1}{K}\sum_{i=1}^{K}\sum_{j\neq i}^{K}\log p(w_j \mid w_i)$$

这里不存在固定的窗口大小，窗口大小就是用户操作过的物品集合的大小（这个假设是想说明用户行为序列中任何两个物品之间都有一定的关联关系），而其他部分跟 word2vec 的目标函数一模一样。

最终用向量 $\boldsymbol{u}_i$（参考 9.1.1 节中对 $\boldsymbol{u}_i$ 的定义）来表示物品的嵌入，用余弦相似度算法来计算两个物品的相似度。也可以用 $\boldsymbol{u}_i$、$\boldsymbol{u}_i+\boldsymbol{v}_i$、$[\boldsymbol{u}_i, \boldsymbol{v}_i]$（$\boldsymbol{u}_i$ 和 $\boldsymbol{v}_i$ 拼接在一起形成的向量）来表示物品的嵌入向量。

笔者之前曾采用 item2vec 算法对视频进行嵌入（采用 Gensim 框架训练 item2vec，见本章参考文献 6），并用于视频的相似推荐中，点击率比原来基于矩阵分解的嵌入方法有较大幅度的提升。

9.1.3 item2vec 在召回中的应用

介绍完了 item2vec 的基本原理，下面讲解如何利用 item2vec 进行召回。之前的章节中提到，召回可以分为物品关联召回和个性化召回，下面按照这两种召回范式来讲解。

1. 物品关联召回

物品关联召回非常简单，只要用 item2vec 获得每个物品的嵌入向量表示，就可以通过向量相似度（如余弦相似度）算法计算与每个物品最相似的 Top$N$ 物品作为召回结果。那怎么计算 Top$N$ 呢？特别是当物品数量很大时，计算代价会很大（计算复杂度是 $O(N^2)$，这里 N 是物品数量）。下面介绍两种计算 Top$N$ 的方法。

方法 1：利用 Spark 等分布式计算平台

如果你熟悉 Spark 等分布式计算平台，可以利用 Spark 的分布式计算能力计算 Top$N$，具体思路可参考 7.2.1 节的介绍，这里不再赘述。这个方法最大的问题是只能批处理实现离线召回，计算好后将召回结果存到 Redis 等数据库中供业务使用。下面要讲的方法 2 可以实时召回，满足实时业务场景需要。

方法 2：利用最近邻搜索工具

这个方法采用算法（比如局部敏感哈希）高效、实时地从海量向量中找到跟某个向量最相似的 Top$N$ 向量，具体细节可以查看本章参考文献 7，这里不展开讲解。这类方法一般是近似计算，精度有一定损耗，但是可以保证在毫秒级计算出 Top$N$ 相似，属于用精度换时间，在企业级推荐系统中非常实用。

大家不用自己实现这类算法，目前在工业界有成熟的开源工具。其中最早、最出名是 Facebook 开源的 Faiss 框架（见本章参考文献 8）。基于 Faiss 进行二次封装的框架 Milvus 也非常出名（见本章参考文献 9、10），这个框架可以通过 RESTful API 进行查询，使用起来非常方便。类似的框架还有很多，这里就不一一列举了。Faiss 或者 Milvus 在企业级推荐系统中使用非常广泛，读者需要自行学习和掌握，本书不展开讲解。

2. 个性化召回

上一节介绍了物品关联召回，怎么进行个性化召回呢？这里提供两种思路，具体说明如下。

方法 1：基于种子物品召回

一般在信息流推荐中，用户最近操作过的物品非常重要，它代表了用户的近期兴趣。可以将用户最近操作过的几个物品作为种子物品，采用上一节讲的物品关联召回的方式为该用户进行个性化召回。

方法 2：基于行为列表计算用户嵌入然后召回

如果记录了用户的行为序列 $(m_1, m_2, \cdots, m_k)$，其中的每个物品都可以利用 item2vec 算法获得嵌入向量表示，那么用户的嵌入向量表示可以通过下式获得：

$$\text{embedding}(U) = \sum_{i=1}^{k} \text{embedding}(m_i)$$

注意，上面的求和可以是向量对应元素求平均或者对应元素取最大值，这里举例说明，方便读者更好地理解。假设有两个向量 (1, 3, 4) 和 (2, 5, 3)，那么按照对应元素求平均和对应元素取最大值对的结果分别是 (1.5, 4, 3.5) 和 (2, 5, 4)。

由于嵌入空间是高维空间（一般嵌入向量是几十维或者几百维），非常稀疏。工程实践上，利用逐元素对向量求平均或者取最大值的方式可以非常好地区分用户。这里区分的意思是：如果两个用户的行为序列不一样，那么通过上面的方式计算获得的嵌入向量也不一样，两个用户的行为序列越近似，获得的嵌入向量的欧氏距离也越小。

讲完了基于 item2vec 方法进行召回的原理和方法，利用基于其他嵌入方法进行召回的例子还有很多，感兴趣的读者可以阅读本章参考文献 11、12、13，其中还提到了一些解决推荐系统冷启动问题的思路。另外，基于 BERT、大模型等更现代的嵌入方法在推荐系统中也有广泛应用，读者可以自行学习。

9.2 深度学习召回

item2vec 嵌入方法算是一种浅层的神经网络模型，前面也对 item2vec 的神经网络模型进行了讲解，相信读者理解了其思想。本节介绍一个在业界大名鼎鼎的利用深度学习进行召回的模型，那就是 YouTube 深度学习推荐模型（见本章参考文献 14）。笔者认为这是最有工程价值的一篇深度学习推荐论文，在深度学习推荐系统发展历程中有奠基性作用，建议读者好好学习一下。下面介绍这篇论文中利用深度学习算法进行召回的思想和价值。

9.2.1 YouTube 深度学习召回算法原理

YouTube 深度学习推荐系统诞生于 2016 年，应用于 YouTube 上的视频推荐。这篇论文按照工业级推荐系统的架构将整个推荐流程分为两个阶段：候选集生成（召回）和候选集排序（见图 9-3），这也是目前业内主流的做法，前面的章节也讲过。本节主要讲解召回阶段的深度学习实现原理。

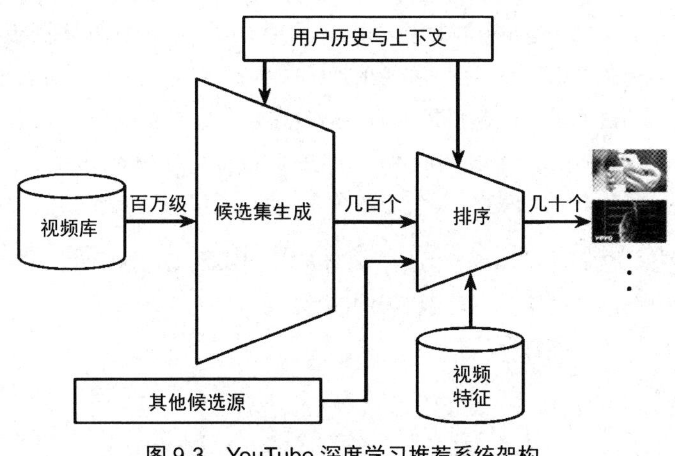

图 9-3 YouTube 深度学习推荐系统架构

候选集生成阶段根据用户在 YouTube 上的操作行为生成几百个候选视频，以期匹配用户的兴趣和偏好。YouTube 的这篇论文将推荐问题看成一个多分类问题（类别数量等于视频数量，上一章中讲解的朴素贝叶斯召回也是采用分类的思路，不过是对预测评分分类），基于用户观看记录预测用户下一个要观看的视频的类别。

上面的思路可以利用深度学习进行建模，将用户和视频嵌入同一个低维向量空间（所以这也算是一种嵌入方法），通过 softmax 激活函数来预测用户在时间点 t 观看视频 i 的概率。具体的概率预测算式如下：

$$P(w_t = i \mid U, C) = \frac{\mathrm{e}^{\boldsymbol{v}_i \boldsymbol{u}}}{\sum_{j \in V} \mathrm{e}^{\boldsymbol{v}_j \boldsymbol{u}}}$$

其中 $\boldsymbol{u}$、$\boldsymbol{v}$ 分别是用户和视频的嵌入向量。U 是用户集，C 是上下文，V 是视频集。该方法通过一个（深度学习）模型来一次性学习出用户和视频的嵌入向量。

由于用户在 YouTube 的显式反馈较少，因此该模型采用隐式反馈数据，这样可以用于模型训练的数据量会大很多，适合深度学习这种高度依赖数据量的算法系统。

为了更快地训练深度学习多分类模型，该模型采用负采样机制（重要性加权的候选视频集抽样）提升（上百倍）训练速度。最终通过最小化交叉熵损失（cross-entropy loss）函数求得模型参数。

候选集生成阶段的深度学习模型架构参见图 9-4。首先将用户行为记录按照 item2vec 的思路嵌入低维空间，对用户点击过的所有视频的嵌入向量求平均，获得用户播放行为的综合嵌入向量表示（图 9-4 中的观者向量）。同理，可以将用户的搜索词做嵌入，获得用户综合的搜索行为嵌入向量（图 9-4 中的搜索向量）。将它们跟用户的其他非视频播放特征（地理位置、性别等）一起拼接为输入向量灌入深度学习模型，经过三层全连接的 ReLU 层，最终通过输出层（输出层的维度就是视频数量）的 softmax 激活函数获得输出，利用交叉熵损失函数来训练模型，最终求解最优的深度学习模型参数。

该模型的核心思路非常简单，但是在具体的工程实现上，这篇论文提供了一个非常巧妙、高效的方案，这就是下一节要讲解的内容。

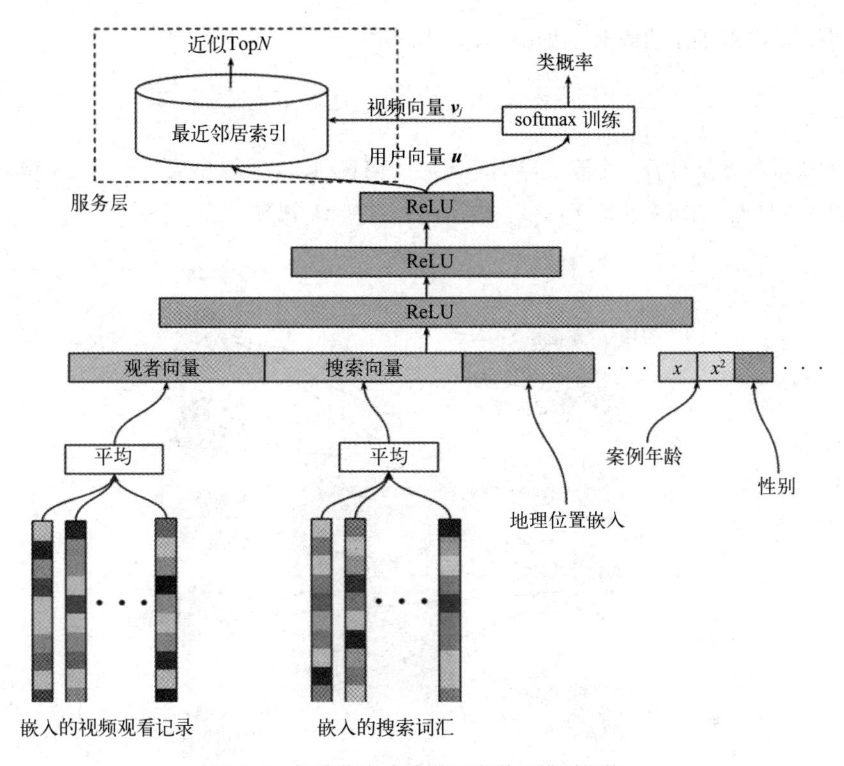

图 9-4 候选集生成阶段深度学习模型架构

9.2.2 优化召回算法的线上服务策略

上面介绍了 YouTube 深度学习召回算法的原理，下面讲解候选集生成阶段怎么筛选出候选集。原论文中对此讲得不是特别清楚，这里会详细讲解实现细节，希望给读者提供一个非常好的工程实现思路。

图 9-4 中的深度学习模型的最上一层 ReLU 层是 512 维的，可以将其视为一个嵌入向量表示，看成用户的嵌入向量。那么怎么获得视频的嵌入向量呢？先说结论，视频的嵌入向量可以看成最后一个 ReLU 隐藏层到输出层的矩阵 $\boldsymbol{W}_{512\times N}$ 的列向量。下面解释为什么可以这样理解。

我们将图 9-4 中最上一层 ReLU 层到输出层的结构重新画一下（见图 9-5），这样可以看得更清楚。图 9-5 中 $\boldsymbol{U}=(h_1,h_2,h_3,\cdots,h_{512})$ 是用户的嵌入向量，那么基于图 9-4 中的神经网络，用户 $\boldsymbol{U}$ 的预期输出可以用下式计算：

$$\boldsymbol{Y} = \mathrm{softmax}(\boldsymbol{W}_{512\times N} * \boldsymbol{U} + b) \tag{9-3}$$

上式中的 b 是最后一个隐藏层到输出层的偏置项，$\boldsymbol{Y}$ 是输出层的概率（N 维向量），那么用户 $\boldsymbol{U}$ 的召回结果就是 $\boldsymbol{Y}$ 向量中概率最大的 Top$K$ 视频。

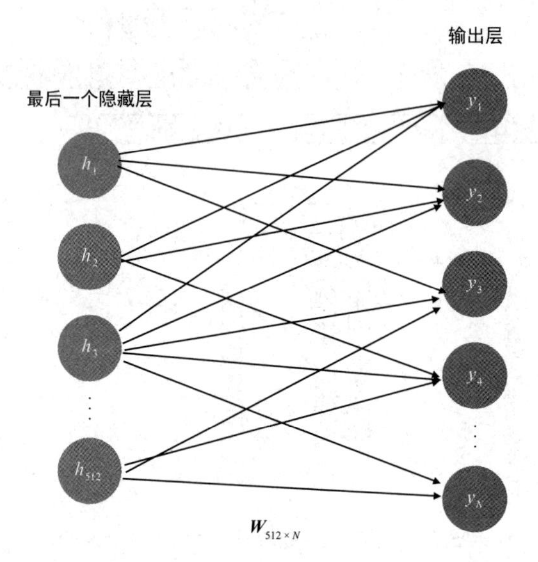

图 9-5　视频嵌入向量是 $\boldsymbol{W}_{512\times N}$ 的列向量

从 $\mathrm{softmax}(\boldsymbol{V})_i = \dfrac{\mathrm{e}^{v_i}}{\sum_{i=1}^{n}\mathrm{e}^{v_i}}$ （这里是计算向量 $\boldsymbol{V} = (v_1, v_2, \cdots, v_n)$ 的第 i 个分量）可以看到，如果某个分量的值大，那么对应分量的 softmax 值也大（因为每个分量的 softmax 值的分母都一样），可以说 softmax 函数是对应分量的单调递增函数。那么根据式 (9-3)，$\boldsymbol{Y}$ 相应分量的大小等价于 $\boldsymbol{W}_{512\times N} * \boldsymbol{U}$ 对应分量的大小（参数 b 的加入不会对 softmax 函数的单调性产生任何影响），可以记为：

$$\boldsymbol{Y} \sim \boldsymbol{W}_{512\times N} * \boldsymbol{U}$$

很明显，如果向量的相似度用向量的内积计算，那么与 $\boldsymbol{U}$ 最相似的视频（$\boldsymbol{Y}$ 的分量值最大时对应的视频）嵌入向量（$\boldsymbol{W}_{512\times N}$ 的列向量）对应的预测点击概率最大。所以，基于式 (9-3) 计算 Top$K$ 召回的过程就等价于利用 U 向量在所有视频嵌入向量（$\boldsymbol{W}_{512\times N}$ 的列向量）中求最相似的 Top$K$ 的过程。这就是图 9-4 左上角用最近邻获取用户的召回结果的理论解释。现在能够感受到这是多么巧妙了吧！下面简单说说这么做的价值是什么。

如果使用图 9-4 中的深度学习模型进行预测，在推断时需要将特征灌入模型，然后计算输出层的点击概率预测向量，再按照向量分量的值降序排列，取 Top$N$ 最大的概率值对应的视频作为最终的召回结果。由于视频数量比较多，严格按照模型计算的话，从最后一个隐藏层到输出层有非常多（等同于视频数量）的矩阵向量相乘计算，计算速度会比较慢，影响线上服务性能。而按照上面等价的方法，从视频向量中找最相似的 Top$K$ 是更好的做法，因为速度快（前面提到，使用最近邻搜索的工具，可以在毫秒级获得与用户向量最相似的 Top$K$ 视频向量）。

最后再提一下，根据前面的介绍，YouTube 深度学习模型训练好后，我们可以获得从隐藏层最后一层到输出层的矩阵 $\boldsymbol{W}_{512\times N}$，这个矩阵的列向量表示视频的嵌入向量。有了视频的嵌入向量，就可以计算视频关联视频的相似召回了。具体怎么计算，前面介绍 item2vec 的部分已经做过讲解，这里不再赘述。

上面介绍了 YouTube 深度学习召回算法的核心原理和召回服务时的处理策略，可以看到，YouTube 推荐系统的工程化思路非常有创意。YouTube 这篇深度学习推荐系统论文中还有非常多有创意的工程实现技巧，建议读者阅读原文进一步学习，这里就不详细介绍了。

9.3 小结

本章介绍了嵌入方法召回与 YouTube 深度学习召回的核心原理和工程技巧。在嵌入方法中，读者需要了解 word2vec 的核心原理及嵌入向量的深度学习解释，另外需要熟悉 Faiss 等最近邻搜索框架。关于 YouTube 深度学习召回算法，读者需要掌握在线上服务中将模型的召回等价于用最近邻方法进行召回的工程技巧。

嵌入方法和深度学习召回算法的实现方案非常多，本章只简单讲解了 item2vec 和 YouTube 深度学习推荐系统召回这两个最经典的例子。希望读者从中可以学习到复杂召回算法的核心思想和精妙之处。更高阶、更现代的召回算法，读者可以自行查阅相关资料。

关于召回算法就介绍到这里。希望读者了解并掌握第 7~9 章介绍的基于规则和策略的召回算法、基础召回算法、高阶召回算法的基本原理和工程实现。下一章开始讲解推荐系统的排序算法。

参考文献

1. Mikolov T, Sutskever I, Chen K, et al. Distributed representations of words and phrases and their compositionality[J]. Advances in neural information processing systems, 2013, 26.
2. Mikolov T, Chen K, Corrado G, et al. Efficient estimation of word representations in vector space[J]. arXiv preprint arXiv:1301.3781, 2013.
3. Rong X. word2vec parameter learning explained[J]. arXiv preprint arXiv:1411.2738, 2014.
4. Ordentlich E, Yang L, Feng A, et al. Network-efficient distributed word2vec training system for large vocabularies[C]//Proceedings of the 25th ACM international on conference on information and knowledge management. 2016: 1139-1148.
5. Barkan O, Koenigstein N. Item2vec: neural item embedding for collaborative filtering[C]//2016 IEEE 26th International Workshop on Machine Learning for Signal Processing (MLSP). IEEE, 2016: 1-6.
6. Radim Řehůřek, Lev Konstantinovskiy, et al. Gensim[A/OL]. (2011-02-14).
7. Slaney M, Casey M. Locality-sensitive hashing for finding nearest neighbors [lecture notes][J]. IEEE Signal processing magazine, 2008, 25(2): 128-131.
8. Matthijs Douze, Lucas Hosseini, et al. Faiss[A/OL]. (2018-02-23).
9. milvus-io/milvus（GitHub）
10. milvus.io
11. Wang J, Huang P, Zhao H, et al. Billion-scale commodity embedding for e-commerce recommendation in alibaba[C]//Proceedings of the 24th ACM SIGKDD international conference on knowledge discovery & data mining. 2018: 839-848.
12. Zhao K, Li Y, Shuai Z, et al. Learning and transferring ids representation in e-commerce[C]//Proceedings of the 24th ACM SIGKDD International Conference on Knowledge Discovery & Data Mining. 2018: 1031-1039.
13. Nedelec T, Smirnova E, Vasile F. Specializing joint representations for the task of product recommendation[C]//Proceedings of the 2nd workshop on deep learning for recommender systems. 2017: 10-18.
14. Covington P, Adams J, Sargin E. Deep neural networks for YouTube recommendations[C]//Proceedings of the 10th ACM conference on recommender systems. 2016: 191-198.

排序算法篇

第 10 章

推荐系统的排序算法

前面讲到，推荐系统一般包括召回和排序，召回可以看成推荐前的初筛过程，排序是对初筛结果进行精细打分的过程。前面 4 章介绍了推荐系统召回算法相关的知识，从本章开始的 4 章将介绍排序算法。

本章会讲解排序算法的基本概念、常用的排序算法和使用说明，为更好地理解后面 3 章的排序算法细节做铺垫。首先介绍排序算法的基本概念。

10.1 什么是排序算法

所谓推荐系统排序算法，指采用规则和策略或某种机器学习算法对召回阶段的结果（推荐系统一般会使用多种召回算法）进行二次打分排序，获得对召回结果的统一评价，最终按照该评价体系选择评价最高的 Top*N* 作为推荐结果。这里的评价是指某种预测（业务）指标，比如评分、点击率、播放时长等，不同的产品、不同的业务形态关注的指标是不一样的（广告行业一般用点击率，推荐系统既可以用点击率，也可以用其他指标，比如物品是视频的话，可以用播放时长），业务指标一般是排序算法的目标函数（有些推荐系统有多个目标，这就是多目标优化问题，本书不讲解这方面的知识，感兴趣的读者可以自行学习。本章参考文献 5、6 是用多任务学习进行排序的企业级推荐系统的经典案例，建议读者仔细阅读原论文）。图 10-1 对排序算法的逻辑进行了简单说明，有助于读者更好地理解召回算法与排序算法的关系。

由于每路召回的结果一般不会很多（几十个到上百个），需要排序算法打分的物品比较少（几百个），因此在数据量比较大、特征比较丰富的情况下，一般可以用稍微复杂一些的算法来训练模型，以获得更好的排序结果。由于待排序的物品较少，也能保证排序的时间在合理范围内（一般几毫秒或者几十毫秒），不影响用户体验。

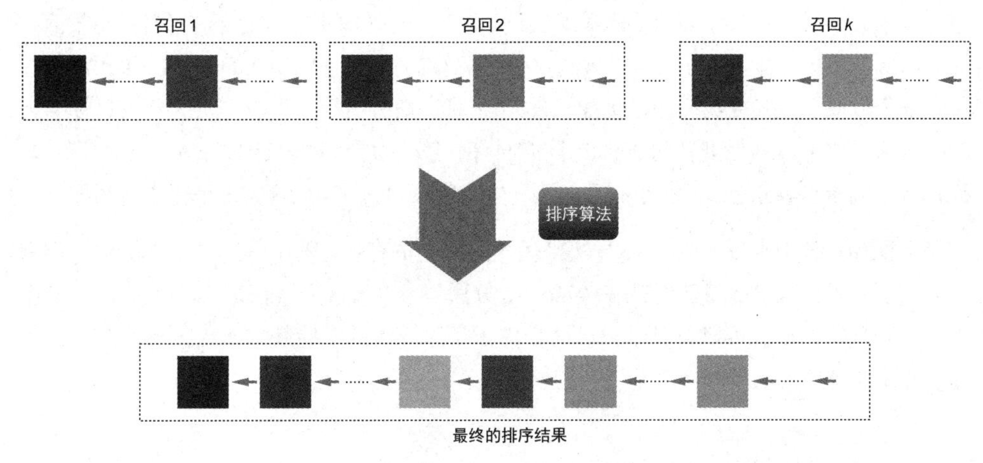

图 10-1 排序算法的逻辑说明

任何机器学习模型都需要基于一定的特征来训练，排序模型也不例外。特征的丰富程度及有效性决定了模型质量，一般排序算法可以使用各种类型的特征，包括用户画像特征（比如年龄、性别、收入、用户 id 等）、行为特征（点击、浏览、播放、购买、收藏、点赞、评论等）、物品画像特征（标题、缩略图、标签、价格、尺寸、产地等）、场景特征（时间、地域、位置、天气等）、交叉特征（前面几类特征的交叉或者同一类特征的交叉）5 大类特征，第 5 章已经对此做了详细介绍。

排序算法需要充分利用上述 5 大类特征，以便更好地预测用户行为，提升用户体验和实现商业价值。排序学习是机器学习中一个重要的研究领域，广泛应用于信息检索、搜索引擎、推荐系统、计算广告等的排序任务中，有兴趣的读者可以参考微软亚洲研究院刘铁岩博士的专著（见本章参考文献 1）。排序算法根据预测对象的组织形式可以分为 pointwise、pairwise、listwise 三类，如图 10-2 所示。

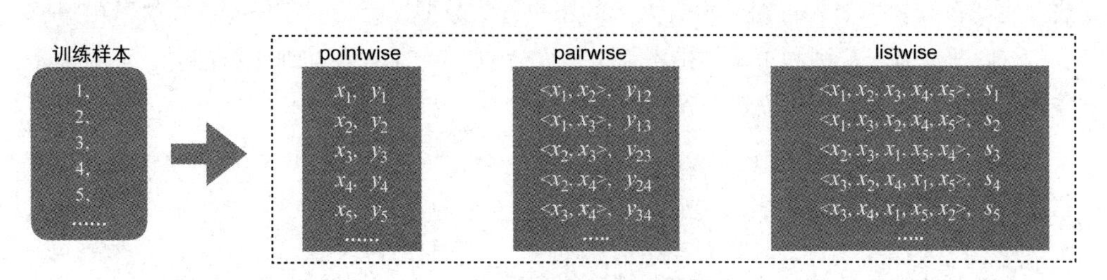

图 10-2 三类排序算法框架

图 10-2 中 $x_1, x_2, \cdots$ 代表训练样本 1, 2, …, $y_1, y_{12}, s_1, \cdots$ 是训练集的标签（目标函数值）。pointwise 学习单个样本，如果最终预测目标是一个实数值，就是回归问题；如果预测目标是有限个取值，就是分类问题，例如 CTR 预估（一般分类问题可以等价为预测目标分类的概率值，如下一章会讲到的 logistic 回归排序、第 9 章介绍的 YouTube 深度学习召回）。pairwise 和 listwise 分别学习一个有序对和一个有序序列的样本特征，考虑得更加精细。

在推荐系统中常用 pointwise 方法来做排序，它更直观，易于理解，也更简单。本书若无特别说明，所述排序算法都是 pointwise 方法，不会深入介绍 pairwise 和 listwise 排序算法，有兴趣的读者可以自行学习。介绍完了排序算法的一些基本概念，下面介绍常用的推荐系统排序算法。

10.2　常用的排序算法

推荐系统的目标函数一般是一个分类问题或者回归问题，任何能够进行分类或者回归预测的规则、策略、算法都可以用作排序算法。本章根据算法本身的复杂度，从基于规则和策略的排序算法、基础排序算法和高阶排序算法 3 个维度来简单说明，接下来的 3 章也会按照这个分类详细介绍排序算法的原理、实现方式等细节。

10.2.1　基于规则和策略的排序算法

所谓基于规则和策略的排序算法，不是利用机器学习模型来进行排序，而是利用人类经验（一般基于对业务的理解）对各种召回结果按照某种规则或者策略进行排序，例如我们有 4 个召回策略，按照一定的顺序从每个召回策略中选择一个物品进行排序。

乍看这类排序算法有点无厘头、太主观，但在某些业务场景中可能是唯一可选的方法。比如新开发一个 App 时，没有太多的用户行为数据，无法训练任何机器学习排序模型，这时只有基于规则和策略的排序算法是可行的。第 11 章会详细介绍这类算法的具体实现方案及应用场景，这里就不展开讲解了。

10.2.2　基础排序算法

这类算法本身的结构非常简单，算法复杂度比较低，不需要大量数据就可以训练出排序模型，其工程实现也非常简单，非常容易应用到企业级推荐系统中。具体来说，本书会介绍 logistic 回归、因子分解机（FM）和树模型（如 GBDT）。

上述 3 类算法曾经是最主流的推荐排序算法，广泛应用于各种规模公司的排序业务场景中。很多公司还基于这些算法进行了适当修改、优化，取得了非常好的业务效果。这几类算法至今仍未过时。本节不讲解算法原理，第 12 章会详细介绍。

10.2.3　高阶排序算法

这是指在深度学习时代兴起的利用深度学习技术进行排序的算法。现在主流的排序算法基本都用上了深度学习算法，其中有几个非常经典：YouTube 深度学习排序、Wide & Deep、DeepFM、MMoE（本章参考文献 2、3、4、5、6）。

这 4 个排序算法被国内外互联网大厂（如 YouTube、谷歌、华为等）用于真实的业务场景中并证明非常高效。这几个算法不光具有业务价值，并且思路创新，在工程实现上有非常多的技巧值得借鉴，它们也对其他推荐系统深度学习算法有比较大的启发。

还有一点非常重要，这 4 个算法具有比较好的通用性，基于它们的实现思路，只需简单的修改和优化就可以很好地用于各种公司的业务场景中。鉴于它们的普遍性和价值，第 13 章会详细介绍 Wide & Deep、YouTube 深度学习排序这 2 个算法的原理、应用场景、工程实现技巧和优势（另外 2 个算法请读者自行学习）。

10.3　关于排序算法的 3 点说明

本节简单介绍 3 个跟排序相关的现实问题，以便大家更好地理解和在真实的业务场景中运用排序算法。

10.3.1　是否一定要用排序算法

前面提到，推荐系统一般包括召回和排序，那么在实际的业务场景中是否一定要这么做呢？答案是“未必”。有些召回算法本身可以对物品进行排序，那么在某些场景下，可以只用其召回的结果作为最终推荐（用多个召回算法才有排序的必要）。下面对几种可能不需要排序的情况进行说明。

有些产品形态（比如热门推荐），一般是对某种行为数据（比如播放量）进行统计排序获得的（热门召回），这个时候就没有必要再进行排序了，直接用热门召回的结果就可以。

如果团队刚起步，还没有非常多的技术积累，也可以将协同过滤、矩阵分解等简单召回算法的结果直接作为最终的推荐结果。没必要一开始就花太多精力构建许多模型，先将业务上线跑起来是最重要的。

对于非核心的推荐场景（比如推荐模块藏得比较深，没有太多流量，对业务的价值不大），一般可以将简单召回算法（协同过滤、矩阵分解等）的结果作为推荐。对于这些场景，没有必要花费太多的人力和物力去优化，而应将精力放到最重要、最有业务价值的推荐模块上（比如产品首页信息流推荐、物品详情页关联推荐）。

10.3.2　粗排和精排

一般业务场景比较复杂的公司，物品数量会非常多，特征维度也比较多（比如阿里、美团这类公司的推荐系统），这时可能会将排序分为粗排和精排两个阶段（粗排是用较简单的排序算法进行排序，选择一部分物品，减少召回的物品数量；精排是对粗排后的物品利用更加复杂的模型进行更精准的排序）。这么做的目的是进一步将排序阶段的复杂度降低并解耦，提升整个推荐系统的效率和响应速度。一般小公司和业务没那么复杂的产品不建议分这么细，一个排序阶段足矣。

10.3.3　排序后的业务调控

这个阶段一般在排序之后，基于产品、运营上的诉求对排序结果进行微调。比如因为运营活动需要，在推荐列表中插入相关运营物品；又比如为了避免风险（监管风险、版权风险等）而对相关物品进行下架处理；再比如为了提高推荐的多样性和惊喜度进行调整等。调控的原因和策略不一而足，这里不详述，读者可以基于自己公司的业务情况思考一下。需要深入了解的读者可以参考笔者另外一本专著《构建企业级推荐系统：算法、工程实现与案例分析》第 24 章的详细讲解。

10.4　小结

本章简单介绍了排序算法的基本概念。排序算法是推荐系统中最重要的算法之一（另外一个是前面 4 章讲解的召回算法），它的原理、使用场景和业务价值需要我们掌握。

本章还简单介绍了常用的排序算法。排序算法按照复杂度可分为基于规则和策略的排序算法、基础排序算法、高阶排序算法 3 大类。接下来的 3 章会重点介绍这 3 类算法。

最后介绍了排序算法相关的 3 个问题：是否一定要用排序算法、粗排和精排、排序后的业务调控。这些知识点也是实际的业务场景中必须要关注的，不过本章没有展开讲解，读者既可以结合自己公司的业务去思考，也可以参考相关资料自行学习。

参考文献

1. Liu T Y. Learning to rank for information retrieval[J]. Foundations and Trends® in Information Retrieval, 2009, 3(3): 225-331.
2. Covington P, Adams J, Sargin E. Deep neural networks for YouTube recommendations[C]//Proceedings of the 10th ACM conference on recommender systems. 2016: 191-198.
3. Cheng H T, Koc L, Harmsen J, et al. Wide & deep learning for recommender systems[C]//Proceedings of the 1st workshop on deep learning for recommender systems. 2016: 7-10.
4. Guo H, Tang R, Ye Y, et al. DeepFM: a factorization-machine based neural network for CTR prediction[J]. arXiv preprint arXiv:1703.04247, 2017.
5. Ma J, Zhao Z, Yi X, et al. Modeling task relationships in multi-task learning with multi-gate mixture-of-experts[C]//Proceedings of the 24th ACM SIGKDD international conference on knowledge discovery & data mining. 2018: 1930-1939.
6. Zhao Z, Hong L, Wei L, et al. Recommending what video to watch next: a multitask ranking system[C]//Proceedings of the 13th ACM Conference on Recommender Systems. 2019: 43-51.

第 11 章

基于规则和策略的排序算法

上一章简单介绍了排序算法的一些基本概念和知识点。读者应该已经非常清楚排序算法可以解决什么问题，可以用在哪些推荐场景。从本章开始的 3 章会介绍具体的排序算法的实现原理。本章介绍最简单、不涉及机器学习的基于规则和策略的排序算法。

虽然基于规则和策略的排序算法没有用到复杂的机器学习模型，主要基于人对业务的理解来定义排序方法，但在某些场景（比如没有什么数据、需要满足一些运营目标等）下是一种必要的方法。这类算法根据不同的业务场景有非常多的实现方案，下面介绍 6 种非常直接、简单的实现方案。

本章的目的是给读者提供一些思路。读者也可以结合自己公司的具体行业、业务场景思考一下，是否有更好、更有业务价值、更有特色的基于规则和策略的排序实现方案。

在讲解具体的排序策略之前，先假设我们已经有了 k 个召回结果，分别记为 Recall_1、Recall_2、…、Recall_k（如图 11-1 所示），我们的目标是利用基于规则和策略的排序算法来对这 k 个召回结果进行排序。

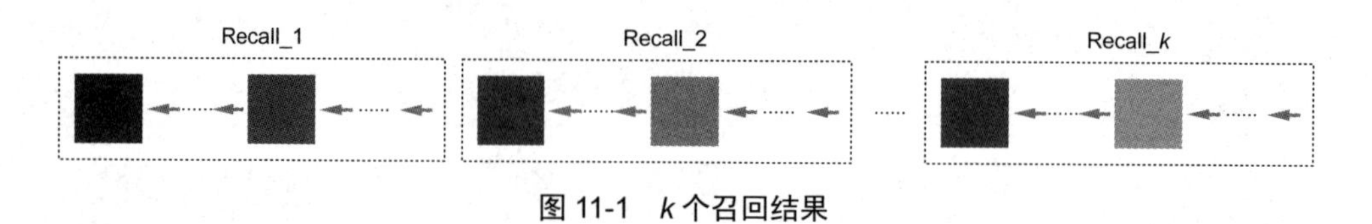

图 11-1　k 个召回结果

11.1　多种召回随机打散

这种排序方法是最简单的，就是将图 11-1 中的 k 个召回结果合并成一个集合，然后利用随机函数将这个并集随机打散，从中取 Top$N$ 作为最终的排序结果推荐给用户。这个过程可以用下式表示：

$$R = \mathrm{Top}N\left(\mathrm{random}\left(\bigcup_{i=1}^{k}\mathrm{Recall\_}i\right)\right)$$

这种实现方式非常高效，可以直接在推荐系统 Web 服务端实现，不过个人建议实现一个排序算子或者排序服务，这样可以跟 Web 服务解耦（对于下面讲到的排序方法，建议都采用类似的处理方式，做成一个算子或一个微服务，后面不再赘述）。图 11-2 直观地展示了这种随机打散的排序方案。

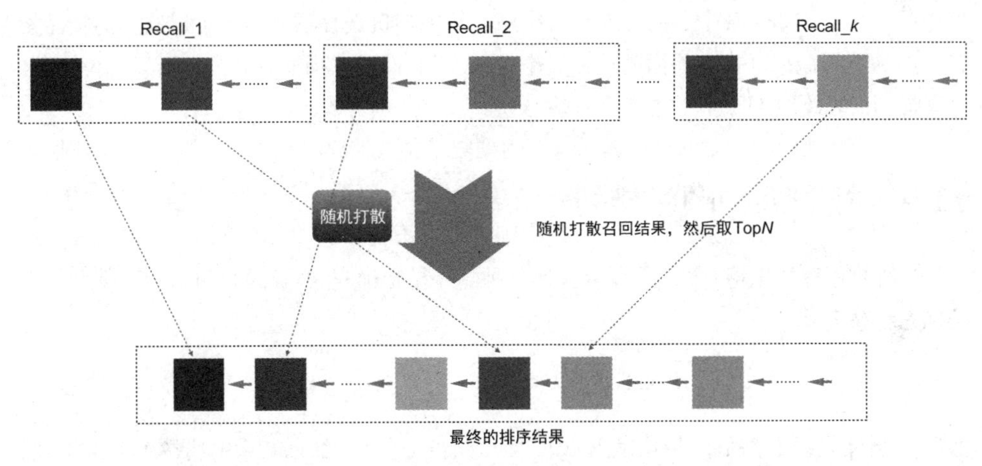

图 11-2 随机打散的排序策略

这种排序策略非常简单直接。每次获得的结果都不一样，可以提供一定的新颖性和多样性，特别适合召回结果变化不大的召回场景（比如推荐算法是 T+1 的，各个召回算法在前后两天的召回结果可能差别不大，特别是智能电视上的长视频推荐）。

这个排序算法最大的问题是缺乏一致性，也就是用户两次获得的推荐结果可能完全不一样。当然，这个问题可以部分解决：先将排序结果缓存起来，设定一个缓存过期时间，在这段时间内，每次用户请求推荐服务时，从缓存中取出推荐结果，这样推荐结果就一致了。另外，也可以利用固定的随机种子值，这样多次随机排序获得的排序列表是固定不变的。

这种随机打散的排序方法适合召回结果数量差不多的情况。如果某个召回算法召回的物品数量比其他召回算法多很多，那么这么打散排序会导致召回数量多的召回结果在排序结果中占多数，这样就失去了利用多个召回算法的价值。

其实上面的随机打散等价于按照相同的概率先随机选择一个召回列表，然后从中随机选择一个物品排在最终排序结果的第一位，依次类推。根据这个解释，该排序算法可以做一些优化，比如不同召回算法的重要性不同（可能某些召回算法的效果更好），这时我们可以给每个召回算法设置不同的选择概率（效果好的召回算法的选择概率大），这样有的召回列表就有更大的概率被选中，再从中随机选择一个物品排在最终的排序结果中，依次类推。按照这种优化方法，最终的排序结果中重要性高的召回列表中的物品会更多、更靠前。另外，如果某个召回结果也有排序，从中随机选择物品时也可以给不同物品设置不同的选择概率（排在前面的选择概率大）。怎么设置选择概率，读者可以思考一下。这里提到的思路跟 11.2 节的内容有一些类似。

11.2　按照某种顺序排列

这种排序算法先将 k 种召回结果按照某种顺序排定优先级，比如（$A \succ B$ 的意思是 A 的优先级高于 B）：

$$\text{Recall\_1} \succ \text{Recall\_2} \succ \cdots \succ \text{Recall\_}k$$

然后按照优先级的高低，依次从 Recall_1、Recall_2、…、Recall_k 中选择 1 个来排列。第一轮选择好了之后，再按照 Recall_1、Recall_2、…、Recall_k 的顺序选择，直到选择的数量凑足 N 个，图 11-3 展示了实现过程。具体各个召回算法怎么排定优先级，有很多种方式，比如基于业务经验、运营需要、召回算法的效果（比如矩阵分解召回的效果好于 item-based 召回，item-based 召回的效果好于热门召回）等。

这种实现方案可以做一些调整和推广。上面每个召回算法只选择了 1 个结果进行排列，其实可以选择多个（既可以选择固定数量的，比如每个召回选择 2 个；也可以选择不定数量的，比如第一个召回选择 3 个，第二个召回选择 2 个。具体选择多少，可以基于经验、业务规则、该召回算法的效果等来决定）。

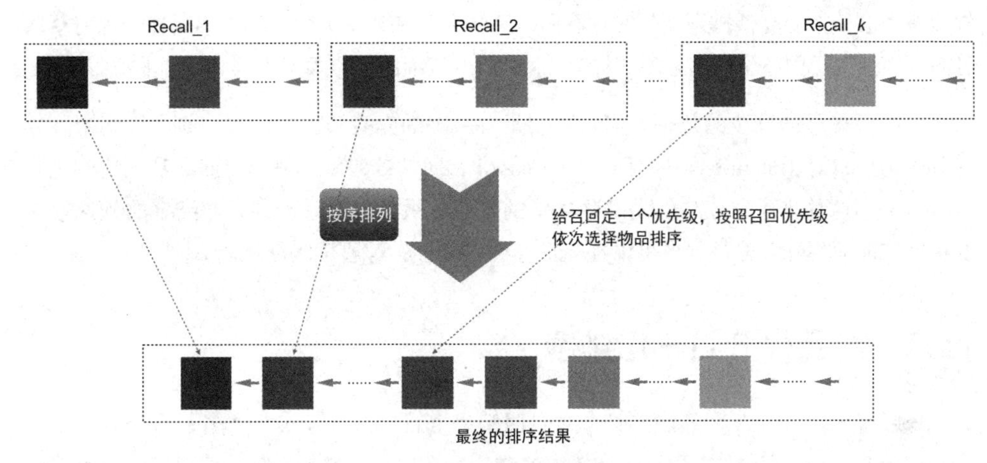

图 11-3 按照某种顺序排列的排序策略

图 11-4 就是先从每个召回中选择 Top$M$ 个结果，按照顺序拼接起来。第一轮选择结束后，再从第一个召回中选择 Top$M$ 个，依次类推，凑足最终需要的 Top$N$ 推荐结果就停止（当然，一般不会刚好凑足 N 个，当第一次超过 N 个就可以停止了）。上面多个召回列表中可能某些物品出现在多个召回中，只要在排序过程中将重复的剔除就好了。

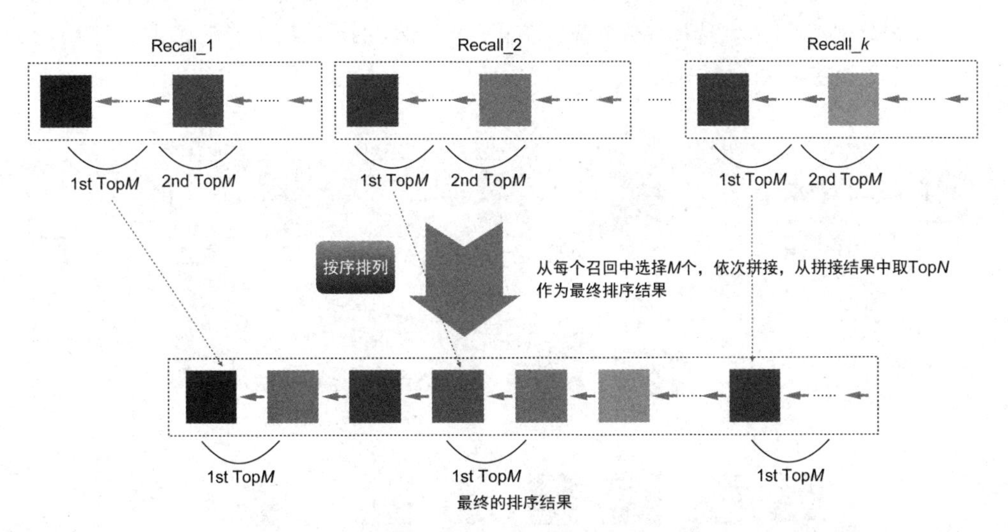

图 11-4 每个召回算法选择 Top$M$，然后拼接获得最终的 Top$N$ 排序结果

其实这个每组取 Top$M$ 的排序方法在现实生活中可以找到原型，比如高考录取，每个

省的考生成绩按照高低排列就是一种召回。清华大学和北京大学每年在不同省份都有录取名额（当然，不同省份的名额不一样），这个招生过程的思路跟图 11-4 有异曲同工之处。

一般各种召回算法的效果如何，我们是有一定的先验知识的，比如前面说到矩阵分解召回的效果好于 item-based 召回，item-based 召回的效果好于热门召回。基于这些先验知识，采用这种排序方式自然是一种不错的选择。虽然排在后面的召回结果的预期效果没有排在前面的好，但是这样可以提高推荐的多样性、惊喜度和泛化能力。

11.3　召回得分归一化排序

一般来说，某个召回算法本身会对召回结果进行排序（其实绝大多数召回算法都是内部有序的），也就是说每个召回结果中的物品是有序的。比如矩阵分解召回，每个召回的物品是有预测评分的，可以按照得分高低给召回的物品排序，实际召回时就是这么操作的。下面讲解怎么使用召回得分。

如果 k 个召回算法都有自己的排序得分，那么一种可行的综合排序方式是：在每个召回算法内部将排序得分归一化到 0 到 1（在同一个区间就可以比较了），按照归一化得分进行排序（这里存在一种情况，如果某个物品在多个召回算法中出现，可以取它们的归一化得分的平均值），选择得分最高的 Top$N$ 作为最终的排序结果推荐给用户。图 11-5 非常直观地说明了这个操作过程。

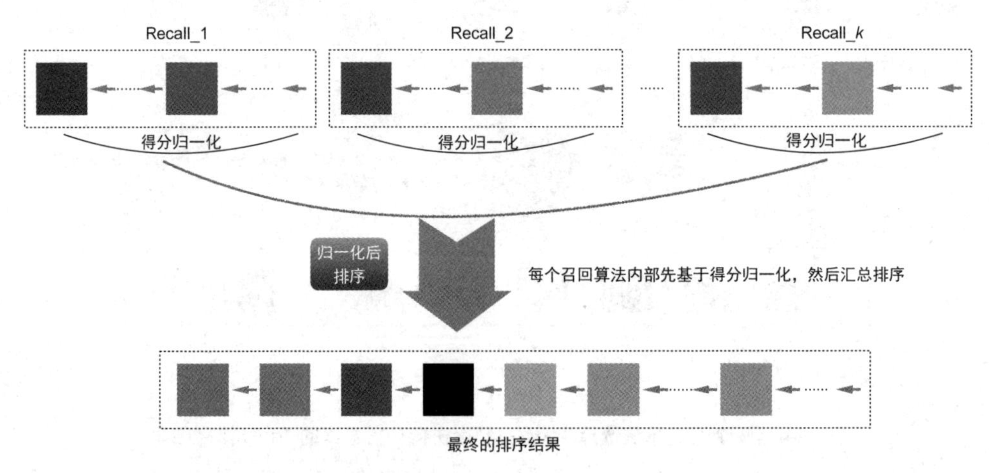

图 11-5　每个召回算法首先基于得分归一化，然后汇总排序，取 Top$N$ 作为最终排序结果

归一化的方法有很多，包括 min-max 归一化、分位数归一化和正态分布归一化，下面简单介绍。

- **min-max 归一化**

min-max 归一化先求样本得分的最大值和最小值，再采用下式进行归一化，归一化后所有值分布在 0~1 范围内：

$$x^* = \frac{x - x_{\min}}{x_{\max} - x_{\min}}$$

- **分位数归一化**

分位数归一化将样本所有的得分从低到高排序。假设一共有 N 个样本，某个值 x 排在第 k 位，那么我们用下式表示 x 的新值，分位数归一化后的值也在 0~1 范围内：

$$x^* = \frac{k}{N}$$

- **正态分布归一化**

正态分布归一化先求该特征所有样本值的均值 μ 和标准差 σ，再采用下式进行归一化，归一化后的取值范围为 –1~1：

$$x^* = \frac{x - \mu}{\sigma}$$

召回得分归一化排序方法比较简单，并有一定的合理性。笔者之前在做视频排行榜推荐时就采用了这个方法。我们首先分别计算电影、电视剧、综艺、动漫、少儿等各种类型节目的 Top100（按照播放量），然后按照本节介绍的方法归一化，取最终的 Top100 作为综合的热门推荐结果，其中就会包含各种类型的视频（其实这里获得的电影、电视剧等的 Top100 就是不同的热门召回，然后用归一化进行排序，获得综合的热门榜单）。

11.4 匹配用户画像排序

如果物品有标签，那么基于用户行为可以给用户构建兴趣画像，这些物品的标签可以作为用户的兴趣标签。例如，用户看了一些科幻、恐怖、西部题材的电影，就可以给该用户打上科幻、恐怖、西部的兴趣标签，代表该用户对这类电影感兴趣。

用户的每个兴趣标签可以有权重，这个权重代表用户对该标签的兴趣度。怎么计算这个权重，7.2.2 节已经进行了说明，这里不再赘述。

有了用户兴趣标签，每个物品也是有标签的，那么就可以计算每个物品与用户兴趣画像的相似度得分，降序排列后取 Top*N* 作为最终排序结果。图 11-6 很好地展示了这个过程。

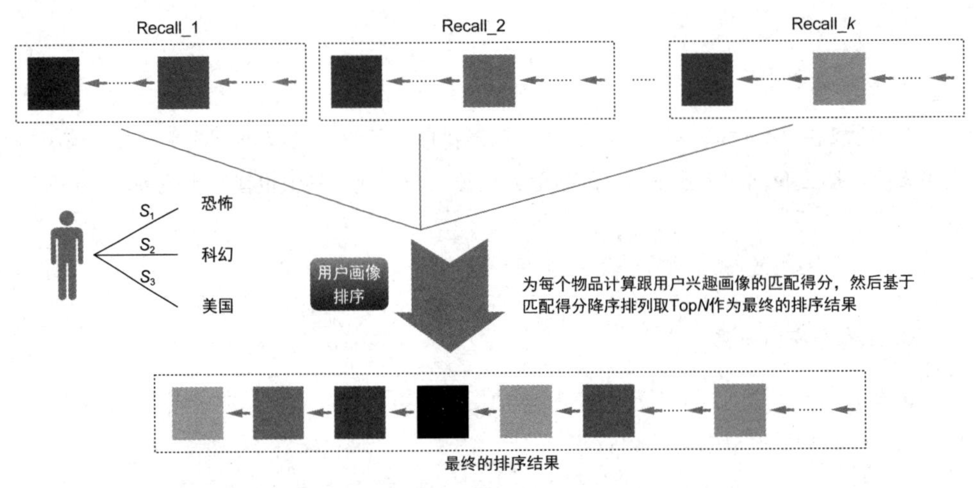

图 11-6　基于物品跟用户兴趣画像的匹配度排序，然后取 Top*N* 作为最终排序结果

那么，怎么计算用户 U 和某个物品 W 的标签的匹配度呢？这里简单说明。首先求出用户标签跟物品标签的交集。如果交集为空，那么它们的相似度为 0。如果交集不为空，记交集为 T，那么用户 U 的兴趣画像跟物品 W 的匹配度为 $\sum_{t \in T} w_t^U * w_t^W$，这里 w_t^U 是用户 U 的兴趣标签 t 的权重，w_t^W 是物品 W 的标签 t 的权重（如果物品标签没有权重，那么可以设定为 1）。

上面是基于用户兴趣标签计算用户跟物品的匹配度。如果用户或者物品可以嵌入某个低维向量空间，也可以用向量相似度（如余弦相似度、内积等）来表示用户和物品的相似度。具体怎么嵌入，9.1.3 节已经介绍了核心思想，这里不再赘述。

匹配用户兴趣画像的排序算法结合了用户行为，是一种个性化的算法，比较合理。这其实就是基于内容的推荐排序算法，只要用户有操作行为，这种算法就可以起效。它的缺点是推荐的物品可能局限于用户比较感兴趣的类别，缺乏多样性与新颖性，容易产生信息茧房效应。

11.5　利用代理算法排序

如果我们有一个代理算法（类似于现实生活中的代理人、代理律师、监护人的概念）能够对物品进行排序，那么也可以基于这个算法对多个召回结果进行综合排序。这里举例说明：假设我们有一个文章质量评价算法，能够基于文章的一些特征（比如标题、长度、插图、创作者等级、错别字多少、排版是否优美、点击率等特征）来给文章排序，那么这个文章质量评价算法就是我们的代理算法，可以用来为多个召回结果进行排序。假设代理算法为 F，那么基于其的排序可以记为：

$$R = \text{Top}N\left(F\left(\bigcup_{i=1}^{k}\text{Recall\_}i\right)\right)$$

这种基于物品本身的代理算法最大的问题是非个性化（不包含用户特征），所以排在前面的物品可能不一定与用户兴趣匹配。图 11-7 直观地说明了利用代理算法的排序过程。

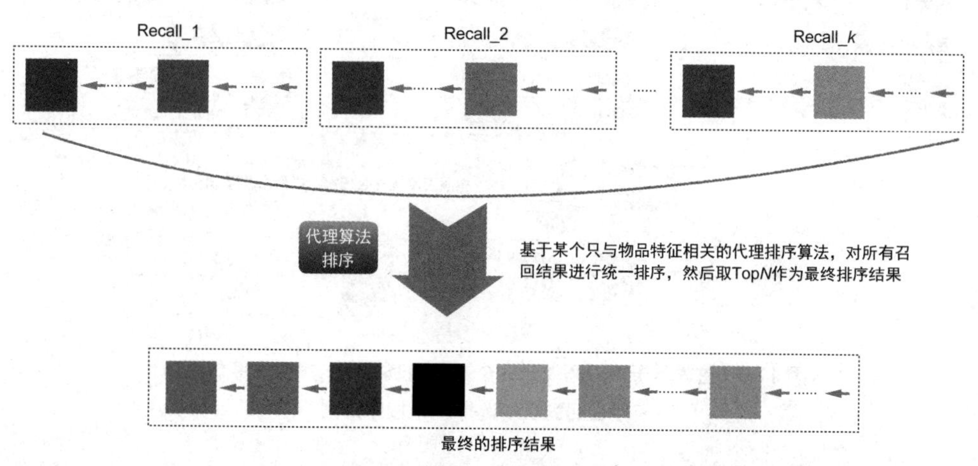

图 11-7　基于某个代理算法对所有召回结果排序，取 Top*N* 作为最终排序结果

前面提到，文章质量评价算法也会用到用户点击数据（可能是通过爬虫爬取的外网数据），因此排序结果也代表了群体的一种行为偏好，有一定的科学性。比如大家比较熟悉的豆瓣电影评分，其背后其实就是基于用户评价等数据构建的一个代理算法，可以对各类电影召回进行排序（当然，豆瓣没有公开算法实现方法，读者可以思考一下在自己公司的业务场景中怎么构建合适的代理算法）。

代理算法本质上是一种对物品进行综合评价的算法。在不同行业、不同场景中，是否能用代理算法取决于业务，是否能找到合适的代理算法取决于是否对业务有非常深入的了解。

11.6　几种策略的融合使用

上面讲了 5 种可行的排序策略，这些策略可以结合在一起使用。比如首先按照 11.4 节介绍的方法对每个召回列表进行排序，排序后的列表中排在前面的与用户兴趣匹配度最高，然后从排序好的召回结果中依次取 1 个按序排列（11.2 节中的方法），获得最终的 Top$N$ 排序结果，具体实现方案如图 11-8 所示。

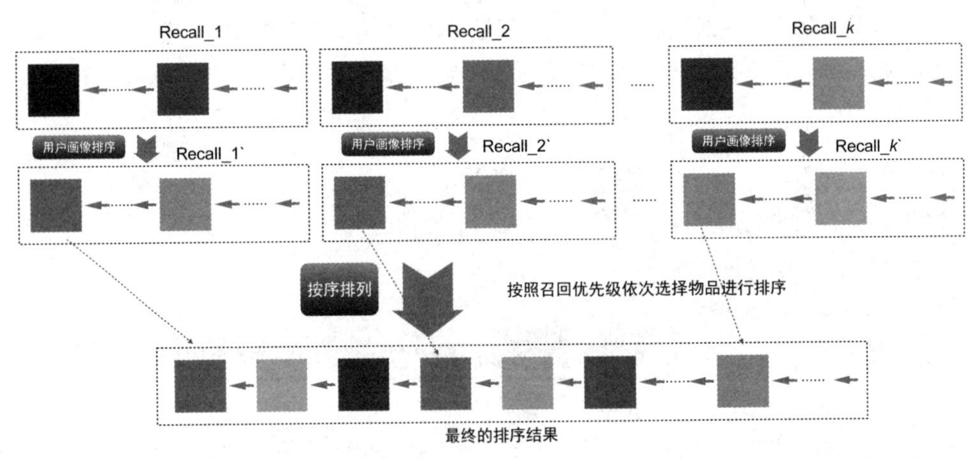

图 11-8　首先基于用户画像对每个召回列表排序，然后从每个新的有序召回列表中选择 1 个按序排列

下面介绍一种更复杂的混合策略。首先将召回结果分为两组，一组利用前面介绍的匹配用户画像排序，排序后的列表记为 Recall_P，另外一组用代理算法进行排序，排序

后的列表记为 Recall_k`，然后采用 11.2 节介绍的方法从 Recall_$P$ 和 Recall_$k$` 这两个列表中选取 Top$M$，将它们按照顺序拼接起来形成最终的 Top$N$ 排序结果。具体实现过程可以参考图 11-9。

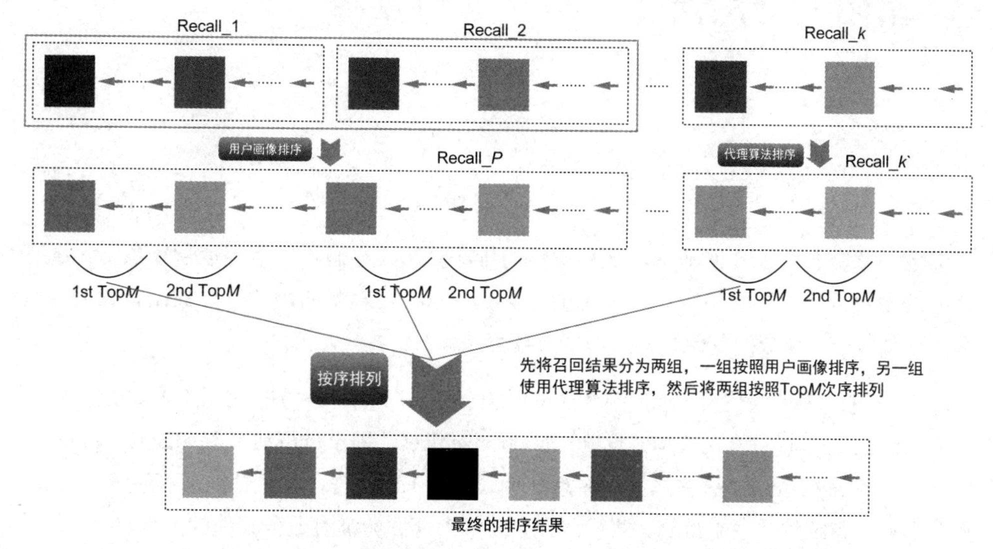

图 11-9　召回算法先分组，每组用不同排序策略，最终再次排序

上面只是举了两个混合排序的例子，其他混合排序策略大家可以自行尝试。可以说，上面提到的任何两个（甚至多个）策略都可以混合使用，具体怎么使用，需要结合特定场景和业务需要来考虑，这里不再赘述。

11.7　小结

本章介绍了 5 种基于规则和策略的排序算法，这几种方法也可以混合使用。这 5 种算法的原理非常简单，比较适合在没有太多用户行为数据（比如某个产品刚进入市场，还在拓展用户阶段）的场景下使用。虽然这 5 种排序方法简单，但是非常有使用价值，希望读者掌握其思想。接下来的两章会介绍基于机器学习算法的排序模型，这些排序方法更加科学有效。

第 12 章

基础排序算法

上一章中介绍了 5 种基于规则和策略的排序算法，它们是在特定运营场景下、没有足够的用户行为数据时不得已才采用的方法。一旦有足够多的用户行为数据，我们可以采用更加科学、高效的基于机器学习的排序算法。

本章讲解 3 种最常用、最基础的基于机器学习的排序算法，分别是 logistic 回归（logistic regression，LR）、FM（factorization machines，因子分解机）和 GBDT（gradient boosting decision tree）。这些算法的原理简单，易于工程实现，并且曾在推荐系统、广告、搜索等业务系统的排序中得到大规模应用，是经过实践验证有业务价值的方法。

虽然随着深度学习等更现代的排序算法的出现，这些比较古老的算法不像之前那样被大家津津乐道了，但是它们在某些场景下还是会被采用，当前（甚至未来）不会退出历史舞台。熟悉这些算法对于更好地理解排序的原理及更复杂的排序算法大有裨益，其原理中的一些思路启发了更高阶的算法，甚至它们本身就是某些更高阶算法的组成部分。

在介绍算法原理的同时，本章会简单介绍它们的推广与拓展及在大厂的应用，不过不会深入讲解，我会列出相关论文，感兴趣的读者可以进一步学习。下面分别介绍这 3 类算法。

12.1 logistic 回归排序算法

logistic 回归模型是最简单的线性模型，原理简单，工程实现容易，因此是最基础的排序模型。下面从算法原理、特点、工程实现、业界应用 4 个方面展开说明。

12.1.1 logistic 回归的算法原理

对于一般的分类及预测问题，logistic 回归模型（见式 (12-1)，其中 x_i 是特征，w_i 是模型参数）可以提供简单的解决方案：

$$\hat{y}(x)=\frac{1}{1+\exp(w_0+\sum_{i=1}^{n} w_i x_i)} \tag{12-1}$$

为什么说 logistic 回归是线性模型呢？其实 logistic 回归是对线性模型做 logistic 变换而来的。下面的 logistic 函数 $s(x)$ 就是 logistic 变换，对比式 (12-1) 和式 (12-2) 可以看出这一点：

$$s(x)=\frac{1}{1+\mathrm{e}^{-x}} \tag{12-2}$$

logistic 函数是一条 S 曲线，通过 logistic 变换得到的结果在 0 到 1 之间，x 的值越大，$s(x)$ 越接近 1；x 的值越小，$s(x)$ 越接近 0，如图 12-1 所示。

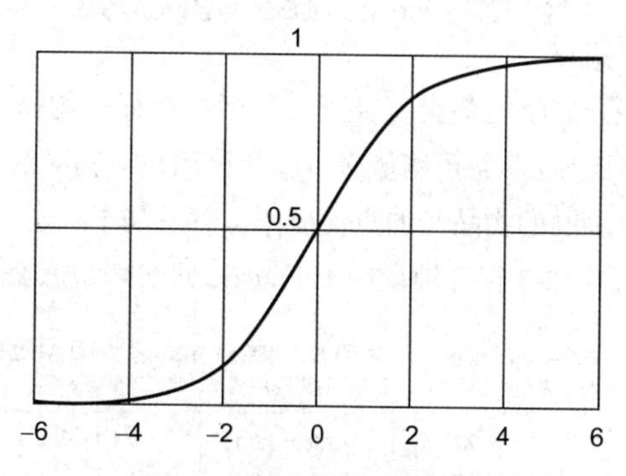

图 12-1 logistic 函数的图像

对线性函数做 logistic 变换的最大价值是将预测结果 $\hat{y}(x)$（式 (12-1) 的左边）变换到 0 到 1 之间，因此 logistic 回归可以看成 $\hat{y}(x)$ 的概率估计，故对于预测点击率（或二分类问题）这类业务非常实用。

为了方便读者理解，建立基础模型到深度学习模型的桥梁，logistic 回归还可以看成一个最简单的神经网络模型。该神经网络只有输入层和输出层，没有隐藏层，输出层的激活函数就是 sigmoid 函数（logistic 变换函数），sigmoid 函数也是很多复杂神经网络模

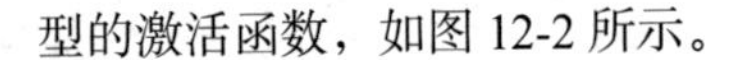

型的激活函数，如图 12-2 所示。

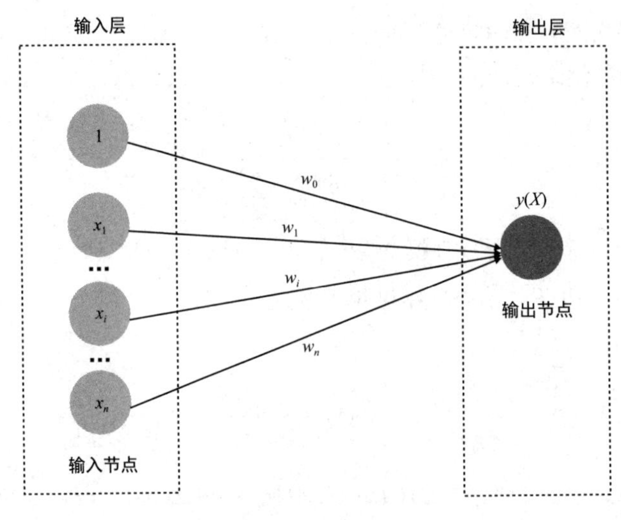

图 12-2　logistic 回归的神经网络解释

对于推荐系统来说，x_i 就是各类特征（用户画像特征、物品画像特征、用户行为特征、场景特征、交叉特征等），而预测值 $\hat{y}(x)$ 就是该用户对物品的点击概率。首先计算该用户对每个物品（召回阶段的物品）的点击概率，然后基于点击概率降序排列，取 Top$N$ 作为最终的推荐结果。图 12-3 很好地说明了 logistic 回归模型怎么用于推荐系统排序。

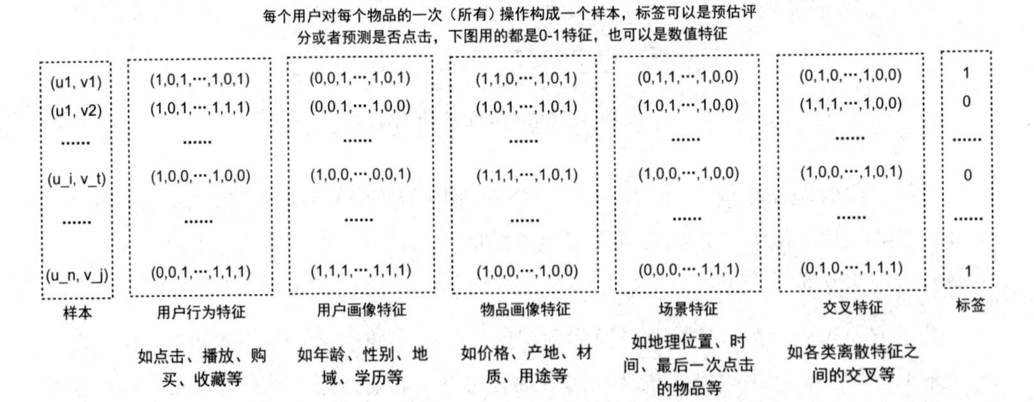

图 12-3　logistic 回归模型用于推荐系统排序

12.1.2 logistic 回归的特点

从上面的介绍可以知道，logistic 模型非常简单，有一点数学基础就能理解，这个模型也非常容易应用到推荐系统排序。但 logistic 回归模型的弱点也非常明显：logistic 回归不能帮助我们构建交叉特征（构建交叉特征的过程相当于对模型进行了非线性化，可以提升模型的预测能力）。

从 logistic 回归的公式可以看出，logistic 回归模型的特征之间彼此独立，无法拟合特征之间的非线性关系，而现实生活中特征之间往往不是独立的，而是存在一定的内在联系。以新闻推荐为例，一般男性用户看军事新闻更多，而女性用户更喜欢看娱乐新闻，性别与偏好的新闻类别有一定的关联性。如果能找出这类相关的特征是非常有意义的，可以显著提升模型预测的准确度。

当然，也可以人工进行特征交叉，获得特征之间的非线性关系。这需要建模人员对业务非常熟悉，知道哪些特征之间交叉对预测目标有帮助，同时需要有比较扎实的机器学习功底和特征工程相关的实践经验，即使这样，有时也免不了进行大量尝试。实际上，logistic 回归模型最大的缺陷就在于人工特征工程，需要耗费大量人力资源来筛选、组合非线性特征。

logistic 回归模型是 CTR 预估领域早期最成功的模型，也大量用于推荐算法排序阶段，大多数企业推荐排序系统通过整合人工非线性特征，最终采用“线性模型 + 人工特征组合引入非线性”的模式来训练 logistic 回归模型。因为 logistic 回归模型具有简单、易用、解释性强、易于分布式实现等诸多优点，所以目前仍然有不少企业的业务系统（比如金融业中的信用评分、智能风控）采用这种算法。

12.1.3 logistic 回归的工程实现

logistic 回归模型是简单的线性模型，利用梯度下降算法（如 SGD）就可以训练。像 scikit-learn 就包含 logistic 回归模型（参考类 `sklearn.linear_model.Logistic-Regression`，本书第 19 章的代码案例就是用的 scikit-learn 的 logistic 回归模型）。如果数据量大，也可以利用 Spark MLlib 中的 logistic 回归（见本章参考文献 1）实现，这里不赘述。

12.1.4 logistic 回归在业界的应用

首先介绍 logistic 回归模型怎么用于实时场景中。2013 年谷歌提出了 FTRL（follow-the-regularized-leader）算法。该方法可以高效地在线训练 logistic 回归模型，在谷歌及国内许多公司得到大规模应用，包括广告点击率预估和推荐排序（见本章参考文献 2）。

下面介绍一个在阿里的应用。阿里提出了一种分片线性模型（本章参考文献 3），其核心思想是分而治之。首先将样本分为 m 类，在每类中应用 logistic 回归，由于不同类样本的特性不一样，所以 logistic 回归的参数也不一样。不同类之间采用 softmax 函数作为权重（参见式 (12-3) 中的 $\frac{\exp(u_i^{\mathrm{T}}x)}{\sum_{j=1}^{m}\exp(u_j^{\mathrm{T}}x)}$ 部分）。当 $m=1$ 时，就是普通的 logistic 回归模型，m 越大，预估得越准，但是这时参数也越多，需要更多的样本、更长的时间才能训练出有效的模型。

$$p(y=1|x)=\sum_{i=1}^{m}\frac{\exp(u_i^{\mathrm{T}}x)}{\sum_{j=1}^{m}\exp(u_j^{\mathrm{T}}x)}\cdot\frac{1}{1+\exp(-w_i^{\mathrm{T}}x)} \tag{12-3}$$

从更现代的视角来看，上式中的系数 $\frac{\exp(u_i^{\mathrm{T}}x)}{\sum_{j=1}^{m}\exp(u_j^{\mathrm{T}}x)}$ 类似于注意力机制中的注意力参数。关于这个模型的细节介绍，可以阅读本章参考文献 3，这里不展开说明。

12.2 FM 排序算法

FM 最早由 Steffen Rendle 于 2010 年在 ICDM 会议（Industrial Conference on Data Mining）上提出。它是一种通用的预测方法，即使在数据非常稀疏的情况下，依然能估计出可靠的参数，并能够进行比较精准的预测。

与传统的简单线性模型不同，FM 考虑了特征间的交叉，对所有特征变量交叉进行建模（类似于 SVM 中的核函数），因此在推荐系统和计算广告领域关注的 CTR（click-through rate，点击率）和 CVR（conversion rate，转化率）两项指标上有着良好的表现。此外，FM 模型还具备可以在线性时间复杂度下计算，可以整合多种信息，以及能够与许多其他模型相融合等优点。下面从算法原理、参数估计、计算复杂度、模型求解、排序方法 5 个维度展开介绍。

12.2.1 FM 的算法原理

12.1 节中讲到 logistic 回归不具备自动组合特征的能力，这是它的缺点。那么组合特征的能力能否体现在模型层面呢？也即，是否有一种模型可以自动化地组合、筛选交叉特征呢？答案是肯定的。

其实想做到这一点并不难，如图 12-1 所示，在线性模型的算式里加入二阶特征组合即可。可以将任意两个特征组合成一个新特征，加入线性模型中。而组合特征的权重和一阶特征权重一样，在训练阶段通过学习获得。我们可以在线性模型中整合二阶交叉特征，得到如下模型：

$$\hat{y}(x)=w_0+\sum_{i=1}^{n}w_ix_i+\sum_{i=1}^{n-1}\sum_{j=i+1}^{n}w_{ij}x_ix_j \tag{12-4}$$

上述模型中，任意两个特征之间交叉，其中 n 代表样本的特征数量，x_i 是第 i 个特征的值，w_0、w_i、w_{ij} 是模型参数，只有当 x_i 与 x_j 都不为 0 时，交叉项才有意义。

虽然这个模型貌似解决了二阶特征组合问题，但是它有个潜在的缺陷：对组合特征建模，导致泛化能力比较弱，尤其是对于大规模稀疏特征的场景，满足交叉项不为 0 的样本非常少（主要原因是，有些特征本来就稀疏，很多样本在该特征上无值，其他原因有这两个具体特征组合出现的概率本来就很小）。当训练样本不足时，很容易导致参数 w_{ij} 训练不充分、不准确，最终影响模型的效果。特别是对于推荐、广告等数据非常稀疏的业务场景来说（这些场景的最大特点就是特征非常稀疏，在推荐场景，由于有海量物品，每个用户只对很少的物品有过操作行为；在广告场景，由于用户很少点击广告，点击率很低，导致收集到的数据很少），很多特征之间的交叉缺乏训练数据支撑，因此无法很好地学习出对应的模型参数。这就导致上述整合二阶交叉特征的模型并未在工业界得到广泛采用。

那么该问题有解决办法吗？其实是有的，我们可以借助矩阵分解的思路，调整二阶交叉特征的系数，让其不再是独立无关的。具体而言，将上面的模型修改为

$$\hat{y}(x)=w_0+\sum_{i=1}^{n}w_ix_i+\sum_{i=1}^{n}\sum_{j=i+1}^{n}\langle \boldsymbol{v}_i,\boldsymbol{v}_j\rangle x_ix_j \tag{12-5}$$

其中我们需要估计的模型参数是 w_0、$\boldsymbol{w}\in\mathbb{R}^n$、$\boldsymbol{V}\in\mathbb{R}^{n\times k}$。$\boldsymbol{w}=(w_1,w_2,\cdots,w_n)$，是 n 维向量。

$\boldsymbol{v}_i$、$\boldsymbol{v}_j$ 是低维向量（k 维），类似于矩阵分解中的用户或者物品特征向量表示。$\boldsymbol{V}$ 是由 $\boldsymbol{v}_i$ 组成的矩阵。$\langle , \rangle$ 操作是两个 k 维向量的内积：

$$\langle \boldsymbol{v}_i,\boldsymbol{v}_j\rangle=\sum_{f=1}^{k} v_i,f^{v} j,f$$

$\boldsymbol{v}_i$ 就是 FM 模型核心的分解向量，k 是超参数，一般取值较小（100 左右）。

根据线性代数的知识可知，对于任意对称的半正定矩阵 $\boldsymbol{W}$，只要 k 足够大，一定存在矩阵 $\boldsymbol{V}$ 使得 $\boldsymbol{W}=\boldsymbol{V}\cdot\boldsymbol{V}^{\mathrm{T}}$（Cholesky decomposition）。这说明，FM 通过分解的方式基本可以拟合任意二阶交叉特征，只要分解的维度 k 足够大（首先，$\boldsymbol{W}$ 的每个元素都是两个向量的内积，所以一定是对称的，再者，FM 的式子中不包含 x_i 与 x_i 自身的交叉，这对应矩阵 $\boldsymbol{W}$ 的对角元素，所以我们可以任意选择 $\boldsymbol{W}$ 对角元素足够大，保证 $\boldsymbol{W}$ 是半正定的）。由于在稀疏情况下，没有足够的训练数据支撑模型训练，因此一般选择较小的 k，虽然模型的表达空间变小了，但是可以达到较好的效果，并且有不错的泛化能力。

如果用 FM 来应对二分类问题或者点击概率问题，可以在式 (12-5) 的基础上进行一次 sigmoid 变换（logistic 变换）。这时类似于 logistic 模型，我们也可以用神经网络来解释 FM 模型（只有输入层和输出层，没有隐藏层），只不过这时模型更复杂，包含线性部分和特征交叉部分。为了更好地理解，可以参考图 12-4。

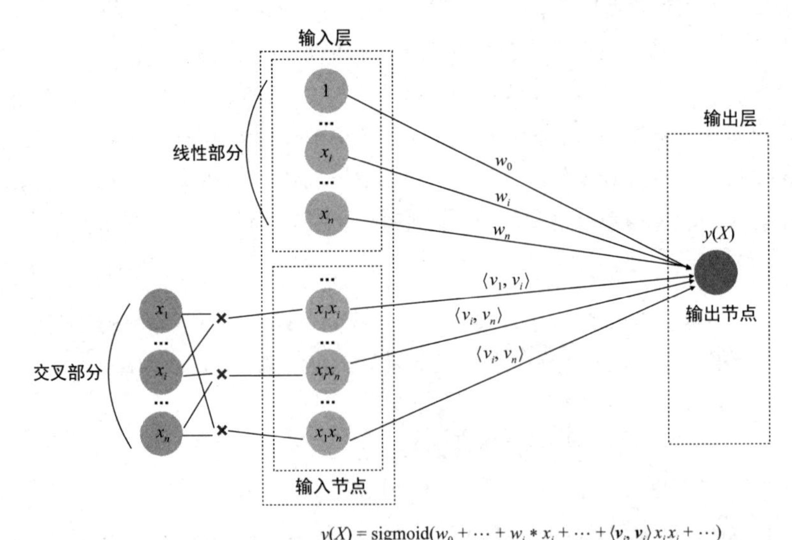

图 12-4　FM 模型的神经网络解释

12.2.2 FM 的参数估计

对于稀疏数据场景，一般难以直接估计变量之间的交互，而 FM 可以很好地解决这个问题。通过将交叉特征系数做分解，让不同的交叉项之间不再独立，使得一个交叉项的数据可以辅助估计（训练）另一个交叉项（只要这两个交叉项有一个变量相同，比如 x_ix_j 与 x_ix_k，它们的系数 $\langle \boldsymbol{v}_i, \boldsymbol{v}_j \rangle$ 和 $\langle \boldsymbol{v}_i, \boldsymbol{v}_k \rangle$ 共用一个向量 $\boldsymbol{v}_i$）。

FM 模型通过对二阶交叉特征系数做分解，让二阶交叉项的系数不再独立，因此系数数量远远少于直接在线性模型中整合二阶交叉特征。FM 的系数个数为 $1+n+kn$，而整合交叉项的线性模型的系数个数为 $1+n+n^2$。前者是 n 的线性函数，而后者是 n 的指数函数，当 n 非常大时，训练 FM 模型在存储空间占用及迭代速度上非常有优势。

12.2.3 FM 的计算复杂度

从式 (12-5) 来看，因为需要处理所有特征交叉，所以计算复杂度是 $O(kn^2)$。但是可以通过适当的变换与数学计算，将计算复杂度降至 $O(kn)$，变成线性的。具体推导过程如下：

$$\begin{aligned}
&\sum_{i=1}^{n}\sum_{j=i+1}^{n}\langle \boldsymbol{v}_i, \boldsymbol{v}_j \rangle x_i x_j \\
&= \frac{1}{2}\sum_{i=1}^{n}\sum_{j=1}^{n}\langle \boldsymbol{v}_i, \boldsymbol{v}_j \rangle x_i x_j - \frac{1}{2}\sum_{i=1}^{n}\langle \boldsymbol{v}_i, \boldsymbol{v}_i \rangle x_i x_i \\
&= \frac{1}{2}\left(\sum_{i=1}^{n}\sum_{j=1}^{n}\sum_{f=1}^{k} v_{i,f} v_{j,f} x_i x_j - \sum_{i=1}^{n}\sum_{f=1}^{k} v_{i,f} v_{i,f} x_i x_i\right) \\
&= \frac{1}{2}\sum_{f=1}^{k}\left(\left(\sum_{i=1}^{n} v_{i,f} x_i\right)\left(\sum_{j=1}^{n} v_{j,f} x_j\right) - \sum_{i=1}^{n} v_{i,f}^2 x_i^2\right) \\
&= \frac{1}{2}\sum_{f=1}^{k}\left(\left(\sum_{i=1}^{n} v_{i,f} x_i\right)^2 - \sum_{i=1}^{n} v_{i,f}^2 x_i^2\right)
\end{aligned} \tag{12-6}$$

从式 (12-6) 的最后一步可以看到，括号里面时间复杂度是 $O(n)$，加上外层的 $\sum_{f=1}^{k}$，最终的时间复杂度是 $O(kn)$。进一步地，在数据稀疏情况下，大多数特征 x 为 0，我们只需要对非零的 x 求和，因此时间复杂度其实是 $O(k\bar{m}_D)$，$\bar{m}_D$ 是训练样本中平均非零的特征个数。

由于 FM 模型可以在线性时间复杂度下计算出结果，因此对于做预测非常有帮助，特别是对有海量用户的互联网产品具有极大的应用价值。拿推荐系统来说，每天需要为每个用户计算推荐结果（这个过程是离线推荐，实时推荐的计算量会更大），线性时间复杂度可以让整个计算过程更加高效，在更短的时间完成计算，节省服务器资源，并且响应速度更快，有利于提升用户体验。

12.2.4　FM 模型求解

FM 模型计算相对简单，完全可导，我们可以用平方损失函数或者 logit 损失函数（这需要在式 (12-5) 的基础上做一次 logistic 变换）来学习 FM 模型。从 12.2.3 节的介绍可知，FM 模型的预测值可以在线性时间复杂度下计算出来，因此 FM 模型的参数（w_0, $\boldsymbol{w}$, $\boldsymbol{V}$）可以高效地利用梯度下降算法（SGD、ALS 等）来求解（能以线性时间复杂度求出下面的 e_x，所以在迭代更新参数时非常高效）。结合式 (12-5) 和式 (12-6)，很容易计算出 FM 模型的梯度如下：

$$\frac{\partial}{\partial\theta}\hat{y}(\boldsymbol{x})=\begin{cases}1, & 若\ \theta\ 是\ w_0\\ x_i, & 若\ \theta\ 是\ w_i\\ x_i\sum_{j=1}^{n}v_{j,f}x_j-v_{i,f}x_i^2, & 若\ \theta\ 是 w_{i,f}\end{cases}$$

我们记 $e_x\overset{\text{def}}{=}y-\hat{y}(\boldsymbol{x})$，针对平方损失函数，具体的参数更新方式如下（未增加正则项，其他损失函数的迭代更新与之类似，也很容易推导出来）：

$$\begin{aligned}&w_0\leftarrow w_0—\gamma e_x\\&w_i\leftarrow w_i—\gamma x_ie_x\\&v_{i,f}\leftarrow v_{i,f}—\gamma(x_i\sum_{j=1}^{n}v_{j,f}x_j-v_{i,f}x_i^2)e_x\end{aligned}$$

其中，$\sum_{j=1}^{n}v_{j,f}x_j$ 与 i 无关，因此可以事先计算出来（在做预测求 $\hat{y}(\boldsymbol{x})$ 或者更新参数时，都需要计算该量）。上面的梯度计算可以在常数时间复杂度 $O(1)$ 下计算出来。模型训练更新时，在 $O(kn)$ 时间复杂度下就可以完成对样本 $(\boldsymbol{x}, y)$ 的更新（在稀疏数据情况下，更新的时间复杂度是 $O(km(\boldsymbol{x}))$，$m(\boldsymbol{x})$ 是特征 $\boldsymbol{x}$ 非零元素个数）。

12.2.5　FM 用于推荐排序

FM 是一类简单、高效的预测模型，可以用于各类预测任务中，主要包括如下 2 类。

- **回归问题**

如果推荐排序预测的是具体物品的得分，那么 $\hat{y}(\boldsymbol{x})$ 直接作为预测项，可以转化为求最小值的最优化问题，具体如下：

$$\min_{w_0^*,w_i^*,v_i^*}\sum_{x\in D}(y-\hat{y}(\boldsymbol{x}))^2$$

其中 D 是训练数据集，y 是 $\boldsymbol{x}\in D$ 对应的真实值。12.2.4 节介绍过怎么对这个模型进行迭代求解。

- **二分类问题**

如果推荐排序面对的是二分类问题（比如预测用户是否点击），可以通过 logit 损失来训练（类似于 logistic 回归，加上一个 logistic 变换，参考图 12-4）。

上面介绍了 FM 用于回归和分类的两种排序方式。关于 FM 更详细的介绍，可以阅读本章参考文献 4。关于 FM 的开源实现非常多，下面简单介绍 3 个关于 FM 的代码框架，方便大家使用。FM 的作者之前开源过一个实现方案（本章参考文献 5）。xlearn 也是一个非常不错的框架（本章参考文献 19），可以解决 LR、FM、FFM（FM 的升级版本）问题。顺便说一下，在本书第 19 章的代码实战部分，FM 模型也是用的 xlearn 框架。如果数据量大，还可以利用 Spark MLlib，其中有 FM 的分布式实现，并且可以用于分类和回归，本章参考文献 6、7 有完整的代码案例，这里不再赘述。使用 PyTorch 或者 TensorFlow 提供的最优化工具，按照 12.2.4 节的介绍，自己实现也非常容易。

12.3　GBDT 排序算法

GBDT 是一种基于迭代思路构造的决策树算法。该算法针对实际问题将生成多棵决策树，并将所有树的结果汇总来得到最终结果。该算法将决策树与集成思想进行了有效的结合，通过将弱学习器提升为强学习器的集成方法提高预测精度。GBDT 是一类泛化能力较强的学习算法（读者可以查看本章参考文献 8 详细了解 GBDT）。下面从算法原理、推荐排序应用 2 个维度来说明。

12.3.1　GBDT 的算法原理

GBDT 的模型形式如下式，这里 $T_k(\boldsymbol{x},\boldsymbol{w}_k)$ 是第 i 棵决策树，其中 $\boldsymbol{x}$ 是模型的特征，

$\boldsymbol{w}_k$ 是树的参数，β_k 是各棵树的权重：

$$f_M(\boldsymbol{x})=\sum_{k=1}^{M}\beta_k * T_k(\boldsymbol{x},\boldsymbol{w}_k)$$

GBDT 每次选择一棵树，对现有模型逐步做加法扩展，从而得到最终的强学习器，也就是通过 M 次迭代才学习到最终的模型。从上一次迭代到下一次迭代是学习模型的残差，下面简单说明。

假设我们使用的是平方损失函数，那么从 $k-1$ 次到 k 次迭代，损失函数可以表示为如下形式：

$$L(y_i,f_{k-1}(\boldsymbol{x}_i)+\beta_{k-1} * T_{k-1}(\boldsymbol{x}_i,\boldsymbol{w}_{k-1}))=(y_i-f_{k-1}(\boldsymbol{x}_i)-\beta_{k-1} * T_{k-1}(\boldsymbol{x}_i,\boldsymbol{w}_{k-1}))^2$$

上式中，$y_i-f_{k-1}(\boldsymbol{x}_i)$ 是当前模型 $f_{k-1}(\boldsymbol{x})$ 在样本点 $\boldsymbol{x}_i$ 第 k 步的残差，我们学习一棵新的树 $\beta_{k-1} * T_{k-1}(\boldsymbol{x}_i,\boldsymbol{w}_{k-1})$ 来拟合残差 $y_i-f_{k-1}(\boldsymbol{x}_i)$ 。所有样本点的残差之和就是整个训练样本在第 k 次迭代的残差，见下式：

$$L(\boldsymbol{x}_1,\boldsymbol{x}_2,\cdots,\boldsymbol{x}_N)=\sum_{i=1}^{N}(y_i-f_{k-1}(\boldsymbol{x}_i)-\beta_{k-1} * T_{k-1}(\boldsymbol{x}_i,\boldsymbol{w}_{k-1}))^2$$

这种多次迭代有点儿类似于微积分中的求极限，是一个逐步逼近的过程。随着迭代次数增加，残差会越来越小，模型的预测精准度会越来越高。图 12-5 非常清晰地说明了迭代过程。

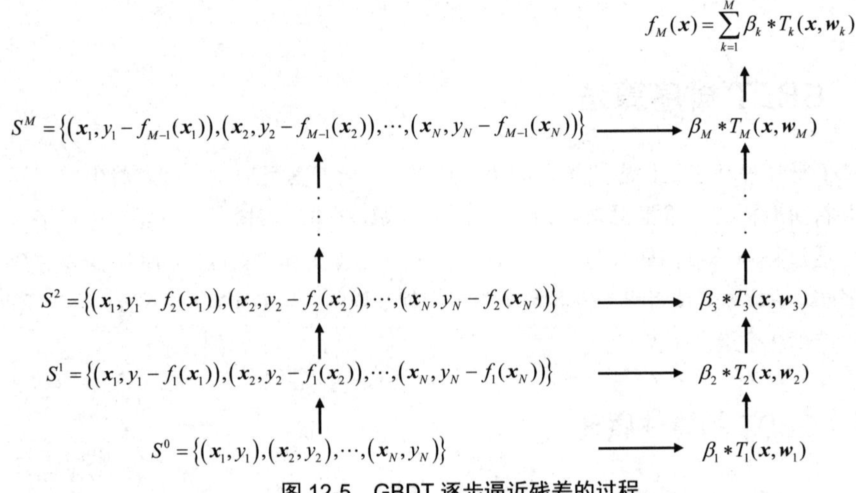

图 12-5　GBDT 逐步逼近残差的过程

关于 GBDT 的算法原理就介绍到这里。至于算法的详细推导过程，可以查看本章参考文献 9、10，特别是 9，讲解得非常清楚，这里不赘述。

12.3.2 GBDT 用于推荐排序

12.3.1 节通过回归任务介绍了 GBDT 算法的原理，其实 GBDT 也可以用于分类，本章参考文献 11 介绍得非常清楚，读者可以自行学习。所以对于推荐排序来说，GBDT 可以用于预测用户对物品的评分以及点击概率（二分类问题）。

DBDT 是一种集成模型，泛化能力很好，预测精准度高，并且离散特征、数值特征都可以使用，不同特征即使量级不一样，也不会影响模型的效果，是一种非常值得尝试的排序模型。

目前 GBDT 的开源实现非常多，比较出名的有 XGBoost（本章参考文献 12）、LightGBM（本章参考文献 13）。如果数据量大，也可以采用开源的分布式实现，Spark MLlib 中有 GBDT 的实现，本章参考文献 14、15 中有比较完整的代码示例。XGBoost 和 LightGBM 也都支持 Spark，更多细节见本章参考文献 16、17。顺便说一下，第 19 章的代码实战部分使用的是 XGBoost 框架。

最后介绍 Facebook 在 2014 年发表的一篇论文（本章参考文献 18），它非常创新地将 GBDT 和前面介绍的 logistic 回归模型结合了起来，首先利用 GBDT 训练样本，将模型的叶子节点当作特征，灌入 logistic 模型再次训练，这两个过程是解耦的，如图 12-6 所示。这么做的价值体现在：通过 GBDT 模型训练得到的特征是非线性的，包含了各种原始特征的交叉，这就解决了 logistic 回归需要人工构建特征并且 logistic 回归的特征不方便交叉这两个问题，可谓一举两得。这种方法也有现代深度学习推荐算法的影子。深度学习一般通过别的嵌入方法获得特征，然后灌入模型，利用 MLP 来训练。这里 GBDT 起到嵌入的作用，而 logistic 类似于 MLP 神经网络（图 12-2 中已经说明，logistic 可以看成最简单的神经网络，它只有输入层和输出层，没有隐藏层）。

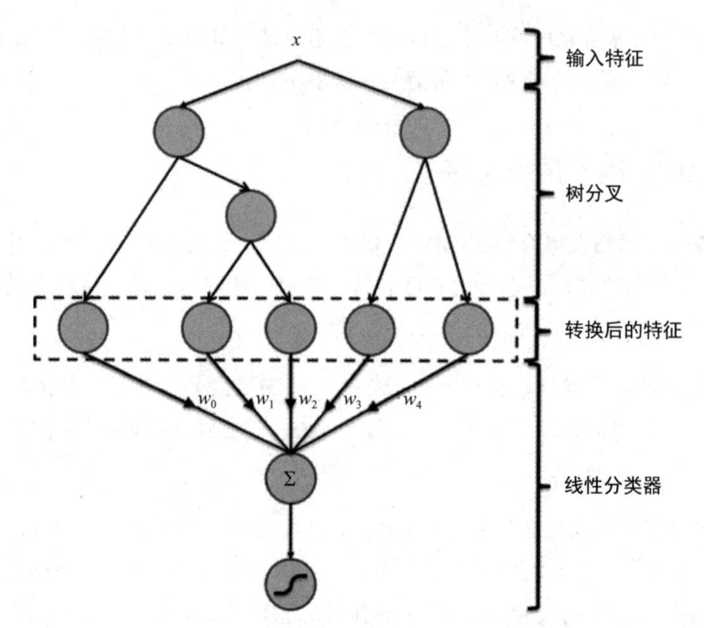

图 12-6　GBDT+LR 的模型结构（上半部分是 GBDT，下半部分是 LR）

12.4　小结

本章讲解了 3 类最常用、最基础的基于机器学习的推荐排序模型，分别是 logistic 回归、FM 和 GBDT，它们都能用于推荐排序的回归和分类问题，曾经也是大厂主流的推荐、搜索、广告排序算法。

这 3 个算法虽然原理简单易懂，工程实现也不复杂（有很多开源工具），但核心思想值得大家学习。它们目前也是各种深度学习算法的构件（比如下一章中讲到的 Wide & Deep 中就用到了 logistic 组件，DeepFM 中就用到了 FM 组件），并且在某些场景下（比如数据量不太多、计算资源不足）是不二之选。本章的讲解就到这里，下一章会讲解基于深度学习的高阶推荐排序算法。

参考文献

1. Spark Apache. Logistic regression. Classification and regression.

2. McMahan H B, Holt G, Sculley D, et al. Ad click prediction: a view from the trenches[C]//Proceedings of the 19th ACM SIGKDD international conference on Knowledge discovery and data mining. 2013: 1222-1230.
3. Gai K, Zhu X, Li H, et al. Learning piece-wise linear models from large scale data for ad click prediction[J]. arXiv preprint arXiv:1704.05194, 2017.
4. Rendle S. Factorization machines with libfm[J]. ACM Transactions on Intelligent Systems and Technology (TIST), 2012, 3(3): 1-22.
5. srendle/libfm（GitHub）
6. Spark Apache. Factorization machines classifier. Classification and regression.
7. Spark Apache. Factorization machines regressor. Classification and regression.
8. gradient boosting（Wikipedia）
9. Tianqi Chen. Introduction to Boosted Trees, 2014.
10. Friedman J H. Greedy function approximation: a gradient boosting machine[J]. Annals of statistics, 2001: 1189-1232.
11. Cheng Li. A Gentle Introduction to Gradient Boosting.
12. dmlc/xgboost（GitHub）
13. microsoft/LightGBM（GitHub）
14. Spark Apache. Gradient-boosted tree classifier. Classification and regression.
15. Spark Apache. Gradient-Boosted Trees(GBTs). Ensembles - RDD-based API.
16. XGBoost4J-Spark Tutorial（Read the Docs）
17. microsoft/SynapseML（GitHub）
18. He X, Pan J, Jin O, et al. Practical lessons from predicting clicks on ads at Facebook[C]//Proceedings of the eighth international workshop on data mining for online advertising. 2014: 1-9.
19. aksnzhy/xlearn（GitHub）

第 13 章

高阶排序算法

上一章讲解了常用的 3 种基础排序算法，本章讲解 2 种经典的深度学习排序算法，即谷歌的 Wide & Deep 和 YouTube 的深度学习排序。这 2 个算法在国外大厂真实的业务场景中经过验证，有实际的业务价值，并且被中国的广大互联网公司应用于（直接应用或者基于此做了模型结构优化和调整）自己的业务中，得到了业界的一致认可。

虽然这 2 个算法是在 2016 年提出的，但到现在也不过时，在创新性、模型结构、特征工程技巧、工程实现细节等各个方面都值得大家好好学习。理解这 2 个算法的核心思想对于学习其他更现代的深度学习排序算法也非常有帮助。

13.1　Wide & Deep 排序算法

Wide & Deep 模型是谷歌在 2016 年提出的一个深度学习模型（本章参考文献 1），应用于 Google Play 应用商店的 App 推荐，该模型在在线 A/B 测试中取得了比较好的效果。这也是最早将深度学习应用于工业界的案例之一，非常有价值，对整个深度学习推荐系统领域有比较大的推动作用。基于该模型衍生出了很多其他模型（如本章参考文献 2 中的 DeepFM），并且很多在工业界大获成功。本节简单介绍该模型的核心思想。

13.1.1　模型特性

Wide & Deep 模型分为 Wide 和 Deep 两部分。Wide 部分是一个线性模型，学习特征间的简单交互，能够**记忆**用户的行为，推荐用户可能感兴趣的物品，但是需要大量耗时费力的人工特征工程。Deep 部分是一个前馈神经网络模型，通过稀疏特征的低维嵌入可以学习到训练样本中不可见的特征之间的复杂交叉组合，因此可以提升模型的**泛化**能力，并且可以有效避免复杂的人工特征工程。通过将这两部分结合，联合训练，最终获得记忆和泛化两个优点。

所谓记忆特性，是指模型可以记住浅层的预测因子，即模型利用历史数据中用户行为和物品特征的出现频次来预测用户行为，有点类似于关联规则的思想。例如，模型学到“当用户安装了淘宝 App 并且被曝光过盒马 App，那么用户有 15% 的概率会下载盒马 App”这个规则并记住，那么当应用商店的新用户安装了淘宝 App 并且被曝光过盒马 App，模型就会给他推荐盒马 App。记忆特性的可解释性比较好，这也是 logistic 回归模型这类线性模型的特性。本节讲解的模型的 Wide 部分其实就是线性模型（输出节点的激活函数是 logistic 变换）。

所谓泛化特性，是指模型可以学习深层的预测因子，即模型从历史数据中挖掘特征之间的弱依赖关系、交叉关系及低频共现关系的能力。泛化特性不具备很好的可解释性，超出了人的直觉可以感知的范畴，这一般也是复杂模型的特性。本节讲解的模型的 Deep 部分就是 MLP（多层感知机）深度学习模型。

13.1.2 模型架构

Wide & Deep 模型的架构如图 13-1 中间所示（左边是 Wide 部分，右边是 Deep 部分）。

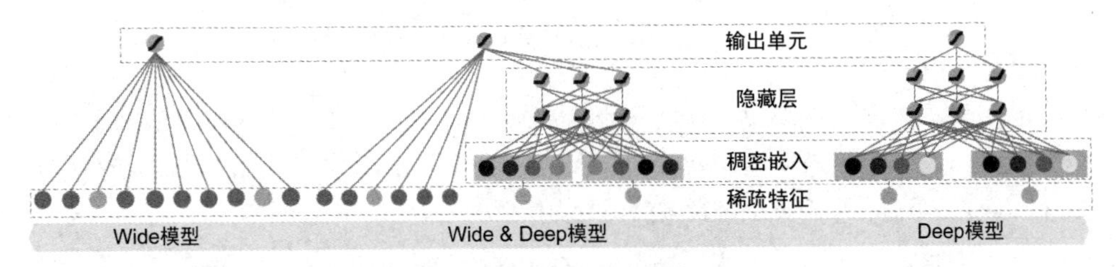

图 13-1 Wide & Deep 模型架构

Wide 部分是一般线性模型 $y = \boldsymbol{W}^{\mathrm{T}}\boldsymbol{x} + b$，$y$ 是最终的预测值，$\boldsymbol{x} = [x_1, x_2, \cdots, x_d]$ 是 d 个特征，$\boldsymbol{W} = [w_1, w_2, \cdots, w_d]$ 是模型参数，b 是偏置（bias）。这里的特征 $\boldsymbol{x}$ 包含两类特征：

（1）原始输入特征；

（2）变换后的（叉积）特征。

这里用的主要变换是**叉积**（cross product），定义如下：

$$\phi_k(\boldsymbol{x}) = \prod_{i=1}^{d} x_i^{c_{ki}} \quad c_{ki} \in \{0,1\}$$

上式中 d 是交叉的阶数（d 个特征交叉），c_{k_i} 是布尔型变量，如果第 i 个特征 x_i 是第 k 个变换 ϕ_k 的一部分，那么 $c_{k_i}=1$，否则为 0。对于叉积 And (gender = female, language = en)，只有当它的成分特征都为 1 时（gender = female 并且 language = en 时），$\phi_k(\boldsymbol{x})=1$，否则 $\phi_k(\boldsymbol{x})=0$。

Deep 部分是一个前馈神经网络模型，高维类别特征先嵌入低维向量空间（几十上百维）转化为稠密向量，再灌入深度学习模型中。神经网络中每一层通过下式与上一层进行数据交互：

$$a^{(l+1)} = f(\boldsymbol{W}^{(l)} a^{(l)} + b^{(l)})$$

上式中 l 是层数，f 是激活函数（该模型的隐藏层采用了 ReLU 激活函数），$\boldsymbol{W}^{(l)}$、$b^{(l)}$ 是模型需要学习的参数。

最终 Wide 和 Deep 部分需要加起来进行 logistic 变换，利用交叉熵损失函数进行联合训练。我们通过如下方式来预测用户的兴趣和偏好（这里也是将预测看成二分类问题，预测用户的点击概率）：

$$P(Y=1 \mid \boldsymbol{x}) = \sigma(\boldsymbol{w}_{\text{wide}}^{\mathrm{T}}[\boldsymbol{x}, \phi(\boldsymbol{x})] + \boldsymbol{w}_{\text{deep}}^{\mathrm{T}} \boldsymbol{a}^{(l_f)} + b)$$

这里，Y 是最终的二分类变量，σ 是 sigmoid 函数（logistic 变换），$\phi(\boldsymbol{x})$ 是前面提到的叉积特征，$\boldsymbol{w}_{\text{wide}}$ 是 Wide 模型的权重，$\boldsymbol{w}_{\text{deep}}$ 是 Deep 模型中对应最后一个隐藏层到输出层的矩阵，$\boldsymbol{a}^{(l_f)}$ 是最后一个隐藏层进行激活函数变换后的向量。

图 13-2 是最终的 Wide & Deep 模型的整体架构，类别特征是嵌入 32 维空间的稠密向量，数值特征归一化到 0~1（原论文中归一化采用了该变量的累积分布函数，再将累积分布函数分成若干个分位点，用 $\dfrac{i-1}{n_q-1}$ 作为该变量的归一化值，这里 n_q 是分位点的个数），数值特征和类别特征拼接成大约 1200 维的向量，灌入 Deep 模型，而 Wide 部分的特征是 App 安装和 App 曝光（impression）两类特征及通过它们的叉积变换形成的特征。最后通过反向传播算法训练该模型（Wide 模型采用 FTRL 优化器，Deep 模型采用 AdaGrad 优化器），并上线到 App 推荐业务中做 A/B 测试。

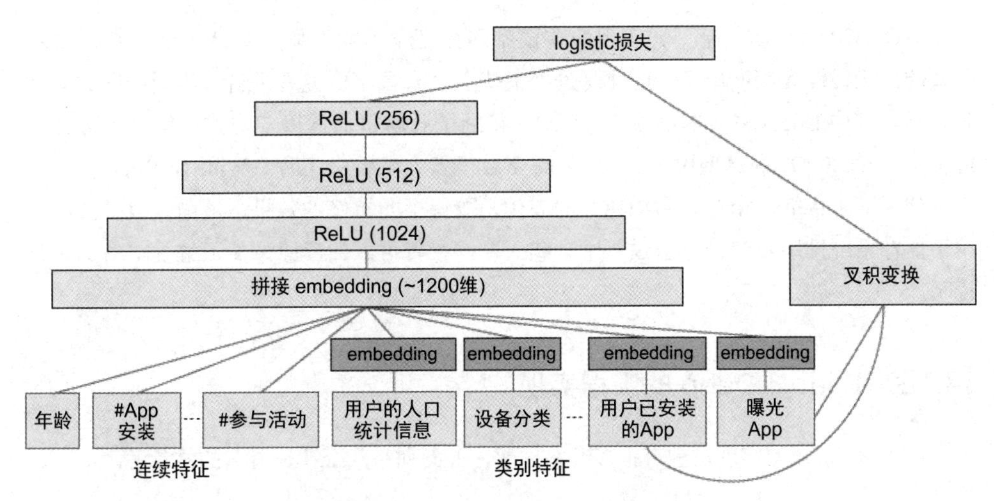

图 13-2 Wide & Deep 模型的数据源与架构

上面简单介绍了 Wide & Deep 模型的架构及实现。图 13-3 有助于大家更好地理解上面的架构和式子。

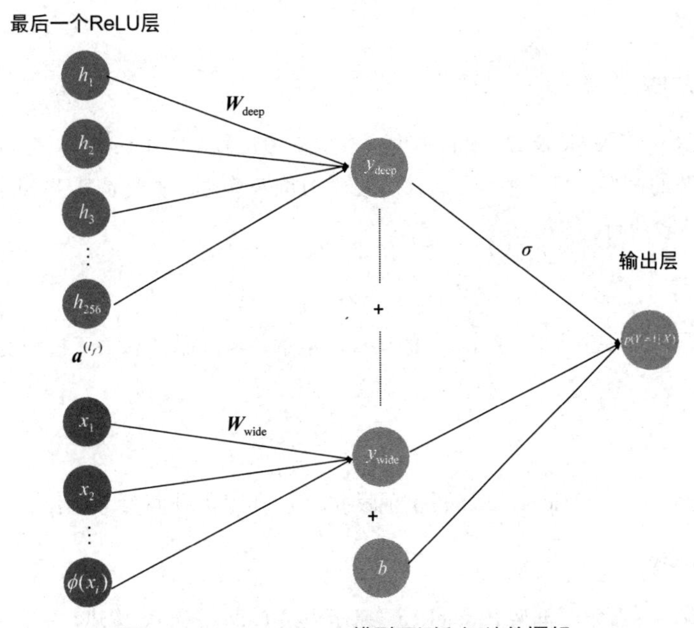

图 13-3 Wide & Deep 模型预测和训练的逻辑

借助 Wide & Deep 模型，实现简单模型跟深度学习模型联合训练，最终获得浅层模型的记忆特性和深度模型的泛化特性两大优点。有很多研究者进行了不同维度的尝试和探索，其中 DeepFM（本章参考文献 2）将因子分解机与深度学习进行结合，部分地解决了 Wide & Deep 模型中 Wide 部分需要做很多人工特征工程（Wide & Deep 模型主要用到了叉积特征，相对容易构建）的问题，取得了非常好的效果，被国内很多公司应用于推荐系统排序及广告点击预估中。感兴趣的读者可以阅读原论文了解，本书不展开说明。

13.1.3　Wide & Deep 的工程实现

Wide & Deep 的实现目前有很多开源框架，下面列举几个比较有名的供参考。

- **pytorch-widedeep**

这个框架是基于 PyTorch 开发的，个人觉得它非常好（见本章参考文献 4、5）。该框架拓展了 Wide & Deep 模型，可以处理文本、图像等更复杂的特征。第 19 章的代码实战部分就是用该框架来实现 Wide & Deep 模型。有兴趣的读者可以重点学习该框架的用法和阅读源码。

- **DeepCTR**

DeepCTR 中有 Wide & Deep 的实现（本章参考文献 6）。DeepCTR 是阿里的一个算法工程师开源的框架，目前整合了许多深度学习推荐算法，主要是基于 TensorFlow 开发的，在国内比较流行。

- **英伟达**

英伟达维护了一个 Wide & Deep 的实现，本章参考文献 7 有关于模型实现及使用的详细说明。

- **Intel**

Intel 也维护了一个 Wide & Deep 的实现版本，读者可以从本章参考文献 8 了解相关细节。

- **PaddleRec**

百度开源的深度学习框架 PaddleRec（基于飞桨 PaddlePaddle 构建）中有 Wide & Deep 模型，感兴趣的读者可以参考其实现方式，见本章参考文献 9。

- **Recommenders**

微软开源的 Recommenders 推荐算法库中也有 Wide & Deep 的实现，读者可以从本章参考文献 10 了解实现细节。

13.2 YouTube 深度学习排序算法

YouTube 深度学习排序模型（见本章参考文献 3）也非常经典，通过将加权 logistic 回归作为输出层的激活函数进行训练，然后在预测阶段利用指数函数 e^{Wx+b} 进行预测，可以很好地将目标函数匹配视频播放时长这个业务指标。下面介绍该模型的架构和特性。

13.2.1 模型架构

候选集排序阶段（见图 13-4）通过整合（拼接）用户更多维度的特征，获得最终的模型输入向量，灌入三层全连接 MLP 神经网络，通过一个加权的 logistic 回归输出层获得对用户点击概率（当作二分类问题）的预测，同样采用交叉熵作为损失函数。

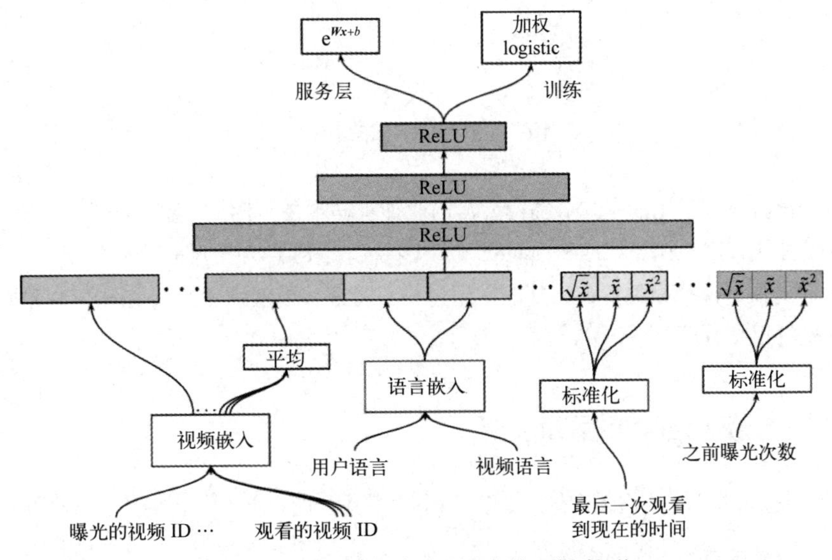

图 13-4　候选集排序阶段深度学习模型架构

YouTube 希望优化的不是点击率，而是用户的播放时长，以期更好地满足用户需求、优化用户体验，而播放时长增加会提升广告投放回报。在候选集排序阶段，模型旨在预测用户下一个视频的播放时长，因此采用图 13-4 这种输出层的加权 logistic 激活函数和预测的指数函数：e^{Wx+b}。这里的参数 $\boldsymbol{W}$ 是图 13-4 中最后一层隐藏层到输出层的权重矩阵，$\boldsymbol{x}$ 是最后一个隐藏层激活后的向量，b 是偏置，参考图 13-5 可以更好地理解。

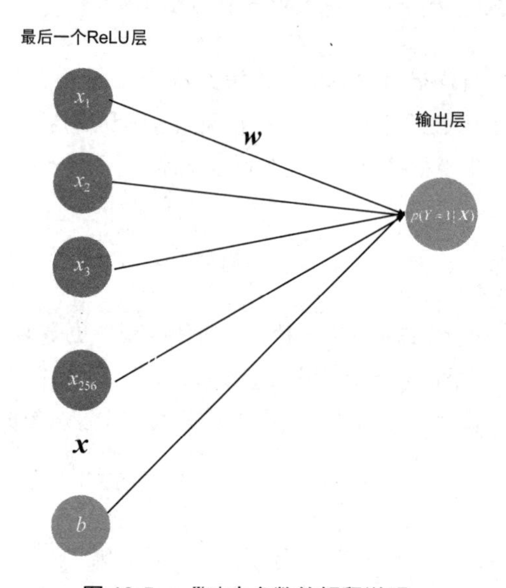

图 13-5　e^{Wx+b} 中参数的解释说明

由于该排序模型用的是二分类模型，因此训练样本是 < 用户, 视频 > 对，所以训练样本中的特征包含用户相关特征和预测视频相关特征。图 13-4 中的“曝光的视频 ID”和“视频语言”是预测视频相关特征，其他是用户相关特征。模型预测的就是图 13-4 中左下角的“曝光的视频 ID”。

13.2.2　加权 logistic 回归解释

加权 logistic 回归是怎么做的呢？原论文中没有详细说明，本节简单解释，方便读者理解。

基于交叉熵损失函数的定义：

$$\text{loss}=-[y*\log\hat{y}-(1-y)*\log(1-\hat{y})]$$

这里的y是真实的概率值，$\hat{y}$是预测的概率值。对于正样本来说，$y=1$，$\text{loss}=-\log\hat{y}$。对于负样本来说$y=0$，$\text{loss}=-\log(1-\hat{y})$。不管样本是正是负，$\hat{y}$是模型预测出来的，$\hat{y}=\dfrac{1}{1+\mathrm{e}^{-(\boldsymbol{Wx}+b)}}$。

如果对于正样本，我们利用样本的播放时长T来进行加权，那么上面的损失函数就是$\text{loss}=-\log(T*\hat{y})$，$T$越大，损失越小，说明越“奖励”这样的正样本。由于负样本的加权参数为1，因此损失不变，还是$\text{loss}=-\log(1-\hat{y})$。

13.2.3 预测播放时长

下面解释为什么这样的形式刚好优化了用户的播放时长。模型用加权logistic回归作为输出层的激活函数，对于正样本，权重是视频的播放时长，对于负样本，权重为1。那为什么用加权logistic回归？服务阶段为什么用$\mathrm{e}^{\boldsymbol{Wx}+b}$来预测？

logistic函数如下：

$$\ln\left(\frac{p}{1-p}\right)=\boldsymbol{Wx}+b$$

通过变换得到

$$\frac{p}{1-p}=\mathrm{e}^{\boldsymbol{Wx}+b}$$

左边即是logistic回归的odds。

上述加权logistic回归为什么预测的也是odds？对于正样本i，由于用了T_i加权，因此可以计算odds为

$$\frac{T_i*p_i}{1-T_i*p_i}\overset{p_i\text{很小}}{\approx}\frac{T_i*p_i}{1-0}=T_i*p_i=E(T_i)$$

上式中约等号成立，是因为YouTube视频总量非常大，而正样本很少，所以点击率p_i很小，相对于1可以忽略不计。上式计算的结果正好是视频的期望播放时长。因此，通过加权logistic回归来训练模型，并通过$\mathrm{e}^{\boldsymbol{Wx}+b}$来预测，刚好预测的是视频的期望播放时长，预测目标跟建模的期望保持一致，这正是该模型的巧妙之处。

候选集排序阶段为了让排序更加精准，将非常多的特征灌入模型（由于只需对候选集中的几百个而不是全部视频排序，因此可以选用更多的特征和相对复杂的模型），包括类别特征和连续特征，原论文中讲解了很多特征处理的思路和策略，这里不详述。

YouTube 的这篇推荐论文是非常经典的企业级深度学习推荐论文，里面有很多工程上的权衡和处理技巧，值得深入学习。这篇论文理解起来有一定困难，需要很多工程上的经验积累才能够领悟其中的奥妙（召回、排序阶段重点的工程技巧本书已经梳理了，即本节和 9.2 节）。

关于 YouTube 深度学习排序算法的工程实现，读者可以从本章参考文献 11 了解细节，其代码是基于 TensorFlow 2 实现的。

13.3 小结

本章介绍了在推荐系统发展史上具有奠基性和里程碑意义的 2 个排序算法，谷歌的 Wide & Deep 排序算法和 YouTube 深度学习排序算法。这 2 个算法的深度学习模型不是很复杂，实现原理也比较容易理解，且代码工程实现比较简单，但是包含了非常多值得学习的思想，特别是对样本、特征的处理以及工程实现上（模型预测）的考量非常有技巧。

Wide & Deep 中将记忆和泛化能力结合的模型架构是一种博采众长的方法，很有现实意义。YouTube 深度学习排序中将加权 logistic 回归作为输出层来训练模型，在模型服务时利用 e^{Wx+b} 预测视频的播放时长，完美地解决了模型与业务目标（希望用户观看更长时间）的一致性问题。

现在深度学习排序模型非常多，本章只介绍这 2 种最经典的方法，其他排序算法大家可以自行学习。到目前为止，推荐系统最核心的召回、排序部分的讲解就结束了。下一章开始介绍推荐系统工程相关的知识点。

参考文献

1. Cheng H T, Koc L, Harmsen J, et al. Wide & deep learning for recommender systems[C]// Proceedings of the 1st workshop on deep learning for recommender systems. 2016: 7-10.

2. Guo H, Tang R, Ye Y, et al. DeepFM: a factorization-machine based neural network for CTR prediction[J]. arXiv preprint arXiv:1703.04247, 2017.

3. Covington P, Adams J, Sargin E. Deep neural networks for YouTube recommendations[C]// Proceedings of the 10th ACM conference on recommender systems. 2016: 191-198.
4. jrzaurin/pytorch-widedeep（GitHub）
5. pytorch-widedeep（Read the Docs）
6. shenweichen/DeepCTR/blob/master/deepctr/models/wdl.py（GitHub）
7. NVIDIA/DeepLearningExamples/tree/master/TensorFlow2/Recommendation/WideAndDeep（GitHub）
8. IntelAI/models/tree/master/benchmarks/recommendation/tensorflow/wide_deep_large_ds（GitHub）
9. PaddlePaddle/PaddleRec/tree/master/models/rank/wide_deep（GitHub）
10. microsoft/recommenders/blob/main/examples/00_quick_start/wide_deep_movielens.ipynb（GitHub）
11. hyez/Deep-Youtube-Recommendations（GitHub）

工程实践篇

第 14 章

推荐系统的冷启动

第 1 章中讲到，冷启动是所有推荐系统都要面对的重要挑战之一。只有解决好冷启动问题，推荐系统的用户体验才会更好。

很多读者对冷启动不是特别了解或者不知道怎么设计出好的冷启动方案，本章试图解决这些问题。具体来说，本章会介绍什么是冷启动、冷启动面临的挑战有哪些、解决冷启动问题的重要性，以及有哪些方法和策略可用。

14.1 冷启动的定义

推荐系统的主要目的是将物品推荐给可能喜欢它的用户，解决的是用户与物品的匹配精准度和匹配效率问题，这个过程中涉及物品和用户两类对象。任何互联网产品，其用户和物品都是不断变化的，所以一定会频繁面对新用户和新物品。

推荐系统冷启动指的是，对于新注册用户或者新上架物品，怎么为新用户推荐物品，怎么将新物品推荐给喜欢它的用户，从而带来分发和转化（如浏览、播放、购买、下载等）。

冷启动很好理解，但冷启动问题不容易解决。下面讲讲解决冷启动问题的难点。

14.2 冷启动面临的挑战

推荐系统冷启动问题很棘手。要想很好地解决这个问题，推荐算法工程师需要发挥聪明才智。本节谈谈冷启动会面临哪些挑战，从而找到针对性的解决方法。

首先，我们一般对新用户知之甚少（主要原因如下），所以基本不知道他们的真实兴趣，也就很难投其所好。

（1）很多 App 不强求用户注册时填写个人身份属性及兴趣偏好相关信息。其实也不应该要求新用户填写太多个人信息，以免引起对方反感。而没有这些信息，就无法获得用户画像。另外，根据《中华人民共和国个人信息保护法》，很多个人信息不允许企业收集。

（2）刚注册的用户在产品上的操作行为很少甚至没有，因此无法用复杂的算法来训练推荐模型。针对这部分用户，前面几章提到的绝大多数召回、排序算法都不可用。

其次，对于新物品，我们也不知道什么用户会喜欢它，只能根据用户的历史行为判断其喜好。如果新物品与库中的物品可以建立相似性联系，就能基于此将新物品推荐给喜欢与它相似的物品的用户。但是，很多时候物品的信息不完善、包含的信息不好处理（如音视频数据）、数据杂乱；或者新物品上架的速度太快（比如抖音这种 UGC 短视频应用，用户基数大，用户每天会上传千万级甚至上亿的短视频），短时间内来不及处理或处理成本太高；又或者新物品属于全新的品类或领域，无法很好地与库中已有物品建立联系。这些情况都会增加将物品分发给潜在目标用户的难度。

最后，对于新开发的产品（比如新发布一个 App），由于是从零开始发展用户，因此冷启动问题更加凸显。这时每个用户都是冷启动用户，面临的挑战更大。

既然冷启动问题这么难解决，是不是可以忽略新用户和新物品，只将精力放到老用户和老物品上呢？当然不可以，那么解决冷启动问题的重要性体现在哪些方面呢？

14.3 解决冷启动问题为何如此重要

用户的不确定性需求是客观存在的。在这个信息爆炸、时间碎片化的时代，用户的不确定性需求更加明显，而推荐作为解决这一需求的有效手段，在互联网产品中会越来越重要。特别是随着短视频应用的流行，推荐的重要性被更多人认可。很多产品将推荐放到最重要的位置（如首页），或者作为整个产品的核心功能，比如抖音等各类信息流产品及很多电商平台（如淘宝、京东等）。

新用户、新物品是持续产生的，对互联网产品来说，这是常态且无法避免，所以冷启动问题会伴随产品的整个生命周期。特别是当投入很大的资源推广产品时，短期内会吸引大量用户注册，这时用户冷启动问题将会更加严峻，解决这一问题也会更加迫切。

既然很多产品将推荐放到重要位置，而推荐作为一种有效提升用户体验的工具，在新用户留存中要起到非常关键的作用。不解决好冷启动问题，不能高效地为新用户推荐好的物品，新用户就享受不到好的推荐体验，转化为忠实用户的概率就会很低（用户流失），白白浪费营销引流花费的资金和资源。

新用户留存对一个公司来说非常关键。服务不好新用户，无法让新用户留下来，用户增长将会停滞不前。对于互联网公司来说，用户是赖以生存的基础，是利润的主要来源。可以毫不夸张地说，如果不能留住新用户，让总用户持续增长（在互联网红利消失的当下，至少要保持用户数稳定），整个公司将无法运转下去。这是因为互联网经济建立在规模用户的基础上，只有用户足够多，产品才有变现的可能（互联网产品的总营收基本线性依赖于用户数，拿会员付费来说，会员总收益 = 日活跃用户数 × 付费率 × 客单价）。同时，只有产品的用户增长曲线可观，投资人才会相信未来用户可能大规模增长、产品未来有变现价值，才会愿意投资你的产品。

既然冷启动对于新用户留存及用户体验这么重要，怎么在推荐业务中很好地解决这个问题呢？这是本章最重要的部分，下一节具体介绍。

14.4 解决冷启动问题的方法和策略

前面讲过冷启动包含用户冷启动和物品冷启动。本节介绍一些解决冷启动问题的思路和策略，方便大家结合自己公司的业务场景和已有的数据资源选择合适的冷启动方案。

在讲具体策略之前，先概述解决冷启动问题的一般思路，这是设计冷启动方案的指导原则。

- 提供非个性化推荐
- 利用用户注册时提供的信息
- 基于内容推荐
- 利用物品的元数据信息进行推荐
- 采用快速试探策略
- 采用基于关系传递的策略

上面这些是整体思路，下面针对用户冷启动、物品冷启动这 2 类问题给出具体可行的思路和解决方案。

14.4.1 用户冷启动

基于上面 6 条思路，针对新注册用户或者只有很少操作行为的用户，可行的策略有如下 4 种。

1. 提供非个性化推荐

给用户推荐非个性化的物品（不是基于用户兴趣利用算法筛选出来的），主要有基于先验数据的推荐和基于多样性的推荐。

(1) 利用先验数据进行推荐

可以推荐新热物品。人都有喜新厌旧的倾向，推荐新的东西往往能吸引用户的眼球（比如视频应用推荐新上映的大片）。同样，热门推荐也适合作为冷启动推荐，由于这些物品是热点，加上从众效应，新用户喜欢的可能性会比较大（比如新浪微博中推荐热点新闻）。基于二八定律，20% 的头部内容占据 80% 的流量，所以热门推荐往往效果不错。

还可以推荐常用的物品及生活必需品。比如电商行业给新用户推荐生活必需品，这些物品的使用频次很高（比如纸巾等），用户购买的可能性会比较大。

对于特殊类型的产品，可以根据其特性制定相应的推荐策略。比如婚恋网站，给新注册的男生推荐附近的漂亮单身女生，给新注册的女生推荐物质条件不错的男生，效果一般不会太差。

也可以基于人自身的特性和偏好来做一些先验推荐。比如针对男性用户，推荐军事相关视频；针对女性用户，推荐衣服、美妆产品等。

(2) 给用户提供多样化的选择

这里举个视频行业的例子，方便大家更好地理解。可以先将视频按照标签分成几大类（如恐怖、爱情、搞笑、战争、科幻等），每大类选择一两个（可以选择比较经典的、评分高的电影）推荐给新用户，总有一个是用户可能喜欢的。

很多行业的物品可以自然归类，那么也可以采用类似的方法。如果物品无法自然归类，可以采用机器学习算法（比如 TF-IDF 算法、嵌入方法等）对物品的元数据信息做向量化处理，再用 *k*-means 等聚类技术进行聚类，从每一类中选取 1~2 个（当然，要选择评分不错的）作为推荐。

这种方法要想取得比较好的效果，类之间需要有一定的区分度。有可能所有的类都是用户不喜欢的，因此最好从一些热门的类（可能需要运营人员做一下筛选）中挑选一些推荐给用户，太冷门的类用户不喜欢的概率较大。

2. 利用新用户注册时提供的信息

用户的注册信息包括人口统计学信息、社交关系（很多 App 在登录时可以导入通讯录，从而构建社交关系）、填写的兴趣点等，这些信息有助于解决用户冷启动问题。下面分别讲解。

(1) 利用人口统计学数据

很多产品要求新注册用户填写一些信息，这些信息可以用于后续指导推荐。比如相亲网站需要填写个人信息，这些信息就是为用户推荐相亲对象的依据。

基于获取的用户信息（如年龄，性别，地域、学历、职业等），平台根据一定的规则将用户画像（从所填信息提取的标签就是用户画像）与待推荐物品关联起来，从而为用户做推荐。

这几年由于信息安全问题越来越严峻，用户越来越不愿意填写个人信息，法律也禁止企业收集很多敏感信息（在一些特殊行业，要求用户必须填写一些个人信息，比如支付平台、相亲网站都要求填写身份证信息），所以获取用户画像比较困难，不是每个 App 都有这样的条件（像淘宝、美团、微信这样的软件涉及交易和社交关系，能从用户处获得更多的信息）。

(2) 利用社交关系

有些 App 要求用户注册时导入通讯录（社交关系），因此可以将好友喜欢的物品推荐给用户。利用社交关系进行冷启动是很常见的一种方法，特别是在有社交属性的产品中。社交推荐最大的好处是用户不太会反感推荐的物品（可以适当加一些推荐解释，比如你的朋友 ×× 也喜欢），所谓人以群分，好友喜欢的东西你也可能喜欢。图 14-1 所示的是微信公众号信息流推荐，画线的地方就是基于好友关系进行推荐。

(3) 利用用户填写的兴趣点

还有一些 App 要求用户注册时选择兴趣（如图 14-2 所示），从而为用户推荐相应的内容。通过该方法可以精准识别用户的兴趣，推荐就相对准确。这是一个较好的冷启动方案，但是要注意产品的逻辑要简单易懂，不能让用户填写太多内容，用户操作也需要非常简单。用户的耐心是有限的，占用用户太多时间，操作太复杂，用户可能会厌烦。

图 14-1 微信基于好友关系的推荐

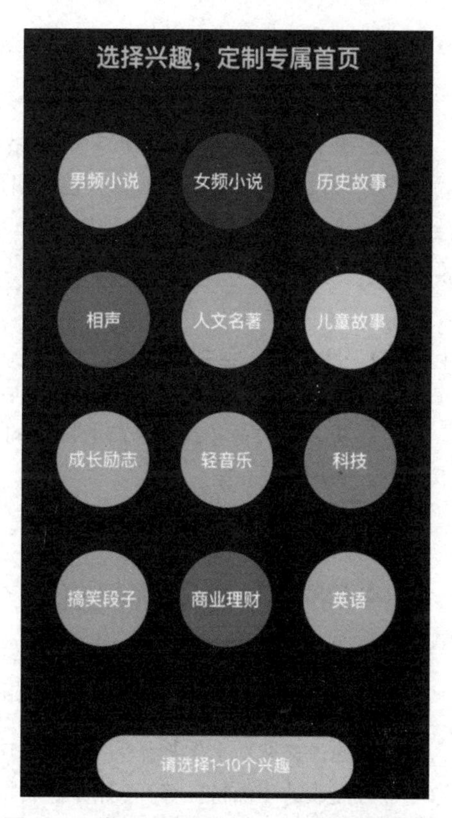

图 14-2 喜马拉雅要求新用户注册时选择兴趣

3. 基于内容推荐

当用户的行为记录很少时，很多算法（比如协同过滤）无法做很精准的推荐，这时可以采用基于内容的推荐算法（7.2.2 节介绍过基于种子物品和基于兴趣标签的召回，这些都是基于内容的推荐算法）。这类算法只要用户有少量行为就可以为其做推荐（比如你看了一部电影，至少表示你对这个题材的电影有兴趣），不像基于模型的算法那样需要足够多的行为数据才能训练出可用的模型。

4. 采用快速试探策略

这类策略一般可用于新闻、短视频类应用中，先随机或者按照非个性化推荐的策略进行推荐，基于用户的点击反馈快速挖掘其兴趣点。由于新闻和短视频较短小，适合用户打发碎片化时间，因此试探出用户的兴趣不会花太长时间。现在的短视频应用（如抖音）中，用户可以通过下拉快速获取自己感兴趣的内容，这种便捷的交互形态有利于更精准、更快速地迎合用户的兴趣。

前面讲了 4 种解决冷启动问题的思路和方法，这些方法也可以配合使用。对于冷启动用户，可以采用多种召回算法（前面讲解的策略都可以看成针对冷启动用户的召回），然后接一个排序算法（可以采用第 11 章中基于规则和策略的排序算法），形成最终的推荐。

14.4.2 物品冷启动

针对新上架的物品，基于前面提到的 6 条思路，可行的物品冷启动方案与策略有如下 3 类，下面分别介绍。

1. 利用物品的元数据信息做推荐

元数据信息是了解物品最好的媒介之一，基于它可以方便地解决物品冷启动问题，具体方法如下。

(1) 利用物品特征跟用户行为特征的相似性

可以通过提取新上架物品的特征（如标签、采用 TF-IDF 算法提取的文本特征、基于深度学习提取的图像特征等），计算物品特征跟用户行为特征（用户行为特征是通过他操作过的物品的特征叠加而构建的，如加权平均等）的相似度，将物品推荐给与它最相似的用户（相似度可以衡量用户对该物品的兴趣度）。7.2.2 节中介绍的基于用户兴趣标签的召回就是这类方法。

(2) 利用物品跟物品的相似性

可以基于物品的属性信息做推荐。新上线的物品一般或多或少都有一些属性，根据这些属性找到与该物品最相似（利用余弦相似度等算法）的物品（还可以采用元数据嵌入等高阶算法，这里不展开讲解，第 9 章讲过嵌入召回算法，其思路是一样的，读者可以自行参考），这些相似的物品被哪些用户"消费"过，可以将新物品推荐给这些用户。7.2.2 节中介绍的基于种子物品的召回就是这类方法。

2. 采用快速试探策略

另外一种思路是借用强化学习中的 EE（exploration-exploitation）思想，将新物品随机曝光给一批用户，观察这些用户对该物品的反馈，后续将该物品推荐给有正向反馈（观看、购买、收藏、分享等）的用户（或者与这些用户相似的用户）。

该方法特别适合淘宝这种电商平台以及今日头条、抖音、喜马拉雅等UGC平台，它们需要维护第三方生态的繁荣，所以必须将新上架的物品尽可能地推荐出去，让第三方有利可图。同时，通过该方式也可以快速知道哪些新物品受欢迎，进而提升用户体验，增加用户使用时长，提升平台营收。

这其实是一种流量池的思路。在不知道物品是否受欢迎时，先试探性地将其曝光给一批种子用户，看种子用户的反馈如何，如果反馈良好，再推荐给更多的用户，否则减少推荐。这种方式可以对新物品进行精细控制，也有利于提升用户体验（不受欢迎的物品后续就不给流量支持了）。这对于平台第三方也有好处——如果物品足够好，采用流量池的思路可以在短期内引爆物品（当然，可能需要先买流量，进行一定的曝光，毕竟互联网上“酒香也怕巷子深”），吸引大量用户关注，最终产生更多商业价值。

3. 采用基于关系传递的策略

拓展物品品类可采用该策略。比如视频类应用，前期专攻长视频，后来拓展到短视频，那么对没有短视频观看行为的用户，怎么为其推荐短视频呢？可行的方式是借用数学中关系的传递性思路，利用长视频观看历史计算出长视频与用户的相似度。对新入库的短视频，可以先计算与其相似的长视频（可以基于元数据信息计算相似度，有些短视频本身就是长视频的片段剪辑，天然存在关联性），再将该短视频推荐给喜欢与它相似的长视频的用户。该相似关系的传递性可描述为：短视频与长视频有相似关系，长视频与喜欢它的用户有相似关系，最终得到短视频与该用户有相似关系，这个思路跟item-based推荐的思路是一致的。

利用社交关系也可以进行传递。比如用户A与用户B是朋友，如果A喜欢某物品，那么可以将该物品推荐给B，这个思路跟user-based协同过滤的思想不谋而合。

一般来说，推荐系统是从用户角度来思考的（为用户做个性化推荐），但是平台（比如淘宝、抖音等）需要考虑生态繁荣（需要考虑物品提供方的利益），所以将新上架的物品推荐出去非常必要，这就涉及物品冷启动。基于前面介绍的物品冷启动方法，所有的新物品可以推荐给一批用户，通过倒排索引获得针对每个用户的新物品召回。对于销量多、评价好的物品，也可以采用物品冷启动的思路，将这些物品转化为用户的某种召回结果（某种热门榜单召回）。

14.5　小结

本章从冷启动问题的定义、存在的挑战、解决该问题的重要性及方法和策略 4 个维度进行了全面介绍。特别是解决冷启动问题的思路和方法，具备普适性，值得大家参考、借鉴和学习。

解决冷启动问题对推荐系统来说非常重要，本章介绍的方法权当抛砖引玉。不同行业、不同场景可能有更特别、更有效的处理方法，读者可以基于自己的行业、场景思考一下，本章提供的哪些方法是适用的，怎么使用，还有没有更新颖、更有创意、更高效的方法。

第 15 章

推荐系统的效果评估

3.1.6 节中简单介绍了什么是离线评估和在线评估，本章深入讲解推荐系统评估指标及其计算方法。

推荐系统是一个偏业务应用的工程算法解决方案。对推荐系统进行评估，旨在衡量其价值，通过数据化的形式发现可能存在的问题，优化推荐效果，提升用户体验，最终获得更多收益。推荐系统评估非常重要，是构建任何一个企业级推荐系统不可或缺的组成部分。有了效果评估，推荐系统才能成为一个数据驱动的业务闭环。有了闭环，才可以通过不断迭代推荐系统，产生更大的商业价值。

本章从推荐系统评估的目的、评估方法分类、常用的评估方法 3 个维度来讲解。其中离线评估和在线评估是重点，是推荐系统工程实践中必不可少的部分，需要深刻理解和掌握。

15.1 推荐系统评估的目的

推荐系统评估跟推荐系统的产品定位息息相关。推荐系统是高效分发信息的手段，旨在通过个性化的物品推荐，更快速、更精准地满足用户的不确定性需求。当然，满足用户需求的最终目标是获取收益（严格来说，对于通过广告来获利的公司，收益直接来源于广告投放商，但是最终为广告买单的还是用户）。所以，推荐系统评估的最终目的有两个：一个是通过优化推荐系统产品与交互提升用户体验；另一个是借助推荐系统让用户产生更频繁、更有价值的交互行为（如购买商品、广告曝光、会员付费等），最终产生收益。

上述两个目的比较抽象，不好衡量。评估需要通过数据指标来体现，即需要量化。只有量化的指标才可以进行对比和分析，发现存在的问题，进而优化提升。在讲具体的量化指标之前，先对评估方法进行分类，不同的评估方法对应的评估指标不一样，计算逻辑也不同。

15.2　推荐系统评估方法的分类

推荐系统本质上是一个机器学习问题（具体的业务流程参见图 15-1）。在推荐系统工程实践中，需要构建推荐算法模型，并将合适（效果好）的算法模型部署到线上推荐业务中，预测用户的偏好，通过用户的真实反馈（是否点击、是否播放、是否购买等）评估算法效果。同时，在必要的时候，需要跟用户沟通，收集用户对推荐系统的真实评价（主观评估，也是一种评估推荐系统的方法），分析推荐系统可能存在的问题并进一步优化。推荐系统评估是对推荐质量的一种度量，只有满足一定评估要求的推荐系统才能产生更大的业务价值。

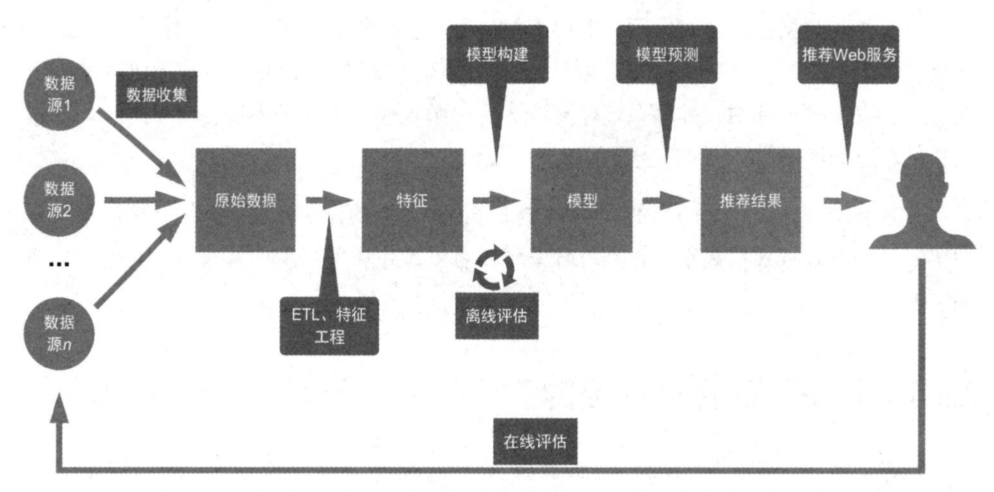

图 15-1　推荐系统业务流程（其中离线评估、在线评估是重要的环节）

根据上面的分析，推荐系统评估一般可以分为模型训练过程中的离线评估、模型部署到系统中提供真实推荐服务过程中的在线评估，以及基于所推荐产品直观感受的主观评估，下面分别介绍。

1. 离线评估

离线评估在构建推荐算法模型的过程中进行，主要评估训练好的推荐模型的质量（模型预测得好不好、准不准，常用的评估指标有精确率、召回率等）。模型在上线服务之前需要评估准确度，一般是将样本数据划分为训练集和测试集，训练集用于训练模型，而测试集用来评估模型的预测误差（一般还会有验证集，用于调优模型的超参数）。

2. 在线评估

在线评估是在模型上线提供推荐服务的过程中评估一些真实的用户体验指标、转化指标，比如 Web 服务并发能力、打开率、点击率、跳出率、转化率、购买率、人均播放时长等。线上评估一般会结合 A/B 测试（本章不涉及 A/B 测试相关知识点，下一章会重点讲解）做不同模型的对比实验，先给新模型分配一部分流量，如果效果达到期望再逐步拓展到所有用户，避免模型线上效果不好影响用户体验和收益性指标等。

3. 主观评估

当推荐系统上线后，用户就可以使用推荐系统的推荐服务了。使用体验怎么样，用户最有发言权。可以通过主观评估的方式获得用户对推荐系统的真实评价。具体的评估方式可以是问卷调查、电话访谈、面对面沟通等。主观评估是一种很重要的评估方式，可以用于优化推荐系统的方方面面，包括交互、体验、效果等。本章不对主观评估进行深入介绍，感兴趣的读者可以自行思考或者查阅相关材料。

15.3 常用评估方法

上一节介绍了 3 种主要的评估方法，本节重点讲解离线评估和在线评估，包括具体的评估指标及算式，让读者更好地了解每个评估指标的价值和意义。

15.3.1 离线评估

离线评估在推荐算法模型开发过程中进行，通过评估具体指标来选择合适的推荐算法模型（包括召回模型和排序模型）上线，为用户提供推荐服务。下面详细介绍具体的评估指标。

1. 准确度

准确度评估的主要目的是事先评估推荐算法模型是否精准，为选择合适的模型上线服务提供决策依据。这个过程评估的是推荐算法能否准确预测用户的兴趣和偏好。精准的模型上线后能产生更好的效果。

准确度评估是学术界和工业界最重要和最常用的评估指标，可以在模型训练过程中进行，因此实现简单、可操作性强。

推荐算法是机器学习的分支，所以准确度评估一般会采用跟机器学习效果评估一样的策略。一般将训练数据分为训练集和测试集，用训练集训练模型，用测试集评估模型的预测误差，这个过程参见图 15-2。

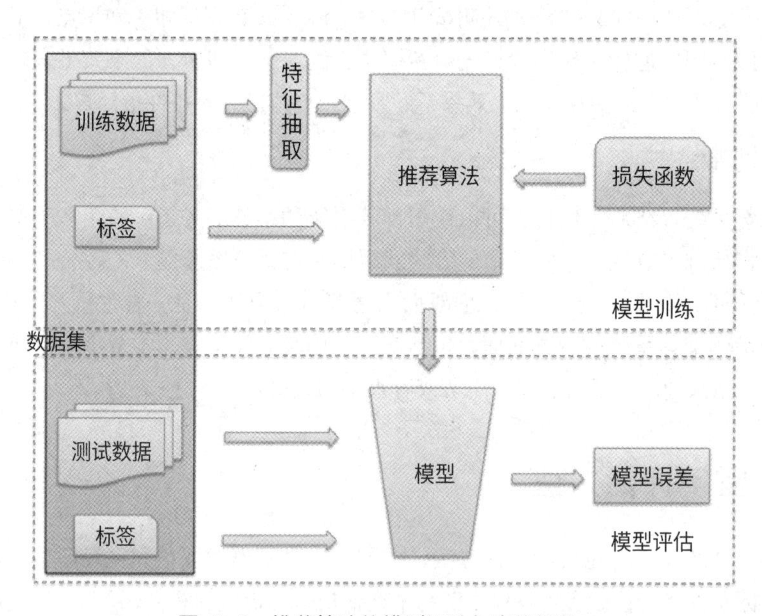

图 15-2　推荐算法的模型训练与离线评估

具体怎么计算推荐算法模型误差（准确度），可以根据推荐算法模型的范式来决定，主要有 3 种范式。

第一种是将推荐看成预测（回归）问题，预测用户对物品的评分（比如 0~10 分）。第二种是将推荐看成分类问题，既可以是二分类，比如将物品分为喜欢和不喜欢两类；也可以是多分类，每个物品就是一类，根据用户过去的行为预测下一个待推荐物品的类别（9.2 节介绍的 YouTube 深度学习模型召回就是采用的多分类思路），评分问题也可以看成分类问题（比如 8.3 节讲解的朴素贝叶斯）。第三种是将推荐看成一个排序学习（learning to rank）问题，利用排序学习的思路来做推荐。

推荐系统的目的是为用户推荐一系列物品，以期击中用户的“兴奋点”，让用户“消费”物品。所以，在实际推荐过程中，一般为用户提供 N 个候选集，称为 Top$N$ 推荐，尽可能召回用户感兴趣的物品。上面 3 类推荐算法范式都可以转化为 Top$N$ 推荐。第 1 种思路，预测用户对所有没有过操作行为的物品的评分，从高到低排序，取 Top$N$ 作为推荐（评分可以看成用户对物品的偏好程度，所以这里降序排列取 Top$N$ 的做法是合理的）。第 2 种思路，学习出物品属于某个类的概率，根据概率值排序形成 Top$N$ 推荐。第 3 种思路本身就是学习一个有序列表。

不同范式采用的评估指标一般也不一样，下面详细讲解怎么按照上述 3 种范式评估算法准确度。

- **推荐算法作为评分预测模型**

针对评分预测模型，准确度指标主要有 RMSE（均方根误差）和 MAE（平均绝对误差）。它们的算式分别是：

$$\mathrm{RMSE}=\frac{\sqrt{\sum_{u,i\in T}(r_{ui}-\hat{r}_{ui})^2}}{|T|}$$

$$\mathrm{MAE}=\frac{\sum_{u,i\in T}|r_{ui}-\hat{r}_{ui}|}{|T|}$$

其中，u 代表用户，i 代表物品，T 是所有评过分的用户。r_{ui} 是用户 u 对物品 i 的真实评分，$\hat{r}_{ui}$ 是推荐算法模型预测的评分。RMSE 就是 Netflix Prize 大赛的评估指标。常用的矩阵分解推荐算法（及其推广 FM、FFM 等）就是一种评分预测模型。

- **推荐算法作为分类模型**

针对分类模型，准确度指标主要有精确率（precision）和召回率（recall）。假设用户 u 的候选推荐集为 $R_u(N)$（通过算法模型生成，其中 N 是推荐项的数量），用户真正喜欢的物品集是 A_u（测试集中用户真正喜欢的物品），通过推荐模型生成推荐的用户数为集合 U。

精确率是指候选推荐集中有多大比例是用户真正感兴趣的，召回率是指用户真正感兴趣的物品中有多大比例是推荐系统推荐的。针对用户 u，精确率（P_u）和召回率（R_u）的算式分别如下：

$$P_u=\frac{|R_u(N)\cap A_u|}{|R_u(N)|}$$

$$R_u = \frac{|R_u(N) \cap A_u|}{|A_u|}$$

一般来说 N 越大（推荐的物品越多），召回率越高，精确率越低，反之亦然。当 N 表示所有物品时（将所有物品都推荐给用户），召回率为 1，而精确率接近 0（一般推荐系统的物品总量很大，而用户喜欢过的物品数量有限，所以根据上式，精确率接近 0）。

对于推荐系统来说，这两个值当然越大越好，最好都为 1。但是实际情况是“鱼与熊掌不可兼得”，无法保证这两个值都很大，实际构建模型时需要权衡。一般可以采用两者的调和平均数（$\mathrm{F1}_u$）：

$$\mathrm{F1}_u = \frac{2}{\frac{1}{P_u} + \frac{1}{R_u}} = \frac{2P_u \cdot R_u}{P_u + R_u}$$

上面只计算出了推荐算法对用户 u 的精确率、召回率、F1 值。整个推荐算法的效果可以用这些值的加权平均衡量，具体算式如下：

$$\mathrm{Precision} = \frac{\sum_{u \in U} P_u}{|U|}$$

$$\mathrm{Recall} = \frac{\sum_{u \in U} P_u}{|U|}$$

$$\mathrm{F1} = \frac{\sum_{u \in U} F1_u}{|U|}$$

另外一些常见的评估指标包括 AUC、ROC 等。关于分类问题更多的评估方法，可以参考周志华的《机器学习》第 2 章，这里就不详细介绍了。

这里说一下，不管是评分预测问题还是下面要讲的排序学习问题，只要是 Top$N$ 推荐，都可以计算精确率、召回率、$\mathrm{F1}_u$ 值，它们不是分类问题特有的评估指标。

- **推荐算法作为排序学习模型**

上面两类评估指标都没有考虑推荐系统在实际推荐时展示物品的顺序，不同排序方式下用户的实际操作路径长度（用户从进入推荐模块到点击某个物品所需的操作步骤，这跟产品的交互能力和交互方式相关，在 PC 上是鼠标移动点击，在手机上是手指移动触屏，在智能电视上是遥控器按键，一般手机上操作是最便捷的）不一样。我们当然希望将用户最可能“消费”的物品放在用户操作路径最短的地方（一般是最前面）。

如上所述，推荐物品的展示顺序对用户的决策和点击行为有很大影响，那怎么衡量不同排序产生的影响呢？这就需要借助排序指标。这里主要介绍 MAP（mean average precision），其他指标有 NDCG（normalized discounted cumulative gain）、MRR（mean reciprocal rank）等，读者可以自行了解和学习，这里不详细介绍。

MAP 的算式如下：

$$\text{MAP}=\frac{1}{|U|}\sum_{u=1}^{|U|}\text{AP}_u$$

其中，

$$\text{AP}_u=\frac{1}{n_u}\sum_{i=1}^{n_u}\frac{i}{l_i}$$

所以有

$$\text{MAP}=\frac{1}{|U|}\sum_{u=1}^{|U|}\frac{1}{n_u}\sum_{i=1}^{n_u}\frac{i}{l_i}$$

其中，AP_u 代表为用户 u 推荐的平均精确率，U 是推荐服务所有用户的集合，n_u 是用户 u 喜欢的推荐物品数量（比如推荐了 20 个视频给用户 u，用户看了 3 个，那么 $n_u=3$）；l_i 是用户 u 喜欢的第 i 个物品在推荐列表中的次序（比如给用户推荐了 20 个视频，用户喜欢的第 2 个视频在推荐列表中排第 8 位，那么 $l_2=8$）。

为了方便理解，这里举一个搜索排序的例子（MAP 主要用于搜索、推荐排序的效果评估）。假设有两个搜索关键词，关键词 1 有 3 个相关网页，关键词 2 有 6 个相关网页。某搜索系统对于关键词 1 检索出 3 个相关网页，其在搜索结果中的排序分别为 2、3、6；对于关键词 2 检索出 2 个相关网页，其在搜索列表中的排序分别为 4、8。对于关键词 1，平均精确率为 $(1/2+2/3+3/6)/3\approx 0.56$。对于关键词 2，平均精确率为 $(1/4+2/8)/2=0.25$。$\text{MAP}=(0.56+0.24)/2=0.4$。

至此，关于离线评估的准确度指标就介绍完了。下面介绍离线评估阶段其他的评估指标。

2. 覆盖率

对于任何推荐算法范式，覆盖率（coverage）指标都可以直接计算出来：

$$\text{Coverage} = \frac{|U_{u\in U} R_u|}{|I|}$$

覆盖率指所有推荐物品占可推荐物品的比例。其中 U 是推荐服务所有用户的集合，I 是所有物品的集合，R_u 是给用户 u 的推荐物品集合。

3. 多样性

用户的兴趣往往是多样的，并且有些产品面对的用户不止一个（比如智能电视可能是一家人观看）。同时，人在不同时间段兴趣可能不一样（如早上看新闻，晚上看电视剧），兴趣也会受心情、天气、节日等多种因素影响。所以需要尽量给用户推荐多样的物品（选择更多），让用户从中能找到自己感兴趣的。

那怎么评估多样性呢？这里提供一个思路：基于两个物品之间的相似度来计算多样性，用 1 减去两个物品的相似度，就是二者的“不相似度”，如此计算推荐列表中任意两两组合“不相似度”的平均值，作为该推荐列表多样性的评估指标。

在推荐系统工程实现中，提高多样性的方法有很多。既可以通过对物品聚类（用机器学习聚类或者根据标签等规则来分类），在推荐列表中插入不同类别的物品；也可以采用多路召回，召回类别越多，一般多样性也越高；还可以利用模型挖掘用户的多个兴趣点，对用户的兴趣多样性进行建模（比如阿里提出的 DIN、DIEN 模型，见本章参考文献 1、2）；另外，一般采用更复杂的协同过滤方法（如矩阵分解、深度学习方法等），推荐结果的多样性会更高一点。

15.3.2 在线评估

在线评估是指推荐模型部署到线上提供真实的推荐服务后的评估。下面从 4 个维度来展开。讲解之前说明一下，一般来说一个 App 上有多种推荐产品形态，比如首页的信息流推荐、详情页的物品关联推荐等，所以下面的指标既可以是针对某个推荐产品的，也可以是针对全体推荐产品的。

1. 用户体验相关指标

用户体验相关指标主要是关于用户使用感受的，这里主要涉及推荐系统部署成服务后对服务质量的衡量，包括如下。

- **服务的稳定性（可用性）**

推荐系统本身是一项软件服务，对于推荐系统来说，可用性就是能否稳定、高效地为用户提供推荐服务。计算机行业中可用性一般通过故障影响时长、故障等级及恢复快慢来衡量。如果故障不频繁，影响面不大，在很短的时间就恢复正常了，就是高可用的系统。很多大型应用，比如淘宝、百度、微信，基本达到了 99.99% 的高可用性，算下来一年最多只有 0.88 小时不可用。

- **并发能力**

并发能力是指推荐服务支持多少用户同时访问，支持的用户越多说明并发能力越强。一般并发能力用 QPS/TPS 来衡量。

- **响应时长**

该指标评价用户请求推荐服务时接口能否及时提供数据反馈。响应时长当然越短越好，一般要控制在 200 ms 之内，超过这个时间就明显感受到迟钝了（很多大公司的服务要求更高，可能需要控制在 50 ms 之内）。

2. 模型效果相关指标

前面提到的各种离线评估指标在在线阶段也可以计算，在线获得的评估结果更真实、更可信（离线评估指标可能跟在线的不一致，比如离线评估精确率很高，在线评估不一定高），这里不再赘述。

3. 产品价值相关指标

推荐系统本身是一个产品，产品价值相关指标衡量的是产品自身属性。下面列举几个来说明。

- **人均使用时长**

这是指推荐系统这个产品的人均使用时长（而不是整个 App 的人均使用时长）。人均使用时长越长，说明用户越依赖推荐系统，推荐系统的重要性越大。对于抖音（或今日头条）这样的 App，可以用人均播放时长（或人均阅读时长）来衡量用户价值（虽然人均播放时长跟人均使用时长不是严格相等的，因为可能用户一直在刷，没有找到满意的，这时**推荐系统人均播放时长 / 推荐系统人均使用时长**这个比值就有价值了）。

- **留存率**

这里的留存率是指用户在推荐系统这个产品上的留存率，比如 1 日留存率是指昨天使用推荐系统的用户今天有多大比例还在使用，7 日留存率、30 日留存率的计算类似，这里不赘述。留存率反映的是推荐系统的用户黏性，用户黏性越高，说明这个产品价值越大。

- **DAU**

这里 DAU 是指每日使用推荐系统的人数。这个 DAU 与整个产品 DAU 的比值反映的是推荐系统覆盖的用户规模。

- **转化率**

转化率是一种漏斗模型，衡量的是漏斗上一层与下一层中数量（比如访问人数）的比例，一般根据用户使用链路的不同阶段来设置漏斗。比如从曝光给用户到进入详情页，从浏览详情页到购买等都是一种漏斗，对应的有曝光到浏览的转化率、浏览到购买的转化率。

4. 商业价值相关指标

该指标衡量的是推荐系统为公司带来的价值。不同的 App 可以衡量的收益是不一样的，下面从行业内 3 个主要的商业价值维度来说明。

- **客单价 / 总收益**

对于京东这类以商品售卖为主的 App，推荐系统相关的客单价 / 总收益非常重要，另外，推荐系统带来的收益与整体收益的比值也能体现其在促进销售方面的重要程度。

- **会员售卖收益**

像爱奇艺这类视频网站，通过推荐系统推广会员节目，用户购买会员所产生的收益可以归于推荐系统。

- **广告曝光 / 广告收益**

像爱奇艺这类视频网站，在播放过程中会有贴片广告，用户因为观看推荐的视频产生的广告曝光收益归于推荐系统。对于抖音这类短视频应用，在推荐信息流中插入广告带来的收益应该归于推荐系统。

15.4 小结

本章重点探讨了推荐系统评估相关的话题，从评估的目的、评估方法的分类、常用评估方法 3 个维度进行讲解。读者需要重点掌握离线评估和在线评估。

离线评估是模型训练过程中为选择合适的模型上线而进行的评估，常用的评估指标有精确率、召回率、MAP、覆盖率、多样性等，其中精确率、召回率、MAP 等需要好好掌握。在线评估是模型部署到线上后进行的评估，除了常规的准确度指标外，还需要从用户体验、模型效果、产品价值、商业价值等维度来评估。商业价值关乎公司的生存和发展，对于企业级推荐系统来说，能否带来商业价值极其重要。哪些商业价值相关指标是重要指标，跟行业、公司的阶段性目标相关，需要视情况而定。本章只是简单列举了一些常见的商业价值相关指标，读者可以基于具体的业务琢磨一下，还可以从哪些维度来衡量商业价值。

推荐系统评估是推荐系统效果、价值量化的过程，只有客观、科学地进行评估，才能更好地优化推荐系统，进而产生更大的商业价值。推荐系统评估是企业级推荐系统中非常重要的主题，读者需要深刻领会和掌握。

参考文献

1. Zhou G, Zhu X, Song C, et al. Deep Interest Network for Click-Through Rate Prediction, 2018.
2. Zhou G, Mou N, Fan Y, et al. Deep Interest Evolution Network for Click-Through Rate Prediction, 2018.

第 16 章

推荐系统的 A/B 测试

上一章中提到了推荐系统在线评估的重要性——在线评估的指标才是最真实、最可靠的。一般来说，当算法工程师想优化某个推荐产品时，会基于原来的算法进行优化或者构建一个全新的算法。如果通过离线评估发现优化后的算法或者新算法效果比线上算法好，该怎么做呢？直接全盘替换线上算法吗？

答案显然是否定的。直接取代是非常粗暴的做法，我们不能保证新上线的算法的在线指标一定比旧算法好（上一章中讲过，离线指标好的算法，在线指标不一定好），更何况很多业务指标只能线上计算出来。比较好的做法是同时将这两个算法上线，运行一段时间对比线上指标，从而确定新算法是不是更好。这个评估线上指标的科学工具就是本章要讲的 A/B 测试。

本章全面介绍推荐系统的 A/B 测试，涵盖什么是 A/B 测试、A/B 测试的价值、推荐系统的 A/B 测试实现方案 3 个方面。A/B 测试是一个系统性学科，有专门的资料深度讲解，本章只围绕推荐系统相关的 A/B 测试来展开，若想详细了解 A/B 测试理论和应用，可以自行学习。

A/B 测试在推荐系统算法迭代中起着非常关键的作用（相当于比赛中裁判员的角色），是推荐系统核心的支撑能力，因此花一章的篇幅详细介绍 A/B 测试相关原理和技术。希望本章能够帮助读者更好地理解 A/B 测试的原理和价值，从而在具体的业务场景中用这个有效的工具提升推荐系统的用户体验，创造更大的商业价值。

16.1 什么是 A/B 测试

A/B 测试的本质是分离式组间试验，也叫对照试验，已在科研领域中广泛应用（它是药物测试的最高标准）。自 2000 年谷歌工程师将这一方法应用于互联网产品以来，A/B

测试日益普及，逐渐成为衡量互联网产品运营精细度的重要工具。

简单来说，A/B 测试在产品优化中的应用方法是：在产品或者功能点正式迭代发版之前，为同一个目标制订两个（或两个以上）可行方案，将用户流量分成几组，在保证每组流量的控制特征不同而其他特征相同的前提下，让不同用户使用不同的产品方案。实验运行一段时间后，根据几组用户的真实数据反馈，科学地进行产品迭代（比如想优化登录页面的海报颜色，觉得蓝色比红色好，就可以针对两组用户，一组海报用红色，另一组海报用蓝色，其他元素都相同，进行 A/B 测试）。A/B 测试原理如图 16-1 所示。

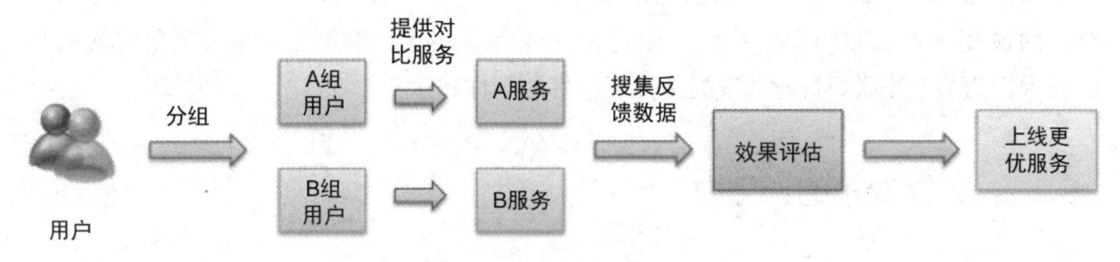

图 16-1　A/B 测试原理

A/B 测试是一种科学的评估手段，有概率论和统计学理论的支撑。这里简单解释原因。概率论中有一个中心极限定理，它的意思是独立同分布的随机变量的和服从正态分布。A/B 测试比较的是两组样本的平均表现，其中 A、B 两组的某个因素不一样（这就是要验证的优化点），而其他未知影响因素一样，当 A、B 两组样本足够多时（这时不同样本的同一因素是独立同分布的随机变量），其相同因素产生的效果满足同一正态分布，因此可以认为对待验证变量的作用相互抵消，这样待验证因素（控制变量）的影响就可以比较了，因此可以通过 A/B 测试验证优化是否有效。

16.2　A/B 测试的价值

最近十来年增长黑客的理念在国内互联网行业盛行，有很多相关专业书出版，很多公司甚至设立了 CGO（首席增长官）的高管职位。增长黑客思维希望从产品中找到创造性的优化点，利用数据驱动产品优化，提升用户体验及收益，最终达到四两拨千斤的效果。随着公司业务规模及用户的增长，利用数据驱动业务发展越来越重要。增长黑客本质上是一种数据驱动的思维，并且有完善的技术管理体系，其中最重要的一种技术手段就是 A/B 测试。

A/B 测试可以很好地指导产品迭代，为其提供科学的数据支撑。具体来说，A/B 测试的价值主要体现在如下 4 个方面。

16.2.1　为评估产品优化效果提供科学的证据

前面说过，A/B 测试是基于概率论与统计学原理的科学的对照测试技术，有很强的理论依据。

A/B 测试经历了多年实践的检验，被证明是有效的方法。前面提到 A/B 测试是药物测试的最高标准，在制药业得到广泛的使用和验证。各大互联网公司也大量使用 A/B 测试技术，为整个互联网行业的发展发挥了很好的榜样和示范作用。

16.2.2　增强决策的说服力

由于 A/B 测试有统计学作为理论基础，并且有工业实践经验作为支撑，因此其结论具有极强的说服力。用数据说话，大家在意识形态上更容易达成一致，这样可以让产品迭代更快地推行。

16.2.3　提升用户体验

任何涉及用户体验、用户增长的优化思路都可以通过 A/B 测试来验证，得出有说服力的结论，从而推动产品朝着用户体验越来越好的方向发展。

16.2.4　提升公司变现能力

搜索、推荐、广告、会员等涉及收益的产品及算法，都可以通过 A/B 测试来验证新的优化思路能否提升盈利性指标。盈利性指标可以根据公司业务和发展阶段来定义。

总之，一切涉及用户体验、用户增长、商业变现的产品优化都可以采用 A/B 测试技术，驱动业务发展。A/B 测试是一种科学的决策方式。

既然 A/B 测试这么重要，怎么在具体的业务场景中进行 A/B 测试呢？下一节具体讲解推荐系统的 A/B 测试实现方案。

16.3 推荐系统的 A/B 测试实现方案

基于 16.1 节中提到的 A/B 测试原理，结合推荐系统的特性，下面介绍一种通用、灵活的推荐系统 A/B 测试实现方案（这个方案不只适用于推荐系统，互联网上一切后端服务和功能都可以采用），如图 16-2 所示。

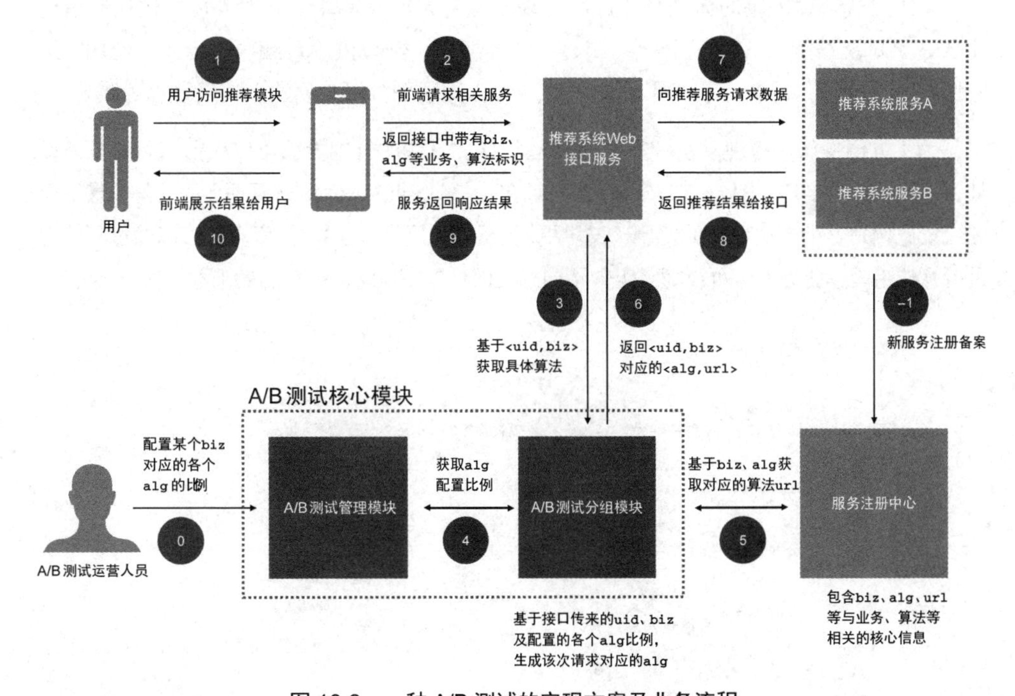

图 16-2 一种 A/B 测试的实现方案及业务流程

在进行详细讲解之前，先对图 16-2 中的 4 个重要概念进行说明，方便大家理解图中流程及后面的细节。

- uid：用户的唯一 id。
- biz：业务标识，代表具体场景的推荐产品，比如首页个性化推荐、详情页物品关联推荐等。
- alg：具体的算法标识，比如协同过滤、FM、深度学习等。
- url：某个算法的服务接口 URL 地址。

16.3.1　A/B 测试的核心模块

图 16-2 下方虚线框中的两个模块就是 A/B 测试的核心模块，下面详细介绍其功能。

- **A/B 测试管理模块**

A/B 测试管理模块的作用是让产品经理、运营人员或者算法开发人员方便快速地创建 A/B 测试，增加 A/B 测试分组，调整各个分组的比例，供用户编辑、复制、使用 A/B 测试，让 A/B 测试尽快运转起来，同时支持 A/B 测试平台用户创建、权限管理等能力。

为了方便操作，管理模块一般会提供一个 UI。具体的管理界面可以根据实际业务来设计，一般不会很复杂。图 16-3 是笔者曾经负责的一家公司的 A/B 测试管理界面（其中最下面的流量比例是各种算法对应的比例，这里更复杂一点，不同召回、排序算法可以通过下拉框进行筛选组合，业务人员可以随意组合不同的召回、排序策略，形成新的推荐算法方案）。

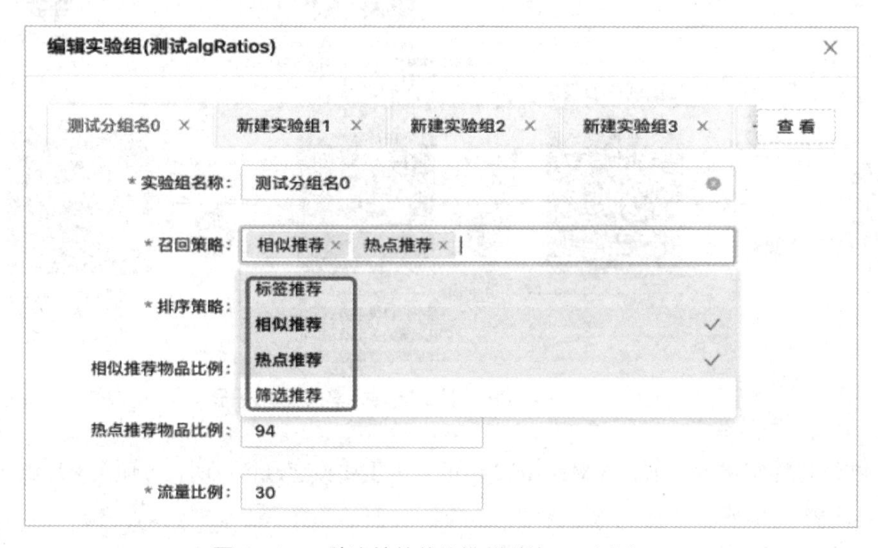

图 16-3　一种比较简单的推荐系统 A/B 测试 UI

简单的 A/B 测试管理模块也可以是一个简单的配置文件，如图 16-4 所示。最好将这个配置文件做成一个 Web 服务，可以在浏览器中访问、修改，这样更加方便。其实最简单的方式是将这个配置文件放到 A/B 测试分组模块代码工程中，但这样修改起来比较麻烦，只能由算法工程师或者运维人员操作，修改完成后还需要对 A/B 测试分组服务进行重新发布。

```
▼<distribute>
  <name>homePagePersonal</name>
 ▼<group>
    <alg>streaming-als</alg>
    <describe>兴趣推荐基于流式处理技术以及ALS结果</describe>
    <ratio>0</ratio>
  </group>
 ▼<group>
    <alg>streaming-long-videos-v1</alg>
    <describe>对streaming-long-videos分组下的节目生成策略进行调整，增强推荐效果的实时性</describe>
    <white>93603158</white>
    <ratio>0.1</ratio>
  </group>
 ▼<group>
    <alg>streaming-long-videos</alg>
    <describe>兴趣推荐基于流式处理技术及用户行为，包括 6 种长视频</describe>
    <ratio>0.9</ratio>
  </group>
</distribute>
```

图 16-4 通过 XML 格式来配置各个 A/B 测试算法的比例

- **A/B 测试分组模块**

分组模块的作用是根据各种业务规则，将用户流量分为 A、B 两组（或者更多组）。可以说分组模块是 A/B 测试最核心的模块，好的分组方案可以让流量分配得更随机、更均匀。复杂的 A/B 测试场景需要根据用户、地域、时间、版本、系统、渠道、事件等各种维度的组合对请求进行分组，并且保证分组的均匀性和一致性。本章只考虑最简单的 A/B 测试场景——对用户 id 进行分组，一般情况下也够用了。

这里的难点是怎么保证按照 A/B 测试管理人员配置的各个算法的比例对用户进行分组。下面介绍一个非常简单的实现方案，可以大致保证按照管理人员指定的比例进行分组，并且同一个用户每次分到的组是不变的（只要分组数量和比例保持不变）。假设有两个推荐算法 alg_1、alg_2 进行 A/B 测试，配置的比例是 60%：40%。可以先将用户 id 进行哈希（字符串有 `hashcode` 方法可以获得对应的哈希值），获得一个长整型数值 `d`，然后计算 `d%100`（这里 `%` 是取余数），根据计算得到的值进行分组。如果 `d%100 ∈` (0,59)，那么该用户属于 alg_1 这一组；如果 `d%100 ∈` (60,99)，那么该用户属于 alg_2 这一组。

这个方法也可以非常简单地推广到多个算法进行 A/B 测试的场景。提醒一下，利用用户 id 进行哈希得到的结果分布可能不够随机，导致最终 alg_1：alg_2 与 60%：40% 差距较大，这时可以自己构造一个结果分布更随机、更均匀的哈希函数。具体怎么构造，这里不详细讲解，读者可以思考一下。

A/B 测试分组模块一般通过一个接口来提供服务，方便推荐系统 Web 服务接口调用，获得用户对应的具体分组（算法）。图 16-5 是笔者之前实现的一个 A/B 测试分组服务接口，这个接口将产品中所有的推荐算法业务（biz）对应的分组都罗列出来了。

```
{
    status: "200",
    error: "",
  - abTest: {
      - guessulike: {
            describe: "基于Keras+RNN算法",
            alg: "seq2seq"
        },
      - guessulike_tv: {
            describe: "基于深度学习算法进行的猜你喜欢分组",
            alg: "dligrl_tv"
        },
      - homePagePersonal: {
            describe: "对streaming-long-videos分组下的节目生成策略进行调整，增强推荐效果的实时性",
            alg: "streaming-long-videos-v1"
        },
      - interest_playlist: {
            describe: "长期兴趣及未看分类节目随机获取",
            alg: "interval_interest"
        },
      - mv_playlist: {
            describe: "基于标签的推荐算法",
            alg: "hybrid"
        },
      - peoplealsolike: {
            describe: "基于ALS分解后的隐含物品因子矩阵",
            alg: "als"
        },
      - portalRecommend: {
            describe: "原始对照组",
            alg: "original"
        },
```

图 16-5　调用 A/B 测试分组服务接口获取某个用户对应的推荐业务的算法分组

16.3.2　A/B 测试的业务流程

上面简单介绍了 A/B 测试的核心模块，下面对图 16-2 中的核心流程进行说明，基于数据流向可以更好地理解推荐系统 A/B 测试的流程。图 16-2 中大部分内容简单易懂，下面重点讲解几个核心流程（按照图中数字从小到大的顺序，这个顺序也代表了真实的数据流动顺序）。

1. 新服务注册备案

这对应图 16-2 中 –1 代表的阶段。在这个阶段算法工程师已经实现了一种新的推荐算法并将其部署好了，可以用于具体的推荐业务进行 A/B 测试。这时需要将该算法相关的信息注册到注册中心（比如 Nacos），方便其他模块访问（类似于产品生产好了上架平台，方便顾客购买）。当然，更简单的 A/B 测试系统可以不需要注册中心，直接通过文档系统（甚至是口头沟通）来同步信息。

2. 配置待 A/B 测试的算法比例

这对应图 16-2 中 0 代表的阶段。在这个阶段 A/B 测试管理人员若想进行新的 A/B 测试，需要配置具体推荐场景（比如首页个性化推荐）中各个算法的比例。一般对新上线的算法配置比较低的比例（比如 5%），避免新算法上线效果不好，给用户体验和收益造成负面影响。

某个推荐场景的新 A/B 测试配置好后，A/B 测试就生效了。之后如果有新用户使用 App 的该推荐功能，就进入了在线 A/B 测试阶段。

这里说明一下，阶段 0 一般需要跟阶段 –1 打通。也就是说，在阶段 0 知道注册中心有哪些算法可用，这样在配置 A/B 测试时直接在管理界面勾选对应的算法就可以了。

上面讲解的两个阶段其实是 A/B 测试的准备阶段，下面讲解真正的 A/B 测试过程。

3. 用户使用产品中的推荐服务

这对应图 16-2 中的 1、2 两个阶段。当用户访问产品中的推荐服务时，App 终端就会向后端的推荐系统 Web 服务接口发出请求，这个接口负责将最终推荐结果反馈给用户（显示在产品界面上）。请求的过程涉及很多服务访问，下面具体说明。

4. 推荐服务接口获取用户关联的算法

这对应图 16-2 中的 3、4、5、6 四个阶段。推荐系统 Web 服务接口将 `uid`、`biz` 传递给 A/B 测试分组模块，分组模块基于 A/B 测试配置人员设置的该场景下各种算法的比例计算出该用户对应的算法（`alg`），然后从服务注册中心获得 <`biz`, `alg`> 二元组对应的算法 `url`，最后将 <`alg`, `url`> 返回给推荐系统 Web 服务接口。这一步获取的主要信息只有两个：具体的算法 alg 和算法对应的接口 `url`。

5. 推荐服务接口将推荐结果反馈给用户

这对应图 16-2 中的 7、8、9、10 四个阶段。当推荐系统 Web 服务接口获得了 alg、url，它就知道怎么为该用户请求对应的推荐列表（这里的 url 对应图 16-2 上面一排最右边的推荐系统服务 A 或者 B，具体要看该用户被分配到哪个测试组，这里的推荐系统服务 A、B 一般只会返回包含推荐 item_id 的列表，不会包含其他额外信息）。当获得该用户的推荐列表后，推荐系统 Web 服务会将其组装成合适的数据结构，并将最终的推荐结果展示给用户。

推荐系统 Web 服务接口返回的推荐结果包含各种信息，比如物品的 id、标题、海报图等。总之，用户在界面上看到的与推荐物品相关的一切信息都包含在接口返回的 JSON 结构体中。图 16-6 就是返回的一种可行的数据结构。

```
{
    status: "200",
    error: "",
    timestamp: "2019-04-27 00:00:48",
    message: "",
  - data: {
        biz: "programSimRecommender_movie",
        alg: "mix",
        contentType: "",
        code: "",
        count: "20",
        pageCount: "0",
        currentPageSize: "20",
        pageSize: "20",
        currentPage: "1",
      - items: [
          - {
                item_explain: "",
                item_title: "神犬小七 第二季",
                item_sid: "fhg61ce5235i",
                item_contentType: "tv",
                item_type: "1",
                item_year: "2016",
                item_area: "中国",
              - item_tag: [
                    ""
```

图 16-6　返回给用户的推荐结果（必须包含 biz 和 alg 两个字段）

图 16-6 中接口返回的参数中包含 biz、alg 两个字段，它们用于识别具体的推荐场景（利用 biz 字段识别，如首页信息流推荐、详情页物品关联推荐等）和推荐算法（利

用 alg 字段识别，如内容推荐、矩阵分解、协同过滤等）。包含 biz、alg 的主要目的是当用户在前端访问推荐系统时，可以将相关信息进行埋点（至少要将 uid、biz、alg、item_id、time、时长等核心信息埋点），埋点后可以将信息回收至大数据平台（第 4 章完整介绍过数据收集相关知识点，这里不赘述），方便后续评估 A/B 测试的效果，获得推荐系统的在线评估指标（参见第 15 章）。

至此就介绍完了 A/B 测试的具体实现方案和流程，整个过程和逻辑非常简单，主要涉及一些工程方面的工作。在公司中，A/B 测试系统一般由工程团队来实现，算法工程师并不会参与，但知道 A/B 测试的实现原理可以更深刻地理解怎么对推荐系统进行 A/B 测试和评估。

对推荐系统进行 A/B 测试的过程中需要关注如下 3 点，才能正确运用 A/B 测试能力，更准确地衡量各个推荐算法的效果。

- **A/B 测试结论一定要在统计学意义上“显著”**

A/B 测试是有成本的。A/B 测试的目的是得出正确的结论，从而优化用户体验，提升收益，所以 A/B 测试结论一定要在统计学意义上“显著”，是真实有效的。一般来说，当每个分组的用户规模足够大（至少几百个用户）、测试时间足够长（至少一周以上）、分组算法足够随机这 3 个条件都具备时，A/B 测试的结论在统计学意义上是显著的。具体怎么利用严格的数学方法计算显著性，大家可以查阅相关资料，这里不展开讲解。

- **损失最小性原则**

做 A/B 测试的目的是优化用户体验，但是有可能我们认为有效的优化在真实上线时反而效果不好。为了避免这种情况发生，对用户体验和收益产生负面影响，做 A/B 测试时应尽量用小的流量来测试新的算法或者优化点。当数据证明新算法或优化点是有效的，再逐步推广到所有用户（如按照 5% → 10% → 20% → 50% → 80% → 100% 这样的步骤扩大新算法或者优化点的应用占比）。实验过程中如果数据反馈不好，最多只影响测试中的少量用户，不至于产生大的负面影响。

- **处理好 A/B 测试与缓存的关系**

很多互联网公司通过大量使用缓存技术来加速查询，同时提升整个系统的性能和可用性。当为某个推荐模块做 A/B 测试时，特别要考虑缓存情况，这里可能会出现问题。举例说明，如果在做 A/B 测试时，将某用户分配到了新算法策略组，如果有缓存的话，那么该用户会从缓存获取旧算法策略，这就跟实际上分配的新算法策略不一致。最简单的解决办法是取消推荐系统 Web 服务的缓存，每次请求都回源。

16.4　小结

A/B 测试对于推荐系统在真实的业务场景中提升用户体验和业务价值非常重要。正是 A/B 测试（配合推荐系统效果评估）让推荐系统成为一个可以不断迭代、数据驱动的闭环系统。

本章介绍了推荐系统 A/B 测试的相关知识点，包括什么是 A/B 测试、A/B 测试的价值以及实现方案，这些是推荐算法工程师必须掌握的。本章的重点是 A/B 测试的 2 个核心模块（对于怎么进行分组，读者需要了解具体实现细节）和业务流程，有兴趣的读者可以参考本章提供的思路自行实现一个简单的 A/B 测试系统。

第 17 章

推荐系统的 Web 服务

推荐系统是一种算法工程技术解决方案，目的是通过挖掘用户的操作行为获得用户的兴趣画像，最终为其提供个性化的物品推荐，满足用户差异化的兴趣和偏好。推荐系统要想真正发挥作用，需要将训练好的推荐模型部署成 Web 服务（一般采用 RESTful API 的形式），当用户在前端使用推荐模块时，推荐模块会调用推荐系统 Web 服务，将推荐结果展示给终端用户。

推荐系统 Web 服务是推荐系统服务的“最后一公里”。用户体验好不好、推荐系统能否真正产生商业价值，推荐系统 Web 服务起着至关重要的作用。本章重点讲解推荐系统 Web 服务相关的知识，具体包括推荐系统 Web 服务的构成、推荐系统 RESTful API 服务（下面简称**推荐系统 API 服务**）、推荐系统推断服务 3 个部分。其中推荐系统 API 服务的内容、作用以及推断服务是重点，需要好好掌握。

17.1 推荐系统 Web 服务的构成

用户与推荐系统交互的服务流程如图 17-1 所示。用户在使用产品的过程中与推荐模块（产品中提供推荐能力的功能点）交互，终端（手机、PC、平板电脑、智能电视、VR、AR 等，也叫前端）请求推荐系统 Web 服务，推荐系统 Web 服务获取该用户的推荐结果并返回给终端，终端通过适当的渲染将最终的推荐结果按照一定的样式和排列规则展示出来，这样用户就可以看到推荐结果了。

图 17-1 虚线框中的数据交互模块就属于推荐系统 Web 服务的范畴，表示终端与后端的互动。企业级推荐系统 Web 服务主要分成 2 个部分：一个是推荐系统 API 服务，另一个是推荐系统推断服务。图 17-1 中标注数字的流程代表用户请求推荐服务后的数据处理链路，下面简单解释各条链路所做的事情。

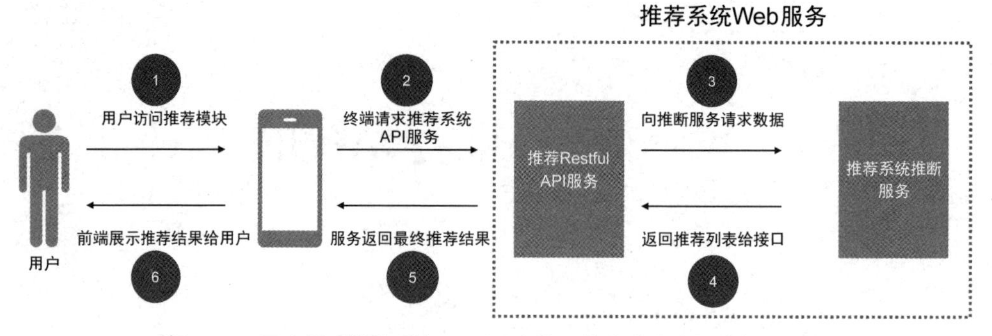

图 17-1　用户通过推荐系统 Web 服务获取推荐结果的数据交互流程

① 用户访问推荐模块

这是用户在终端操作推荐模块的过程，例如用户打开抖音 App，在首页滑动获取个性化推荐结果。

② 终端请求推荐系统 API 服务

当用户在终端操作时（比如在抖音 App 中下拉滑动），终端会向云端发起一次 HTTP 请求，目的是获取该用户的个性化推荐列表。

③ 向推断服务请求数据

推荐系统一般是一个机器学习模型，当模型训练完成后需要部署到线上提供推断服务，这就是从推断服务获取该用户的推荐结果的过程。

④ 返回推荐列表给接口

③中推断服务完成推断后，就获得了该用户的推荐列表，然后会将其返回给推荐系统 API 服务。

⑤ 服务返回最终推荐结果

④中推荐系统 API 服务获取推断服务的推荐列表后，需要进行一些处理（主要是补全需要在终端展示的物品相关信息及业务处理，17.2 节会具体讲解），获得最终的推荐结果。

⑥ 前端展示推荐结果给用户

⑤中最终的推荐结果返回给终端，经过一定的渲染，用户在终端就可以看到推荐结果了。

图 17-1 是一种简化的交互模型，在实际的企业级推荐服务中，往往比这个更加复杂，在终端和后端之间往往存在一层 CDN 层做缓存加速，以减轻终端服务对后端并发访问的压力（在用户量大的情况下，推荐属于高并发服务），并且一般推荐系统 Web 服务中还存在一层 Nginx 代理层，通过 Nginx 代理让推荐系统 Web 服务可以水平扩容，以满足推荐系统高并发的要求。图 17-2 是一种可行的完整推荐系统服务方案，供大家参考。

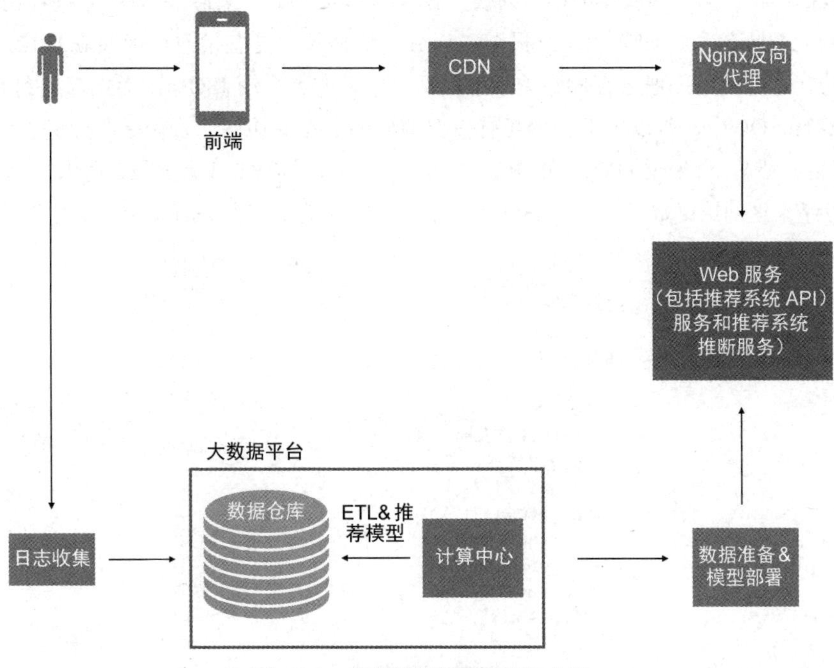

图 17-2　完整的推荐系统服务方案

如前所述，虽然推荐系统 Web 服务包含终端与后端的交互，终端与后端一般还会有 CDN 层和 Nginx 代理层，但本章重点关注后端真正提供推荐系统 API 服务及推断服务的实现方案。

推荐系统 Web 服务模块是最终提供推荐能力的部分，它设计得好不好，直接影响用户体验。一般来说，该模块需要满足稳定、响应及时、容错、可随用户规模线性扩容等多个条件。随着 Docker 等容器技术及 Kubernetes 等容器管理软件的发展和成熟，推荐系统 Web 服务中的各个子模块都可以分别部署在容器中，采用微服务的方式进行数据交互，这样就可以高效地管理这些服务，更好地进行服务监控、错误恢复、线性扩容等。

17.2　推荐系统 API 服务

为了在终端提供个性化推荐服务，图 17-1 中的推荐系统 API 服务模块需要完成 3 件事。首先需要获得该用户的推荐列表（直接获取已经计算好的推荐列表，17.3.2 节会讲；或者通过临时计算获得推荐列表，17.3.3 节会讲）。其次是将推荐列表组装成终端最终需要的数据结构（第一步获得的推荐列表一般是物品 id 列表，实际展示在终端还需要物品的各种元数据信息，如标题、海报图、评分、价格等，这些信息的组装就是在这一步完成的，这些信息一般会存放到关系型数据库中，或者采用 JSON 的形式存放到 Redis、文档型 NoSQL 中，所以这里至少还有一次额外的数据库访问）及做一些业务上的处理（下面会介绍）。最后是响应终端的 HTTP 请求（一般是 GET 或者 POST 请求），将最终的推荐结果返回给终端（一般是 JSON 结构，图 17-3 就是一个案例）。

```
⊟{
    "status":"200",
    "timestamp":"20200217",
    "data":⊟{
        "biz":"guessulikemovie",
        "alg":"default",
        "contentType":"movie",
        "code":"movie",
        "count":"72",
        "pageCount":"1",
        "currentPageSize":"72",
        "pageSize":"72",
        "currentPage":"1",
        "items":⊟[
            ⊟{
                "item_explain":"",
                "item_title":"巨鳄风暴",
                "item_sid":"tvwy4ftu3eru",
                "item_contentType":"movie",
                "item_type":"1",
                "item_year":"2019",
                "item_area":"美国",
                "item_tag":⊟[
                    ""
                ],
                "item_isHd":"0",
                "item_duration":"87",
                "item_episodeCount":"0",
                "item_episode":"0",
                "item_score":"8.20",
```

图 17-3　最终返回给用户的推荐结果（JSON 格式）

企业级推荐系统 API 服务模块一般是用 Java 实现的（比如利用 Tomcat、Spring 等 Java Web 服务框架），这主要是因为目前大部分公司的后端服务是基于 Java 生态系统搭建的。Java 生态系统非常完备和成熟，采用 Java 开发可以将推荐服务整合到所有后端服务中（毕竟任何一个产品，除了推荐系统外，还有非常多其他的服务，比如淘宝的客户管理、库存管理、商家管理、购买下单等）。

推荐系统推断服务一般用 Python 来实现（比如 Flask、FastAPI 等或者 TensorFlow、PyTorch 深度学习框架提供的推断服务框架），这主要是因为目前机器学习的主流编程语言是 Python，用 Python 实现更加方便。推荐系统 API 服务与推断服务之间的交互通过 HTTP 请求的方式实现，利用 HTTP 在两者之间进行交互可以很好地解耦，因此这两类服务可以用不同的编程语言实现。

在真实的企业级推荐系统服务中，情况会更复杂。第 3 章中提到，企业级推荐系统一般分为召回、排序、业务调控 3 个部分。另外，推荐系统上线时需要做 A/B 测试，还要将用户之前操作过的物品过滤掉等，真实的推荐系统 API 服务需要做很多额外的处理工作。图 17-4 是推荐系统 API 服务按照时序关系可能包含的一些处理步骤。

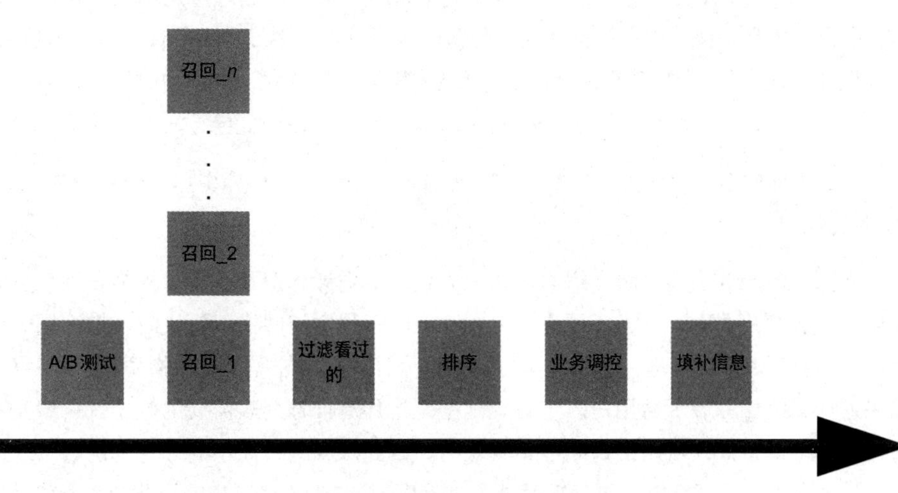

图 17-4　推荐系统 API 服务处理流程的时序关系图

图 17-4 中的每一个召回（召回 _1、召回 _2、……、召回 _n）和排序、业务规则等都可以分别部署为一个完整的微服务。真正的推断服务包含召回、排序等一系列步骤，统称推断服务。下一节中只按照某个推断服务来讲解，其他推断服务的实现方案都是类似的。

17.3　推荐系统推断服务

推荐系统推断服务是指利用推荐算法（各种召回、排序、业务规则算法等）为用户生成推荐列表，是推荐算法作为一种机器学习模型的推理过程。

17.3.1　推断服务的两种实现方式

推荐系统推断服务一般有两种实现方式，一种是事先计算型，另一种是实时装配型。在具体介绍之前，先举一个比较形象的例子方便大家理解。

假设我们开了一家餐厅专营外卖，提供 10 种套餐。在中午或者晚上叫餐高峰时段，餐厅可以采用如下两种方案来准备套餐：第一种方案是预先将这 10 种套餐都做若干份（当然，可以基于过去一段时间的数据统计，大致了解每种套餐的销量，销量高的可以多做一些），当有客户点外卖时，将相应的套餐（已经做好了）直接送出去；第二种方案是将这 10 种套餐需要的原材料都准备好，部分材料做成半成品（比如比较花时间烹饪的肉类），当有客户点外卖时，将该套餐需要的原材料下锅快速做好再送出去。这两种方案的优缺点很容易理解，第一种更便捷，但是缺少个性化，第二种时效性稍差，但更灵活、更个性化，比如用户想吃重辣口味的，只能采用第二种方案，在做的时候多放辣椒（第一种方案是预先做好，为了兼顾大多数用户的口味，不可能放重辣）。

通过上面的案例应该不难理解，第一种方式就是“事先计算型”，而第二种方式就是“实时装配型”。

回到推断服务上，下面介绍两种实现方式。事先计算型是将用户的推荐列表事先计算好，存放到数据库中，当该用户在使用产品的过程中访问推荐模块时，推断服务模块直接将推荐列表取出，进行适当加工（比如过滤掉用户已经操作过的物品），将最终推荐结果返回到终端并展示给用户。实时装配型是将计算推荐列表需要的数据（一般是各种特征）提前准备好。当用户访问推荐模块时，推断服务通过简单的计算和组装（对前面准备好的各种特征进行拼接等处理后灌入推荐模型），生成该用户的推荐列表，将其（补充完善后）返回到终端并展示给用户。

理解了两种推断服务实现方式的基本原理，接下来的两节详细介绍它们的实现细节，让读者更好地理解它们的特性及技术实现方案。

17.3.2 事先计算型推断服务

本节讲解事先计算型推断服务的架构细节与基本原理（参见图 17-5）。对于 T+1 型推荐产品形态，这种方式比较合适（其实信息流推荐等实时推荐系统也可以采用该方式，下面会说明）。

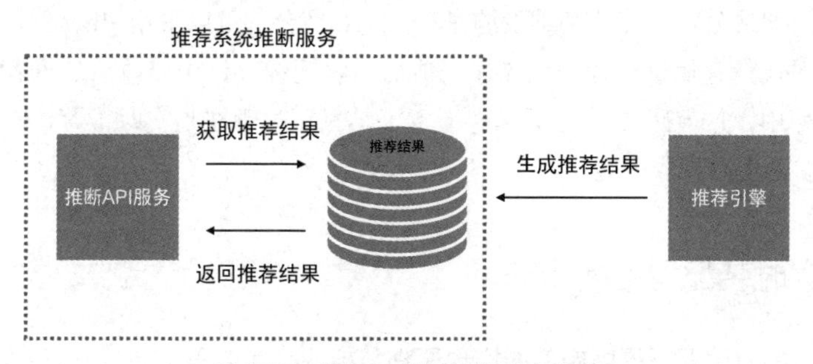

图 17-5 事先计算型推断服务架构

该模式最大的特点是事先将每个用户的推荐列表计算出来，存放到数据库中。一般可以使用 Redis 等 NoSQL 数据库，以键值对的形式存储，键就是用户 id，值就是给用户的推荐列表。如果是用 Redis 存放，值的数据结构可以使用 sorted set，这种数据结构比较适合推荐系统，sorted set 中的 element 可以是推荐的物品 id，score 是物品的预测评分或者预测概率值等，还可以根据 sorted set 中的 score 进行分页筛选等操作。图 17-6 就是一种可行的推断服务返回的 JSON 数据结构。

```
{
  "recommendData": {
    "id": [
      57477351,
      2008211766,
      50694391,
      2111455002,
      2111858813,
      1002339421,
      2111437022,
      2008203444
    ]
  },
  "key": "wzryHomePage^1",
  "timestamp": "201802121351"
}
```

图 17-6 推荐列表的数据结构

该架构支持 T+1 推荐模式和实时推荐模式。T+1 型推荐产品形态每天为用户生成一次推荐结果，替换昨天的推荐结果。实时推荐的情况会复杂一些，可能会调整推荐结果（而不是完全替换），通过增删、替换形成新的推荐结果。这时可行的方法有两个：一是从推荐列表存储数据库中读取该用户的推荐列表，按照实时推荐算法逻辑对其进行修改（可能还会调用排序模块），再将推荐列表存入，替换旧的推荐结果；二是增加一个中间的镜像存储（如果公司的算法基础设施基于 Spark 平台，可以采用 HBase），所有的算法逻辑修改只对镜像存储进行操作，操作完成后，将镜像存储中修改后的推荐列表同步到最终的推荐库中，这就跟 T+1 更新保持一致了，只不过现在是实时推荐，对同一个用户一天可能会多次更新推荐列表。

17.3.3　实时装配型推断服务

本节讲解实时装配型推断服务的实现原理与架构（参考图 17-7）。这种方式不事先计算推荐列表，当有用户请求时，推断 API 服务从特征仓库（一般存放在 Redis、HBase 这种非关系型数据库中）中将该推荐模型需要的特征取出，进行拼接等处理后灌入推荐模型，利用模型推断获得该用户最终的推荐列表。

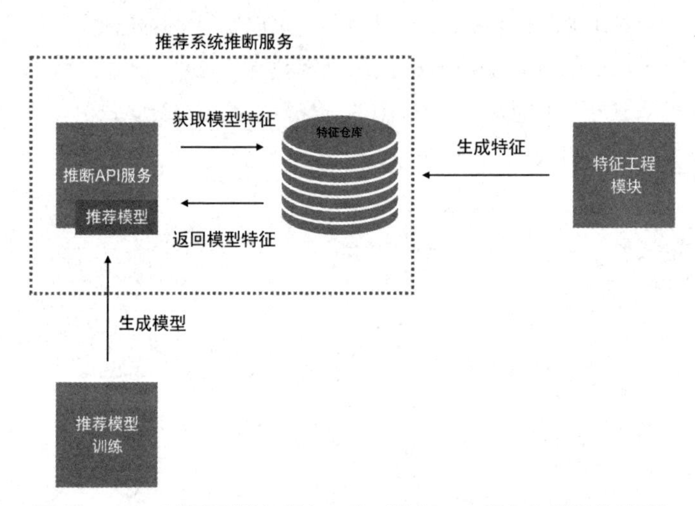

图 17-7　实时装配型推断服务架构（推断 API 服务加载推荐模型）

这种架构需要将推荐模型加载到 API 服务中，可以实时基于用户特征获得推荐列表，这就要求推荐模型在极短的时间（毫秒级）内计算出推荐列表，否则会影响用户体验。

TorchServe 和 TensorFlow Serving 都是采用这种方式来实现的，它们可以将训练好的模型直接部署成推断服务。读者可以参考相关文档来学习，本章不展开介绍。

另外一种可行的方案是，将推荐模型做成独立的模型服务（灌入特征直接生成预测结果的 HTTP 服务），推断 API 服务通过 HTTP 或者 RPC 访问模型服务获得推荐列表。具体架构如图 17-8 所示。这种方式的好处是推荐模型服务跟推断 API 服务解耦，可以独立升级，互不影响，只要保证它们之间交互数据的协议不变就可以了。

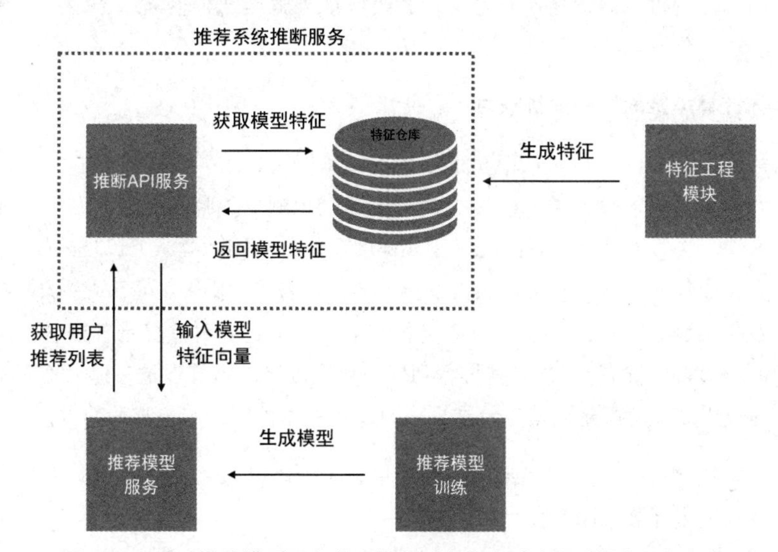

图 17-8 通过推荐模型服务获取推荐列表的实时装配型推断服务架构

实时装配型架构在实际提供推荐服务时与具体的推荐范式是 T+1 推荐还是实时推荐没有关系，因为在任何时候推断 API 服务都是临时调用推荐模型为用户生成推荐列表，这种实现方式更灵活。

T+1 推荐的模型既可以一天训练一次，也可以多天训练一次，只不过推荐列表是每天为全体用户生成一次。而实时推荐的模型可以实时训练（用户的每一次操作行为都会产生日志，通过实时日志处理生成实时特征，完成拼接等处理后灌入实时模型训练流程中，让模型实时得到更新，当然，不是所有模型都支持实时更新，实时更新模型的成本也很高，需要综合权衡），也可以一天或者多天训练一次，只不过推荐列表是实时为单个用户生成的。按照前面的讲解，不管是 T+1 推荐还是实时推荐，都可以采用事先计算型或者实时装配型两种推断服务范式。

17.3.4　两种推断服务的优劣对比

前面两节详细介绍了两种推荐系统推断服务实现方案的技术细节。在真实的业务场景中情况会更复杂，可能不是单纯的某种方案，而会在这两种方案的基础上做适当的调整与变化，可能同一产品的不同推荐形态采用不同的方式，同一种推荐方案也可能会融合这两种方式（同一推荐产品的不同召回、排序采用不同的实现方式）。

本节对比这两种方案的优缺点，让读者更好地理解这两种推断服务范式，在具体的推荐业务场景中选用。

1. 事先计算型推断服务的优缺点

事先计算型最大的优势是提前将推荐列表准备好了，这样在提供推荐服务时可以直接获取推荐列表，大大提升了 API 服务的响应速度，减少了响应时间，对用户体验有极大帮助。另外，当模型推断出现问题（比如调度模型推断的计算服务出现故障），最坏的情况是不更新推荐列表（这时无法插入最新的推荐列表），用户访问产品上的推荐模块时还是可以获得推荐，只不过是前一天的推荐结果。如果是实时计算推荐列表（实时装配型），当模型出现问题时就无法获得推荐列表，如果接口没做好保护，这时推荐服务可能会中断，导致终端无法展示任何推荐结果。因此，事先计算型有更高的稳健性。

事先计算型的另一个优点是架构更加简单，推断 API 服务跟生成推荐列表的过程解耦，可以分别优化升级，而不会互相影响。

实际上，很多用户不是每天都使用应用的，日活用户占总活跃用户（比如月活用户）的比例很低（当然，微信这类国民级 App 除外），推荐模块访问用户数一般也远小于日活用户数。而事先计算型推荐服务需要事先为每个用户生成推荐列表，特别是有海量用户的 App，大量用户没有登录反而每天为其计算推荐列表，这就浪费了很多计算和存储资源。

事先计算型的另外一个缺点是灵活性不佳，调整、修改用户的推荐列表的成本更高（信息流推荐等实时推荐产品需要对推荐列表进行近实时调整）。就像前面的案例讲的，套餐做好了，就无法满足用户特定的口味了。

2. 实时装配型推断服务的优缺点

实时装配型跟事先计算型基本是对称的，优缺点正好相反。

实时装配型需要临时为用户生成推荐列表，因此推断 API 服务需要多一步处理，对接口性能有一定的负面影响。另外，当推荐模型需要升级调整或者模型服务出现问题时（实时装配型的一种实现方案是推荐模型作为一个独立服务），会出现短暂的不可用，这时会导致推断 API 无法计算出推荐列表，进而无法给终端提供反馈信息。这两种情况都会影响用户体验（当然，好的系统有模型热更新机制，模型升级不会导致无法响应，TensorFlow Serving 就具备这种能力）。

实时装配型的架构更加复杂，耦合度更高（在推断 API 整合了推荐模型这种实时装配型中，推断 API 跟推荐列表计算完全耦合在一起，参见图 17-7）。

实时装配型由于实时为用户计算推荐列表，因此相比事先计算型不会占用太多的存储、计算资源，对于节省费用有极大帮助，特别是在有海量用户的场景下。它的另一个优点是对推荐列表的调整空间大，因为是临时计算，所以可以在计算过程中增加一些场景化的处理逻辑，对推荐算法有更强的干预能力，更加适合实时推荐场景。

表 17-1 归纳了这两种方案的优缺点，方便读者对比。

表 17-1　事先计算型和实时装配型的优缺点对比

推断服务类型	优　　点	缺　　点
事先计算型	1. 接口响应更快 2. 整个系统有更高的稳健性，推荐列表计算出问题不影响接口返回结果 3. 架构更加简单，耦合度低，接口和推荐列表计算可以分别优化升级	1. 比较浪费计算、存储资源 2. 调整推荐列表的灵活度低
实时装配型	1. 更节省存储、计算资源 2. 系统更灵活，方便临时调整推荐逻辑	1. 接口有更多的处理逻辑，响应相对较慢 2. 当推荐模型或模型服务出现问题时，无法给用户提供推荐，影响用户体验 3. 架构相对复杂，耦合度高，推断 API 服务和推荐列表计算存在直接依赖关系

17.4　小结

本章讲解了推荐系统 Web 服务的基础知识，掌握这些知识对于实现企业级推荐系统至关重要。推荐系统 Web 服务分为推荐系统 API 服务和推断服务两部分，其中推荐系统 API 服务的处理链路及推断服务是重点。

推断服务主要有两种实现方式。一种是事先计算型，即提前将推荐列表计算出来并存放到 NoSQL 中，当用户使用推荐模块时，推断服务直接将推荐列表返回给推荐系统 API 服务并展示给终端用户。另一种是实时装配型，把计算推荐列表需要的原材料准备成"半成品"（各种特征），将这些中间状态先存起来，当用户使用推荐服务时，推断 API 服务通过简单的组装（特征的拼接和处理）与计算（调用封装好的推荐模型），将"半成品"加工成推荐列表，返回给推荐系统 API 服务并展示给终端用户。

这两种推断服务实现方案各有优缺点，需要从公司现有的技术储备、人员能力、团队规模、产品形态等多个维度进行评估和选择。不管采用哪种方式，最终目的是一样的——为用户提供个性化、响应及时的优质推荐服务。

代码实战篇

第 18 章

Netflix Prize 推荐算法代码实战案例

前面的章节介绍了推荐系统的基本概念、算法原理、工程实践等相关的核心知识。本章及下一章会讲解推荐系统的具体代码实现。对于想入门推荐系统的初学者来说，借助一些开源框架和工具来实现推荐系统的核心代码是必要的，也有一定的难度，所以本书提供了前面讲过的核心召回、排序算法的代码实现案例，供读者参考。如果读者已有多年推荐算法代码实战经验，可以酌情跳过部分章节。在具体讲解之前，先简单介绍第 18~19 章的内容。

本章会讲解一个古典的推荐系统代码案例——Netflix Prize 竞赛（2006 年 ~2009 年）。正是这次竞赛让推荐系统从学术界走向工业界，国内以字节跳动为代表的大厂将推荐系统作为产品的核心竞争力。本章会从 Netflix Prize 竞赛、Netflix Prize 数据集、数据预处理、推荐系统算法实现 4 个方面来讲解。其中推荐系统算法实现是核心，这个部分包含 7 个召回算法和 4 个排序算法，读者需要掌握。

第 19 章会讲解一个较现代的推荐系统案例，是 2022 年的 Kaggle-H&M 服装推荐竞赛。这个案例涉及的数据更多样。这一章会讲解一些更复杂的召回、排序算法，并且跟本章讲解的算法不重叠。

这两章中的所有代码都是我亲自写的，并且都是用 Python 实现的，写这些代码也让我再一次体验了实现推荐系统的乐趣。希望这两章的代码案例可以给读者提供一些参考，也希望读者积极参与一些推荐系统竞赛，加深对推荐系统技术及业务的理解。

本章和下一章会详细介绍具体的实现过程。基本对每一个核心召回、排序算法都提供了一个可行的代码实现方案，但不一定是最好的（比如在大规模数据的情况下效率不高，没有用到分布式计算工具），有兴趣的读者可以结合书中的思路自行思考，并自己动手优化完善，这对加深对核心算法的理解和提升编程能力大有裨益。

注：第 18~19 章的代码部分只提供核心实现细节，完整的代码已开源到 GitHub（/liuq4360/recommender_systems_abc），欢迎读者提供反馈意见，也欢迎有意愿的同人一起来优化完善这个开源工程。

18.1 Netflix Prize 竞赛简介

Netflix Prize 竞赛是 Netflix 在 2006 年举办的一项竞赛，他们提供了真实的 Netflix 用户行为数据，希望参赛团队将 RMSE 这个离线评估指标（第 15 章介绍过）提升 10%，奖金为 100 万美元。这个竞赛从启动到完结历经 3 年时间，最后 3 个团队联手，构建出一个混合模型（对这 3 个团队的论文感兴趣的读者可以阅读本章参考文献 1、2、3），在 2009 年获胜。

在这次竞赛中有非常多新的推荐思路被提出，比如大家耳熟能详的矩阵分解推荐算法。笔者早在 2010 年研究推荐系统时（当时主要研究的是基于 Netflix Prize 竞赛发表的论文），就用 MATLAB 分布式计算实现了几个比较主流的推荐系统模型（当时跑通 MATLAB 分布式计算的兴奋心情现在记忆犹新）。下面利用这个竞赛中的开源数据集从零开始实现前面讲解过的几个简单易懂并且很有实用价值的召回、排序算法模型。有兴趣的读者可以基于该数据集实现更加复杂的模型。

18.2 Netflix Prize 竞赛数据集简介

首先介绍 Netflix Prize 竞赛数据集，主要包含如下 6 个文件。

1. README 文件

README 文件是对数据集的简单介绍，如各个数据集包含的字段、数据集的作用等，只不过是英文的。

2. training_set

training_set 是训练数据集（原始数据集比较大，mini_training_set 是笔者基于 training_set 构建的一个小的子集），主要是用户评分数据。数据是 txt 格式的，每部电影对应一个 txt 文件，文件名就是电影 id。文件第一行是电影 id（整型），后面是该电影的用户评分，采用逗号分隔，每条评分占一行，每行的字段如表 18-1 所示。

表 18-1 用户评分 txt 字段说明

字 段	说 明
CustomerID	用户 id，4~7 位整数，如 30878、893988
Rating	电影评分，5 分制
Date	用户给电影评分的时间，如 2004-04-22

3. movie_titles.txt

movie_titles.txt 是电影元数据，也是 txt 格式的。每一行以逗号分隔，包含 3 个字段，如表 18-2 所示。

表 18-2 movie_titles.txt 字段说明

字 段	说 明
MovieID	电影 id，1~5 位整数，如 16385
YearOfRelease	电影发行年代，4 位整数，如 2003
Title	电影名称（英文），如 Dinosaur Planet

4. qualifying.txt

qualifying.txt 是供参赛者用于预测（Netflix Prize 是预测电影评分，采用 5 分制）的样本，将预测结果提交给 Netflix，它们会计算 RMSE。

5. probe.txt

在提交算法之前可以预先验证算法在 probe.txt 数据集上的 RMSE，大致了解算法的效果。

6. rmse.pl

rmse.pl 是简单计算 RMSE 的 Perl（一种类似于 Python 的脚本语言）代码。

上面是对竞赛数据集的简单介绍，其中 training_set 和 movie_titles.txt 是核心数据，需重点关注。关于各个数据集的详细介绍，可以阅读 README 文件，这里不展开讲解。

可以看到，Netflix Prize 竞赛的数据集非常简单，以用户行为数据为主，电影相关信息不多，只有发行年代和片名，没有用户画像相关数据。由于数据不够多元化，能够实现的算法比较有限。下面简单介绍数据预处理，以便后面实现各种召回、排序算法。

18.3 数据预处理

数据预处理的主要目的是对原始数据进行转换，方便后面构建推荐模型。下面对代码工程中的4个预处理函数（movie_metadata.py、sampling.py、transform2triple.py、tansform2userhistory.py）进行简单说明，具体细节可以查看源代码。

movie_metadata.py将原始的movie_titles.txt数据处理为`{1781:(2004, Noi the Albino), 1790:(1866, Born Free)}`这样的格式。sampling.py将行为数据按照7 ∶ 3划分为训练集和测试集。transform2triple.py将训练数据处理为`(user_id, video_id, score)`这样的三元组格式。transform2userhistory.py将训练数据处理为`{2097129: set([(3049, 2), (3701, 4), (3756, 3)]), 1048551: set([(3610, 4), (571, 3)])}`这样的格式（其中键是用户id，值是该用户评过分的所有电影及评分构成的集合）。

18.4 推荐系统算法实现

下面利用Netflix Prize数据集讲解各种召回、排序算法实现。由于Netflix Prize数据集诞生的年代比较早，数据不够丰富，所以这里实现的都是非常基础、简单的召回、排序算法，更复杂的召回、排序算法留到下一章来实现。

18.4.1 召回算法

本节介绍基于Netflix Prize数据集实现的7个召回算法，只讲解算法的基本原理、实现思路和核心代码，具体细节可以参考GitHub上的源代码。

1. 热门召回

7.1节完整地介绍过热门召回的基本原理。热门召回基于训练数据计算每个视频的评分之和，然后按照总评分降序排列取Top*N*。计算逻辑非常简单，下面是具体的代码实现（对应GitHub代码仓库recall/netflix_prize目录下的top_n_hot.py）。这里的实现非常简单，没有考虑不同电影发行的时间不一样，对最新的电影可能不公平，读者可以想想怎么优化这个实现方案。

```
import os
import numpy as np
```

```
N = 30  # 推荐的热门视频个数
cwd = os.getcwd()  # 获取当前工作目录
f_path = os.path.abspath(os.path.join(cwd, "..", ".."))
# 获取上一级目录
train = f_path + "/output/netflix_prize/train.txt"
m = dict()
f_train = open(train)         # 返回一个文件对象
# 计算每个视频累计评分之和
line = f_train.readline()     # 调用文件的 readline() 方法
while line:
    d = line.split(",")
    video_id = int(d[1])
    score = int(d[2])
    if video_id in m:
        m[video_id] = m[video_id]+score
    else:
        m[video_id] = score
    line = f_train.readline()
sorted_list = sorted(m.items(), key=lambda item: item[1], reverse=True)
topN = sorted_list[:N]
print(topN)
f_train.close()

hot_rec_map = {"hot": sorted_list[:N]}
hot_path = f_path + "/output/netflix_prize/hot_rec.npy"
np.save(hot_path, hot_rec_map)
# 最终推荐结果的数据结构 (item_id, score) 如下：
# {"hot": [(1905, 564361), (2452, 462715), (3938, 448276)]}
```

2. 余弦相似召回

余弦相似召回的基本原理在 8.4 节介绍协同过滤召回时讲过，其计算逻辑是：基于用户行为构建用户行为矩阵，矩阵的列向量可以看成电影的向量表示，即每部电影可以看成一个向量，如图 18-1 所示。

$$\begin{pmatrix} \cdots & \cdots & \cdots & \cdots & \cdots \\ \cdots & R_{ki} & \cdots & R_{kj} & \cdots \\ \vdots & \vdots & \ddots & \vdots & \vdots \\ \cdots & R_{li} & \cdots & R_{lj} & \cdots \\ \cdots & \cdots & \cdots & \cdots & \cdots \end{pmatrix}$$

图 18-1 由用户行为矩阵构建的电影列向量表示

基于余弦可以计算两部电影的相似度，如此计算某部电影与所有其他电影的余弦相似度，降序排列取Top$N$，就得到了与该电影最相似的电影。

代码实现主要包含如下4步（如图18-2所示），前面3步的代码很简单，重点是第4步，实现细节见如下代码（对应GitHub代码仓库recall/netflix_prize目录下的cosine_item_similar.py），很容易看懂，故不赘述。

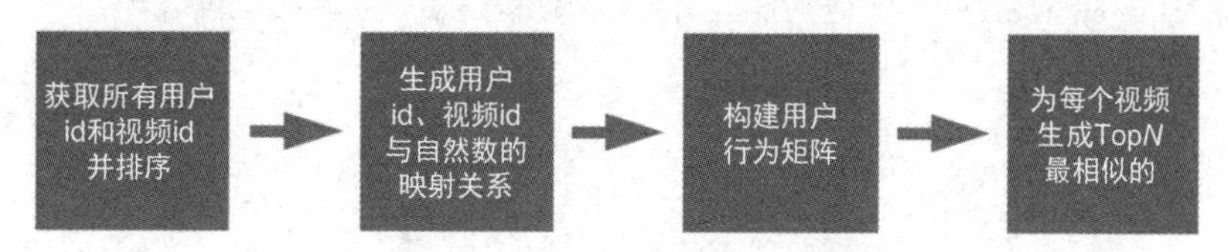

图18-2 计算余弦相似度的步骤

```
import os
import numpy as np
from scipy.sparse import dok_matrix
import heapq

rec_num = 30
cwd = os.getcwd()  # 获取当前工作目录
f_path = os.path.abspath(os.path.join(cwd, "..", ".."))  # 获取上一级目录
train = f_path + "/output/netflix_prize/train.txt"
f_train = open(train)  # 返回一个文件对象
user_s = set()
video_s = set()
# 获取所有的用户 id 和视频 id
line = f_train.readline()  # 调用文件的 readline() 方法
while line:
    d = line.split(",")
    user_id = int(d[0])
    video_id = int(d[1])
    user_s.add(user_id)
    video_s.add(video_id)
    line = f_train.readline()
f_train.close()
user = list(set(user_s))
video = list(set(video_s))
user.sort()
video.sort()
user_num = len(user)
video_num = len(video)

print("=================== 开始构建用户 id 索引 ==================")
uid2idx_map = dict()  # 获得用户 id 到 index 的映射关系，index 从 0 开始编码
idx2uid_map = dict()  # 获得 index 到用户 id 的映射关系，index 从 0 开始编码
index = 0
```

```
    for uid in user:
        uid2idx_map[uid] = index
        idx2uid_map[index] = uid
        index = index + 1

    print("=================== 开始构建视频 id 索引 ===================")
    vid2idx_map = dict()  # 获得视频 id 到 index 的映射关系，index 从 0 开始编码
    idx2vid_map = dict()  # 获得 index 到视频 id 的映射关系，index 从 0 开始编码
    index = 0
    for vid in video:
        vid2idx_map[vid] = index
        idx2vid_map[index] = vid
        index = index + 1

    print("=================== 开始构建用户行为矩阵 ===================")
    # 构建用户行为矩阵
    Mat = dok_matrix((video_num, user_num), dtype=np.float32)  # 行是视频，列是用户
    f_train = open(train)  # 返回一个文件对象
    line = f_train.readline()  # 调用文件的 readline() 方法
    i = 0
    while line:
        if i % 100 == 0:
            print(i)
        i = i + 1
        d = line.split(",")
        user_id = int(d[0])
        video_id = int(d[1])
        score = int(d[2])
        u_idx = uid2idx_map[user_id]
        v_idx = vid2idx_map[video_id]
        Mat[v_idx, u_idx] = score
        line = f_train.readline()

    f_train.close()
    print("=================== 完成构建用户行为矩阵 ===================")
    # print(Mat.shape)

    Mat_csr = Mat.tocsr()  # 压缩稀疏的行矩阵
    # Mat_csr_trans = Mat_csr.transpose()  # 压缩稀疏的行矩阵
    print("==================Mat_csr.shape==================")
    print(Mat_csr.shape)
    print("-----------video_num---------------")
    print(video_num)

    def top_n_max(vector, n):
        """
        给定一个数组，求其中最大的 n 个值及每个值对应的下标 index。
        :param vector: 输入的数值型数组，类型为 <type 'numpy.ndarray'>
        :param n: 输出最大值的个数
        :return: [[v1,v2,v3],[idx1,idx2,idx3]]
        """
```

```
    idx_ = heapq.nlargest(n, range(len(vector)), vector.take)
    res_ = vector[idx_]
    return [res_, idx_]

def cos_sim(vector_a, vector_b):
    """
    计算两个向量之间的余弦相似度。
    :param vector_a: 向量a
    :param vector_b: 向量b
    :return: sim
    """
    vector_a = np.mat(vector_a)
    vector_b = np.mat(vector_b)
    inner_product = float(vector_a * vector_b.T)
    nom = np.linalg.norm(vector_a) * np.linalg.norm(vector_b)
    cos = inner_product / nom
    return cos

cwd = os.getcwd()  # 获取当前工作目录
f_path = os.path.abspath(os.path.join(cwd, "..", ".."))  # 获取上一级目录
data_f = f_path + "/output/netflix_prize/similarity_rec.npy"
all_sim_map = dict()
for v1 in range(video_num):
    vec1 = Mat_csr.getrow(v1)   # Mat_csr是用户行为的稀疏矩阵，即csr_matrix
    vec = np.zeros(video_num)
    for v2 in range(video_num):
        if v1 == v2:  # 向量与自己的相似度为1，要排除在外
            val = 0
        else:
            vec2 = Mat_csr.getrow(v2)
            val = cos_sim(vec1.A, vec2.A)  # vec.A将csr_matrix转换为numpy.ndarray
        vec[v2] = val
    c = top_n_max(vec, rec_num)
    original_vid = idx2vid_map[v1]
    sim = c[0]
    idx = c[1]
    vid = [idx2vid_map[k] for k in idx]
    res = zip(vid, sim)
    all_sim_map[original_vid] = res

print(len(all_sim_map))
print(all_sim_map)
np.save(data_f, all_sim_map)
#
# read_dictionary = np.load(data_f, allow_pickle=True).item()
#
# print(len(read_dictionary))
# 相似推荐的数据结构如下：
# {2345: [(1905, 0.5), (2452, 0.3), (3938, 0.1)]}
```

这里解释一下为什么第 2 步要生成自然数的映射关系，因为原始数据的视频 id 很多，构建出的矩阵规模会更大，映射为从 0 开始的自然数会缩小矩阵规模。代码实现过程中用的是稀疏矩阵，即使不做映射，对存储和性能也没有太大影响，对于另外的数据集，如视频 id 是字符串，就必须进行映射，所以这里提前实现了这种映射逻辑。

3. item-based 协同过滤召回

item-based 协同过滤召回的基本原理在 8.4.2 节中系统地介绍过，这里只给出式子（其中 S 是用户的观看集合，u 代表用户，s 代表视频）：

$$\mathrm{sim}(u,s)=\sum_{s_i \in S}\mathrm{score}(u,s_i)*\mathrm{sim}(s_i,s)$$

具体的代码实现需要先计算出与每个视频最相似的 N 个视频（采用上一节的算法），即下面代码中的 `similarity` 字典（这个计算结果也可以存到 Redis 中，采用 sorted set 数据结构），其中 `play_action` 是在数据预处理阶段获得的。代码实现比较简单，读者可以将上式和下面的代码（对应 GitHub 代码仓库 recall/netflix_prize 目录下的 item_based_cf.py）对照一下，很容易看懂。

```
import os
import numpy as np

rec_num = 30
cwd = os.getcwd()  # 获取当前工作目录
f_path = os.path.abspath(os.path.join(cwd, "..", ".."))  # 获取上一级目录

play_action_f = f_path + "/output/netflix_prize/train_play_action.npy"
# train_play_action 的数据结构：{2097129: set([(3049, 2), (3701, 4), (3756, 3)]),
# 1048551: set([(3610, 4), (571, 3)])}
similarity_f = f_path + "/output/netflix_prize/similarity_rec.npy"
# similarity_rec 的数据结构：{2345: [(1905, 0.5), (2452, 0.3), (3938, 0.1)]}

play_action = np.load(play_action_f, allow_pickle=True).item()
similarity = np.load(similarity_f, allow_pickle=True).item()

item_based_rec_map = dict()
for u, u_play in play_action.items():
    u_rec = dict()
    for (vid, u_score) in u_play:
        if vid in similarity:
            for (vid_s, vid_score) in similarity[vid]:
                if vid_s in u_rec:
                    u_rec[vid_s] = u_rec[vid_s] + u_score*vid_score
                else:
```

```
                u_rec[vid_s] = u_score*vid_score
        if len(u_rec) >= rec_num:
            sorted_list = sorted(u_rec.items(), key=lambda item: item[1], reverse=True)
            res = sorted_list[:rec_num]
            item_based_rec_map[u] = res

print(item_based_rec_map)
item_based_rec_path = f_path + "/output/netflix_prize/item_based_rec.npy"
np.save(item_based_rec_path, item_based_rec_map)

# item-based 推荐的数据结构如下：
# {u1: [(1905, 0.5), (2452, 0.3), (3938, 0.1)]}
```

4. 矩阵分解召回

这里不是从零开始实现矩阵分解召回算法，而是采用了 implicit 这个开源库（见本章参考文献 4），这个库实现了比较主流的 ALS 矩阵分解算法（详情可参考 8.5 节）。implicit 这个库提供了直接为用户计算个性化推荐结果的接口。下面给出实现的核心代码（对应 GitHub 代码仓库 recall/netflix_prize 目录下的 matrix_decomposition.py）。

为了方便大家理解，下面对代码部分进行简单解释。其中 plays 是用户行为矩阵，采用的是 scipy.sparse 库中的 csr_matrix 矩阵（plays 的构建过程见源代码，csr_matrix 需自行学习了解，这里不展开介绍）。为每个用户计算的推荐结果放到了 mf_rec_map 字典中，在实际业务中，可以将其存放到 Redis 中，采用 sorted set 数据结构存储。

```
import os
import numpy as np
from scipy.sparse import dok_matrix
from implicit.als import AlternatingLeastSquares
from implicit.nearest_neighbours import bm25_weight

rec_num = 30
cwd = os.getcwd()  # 获取当前工作目录
f_path = os.path.abspath(os.path.join(cwd, "..", ".."))  # 获取上一级目录
train = f_path + "/output/netflix_prize/train.txt"
f_train = open(train)  # 返回一个文件对象
user_s = set()
video_s = set()
# 获取所有的用户 id 和视频 id
line = f_train.readline()  # 调用文件的 readline() 方法

while line:
    d = line.split(",")
    user_id = int(d[0])
    video_id = int(d[1])
```

```
        user_s.add(user_id)
        video_s.add(video_id)
        line = f_train.readline()
    f_train.close()
    user = list(set(user_s))
    video = list(set(video_s))
    user.sort()
    video.sort()
    user_num = len(user)
    video_num = len(video)
    print("user num = " + str(user_num))
    print("video num = " + str(video_num))

    print("=================== 开始构建用户 id 索引 ==================")
    uid2idx_map = dict()  # 获得用户 id 到 index 的映射关系，index 从 0 开始编码
    idx2uid_map = dict()  # 获得 index 到用户 id 的映射关系，index 从 0 开始编码
    index = 0
    for uid in user:
        uid2idx_map[uid] = index
        idx2uid_map[index] = uid
        index = index + 1

    print("=================== 开始构建视频 id 索引 ==================")
    vid2idx_map = dict()  # 获得视频 id 到 index 的映射关系，index 从 0 开始编码
    idx2vid_map = dict()  # 获得 index 到视频 id 的映射关系，index 从 0 开始编码
    index = 0
    for vid in video:
        vid2idx_map[vid] = index
        idx2vid_map[index] = vid
        index = index + 1

    print("=================== 开始构建用户行为矩阵 ==================")
    # 构建用户行为矩阵，implicit 库中要求矩阵的行数是物品数，列数是用户数，
    # 相当于常规用户行为矩阵的转置
    Mat = dok_matrix((video_num, user_num), dtype=np.float32)  # 行是视频，列是用户
    f_train = open(train)  # 返回一个文件对象
    line = f_train.readline()  # 调用文件的 readline() 方法
    i = 0
    while line:
        if i % 100 == 0:
            print(i)
        i = i + 1
        d = line.split(",")
        user_id = int(d[0])
        video_id = int(d[1])
        score = int(d[2])
        u_idx = uid2idx_map[user_id]
        v_idx = vid2idx_map[video_id]
        Mat[v_idx, u_idx] = score
```

```
        line = f_train.readline()
    f_train.close()

    print("================== 完成构建用户行为矩阵 ==================")
    # print(Mat.shape)
    plays = Mat.tocsr()  # 压缩稀疏的行矩阵

    print("==================plays==================")
    print(plays.shape)
    plays = bm25_weight(plays, K1=100, B=0.8)
    plays = plays.tocsr()
    print(plays.toarray())
    model = AlternatingLeastSquares(factors=64, regularization=0.05)
    model.approximate_recommend = False
    model.fit(plays)
    # 得到单个用户的推荐
    mf_rec_map = dict()
    user_plays = plays.T.tocsr()

    for uid in user:
        idx = uid2idx_map[uid]
        rec = model.recommend(idx, user_plays, N=rec_num,
                              filter_already_liked_items=True)
        # rec = [(242096, 0.6532608), (134087, 0.604611), (41269, 0.57267845)]
        u_rec = [(idx2uid_map[x[0]], x[1]) for x in rec]
        mf_rec_map[uid] = u_rec

    print(mf_rec_map)
    mf_rec_path = f_path + "/output/netflix_prize/mf_rec.npy"
    np.save(mf_rec_path, mf_rec_map)
```

最后说明一下，这段代码的前半部分跟前面余弦相似召回部分的代码有重合，这里为了完整性而给出，实际上可以抽象出来。

5. 基于矩阵分解的相似召回

这里是基于矩阵分解计算视频相似度。通过矩阵分解可以获得视频特征向量，基于视频特征向量，采用与计算余弦相似度类似的方法计算视频的Top*N*相似（具体实现方案参考8.5.1节）。implicit库中提供了函数实现，非常方便，下面给出实现的核心代码。这里说明一下，代码的前半部分是预处理，跟前面的代码一样，因此不重复给出了，只展示最核心的部分（对应GitHub代码仓库recall/netflix_prize目录下的matrix_decomposition_item_similar.py）。

```
import os
import numpy as np
from scipy.sparse import dok_matrix
```

```
from implicit.als import AlternatingLeastSquares
from implicit.nearest_neighbours import bm25_weight

model = AlternatingLeastSquares(factors=64, regularization=0.05)
model.approximate_recommend = False
model.fit(plays)
# 获取一部电影的相似推荐
mf_sim_map = dict()
# similarity:{2345: [(1905, 0.5), (2452, 0.3), (3938, 0.1)]}
user_plays = plays.T.tocsr()
for vid in video:
    idx = vid2idx_map[vid]
    sim = model.similar_items(idx, N=rec_num)
    sim_rec = [(idx2vid_map[x[0]], x[1]) for x in sim]
    mf_sim_map[vid] = sim_rec

mf_sim_path = f_path + "/output/netflix_prize/mf_sim.npy"
np.save(mf_sim_path, mf_sim_map)
```

6. 关联规则召回

8.1 节介绍了利用关联规则进行个性化召回的算法原理，不熟悉的读者可以回顾一下。下面简单说明代码实现细节。

这里算法采用 FP-Growth（本章参考文献 5、6），利用 Python 开源包 pyfpgrowth（本章参考文献 7）计算出所有关联规则，然后基于用户行为和关联规则进行推荐，实现方式跟 8.1 节介绍的思路基本一样，具体代码如下（对应 GitHub 代码仓库 recall/netflix_prize 目录下的 association_rules.py）。

```
import os
import numpy as np
import pyfpgrowth

rec_num = 30
cwd = os.getcwd()  # 获取当前工作目录
f_path = os.path.abspath(os.path.join(cwd, "..", ".."))  # 获取上一级目录
play_action_f = f_path + "/output/netflix_prize/train_play_action.npy"
play_action = np.load(play_action_f, allow_pickle=True).item()
# {565: set([(3894, 3)]), 20: set([(3860, 4), (2095, 5)])}
train = f_path + "/output/netflix_prize/train.txt"
f_train = open(train)  # 返回一个文件对象
user_s = set()
video_s = set()
# 获取所有的用户 id 和视频 id
line = f_train.readline()  # 调用文件的 readline() 方法
while line:
    d = line.split(",")
```

```
        user_id = int(d[0])
        video_id = int(d[1])
        user_s.add(user_id)
        video_s.add(video_id)
        line = f_train.readline()
    f_train.close()
    user = list(set(user_s))
    video = list(set(video_s))
    vid_score_list = [list(x) for x in play_action.values()]
    # [[(3860, 4), (2095, 5)], [(3894, 3)]]
    transactions = [[k for (k, t) in x] for x in vid_score_list]
    # [[3860, 2095], [3894]]
    # transaction:[[1, 2, 5], [2, 4], [2, 3], [1, 2, 4], [1, 3], [2, 3], [1, 3],
    [1, 2, 3, 5], [1, 2, 3]]
    min_support = 0.007
    # float(input("Enter support %: "))
    patterns = pyfpgrowth.find_frequent_patterns(transactions,
    int(len(transactions)*min_support))
    # {(1, 2): 4, (1, 2, 3): 2, (1, 3): 4, (1,): 6, (2,): 7, (2, 4): 2, (1, 5): 2,
    # (5,): 2, (2, 3): 4, (2, 5): 2, (4,): 2, (1, 2, 5): 2}
    # for k, v in patterns.items():
    #     print(k, v)
    # print(len(patterns))
    min_confidence = 0.05
    rules = pyfpgrowth.generate_association_rules(patterns, min_confidence)
    # {(2, 5): ((1,), 1.0), (1,): ((3,), 0.6666666666666666), (4,): ((2,), 1.0)}
    print(rules)
    print(len(rules))

    # 得到单个用户的推荐
    # rules ~ # {(2, 5): ((1,), 1.0), (1,): ((3,), 0.6666666666666666),
    # (4,): ((2,), 1.0)}
    X = [x for x in rules.keys()] # X ~ [(1, 5), (5,), (2, 5), (4,)]
    mf_rec_map = dict()
    for uid in user:  # 所有用户id列表
        video_score = play_action[uid]  # set([(708, 4), (2122, 4), (1744, 4),
                                                (2660, 4)])
        A = set([t[0] for t in video_score])
        video_score_map = dict(video_score)
        u_rec = dict()
        for x in X:
            if set(x).issubset(A):
                (Y, confidence) = rules[x]  # ((2,), 1.0)
                s = np.sum([video_score_map[t] for t in set(x)])*1.0/len(set(x))
                for y in set(Y):
                    if y not in A:
                        if y in u_rec:
                            u_rec[y] = u_rec[y] + confidence * s
                        else:
                            u_rec[y] = confidence * s
```

```
                # 上面用到了 confidence * s，主要是为了方便对最终的推荐结果
                # 进行排序，对 X => Y 这个关联规则中的 X 在用户行为中的评分先
                # 求平均，即 s，然后乘以 X => Y 的置信度 confidence
        if len(u_rec) >= rec_num:
            sorted_list = sorted(u_rec.items(), key=lambda item: item[1], reverse=True)
        res = sorted_list[:rec_num]
        mf_rec_map[uid] = res
    print(mf_rec_map)
    mf_rec_path = f_path + "/output/netflix_prize/association_rules_rec.npy"
    np.save(mf_rec_path, mf_rec_map)
```

7. 朴素贝叶斯召回

8.3 节介绍了朴素贝叶斯算法原理，最终可以推导出下式（读者可以自行推导一下，还是很容易的）：

$$P_{u\_v\_s} = \frac{\| \{u \mid r_{uv} = s\} \|}{| \{u \mid r_{uv} \in S\} |} * \prod_{i}^{I_u} \frac{\| \{u \mid r_{ui} = r_{ui}\}}{\| \{u \mid r_{uv} = s\} \|}$$

其中，$P_{u\_v\_s}$ 是用户 u 对视频 v 评分为 s 的概率，$S = \{1,2,3,4,5\}$ 是所有可能的评分，$I_u = \{i \mid r_{ui} \in S\}$ 是用户 u 评过分的所有物品集，r_{uv} 是用户 u 对视频 v 的评分。

基于上式，可以为针对用户 u 没有评过分的视频 v，计算其被评分为 s 的概率 $P_{u\_v\_s}$，然后将 $P_{u\_v\_s} * S$ 作为用户 u 对视频 v 的最终评分：

$$\hat{r}_{uv} = P_{u\_v\_s} * S$$

有了用户 u 对每个视频 v 的评分，基于评分降序排列取 Top$N$，即可获得最终用户 u 的个性化召回，具体代码实现如下（对应 GitHub 代码仓库 recall/netflix_prize 目录下的 naive_bayes.py）。

```
import os
import numpy as np

rec_num = 30
cwd = os.getcwd()  # 获取当前工作目录
f_path = os.path.abspath(os.path.join(cwd, "..", ".."))  # 获取上一级目录
play_action_f = f_path + "/output/netflix_prize/train_play_action.npy"
play_action = np.load(play_action_f, allow_pickle=True).item()
train = f_path + "/output/netflix_prize/train.txt"
f_train = open(train)  # 返回一个文件对象
user_s = set()
video_s = set()
# 获取所有的用户 id 和视频 id
```

```
line = f_train.readline()  # 调用文件的 readline() 方法
while line:
    d = line.split(",")
    user_id = int(d[0])
    video_id = int(d[1])
    user_s.add(user_id)
    video_s.add(video_id)
    line = f_train.readline()
f_train.close()
user = list(set(user_s))
video = list(set(video_s))

video_map = dict()
source = open(train, 'r')
line = source.readline()  # 调用文件的 readline() 方法
while line:
    d = line.split(",")
    user_id = int(d[0])
    video_id = int(d[1])
    score = int(d[2])
    if video_id in video_map:
        s = video_map.get(video_id)
        s.add((user_id, score))
        video_map[video_id] = s
    else:
        s = set()
        s.add((user_id, score))
        video_map[video_id] = s
    line = source.readline()
source.close()

# 为单个用户获取推荐
mf_rec_map = dict()
for uid in user:  # 所有用户 id 列表
    u_rec = []
    for vid in video:  # 所有视频 id 列表，需要计算每个用户对每个视频的评分
        uid_p_set = play_action[uid]
        # {565: set([(3894, 3)]), 20: set([(3860, 4), (2095, 5)])}
        uid_action_vid = set([x[0] for x in list(uid_p_set)])
        if vid not in uid_action_vid:
            P_uid_vid = 0.0
            for s in [1, 2, 3, 4, 5]:  # Netflix Prize 数据集一共有 5 个评分等级，
                                       # 分别是 1、2、3、4、5
                temp = len([x[0] for x in list(video_map[vid]) if x[1] == s])
                if temp != 0:
                    f1 = 1.0*temp/len(video_map[vid])
                    f2 = 1.0
                    for (video_id, score) in uid_p_set:
                        f2 = f2 * len([x[0] for x in list(video_map[video_id])
                                    if x[1] == score])/temp
```

```
                P_uid_vid_s = f1 * f2 * s
            else:
                P_uid_vid_s = 0.0
            P_uid_vid = max(P_uid_vid, P_uid_vid_s)
        u_rec.append((vid, P_uid_vid))
    if len(u_rec) >= rec_num:
        sorted_list = sorted(u_rec, key=lambda item: item[1], reverse=True)
    res = sorted_list[:rec_num]
    mf_rec_map[uid] = res
print(mf_rec_map)
mf_rec_path = f_path + "/output/netflix_prize/naive_bayes_rec.npy"
np.save(mf_rec_path, mf_rec_map)
```

18.4.2 排序算法

由于 Netflix Prize 数据集提供的信息不是很多，不太容易实现非常复杂的排序算法，所以本节实现 4 个非常简单但很实用的排序算法。这里提到的所有算法的实现原理在第 11 章中介绍过，不熟悉的读者可以回顾一下。上一节的 7 个召回算法都可以作为本节排序算法的输入（工业级推荐系统一般采用多路召回，然后接一个排序算法，最终获得给用户的推荐结果，具体的业务流程可以参考第 3 章）。

1. 基于代理函数的排序

所谓代理函数，是指可以评估视频质量的函数，基于这个函数对多路召回的结果进行排序，然后取 Top*N* 获得最终的推荐结果（本节的代码对应 GitHub 代码仓库 ranking/netflix_prize 目录下的 n_recalls_proxy_sorting.py）。

针对 Netflix Prize 数据集，可以计算每部电影的发行年代、平均评分和总播放次数，采用下面代码中连乘的方式计算代理函数值，保证年代越新、平均评分越高、播放次数越多的电影评分越高，排在前面。

```
import numpy as np

def proxy_function(t):
    """
    代理函数实现。
    :param t: t ~ (vid, score)。代理函数需要基于视频本身的信息获得该视频的代理函数值。
    :return:
    """
    vid = t[0]
    # score = t[1]
```

```
    year_dict = movie_year_map()  # 计算所有电影的发行年代，dict ~ {movie_id:year,...},
                                  # 这个函数请参考 GitHub 上的代码，这里没有写出来
    # 计算所有电影平均评分及总播放次数，dict ~ {movie_id:(avg_score, total_plays),...}
    avg__total_dict = avg_movie_score() # 这个函数请参考 GitHub 上的代码，这里没有写出来
    year = year_dict[vid] # 电影的发行年代
    avg_score, times = avg__total_dict[vid]  # 电影的平均评分及总播放次数
    f = (year*1.0/2023) * avg_score * np.log(times)
    return vid, f
```

有了代理函数，对多路召回结果进行排序的实现方案就非常简单了。只要为每个召回列表中的视频计算代理函数值，将这个值作为该视频的最终评分，所有评分降序排列即可。具体实现逻辑参考下面的核心代码。

```
def proxy_ranking(recall_list, n):
    """
    代理函数实现。
    :param recall_list: [recall_1, recall_2, ..., recall_k].
    :param n: 推荐数量
    每个 recall 的数据结构是 recall_i ~ [(v1,s1),(v2,s2),...,(v_t,s_t)]
    :return:
    """
    recommend = []
    recall_num = len(recall_list)
    for i in range(recall_num):
        recall_i = recall_list[i]
        recommend.extend([proxy_function(s) for s in recall_i])
    sorted_list = sorted(recommend, key=lambda item: item[1], reverse=True)
    return sorted_list[:n]
```

2. 多路召回归一化排序

这里用正态分布归一化排序，即先将每路召回的推荐结果按照正态分布归一化，如下所示，其中 $\hat{s}=\frac{\sum_{i=1}^{N}s_i}{N}$， σ是（$s_1, s_2, \cdots, s_N$）的标准差：

$$\{(v_1,s_1),(v_2,s_2),\cdots,(v_N,s_N)\} \rightarrow \left\{\left(v_1,\frac{s_1-\hat{s}}{\sigma}\right),\left(v_2,\frac{s_2-\hat{s}}{\sigma}\right),\cdots,\left(v_N,\frac{s_N-\hat{s}}{\sigma}\right)\right\}$$

对多路召回都进行上述变换后，将它们的推荐结果合并（重复项的得分可以求和，有重复说明多个召回算法都推荐了，这样的候选集是更好的选择），再统一降序排列，取Top*N* 作为最终的推荐结果。下面是正态分布归一化和多路召回归一化排序的代码实现（对应 GitHub 代码仓库 ranking/netflix_prize 目录下的 n_recalls_scores_normalization.py）。

```
import numpy as np

def normalization(recall):
    """
    对 recall 进行归一化（正态分布归一化）。
    :param recall: 类似于 [(v1,s1),(v2,s2),...,(v_t,s_t)] 这样的数据结构
    :return: norm_list
    """
    score_list = [s[1] for s in recall]
    mean = np.mean(score_list)
    std = np.std(score_list)
    return [(s[0], (s[1]-mean)/std) for s in recall]

def normalization_ranking(recall_list, n):
    """
    归一化函数实现。
    :param recall_list: [recall_1, recall_2, ..., recall_k].
    :param n: 推荐数量
    每个 recall 的数据结构是 recall_i ~ [(v1,s1),(v2,s2),...,(v_t,s_t)]
    :return:
    """
    recommend = []
    recall_num = len(recall_list)
    for i in range(recall_num):
        recommend.extend(normalization(recall_list[i]))
    sorted_list = sorted(recommend, key=lambda item: item[1], reverse=True)
    return sorted_list[:n]

if __name__ == "__main__":
    print(normalization([("x", 0.6), ("y", 0.56), ("z", 0.48)]))
    rec = normalization_ranking([[("x", 0.6), ("y", 0.56), ("z", 0.48)],
                                 [("x", 0.1), ("q", 0.36), ("t", 0.38)]], 3)
    print(rec)
```

3. 多路召回随机打散排序

这个方法更简单，就是将多路召回结果汇集，不考虑推荐候选集的得分，直接随机打散取 Top$N$ 作为最终推荐结果。这个方法最大的价值是可以提高推荐的多样性，具体实现参考下面的代码（对应 GitHub 代码仓库 ranking/netflix_prize 目录下的 n_recalls_shuffle.py）。这里说明一下，最终推荐结果包含视频得分，不过是各个召回获得的得分，不具备可比性，也不是降序排列的（因为随机打散了）。

```
import random

def shuffle_ranking(recall_list, n):
    """
    多路召回随机打散排序。
```

```
    :param recall_list: [recall_1, recall_2, ..., recall_k].
    :param n: 推荐数量
    每个recall 的数据结构是recall_i ~ [(v1,s1),(v2,s2),...,(v_t,s_t)]
    :return:
    """
    recommend = []
    recall_num = len(recall_list)
    for i in range(recall_num):
        recommend.extend([x for x in recall_list[i]])
    random.shuffle(recommend)
    return recommend[0:n]

if __name__ == "__main__":
    rec = shuffle_ranking([[("x", 0.6), ("y", 0.56), ("z", 0.48)],
                           [("x", 0.1), ("q", 0.36), ("t", 0.38)]], 5)
    print(rec)
```

4. 多路召回按照指定顺序排序

如果 k 个召回有如下次序关系（某些召回效果更好、更优）：Recall_1 ≻ Recall_2 ≻ … ≻ Recall_k，就可以依次从每个召回中选择 n 个（为简单起见，这里选取 $n=1$）排成一列，直到选择的数量达到最终需要的数量 N 为止。具体实现可以参考下面的代码（对应 GitHub 代码仓库 ranking/netflix_prize 目录下的 n_recalls_sort_in_order.py）。

```
def order_ranking(recall_list, n):
    """
    按照召回的指定顺序排序，这里recall_list 的顺序就是指定的顺序。
    这里没有考虑多个召回的 recall 中存在重复的情况，一般可以先去重，再调用该排序，或者先多取
一些，再对最终推荐结果去重。
    :param recall_list: [recall_1, recall_2, ..., recall_k]
    :param n: 推荐的物品个数
    每个recall 的数据结构是recall_i ~ [(v1,s1),(v2,s2),...,(v_t,s_t)]
    :return: recommend
    """
    recommend = []
    recall_num = len(recall_list)
    for i in range(n):
        t = i % recall_num  # 求余数，这里的t就是这一次需要从哪个recall 中获取推荐结果
        s = int(i/recall_num)  # 求被除数，这里确定从第 t 个 recall 中取第 s 个元素
        recommend.append(recall_list[t][s])
    return recommend

if __name__ == "__main__":
    rec = order_ranking([[("x", 0.6), ("y", 0.56), ("z", 0.48)],
                         [("x", 0.1), ("q", 0.36), ("t", 0.38)]], 5)
    print(rec)
```

18.5 小结

本章以 Netflix Prize 竞赛数据集为基础，构建了 7 个召回算法和 4 个排序算法。由于 Netflix Prize 竞赛数据集是最早的推荐系统开源数据集，只有用户评分数据及电影发行年代、电影名称，数据形式比较单一，所以可以实现的推荐算法比较有限。

本章实现的召回、排序算法都比较基础，不过它们在某些场景下也非常实用。这一系列基础的算法也非常适合初学者逐步熟悉推荐系统的各种算法。下一章会利用更现代、更多样化的数据集构建更复杂的召回、排序算法。

参考文献

1. Koren Y. The bellkor solution to the Netflix grand prize[J]. Netflix Prize documentation, 2009, 81(2009): 1-10.

2. Töscher A, Jahrer M, Bell R M. The bigchaos solution to the Netflix grand prize[J]. Netflix Prize documentation, 2009: 1-52.

3. Piotte M, Chabbert M. The pragmatic theory solution to the Netflix grand prize[J]. Netflix Prize documentation, 2009.

4. benfred/implicit（GitHub）

5. Li H, Wang Y, Zhang D, et al. Pfp: parallel fp-growth for query recommendation[C]//Proceedings of the 2008 ACM conference on Recommender systems. 2008: 107-114.

6. Han J, Pei J, Yin Y. Mining frequent patterns without candidate generation[J]. ACM sigmod record, 2000, 29(2): 1-12.

7. FP-Growth（Read the Docs）

第19章

H&M推荐算法代码实战案例

上一章中利用Netflix Prize数据集讲解了一些最基础、最简单的推荐系统召回、排序算法。延续上一章的思路，本章基于一个更复杂、更现代的数据集实现一些更复杂的推荐召回、排序算法。本章讲解的算法跟上一章不重复，是对其内容的补充。

本章的结构跟上一章类似，包括数据集介绍、数据预处理与特征工程、推荐系统算法实现3个部分。希望通过本章的讲解，读者可以掌握如何实现各种更复杂的召回、排序算法。

19.1 H&M数据集简介

H&M是一家知名连锁服装品牌，在全球有近5000家线下门店。有了这个背景，可以更好地理解下面要介绍的数据集。

2022年H&M在Kaggle上组织了一场推荐系统竞赛（见本章参考文献1）。H&M网上商店提供了大量产品（主要是服饰、鞋类等）供购物者浏览。但由于选择太多，顾客可能无法很快找到感兴趣的商品，影响购买。为了提升购物体验，产品推荐是关键。基于此背景H&M组织了这次竞赛，希望参赛者提供一些比较好的推荐算法思路，帮助他们提升网上商店的购物体验。

在本次比赛中，H&M集团希望参赛者根据以前的交易数据以及客户和产品元数据制定产品推荐策略。可用的元数据从简单的数据（如服装类型、客户年龄等）到产品描述中的文本数据，再到服装海报中的图片数据。H&M数据集的具体数据可参考本书的GitHub工程（/liuq4360/recommender_systems_abc）中data目录下的hm子目录，包含如下5类数据，下面详细说明。

(1) images，目录下是商品图片，不是每个商品都有图片，子目录的名字是商品 id 的前 3 个数字（本章的算法中没有利用图像数据，有兴趣的读者可以尝试将图像作为模型特征）。

(2) articles.csv，商品相关信息，包含 25 个字段，如表 19-1 所示。

表 19-1　articles.csv 字段说明

字　段	说　明
article_id	物品 id，10 位数字字符，如 0108775015
product_code	产品代码，7 位数字字符，如 0108775，是 article_id 的前 7 位
prod_name	产品名称，如 Strap top（系带上衣）
product_type_no	产品类型编号，2 位或 3 位数字，有 -1 值
product_type_name	产品类型名称，如 Vest top（背心）
product_group_name	产品组名称，如 Garment Upper body（服装上半身）
graphical_appearance_no	图案外观编号，如 1010016
graphical_appearance_name	图案外观名称，如 Solid（立体图案）
colour_group_code	颜色组代码，2 位数字，如 09
colour_group_name	颜色组名称，如 Black
perceived_colour_value_id	感知颜色值 id，有 -1、1、2、3、4、5、6、7
perceived_colour_value_name	感知颜色值名称，如 Dark（黑）、Dusty Light（浅黑）等
perceived_colour_master_id	感知颜色主 id，1 位或 2 位数字
perceived_colour_master_name	感知颜色主名称，如 Beige（浅褐色）
department_no	类型编号，4 位数字
department_name	类型名称，如 Outdoor/Blazers DS
index_code	索引代码，单个大写字母，如 A、G、F、D 等
index_name	索引名称，如 Lingeries/Tights（女士内衣 / 紧身裤）
index_group_no	索引组编号，1 位或 2 位数字
index_group_name	索引组名称，如 Ladieswear（女装）
section_no	款式编号，2 位数字
section_name	款式名称，如 Womens Everyday Basics（女士日常基本款）
garment_group_no	服装组编号，4 位数字
garment_group_name	服装组名称，如 Jersey Basic（Jersey 基本款）
detail_desc	细节的文本描述，如 Jersey top with narrow shoulder straps（窄肩带的 Jersey 上衣）

(3) customers.csv，用户相关信息，包含 7 个字段，如表 19-2 所示。

表 19-2 customers.csv 字段说明

字　段	说　明
customer_id	用户 id，字符串，如 00000dbacae5abe5e23885899a1fa44253a17956c6d1c3d25f88aa139fdfc657
FN	35% 值为 1，65% 缺失
Active	34% 值为 1，66% 无值
club_member_status	会员状态，93% ACTIVE（活跃），7% PRE-CREATE（预先创建）
fashion_news_frequency	时尚新闻更新频率，64% NONE，35% Regularly（有规律地），1% 其他值
age	年龄，有 1% 缺失值
postal_code	邮政编码，很长的字符串，如 51943ee2162cf5aa7ee79974281641c6f11a68d276429a91f8ca0d4b6efa8100

(4) sample_submission.csv，参赛者需要对每个用户进行推荐预测并提交文件，包含 2 个字段，如表 19-3 所示。

表 19-3 sample_submission.csv 字段说明

字　段	说　明
customer_id	用户 id，字符串，如 00000dbacae5abe5e23885899a1fa44253a17956c6d1c3d25f88aa139fdfc657
prediction	推荐的预测值，如 0706016001 0706016002 0372860001 0610776002 0759871002 0464297007 0372860002 0610776001 0399223001 0706016003 0719125001 0156231001 这里预测的是物品 id，以空格分隔

(5) transactions_train.csv，用户行为数据，包含 5 个字段，如表 19-4 所示。

表 19-4 transactions_train.csv 字段说明

字　段	说　明
t_dat	商品购买时间，精确到日，如 2019-09-18
customer_id	用户 id
article_id	商品 id
price	价格
sales_channel_id	销售渠道 id，值 1、2 分别表示线上、线下

想了解 H&M 数据集的更多细节，可以查看原始数据或者对数据进行简单的统计分析（Kaggle 官网上有对该数据的基础统计分析，见本章参考文献 1）。下一节对构建推荐算法依赖的数据进行预处理，构建相关特征。

19.2　数据预处理与特征工程

上一节讲解了 H&M 数据集的基本特点和字段。为了方便后面构建各种召回、排序算法，本节介绍数据预处理和特征工程相关的工作。

19.2.1　基于物品信息构建物品特征矩阵

19.3.1 节会利用 *k*-means 算法进行物品聚类，在此之前需要对物品数据（上面提到的 articles.csv）进行处理，构建特征矩阵。具体实现代码如下：

```
import pandas as pd
import numpy as np
from collections import Counter
from sklearn.preprocessing import OneHotEncoder
from pandas import DataFrame
import random

art = pd.read_csv("../../data/hm/articles.csv")
# customers = pd.read_csv("../../data/hm/customers.csv")
# len(pd.unique(art['article_id'])), 某列唯一值的个数
# trans = pd.read_csv("../../data/hm/transactions_train.csv")
# 类似于用户兴趣画像部分，我们只关注下面 6 个类别特征，先将类别特征进行 one-hot 编码，再进行聚类
art = art[['article_id', 'product_code', 'product_type_no',
           'graphical_appearance_no',
           'colour_group_code', 'perceived_colour_value_id',
           'perceived_colour_master_id']]
# 'product_code' : 47224 个不同的值
# 'product_type_no' : 132 个不同的值
# 'graphical_appearance_no' : 30 个不同的值
# 'colour_group_code' : 50 个不同的值
# 'perceived_colour_value_id' : 8 个不同的值
# 'perceived_colour_master_id' : 19 不同的值
# product_code : 取出现次数最多的前 10 个，后面的合并
most_freq_top10_prod_code = np.array(
    Counter(art.product_code).most_common(10))[:, 0]
# 除了出现最频繁的 10 个，其余 color 赋默认值 0，以减少 one-hot 编码的维度
art['product_code'] = art['product_code'].apply(
    lambda t: t if t in most_freq_top10_prod_code else -1)
```

```
# product_type_no：取出现次数最多的前 10 个，后面的合并
most_frequent_top10_product_type_no = np.array(
    Counter(art.product_type_no).most_common(10))[:, 0]
# 除了出现最频繁的 10 个，其余 color 赋默认值 0，以减少 one-hot 编码的维度
art['product_type_no'] = art['product_type_no'].apply(
    lambda t: t if t in most_frequent_top10_product_type_no else -1)
one_hot = OneHotEncoder(handle_unknown='ignore')
one_hot_data = art[['product_code', 'product_type_no', 'graphical_appearance_no',
                    'colour_group_code', 'perceived_colour_value_id',
                    'perceived_colour_master_id']]
one_hot.fit(one_hot_data)
feature_array = one_hot.transform(np.array(one_hot_data)).toarray()
# 两个 ndarray 水平合并，跟 data['id'] 合并，方便后面两个 DataFrame 合并
feature_array_add_id = np.hstack((np.asarray([art['article_id'].values]).T,
                                  feature_array))
# one_hot_features_df = DataFrame(feature_array,
                                  columns=one_hot.get_feature_names())
df_train = DataFrame(
    feature_array_add_id,
    columns=np.hstack((np.asarray(['article_id']),
                       one_hot.get_feature_names_out())))
df_train['article_id'] = df_train['article_id'].apply(lambda t: int(t))
# df_train = df_train.drop(columns=['article_id'])
# index = 0 写入时不保留索引列
df_train.to_csv('../../output/hm/kmeans_train.csv', index=0)
```

经过上面的处理，可以获得一个 130 维的特征矩阵，行代表每个物品，列是对应特征或者原始特征进行 one-hot 编码后的特征。由于列数比较多，这里就不展示了。

19.2.2 基于标签构建用户兴趣画像

首先简单描述用户兴趣画像的构建逻辑，然后给出对应的代码实现。具体逻辑是：物品是有特征的（比如颜色、品牌等），如果用户购买过某物品，该物品对应的特征就可以自动变为该用户的兴趣画像特征（比如用户买了黑色的衣服，那么黑色就是用户的兴趣画像特征）。

第一步，生成物品对应的特征，构建“物品 - 特征”字典，方便后面构建用户兴趣画像，代码如下：

```
import numpy as np
import pandas as pd

# 为每个物品生成对应的特征，这里只用到了 product_code、product_type_no、
# graphical_appearance_no、colour_group_code、perceived_colour_value_id、
```

```
# perceived_colour_master_id 这 6 个特征
art = pd.read_csv("../../data/hm/articles.csv")
article_dict = dict()  # {12:{id1,id2,...,id_k}, 34:{id1,id2,...,id_k}},
                       # 这里每个物品对应的特征权重都一样
for _, row in art.iterrows():
    article_id = row['article_id']
    product_code = row['product_code']
    product_type_no = row['product_type_no']
    graphical_appearance_no = row['graphical_appearance_no']
    colour_group_code = row['colour_group_code']
    perceived_colour_value_id = row['perceived_colour_value_id']
    perceived_colour_master_id = row['perceived_colour_master_id']
    feature_dict = dict()
    feature_dict['product_code'] = product_code
    feature_dict['product_type_no'] = product_type_no
    feature_dict['graphical_appearance_no'] = graphical_appearance_no
    feature_dict['colour_group_code'] = colour_group_code
    feature_dict['perceived_colour_value_id'] = perceived_colour_value_id
    feature_dict['perceived_colour_master_id'] = perceived_colour_master_id
    article_dict[article_id] = feature_dict
# print(article_dict)
np.save("../../output/hm/article_dict.npy", article_dict)
```

第二步，基于物品相关信息为每个特征生成对应的倒排索引字典（键是对应的特征，值是具备该特征的所有物品集合），具体代码实现如下：

```
import numpy as np
import pandas as pd

# 基于物品特征生成对应的倒排索引字典，可以存到 Redis 中
# 需要生成倒排索引字典的特征包括如下几个：
# product_code，产品代码，7 位数字字符，如 0108775，是 article_id 的前 7 位
# prod_name，产品名称，如 Strap top
# product_type_no，产品类型编号，2 位或 3 位数字，有 -1 值
# product_type_name，产品类型名称，如 Vest top
# graphical_appearance_no，图案外观编号，如 1010016
# graphical_appearance_name，图案外观名称，如 Solid
# colour_group_code，颜色组代码，2 位数字，如 09
# colour_group_name，颜色组名称，如 Black
# perceived_colour_value_id，感知颜色值 id，有 -1、1、2、3、4、5、6、7
# perceived_colour_value_name，感知颜色值名称，如 Dark、Dusty Light 等
# perceived_colour_master_id，感知颜色主 id，1 位或 2 位数字
# perceived_colour_master_name，感知颜色主名称，如 Beige

art = pd.read_csv("../../data/hm/articles.csv")
product_code_unique = np.unique(art[["product_code"]])
# 取某一列的所有唯一值，array([108775, 111565, ..., 959461])
product_type_no_unique = np.unique(art[["product_type_no"]])
graphical_appearance_no_unique = np.unique(art[["graphical_appearance_no"]])
```

```
colour_group_code_unique = np.unique(art[["colour_group_code"]])
perceived_colour_value_id_unique = np.unique(art[["perceived_colour_value_id"]])
perceived_colour_master_id_unique = np.unique(art[["perceived_colour_master_id"]])
product_code_portrait_dict = dict()
# {12:{id1,id2,...,id_k}, 34:{id1,id2,...,id_k}}, 这里每个物品对应的特征权重都一样
product_type_no_portrait_dict = dict()
graphical_appearance_no_portrait_dict = dict()
colour_group_code_portrait_dict = dict()
perceived_colour_value_id_portrait_dict = dict()
perceived_colour_master_id_portrait_dict = dict()
for _, row in art.iterrows():
    article_id = row['article_id']
    product_code = row['product_code']
    product_type_no = row['product_type_no']
    graphical_appearance_no = row['graphical_appearance_no']
    colour_group_code = row['colour_group_code']
    perceived_colour_value_id = row['perceived_colour_value_id']
    perceived_colour_master_id = row['perceived_colour_master_id']
    if product_code in product_code_portrait_dict:
        product_code_portrait_dict[product_code].add(article_id)
    else:
        product_code_portrait_dict[product_code] = set([article_id])
    if product_type_no in product_type_no_portrait_dict:
        product_type_no_portrait_dict[product_type_no].add(article_id)
    else:
        product_type_no_portrait_dict[product_type_no] = set([article_id])
    if graphical_appearance_no in graphical_appearance_no_portrait_dict:
        graphical_appearance_no_portrait_dict[graphical_appearance_no].
add(article_id)
    else:
        graphical_appearance_no_portrait_dict[graphical_appearance_no] =
set([article_id])
    if colour_group_code in colour_group_code_portrait_dict:
        colour_group_code_portrait_dict[colour_group_code].add(article_id)
    else:
        colour_group_code_portrait_dict[colour_group_code] = set([article_id])
    if perceived_colour_value_id in perceived_colour_value_id_portrait_dict:
        perceived_colour_value_id_portrait_dict[perceived_colour_value_id].
add(article_id)
    else:
        perceived_colour_value_id_portrait_dict[perceived_colour_value_id] =
set([article_id])
    if perceived_colour_master_id in perceived_colour_master_id_portrait_dict:
        perceived_colour_master_id_portrait_dict[perceived_colour_master_id].
add(article_id)
    else:
        perceived_colour_master_id_portrait_dict[perceived_colour_master_id] =
set([article_id])
# print(product_code_portrait_dict)
# print(product_type_no_portrait_dict)
```

```
# print(graphical_appearance_no_portrait_dict)
# print(colour_group_code_portrait_dict)
# print(perceived_colour_value_id_portrait_dict)
# print(perceived_colour_master_id_portrait_dict)
np.save("../../output/hm/product_code_portrait_dict.npy",
        product_code_portrait_dict)
np.save("../../output/hm/product_type_no_portrait_dict.npy",
        product_type_no_portrait_dict)
np.save("../../output/hm/graphical_appearance_no_portrait_dict.npy",
        graphical_appearance_no_portrait_dict)
np.save("../../output/hm/colour_group_code_portrait_dict.npy",
        colour_group_code_portrait_dict)
np.save("../../output/hm/perceived_colour_value_id_portrait_dict.npy",
        perceived_colour_value_id_portrait_dict)
np.save("../../output/hm/perceived_colour_master_id_portrait_dict.npy",
        perceived_colour_master_id_portrait_dict)
```

完成上面 2 步准备工作，就可以基于用户行为数据（19.1 节中的 transactions_train.csv）构建用户兴趣画像了，具体的代码实现如下：

```
import numpy as np
import pandas as pd

# 基于用户行为数据构建用户兴趣画像
trans = pd.read_csv("../../data/hm/transactions_train.csv")
user_portrait = dict()
article_dict = np.load("../../output/hm/article_dict.npy",
                       allow_pickle=True).item()
for _, row in trans.iterrows():
    customer_id = row['customer_id']
    article_id = row['article_id']
    feature_dict = article_dict[article_id]
    # article_dict[957375001]
    # {'product_code': 957375, 'product_type_no': 72,
    # 'graphical_appearance_no': 1010016, 'colour_group_code': 9,
    # 'perceived_colour_value_id': 4, 'perceived_colour_master_id': 5}
    product_code = feature_dict['product_code']
    product_type_no = feature_dict['product_type_no']
    graphical_appearance_no = feature_dict['graphical_appearance_no']
    colour_group_code = feature_dict['colour_group_code']
    perceived_colour_value_id = feature_dict['perceived_colour_value_id']
    perceived_colour_master_id = feature_dict['perceived_colour_master_id']
    if customer_id in user_portrait:
        portrait_dict = user_portrait[customer_id]
        # { 'product_code': set([108775, 116379])
        #   'product_type_no': set([253, 302, 304, 306])
        #   'graphical_appearance_no': set([1010016, 1010017])
        #   'colour_group_code': set([9, 11, 13])
        #   'perceived_colour_value_id': set([1, 3, 4, 2])
```

```
            #   'perceived_colour_master_id': set([11, 5 ,9])
            #   }
            if 'product_code' in portrait_dict:
                portrait_dict['product_code'].add(product_code)
            else:
                portrait_dict['product_code'] = set([product_code])
            if 'product_type_no' in portrait_dict:
                portrait_dict['product_type_no'].add(product_type_no)
            else:
                portrait_dict['product_type_no'] = set([product_type_no])
            if 'graphical_appearance_no' in portrait_dict:
                portrait_dict['graphical_appearance_no'].add(graphical_appearance_no)
            else:
                portrait_dict['graphical_appearance_no'] = set([
                    graphical_appearance_no])
            if 'colour_group_code' in portrait_dict:
                portrait_dict['colour_group_code'].add(colour_group_code)
            else:
                portrait_dict['colour_group_code'] = set([colour_group_code])
            if 'perceived_colour_value_id' in portrait_dict:
                portrait_dict['perceived_colour_value_id'].add(
                    perceived_colour_value_id)
            else:
                portrait_dict['perceived_colour_value_id'] = set([
                    perceived_colour_value_id])
            if 'perceived_colour_master_id' in portrait_dict:
                portrait_dict['perceived_colour_master_id'].add(
                    perceived_colour_master_id)
            else:
                portrait_dict['perceived_colour_master_id'] = set([
                    perceived_colour_master_id])
            user_portrait[customer_id] = portrait_dict
        else:
            portrait_dict = dict()
            portrait_dict['product_code'] = set([product_code])
            portrait_dict['product_type_no'] = set([product_type_no])
            portrait_dict['graphical_appearance_no'] = set([graphical_appearance_no])
            portrait_dict['colour_group_code'] = set([colour_group_code])
            portrait_dict['perceived_colour_value_id'] = set([
                perceived_colour_value_id])
            portrait_dict['perceived_colour_master_id'] = set([
                perceived_colour_master_id])
            user_portrait[customer_id] = portrait_dict
    np.save("../../output/hm/user_portrait.npy", user_portrait)
```

上面的代码将物品特征字典、特征倒排索引字典、用户兴趣画像存到了本地磁盘中。在实际使用过程中，更优的做法是存到 Redis 等 NoSQL 中，这样稳定性更高，读取性能也更好，有兴趣的读者可以自行尝试一下。

19.2.3　构建推荐算法的特征矩阵

logistic 回归、FM、GBDT、Wide & Deep 等排序算法都需要构建模型的特征向量，方便模型训练。本节就来构建这些特征向量，这里只讲解 logistic 回归的特征构建，其他算法的特征可以复用 logistic 回归的，或者基于 logistic 的实现进行简单调整来满足不同模型的需要，这里不赘述。

logistic 回归的特征有数值特征，也有离散特征经过 one-hot 编码后形成的特征。具体的数据预处理及特征工程实现的代码如下：

```
import pandas as pd
import numpy as np
from sklearn.preprocessing import OneHotEncoder
from pandas import DataFrame
from sklearn.model_selection import train_test_split
from sklearn.linear_model import LogisticRegression
from sklearn.metrics import confusion_matrix
from sklearn.metrics import ConfusionMatrixDisplay
from sklearn.metrics import roc_curve
from sklearn.metrics import RocCurveDisplay
from sklearn.metrics import precision_recall_curve
from sklearn.metrics import PrecisionRecallDisplay
from sklearn.utils import shuffle
from collections import Counter

"""
利用 scikit-learn 中的 logistic 回归算法进行召回。模型的主要特征有如下 3 类。
1. 用户相关特征：基于 customers.csv 表格中的数据。下面 6 个字段都作为特征。
    FN，35% 值为 1，65% 缺失。
    Active，34% 值为 1，66% 无值。
    club_member_status，会员状态，93% ACTIVE，7% PRE-CREATE。
    fashion_news_frequency，时尚新闻更新频率，64% NONE，35% Regularly，1% 其他值。
    age，年龄，有 1% 缺失值。
    postal_code，邮政编码，很长的字符串，如：51943ee2162cf5aa7ee79974281641c6f11a68
d276429a91f8ca0d4b6efa8100。
2. 物品相关特征：基于 articles.csv 表格中的数据。下面 6 个字段作为特征，还有很多字段没用到，
读者可以自己探索。
    product_code，产品代码，7 位数字字符，如 0108775，是 article_id 的前 7 位。
    product_type_no，产品类型编号，2 位或 3 位数字，有 -1 值。
    graphical_appearance_no，图案外观编号，如 1010016。
    colour_group_code，颜色组代码，2 位数字，如 09。
    perceived_colour_value_id，感知颜色值 id，有 -1、1、2、3、4、5、6、7。
    perceived_colour_master_id，感知颜色主 id，1 位或 2 位数字。
```

```
3. 用户行为特征：基于 transactions_train.csv 数据，需要使用下面 3 个特征。
    t_dat，商品购买时间，精确到日，如 2019-09-18。
    price，价格。
    sales_channel_id，销售渠道 id，值 1、2 分别表示线上、线下。
   另外，再准备几个用户行为统计特征，具体如下。
    用户购买频次：总购买次数 / 用户最近购买和最远购买之间的星期数。
    用户客单价：该用户所购买物品的平均价格。
"""

art = pd.read_csv("../../data/hm/articles.csv")
cust = pd.read_csv("../../data/hm/customers.csv")
cust.loc[:, ['FN']] = cust.loc[:, ['FN']].fillna(0)
cust.loc[:, ['Active']] = cust.loc[:, ['Active']].fillna(0)
cust.loc[:, ['club_member_status']] = cust.loc[:, ['club_member_status']].
fillna('other')
cust.loc[:, ['fashion_news_frequency']] = cust.loc[:, ['fashion_news_
frequency']].fillna('other')
cust.loc[:, ['age']] = cust.loc[:, ['age']].fillna(int(cust['age'].mode()[0]))
cust['age'] = cust['age']/100.0
# len(pd.unique(art['article_id']))  # 某列唯一值的个数
trans = pd.read_csv("../../data/hm/transactions_train.csv")  # 都是正样本
# 到目前为止经历的年数
trans['label'] = 1
positive_num = trans.shape[0]
# 数据中没有负样本，需要人工构建一些
# 负样本中的 price，采用目前正样本 price 的平均值
price = trans[['article_id', 'price']].groupby('article_id').mean()
price_dict = price.to_dict()['price']
# 负样本的 sales_channel_id 采用正样本的中位数
channel = trans[['article_id', 'sales_channel_id']].groupby('article_id').median()
channel['sales_channel_id'] = channel['sales_channel_id'].apply(lambda x: int(x))
channel_dict = channel.to_dict()['sales_channel_id']
t = trans['t_dat']
date = t.mode()[0]  # 用众数来表示负样本的时间
# 采用将正样本的 customer_id、article_id 两列随机打散的思路（这样 customer_id
# 和 article_id 就可以随机组合了）来构建负样本
cust_id = shuffle(trans['customer_id']).to_list()
art_id = shuffle(trans['article_id']).to_list()
data = {'customer_id': cust_id, 'article_id': art_id}
negative_df = pd.DataFrame(data, index=list(range(positive_num,
                                              2*positive_num, 1)))
negative_df['t_dat'] = date
negative_df['price'] = negative_df['article_id'].apply(lambda i: price_dict[i])
negative_df['sales_channel_id'] = negative_df['article_id'].apply(lambda i:
channel_dict[i])
# 调整列的顺序，跟正样本保持一致
negative_df = negative_df[['t_dat', 'customer_id', 'article_id', 'price',
                           'sales_channel_id']]
negative_df['label'] = 0
df = pd.concat([trans, negative_df], ignore_index=True)  # 重新进行索引
```

```
df['t_dat'] = pd.to_datetime(df['t_dat']).rsub(pd.Timestamp('now').floor('d')).
dt.days/365.0
df = shuffle(df)
df.reset_index(drop=True, inplace=True)
df = df.merge(cust, on=['customer_id'],
              how='left').merge(art, on=['article_id'], how='left')
df = df[['customer_id', 'article_id', 't_dat', 'price', 'sales_channel_id',
        'product_code', 'product_type_no', 'graphical_appearance_no',
        'colour_group_code',
        'perceived_colour_value_id', 'perceived_colour_master_id', 'FN',
        'Active', 'club_member_status', 'fashion_news_frequency', 'age',
        'postal_code', 'label']]
# product_code：取出现次数最多的前 10 个，后面的合并
most_frequent_top10_product_code = np.array(
    Counter(df.product_code).most_common(10))[:, 0]
# 除了出现最频繁的 10 个，其余 color 赋默认值 0，以减少 one-hot 编码的维度
df['product_code'] = df['product_code'].apply(
    lambda x: x if x in most_frequent_top10_product_code else -1)
# product_type_no：取出现次数最多的前 10 个，后面的合并
most_frequent_top10_product_type_no = np.array(
    Counter(df.product_type_no).most_common(10))[:, 0]
# 除了出现最频繁的 10 个，其余 color 赋默认值 0，以减少 one-hot 编码的维度
df['product_type_no'] = df['product_type_no'].apply(
    lambda x: x if x in most_frequent_top10_product_type_no else -1)
# postal_code：取出现次数最多的前 10 个，后面的合并
most_frequent_top100_postal_code = np.array(
    Counter(df.postal_code).most_common(100))[:, 0]
# 除了出现最频繁的 10 个，其余 color 赋默认值 0，以减少 one-hot 编码的维度
df['postal_code'] = df['postal_code'].apply(
    lambda x: x if x in most_frequent_top100_postal_code else "other")
df.to_csv('../../output/hm/logistic_source_data.csv', index=0)
# df = pd.read_csv("../../output/hm/logistic_source_data.csv")
one_hot = OneHotEncoder(handle_unknown='ignore')
one_hot_data = df[['sales_channel_id', 'product_code', 'product_type_no',
                   'graphical_appearance_no', 'colour_group_code',
                   'perceived_colour_value_id', 'perceived_colour_master_id',
                   'FN', 'Active', 'club_member_status',
                   'fashion_news_frequency', 'postal_code']]
one_hot.fit(one_hot_data)
feature_array = one_hot.transform(np.array(one_hot_data)).toarray()
# 两个 ndarray 水平合并，跟 data['id'] 合并，方便后面两个 DataFrame 合并
feature_array_add_id = np.hstack((np.asarray([df['customer_id'].values]).T,
                                  np.asarray([df['article_id'].values]).T,
                                  feature_array))
one_hot_df = DataFrame(feature_array_add_id,
                       columns=np.hstack((np.asarray(['customer_id']),
                                          np.asarray(['article_id']),
                                          one_hot.get_feature_names_out())))
one_hot_df['customer_id'] = one_hot_df['customer_id'].apply(lambda x: int(x))
```

```
one_hot_df['article_id'] = one_hot_df['article_id'].apply(lambda x: int(x))
# 三类特征合并
final_df = df.merge(one_hot_df, on=['customer_id', 'article_id'], how='left')
final_df = final_df.drop(columns=['sales_channel_id', 'product_code',
                                  'product_type_no', 'graphical_appearance_no',
                                  'colour_group_code', 'perceived_colour_value_id',
                                  'perceived_colour_master_id',
                                  'FN', 'Active', 'club_member_status',
                                  'fashion_news_frequency', 'postal_code'])
# index = 0 写入时不保留索引列
final_df.to_csv('../../output/hm/logistic_model_data.csv', index=0)
# read
# data_and_features_df = pd.read_csv(
    data_path + '/' + r'logistic_model_data.csv')
# 将数据集划分为训练集 logistic_train_df 和测试集 logistic_test_df
# 训练集 logistic_train_df 用于 logistic 回归模型的训练
# 测试集 logistic_test_df 用于测试训练好的 logistic 回归模型的效果
logistic_train_df, logistic_test_df = train_test_split(final_df,
                                                       test_size=0.3,
                                                       random_state=42)
logistic_train_df.to_csv('../../output/hm/logistic_train_data.csv', index=0)
logistic_test_df.to_csv('../../output/hm/logistic_test_data.csv', index=0)
```

19.3　推荐系统算法实现

讲完了数据预处理与特征工程，下面基于 H&M 数据集实现第 6~13 章介绍的各种更复杂的召回、排序算法。

19.3.1　召回算法

针对 H&M 数据集我们一共实现 5 个召回算法，分别是基于标签的物品关联召回、基于 item2vec 的物品关联召回、基于聚类的物品关联召回、基于用户兴趣的种子物品召回和基于标签的用户兴趣画像召回。

1. 基于标签的物品关联召回

这个召回算法非常简单。我们利用物品的标签，基于Jaccard相似性计算物品相似度，为每个物品计算与之最相似的 N 个物品。这个算法的原理在 7.2.1 节中已经做了介绍，不过我们的实现方式跟 7.2.1 节的不一样，更简单、更直观（本节的代码实现对应 GitHub 仓库 recall/hm 目录下的 item_tags_jaccard_similar.py）。

计算 Jaccard 相似度，就是将两个集合中重复元素的个数除以元素总数，具体代码如下：

```
def jaccard_similarity(set_1, set_2):
    """
    计算两个集合的 Jaccard 相似度。jaccard_similarity = || set_1 & set_2 || / ||
set_1 | set_2 ||
    :param set_1: 集合 1
    :param set_2: 集合 2
    :return: 相似度
    """
    return len(set_1 & set_2)*1.0/len(set_1 | set_2)
```

H&M 数据集中的物品有很多字段，我们只将部分字段（见下面的代码）作为特征，那么就可以利用 Jaccard 相似度计算两个物品在该字段的相似度，所有字段的相似度加起来就是这两个物品的相似度，具体代码实现如下：

```
def article_jaccard_similarity(article_1, article_2):
    """
    计算两个 article 的 Jaccard 相似度。
    :param article_1: 物品 1 的元数据，数据结构是一个字典，基于 articles.csv 的行构建。
    :param article_2: 物品 2 的元数据，数据结构是一个字典，基于 articles.csv 的行构建。
    :return: sim，返回 article_1  和 article_2  的相似度。
    """
    sim = 0.0
    for key in article_1.keys():
        sim = sim + jaccard_similarity(set(article_1[key]), set(article_2[key]))
    return sim/len(article_1)
```

针对所有物品，利用两个嵌套循环（这里的实现比较简单，可能运行比较慢，读者可以用 Spark 进行分布式实现，非常简单，7.2.1 节介绍了原理，这里就不提供相应的实现代码了，有兴趣的读者可以自行实现）就可以为每个物品计算与之最相似的 Top*N* 物品了，具体代码实现如下：

```
import numpy as np
import pandas as pd

art = pd.read_csv("../../data/hm/articles.csv")
# art = art[['prod_name', 'product_type_name', 'product_group_name',
             'graphical_appearance_name', 'colour_group_name',
             'perceived_colour_value_name', 'perceived_colour_master_name',
             'department_name', 'index_name', 'index_group_name',
             'section_name', 'garment_group_name']]
# art_1 = dict(art.loc[0])  # 取第一行
# art_2 = dict(art.loc[3])  # 取第二行
# print(article_jaccard_similarity(art_1, art_2))
```

```
jaccard_sim_rec_map = dict()
rec_num = 30
articles = art.iloc[:, 0].drop_duplicates().to_list()  # 取第一列的值，然后去重，
                                                        # 转为列表
for a in articles:
    row_a = art[art['article_id'] == a]  # 取art中'article_id'列值为a的行
    tmp_a = row_a[['prod_name', 'product_type_name', 'product_group_name',
                  'graphical_appearance_name', 'colour_group_name',
                  'perceived_colour_value_name', 'perceived_colour_master_name',
                  'department_name', 'index_name', 'index_group_name',
                  'section_name', 'garment_group_name']]
    art_a = dict(tmp_a.loc[tmp_a.index[0]])
    sim_dict = dict()
    for b in articles:
        if a != b:
            row_b = art[art['article_id'] == b]
            tmp_b = row_b[['prod_name', 'product_type_name',
                          'product_group_name', 'graphical_appearance_name',
                          'colour_group_name', 'perceived_colour_value_name',
                          'perceived_colour_master_name', 'department_name',
                          'index_name', 'index_group_name', 'section_name',
                          'garment_group_name'
                          ]]
            art_b = dict(tmp_b.loc[tmp_b.index[0]])
            sim_ = article_jaccard_similarity(art_a, art_b)
            sim_dict[b] = sim_sorted_list = sorted(
                sim_dict.items(), key=lambda item: item[1], reverse=True)
    res = sorted_list[:rec_num]
    jaccard_sim_rec_map[a] = res
jaccard_sim_rec_path = "../../output/netflix_prize/jaccard_sim_rec.npy"
np.save(jaccard_sim_rec_path, jaccard_sim_rec_map)
```

2. 基于 item2vec 的物品关联召回

这个算法实现的功能跟上面的类似（对应 GitHub 代码仓库 recall/hm 目录下的 item2vec.py），主要是获取物品关联物品的召回，9.1 节介绍过算法原理。本节的代码利用 Gensim 框架（见本章参考文献 2、3）实现 item 嵌入（采用 item2vec 算法），然后利用向量相似性计算最相关的物品。

由于使用了第三方框架，因此实现起来相对容易，但读者需要熟悉相关的类和方法，具体代码如下。这里不对各种类和方法进行解释了。顺便说一句，Gensim 框架非常不错，有很多类和方法可用，读者可以多了解。item2vec 嵌入效果也相当不错，笔者之前就用该方法做过视频的关联推荐。

```
from gensim.models import Word2Vec
import pandas as pd

trans = pd.read_csv("../../data/hm/transactions_train.csv")
tmp_df = trans[['customer_id', 'article_id']]
grouped_df = tmp_df.groupby('customer_id')
groups = grouped_df.groups
train_data = []
for customer_id in groups.keys():
    customer_df = grouped_df.get_group(customer_id)
    tmp_lines = list(customer_df['article_id'].values)
    lines = []
    for word in tmp_lines:
        lines.append(str(word))
    train_data.append(lines)
model = Word2Vec(sentences=train_data, vector_size=100, window=5, min_count=3,
                 workers=4)
model.save("../../output/hm/word2vec.model")
# model = Word2Vec.load("../../output/hm/word2vec.model")
# vector = model.wv['computer']  # 得到一个词的 NumPy 向量
sims = model.wv.most_similar('657395002', topn=10)  # 得到其他相似的词
print(sims)
```

3. 基于聚类的物品关联召回

本节利用 scikit-learn 中的 *k*-means 算法对物品进行聚类（只利用物品本身的特征），然后将物品所在的类作为其关联召回推荐，8.2 节介绍过算法原理。具体的代码实现如下（对应 GitHub 代码仓库 recall/hm 目录下的 k_means.py）：

```
import pandas as pd
import numpy as np
from collections import Counter
from sklearn.preprocessing import OneHotEncoder
from pandas import DataFrame
from sklearn.cluster import KMeans
import random

n_clusters = 1000
# X = np.array([[1, 2], [1, 4], [1, 0], [10, 2], [10, 4], [10, 0]])
# k_means = KMeans(n_clusters=2, random_state=0).fit(X)
# n_clusters：聚类数量，默认值为 8
# init：选择中心点的初始化方法，默认值为 k-means++
# n_init：算法基于不同的中心点运行多少次，最终取最好的一次迭代结果，默认值为 10
# max_iter：最大迭代次数，默认值为 300
k_means = KMeans(init='k-means++', n_clusters=n_clusters, n_init=10,
                 max_iter=300).fit(df_train.drop(columns=['article_id']).values)
# 训练样本中每条记录所属的类
print(k_means.labels_)
```

```
# 预测某个样本属于哪一类
# print(k_means.predict(np.random.rand(1, df_train.shape[1])))
print(k_means.predict(np.random.randint(
    19, size=(2, df_train.drop(columns=['article_id']).shape[1]))))
# 每一类的中心
print(k_means.cluster_centers_)
result_array = np.hstack((np.asarray([df_train['article_id'].values]).T,
                          np.asarray([k_means.labels_]).T))
# 将物品 id 和具体的类转化为 DataFrame
cluster_result = DataFrame(result_array, columns=['article_id', 'cluster'])
# index = 0  写入时不保留索引列
cluster_result.to_csv('../../output/hm/kmeans.csv', index=0)
# read
# cluster_result = pd.read_csv('../../output/hm/kmeans.csv')
# 给用户推荐的物品数量
rec_num = 10
df_cluster = pd.read_csv('../../output/hm/kmeans.csv')
# 每个 id 对应的 cluster 的映射字典
id_cluster_dict = dict(df_cluster.values)
tmp = df_cluster.values
cluster_ids_dict = {}
for i in range(tmp.shape[0]):
    [id_, cluster_] = tmp[i]
    if cluster_ in cluster_ids_dict.keys():
        cluster_ids_dict[cluster_] = cluster_ids_dict[cluster_] + [id_]
    else:
        cluster_ids_dict[cluster_] = [id_]
# 一共有多少类
# cluster_num = len(cluster_ids_dict)
# 打印出每一类有多少个元素，即每一类有多少物品
for x, y in cluster_ids_dict.items():
    print("cluster " + str(x) + " : " + str(len(y)))
# source_df = pd.read_csv("../../data/hm/articles.csv")
# 基于聚类，为每个物品关联 k 个与之最相似的物品
def article_similar_recall(art_id, k):
    rec = cluster_ids_dict.get(id_cluster_dict.get(art_id))
    if art_id in rec:
        rec.remove(art_id)
    return random.sample(rec, k)
article_id = 952937003
topn_sim = article_similar_recall(article_id, rec_num)
```

当然，也可以基于前面提到的 item2vec 获得物品的嵌入向量，然后利用该向量进行 *k*-means 聚类。从经验上来说，基于 item2vec 嵌入做 *k*-means 聚类的效果应该会更好一些。

4. 基于用户兴趣的种子物品召回

这个召回算法将用户最近感兴趣的几个物品（比如最近购买的几件衣服）作为种子，

将种子物品的相似物品作为待召回物品，所有待召回物品的并集就是最终的召回物品。7.2.2 节介绍过这个算法的原理，具体实现代码如下（对应 GitHub 代码仓库 recall/hm 目录下的 seed_items_tags_jaccard.py）：

```
import numpy as np

def seeds_recall(seeds, rec_num):
    """
    将用户喜欢的物品作为种子，召回关联物品。
    :param seeds: list，种子物品 ~ [item1,item2, ..., item_i]
    :param rec_num: 最终召回的物品数量
    :return: list ~ [(item1,score1),(item2,score2), ..., (item_k,score_k)]
    """
    jaccard_sim_rec_path = "../../output/netflix_prize/jaccard_sim_rec.npy"
    sim = np.load(jaccard_sim_rec_path, allow_pickle=True).item()
    recalls = []
    for seed in seeds:
        recalls.extend(sim[seed])
    # 不同召回的物品可能有重叠，此时可以将 score 累加，根据 score 降序排列
    tmp_dict = dict()
    for (i, s) in recalls:
        if i in tmp_dict:
            tmp_dict[i] = tmp_dict[i] + s
        else:
            tmp_dict[i] = s
    rec = sorted(tmp_dict.items(), key=lambda item: item[1], reverse=True)
    return rec[0:rec_num]
```

5. 基于标签的用户兴趣画像召回

这个召回算法先基于用户行为构建用户兴趣画像（19.2.2 节中已经讲解过，这里不赘述），再将与用户兴趣相关的物品作为召回物品集。7.2.2 节讲过这个算法的原理，具体代码实现如下（对应 GitHub 代码仓库 recall/hm 目录下的 tags_user_portrait.py）：

```
import numpy as np
import random

rec_num = 30
user_portrait = np.load("../../output/hm/user_portrait.npy", allow_
pickle=True).item()
product_code_portrait_dict = np.load(
    "../../output/hm/product_code_portrait_dict.npy", allow_pickle=True).item()
product_type_no_portrait_dict = np.load(
    "../../output/hm/product_type_no_portrait_dict.npy",
    allow_pickle=True).item()
graphical_appearance_no_portrait_dict = np.load(
    "../../output/hm/graphical_appearance_no_portrait_dict.npy",
```

```
    allow_pickle=True).item()
colour_group_code_portrait_dict = np.load(
    "../../output/hm/colour_group_code_portrait_dict.npy",
    allow_pickle=True).item()
perceived_colour_value_id_portrait_dict = np.load(
    "../../output/hm/perceived_colour_value_id_portrait_dict.npy",
    allow_pickle=True).item()
perceived_colour_master_id_portrait_dict = np.load(
    "../../output/hm/perceived_colour_master_id_portrait_dict.npy",
    allow_pickle=True).item()
# {12:{id1,id2,...,id_k}, 34:{id1,id2,...,id_k}}，这里面每个物品对应的特征权重都一样
customer_rec = dict()
for customer in user_portrait.keys():
    portrait_dict = user_portrait[customer]
    # { 'product_code': set([108775, 116379])
    #   'product_type_no': set([253, 302, 304, 306])
    #   'graphical_appearance_no': set([1010016, 1010017])
    #   'colour_group_code': set([9, 11, 13])
    #   'perceived_colour_value_id': set([1, 3, 4, 2])
    #   'perceived_colour_master_id': set([11, 5 ,9])
    #   }
    product_code_rec = set()
    product_type_no_rec = set()
    graphical_appearance_no_rec = set()
    colour_group_code_rec = set()
    perceived_colour_value_id_rec = set()
    perceived_colour_master_id_rec = set()
    rec = []
    # 用户在 6 类兴趣画像中都可能有兴趣点，针对每个兴趣点获得对应的物品 id，将同一个画像类型
    # 中所有兴趣点相关的物品推荐聚合到一起，只取 rec_num 个推荐。
    # 将 6 个兴趣画像类型的推荐合并在一起，只取 rec_num 个作为最终推荐。
    if 'product_code' in portrait_dict:
        product_code_set = portrait_dict['product_code']
        for product_code in product_code_set:
            product_code_rec = product_code_rec | product_code_portrait_
dict[product_code]
        rec = rec.append(random.sample(product_code_rec, rec_num))
    if 'product_type_no' in portrait_dict:
        product_type_no_set = portrait_dict['product_type_no']
        for product_type_no in product_type_no_set:
            product_type_no_rec = product_type_no_rec | product_type_no_
portrait_dict[product_type_no]
        rec = rec.append(random.sample(product_type_no_rec, rec_num))
    if 'graphical_appearance_no' in portrait_dict:
        graphical_appearance_no_set = portrait_dict['graphical_appearance_no']
        for graphical_appearance_no in graphical_appearance_no_set:
            graphical_appearance_no_rec = graphical_appearance_no_rec |
graphical_appearance_no_portrait_dict[graphical_appearance_no]
        rec = rec.append(random.sample(graphical_appearance_no_rec, rec_num))
    if 'colour_group_code' in portrait_dict:
```

```
        colour_group_code_set = portrait_dict['colour_group_code']
        for colour_group_code in colour_group_code_set:
            colour_group_code_rec = colour_group_code_rec | colour_group_code_
portrait_dict[colour_group_code]
        rec = rec.append(random.sample(colour_group_code_rec, rec_num))
    if 'perceived_colour_value_id' in portrait_dict:
        perceived_colour_value_id_set = portrait_dict['perceived_colour_value_id']
        for perceived_colour_value_id in perceived_colour_value_id_set:
            perceived_colour_value_id_rec = perceived_colour_value_id_rec |
perceived_colour_value_id_portrait_dict[perceived_colour_value_id]
        rec = rec.append(random.sample(perceived_colour_value_id_rec, rec_num))
    if 'perceived_colour_master_id' in portrait_dict:
        perceived_colour_master_id_set = portrait_dict['perceived_colour_
master_id']
        for perceived_colour_master_id in perceived_colour_master_id_set:
            perceived_colour_master_id_rec = perceived_colour_master_id_rec |
perceived_colour_master_id_portrait_dict[perceived_colour_master_id]
        rec = rec.append(random.sample(perceived_colour_master_id_rec, rec_num))
    rec = random.sample(rec, rec_num)
    customer_rec[customer] = rec
np.save("../../output/hm/customer_rec.npy", customer_rec)
```

基于标签的用户兴趣画像召回是一种工程实现非常简单并且效果不错的召回算法，非常实用。其最大特点是可解释性强，适用于基于用户兴趣画像的各种运营策略中。如果公司有完善的用户兴趣画像体系（至少要包含兴趣画像标签），这个算法可以直接复用这个用户兴趣画像体系。

19.3.2　排序算法

前面基于 H&M 数据集实现了 5 个召回算法，本节实现 5 个排序算法，即基于 logistic 回归排序、基于 FM 排序、基于 GBDT 排序、基于匹配用户兴趣画像的排序和基于 Wide & Deep 模型的排序。本节的排序算法比上一章的排序算法更加重要，也更复杂，读者需要好好地理解和掌握。

1. 基于 logistic 回归排序

logistic 回归是最基础、最简单的一类线性模型，可用于二分类模型（如预测用户是否点击，1 代表点击，0 代表未点击）的构建（12.1 节详细介绍过原理）。本节利用 scikit-learn 中的 logistic 回归函数实现 logistic 回归排序。特征工程的工作在 19.2.3 节中已经讲解过，本节只讲解排序代码实现，具体如下（对应 GitHub 代码仓库 ranking/hm 目录下的 logistic_regression.py）：

```
import pandas as pd
import numpy as np
from sklearn.preprocessing import OneHotEncoder
from pandas import DataFrame
from sklearn.model_selection import train_test_split
from sklearn.linear_model import LogisticRegression
from sklearn.metrics import confusion_matrix
from sklearn.metrics import ConfusionMatrixDisplay
from sklearn.metrics import roc_curve
from sklearn.metrics import RocCurveDisplay
from sklearn.metrics import precision_recall_curve
from sklearn.metrics import PrecisionRecallDisplay
from sklearn.utils import shuffle
from collections import Counter

"""
该脚本主要完成 3 件事情：
1. 训练 logistic 回归模型；
2. 针对测试集进行预测；
3. 评估训练好的模型在测试集上的效果。
这个脚本中的所有操作都可以借助 scikit-learn 中的函数来实现，非常简单。
这里为简单起见，将模型训练、预测与评估都放在这个文件中了。
关于 logistic 回归模型各个参数的含义、例子以及评估案例，可以参考 scikit-learn 官网。
"""
logistic_train_df = pd.read_csv('../../output/hm/logistic_train_data.csv')
"""
下面的代码训练 logistic 回归模型。
"""
clf = LogisticRegression(penalty='l2',
                         solver='liblinear', tol=1e-6, max_iter=1000)
X_train = logistic_train_df.drop(columns=['customer_id', 'article_id', 'label', ])
y_train = logistic_train_df['label']
clf.fit(X_train, y_train)
# clf.coef_
# clf.intercept_
# clf.classes_
"""
下面的代码用上面训练好的 logistic 回归模型在测试集上进行预测。
"""
logistic_test_df = pd.read_csv('../../output/hm/logistic_test_data.csv')
X_test = logistic_test_df.drop(columns=['customer_id', 'article_id', 'label', ])
y_test = logistic_test_df['label']
# logistic 回归模型预测的结果为 y_score
y_score = clf.predict(X_test)
# 包含概率值的预测
# y_score = clf.predict_proba(X_test)
# np.unique(Z)
# Counter(Z).most_common(2)
# logistic_test_df.label.value_counts()
```

```
"""
下面的代码评估 logistic 回归模型的效果，主要有 3 种评估方法：
1. 混淆矩阵
2. ROC 曲线
3. 精确率和召回率
"""
# 混淆矩阵
y_score = clf.predict(X_test)
cm = confusion_matrix(y_test, y_score)
cm_display = ConfusionMatrixDisplay(cm).plot()
# ROC 曲线
fpr, tpr, _ = roc_curve(y_test, y_score, pos_label=clf.classes_[1])
roc_display = RocCurveDisplay(fpr=fpr, tpr=tpr).plot()
# 精确率和召回率
pre, recall, _ = precision_recall_curve(y_test, y_score, pos_label=clf.classes_[1])
pr_display = PrecisionRecallDisplay(precision=pre, recall=recall).plot()
```

2. 基于 FM 排序

本节讲解的 FM 算法的基本原理在 12.2 节中介绍过，这里不赘述。这里利用了一个开源的 FM 实现框架 xlearn（见本章参考文献 4）。FM 相关的特征工程跟 logistic 回归基本一样，logistic 回归的特征经简单处理后直接复用到 FM 中，这里不重复讲解。利用 FM 进行排序的代码实现如下（对应 GitHub 代码仓库 ranking/hm 目录下的 fm.py）：

```
import xlearn as xl

"""
  基于 xlearn 包（使用 pip3 install xlearn 或者直接通过源码安装）实现 FM 算法。
  输入数据格式：
          CSV 格式：
           y     value_1  value_2  ..  value_n
           0       0.1      0.2     0.2   ...
           1       0.2      0.3     0.1   ...
           0       0.1      0.2     0.4   ...
  example:
    # 加载数据集
    iris_data = load_iris()
    X = iris_data['data']
    y = (iris_data['target'] == 2)
    X_train, X_val, y_train, y_val = train_test_split(X, y, test_size=0.3,
                                                       random_state=0)
    # param:
    #  0. 二分类
    #  1. 模型规模：0.1
    #  2. 训练轮数：10（自动提早停止）
    #  3. 学习率：0.1
    #  4. 正则 lambda：1.0
```

```
    #  5. 使用SGD优化方法
    linear_model = xl.LRModel(task='binary', init=0.1,
                              epoch=10, lr=0.1,
                              reg_lambda=1.0, opt='sgd')
    # 开始训练
    linear_model.fit(X_train, y_train,
                     eval_set=[X_val, y_val],
                     is_lock_free=False)
    # 生成预测
    y_pred = linear_model.predict(X_val)
"""
# 训练任务
fm_model = xl.create_fm()  # 使用FM
fm_model.setTrain("../../output/hm/fm_train_data.csv")  # 训练数据

param = {"task": "binary",
         «lr»: 0.2,
         «lambda»: 0.002,
         «metric»: 'acc',
         «epoch»: 19,
         «opt»: 'sgd',
         «init»: 0.1,
         «k»: 15  # 隐因子维度
         }

# 采用交叉验证
# fm_model.cv(param)

# 开始训练
# 将训练好的模型保存到model.out
fm_model.fit(param, '../../output/hm/fm_model.out')

# 预测任务
fm_model.setTest("../../output/hm/predict_data.csv")  # 测试数据
fm_model.setSigmoid()  # 将输出转换到0~1

# 开始预测
# 将输出结果保存到output.txt
fm_model.predict("../../output/hm/fm_model.out", "../../output/hm/fm_predict.csv")
```

3. 基于 GBDT 排序

基于 GBDT 进行排序的算法原理在 12.3 节中讲过，本节基于开源的 XGBoost 框架（见本章参考文献 5）来实现算法。特征部分可以复用 logistic 的特征（当然，部分特征可以不用进行 one-hot 编码，读者可以尝试一下，本章没有详细讲解 GBDT 的特征部分，下面的代码中 `xgb_X =full_preprocessing_feature[cols]`、`xgb_Y = full_feature['target']` 部分就是假定为处理好的特征），具体的 GBDT 模型训练及模型预测，可以参考下面的代码实现（对应 GitHub 代码仓库 ranking/hm 目录下的 gbdt.py）。另外，代码中还包括超参数调优的实现，供读者参考。

```
import matplotlib.pyplot as plt
import xgboost as xgb
from sklearn.model_selection import train_test_split, GridSearchCV
from sklearn.metrics import accuracy_score, roc_auc_score, roc_curve
from sklearn import metrics
from tqdm import tqdm_notebook
tqdm_notebook().pandas()

"""
利用 XGBoost 包进行 GBDT 模型的学习。
"""

def cal_metrics(model, x_train, y_train, x_test, y_test):
    """ 计算 AUC 和准确率
        Args:
            model：需要评估效果的模型
            x_train：训练集特征
            y_train：训练集对应的标签
            x_test：测试集特征
            y_test：测试集对应的标签
    """
    y_train_pred_label = model.predict(x_train)
    y_train_pred_proba = model.predict_proba(x_train)
    accuracy = accuracy_score(y_train, y_train_pred_label)
    auc = roc_auc_score(y_train, y_train_pred_proba[:, 1])
    print("训练集：accuracy: %.2f%%" % (accuracy*100.0))
    print("训练集：auc: %.2f%%" % (auc*100.0))
    y_pred = model.predict(x_test)
    accuracy = accuracy_score(y_test, y_pred)
    y_test_proba = model.predict_proba(x_test)
    auc = roc_auc_score(y_test, y_test_proba[:, 1])
    print("测试集：accuracy: %.2f%%" % (accuracy*100.0))
    print("测试集：auc: %.2f%%" % (auc*100.0))

def model_iteration_analysis(alg, feature, predictors, use_train_cv=True,
                             cv_folds=5, early_stopping_rounds=50):
    """ 分析模型的最优迭代次数
        Args:
            alg：模型
            feature：训练集特征
            predictors：训练集标签
            use_train_cv：是否进行交叉验证
            cv_folds：训练集 id 分为几个部分
            early_stopping_rounds：迭代次数的观测窗口大小
        Return:
            alg：最优模型
```

```
    """
    if use_train_cv:
        xgb_param = alg.get_xgb_params()
        xgb_train = xgb.DMatrix(feature, label=predictors)
        # cv 函数，可以在每次迭代中使用交叉验证，并返回所需数量的决策树
        cv_result = xgb.cv(
            xgb_param, xgb_train,
            num_boost_round=alg.get_params()['n_estimators'],
            nfold=cv_folds, metrics='auc',
            early_stopping_rounds=early_stopping_rounds, verbose_eval=1)
        print("cv_result---", cv_result.shape[0])
        print(cv_result)
        alg.set_params(n_estimators=cv_result.shape[0])
    # 在数据上拟合算法
    alg.fit(feature, predictors, eval_metric='auc')
    # 对训练集进行预测
    predictions = alg.predict(feature)
    pred_prob = alg.predict_proba(feature)[:, 1]
    # 打印模型报告
    print("\nModel Report")
    print("Accuracy : %.4g" % metrics.accuracy_score(predictors, predictions))
    print("AUC Score (Train): %f" % metrics.roc_auc_score(predictors, pred_prob))
    return alg

if __name__ == "__main__":
    # 构建 XGBoost 模型
    import warnings
    warnings.filterwarnings('ignore')
    TEST_RATIO = 0.3
    RANDOM_STATE = 33
    xgb_X = full_preprocessing_feature[cols]
    xgb_Y = full_feature['target']
    X_full_train, X_full_test, y_full_train, y_full_test = \
        train_test_split(xgb_X, xgb_Y, test_size=TEST_RATIO,
                         random_state=RANDOM_STATE)
    # 利用初始值训练基底模型
    base_model = xgb.XGBClassifier(
        learning_rate=0.1,
        n_estimators=190,
        booster='gbtree',
        colsample_bytree=1,
        gamma=0,
        max_depth=6,
        min_child_weight=1,
        reg_alpha=0,
        reg_lambda=1,
        scale_pos_weight=1,
        subsample=1,
        verbosity=0,
```

```
    objective='binary:logistic',
    seed=666
)
# 训练模型
base_model.fit(X_full_train, y_full_train)
cal_metrics(base_model, X_full_train, y_full_train, X_full_test, y_full_test)
# 调整树结构
param_tree_struction = {
    'max_depth': range(3, 16, 2),
    'min_child_weight': range(1, 8, 2)
}
# 格点搜索
full_tree_struction_gsearch = GridSearchCV(estimator=base_model,
                                           param_grid=param_tree_struction,
                                           scoring='roc_auc',
                                           cv=5, verbose=0, iid=False)
full_tree_struction_gsearch.fit(X_full_train, y_full_train)
print(full_tree_struction_gsearch.best_params_,
      full_tree_struction_gsearch.best_score_,
      full_tree_struction_gsearch.best_estimator_)
cal_metrics(full_tree_struction_gsearch.best_estimator_, X_full_train,
            y_full_train, X_full_test, y_full_test)
# 继续调整树结构使其更精准
param_tree_struction2 = {
    'max_depth': [6, 7, 8],
    'min_child_weight': [4, 5, 6]
}
tree_struction_gsearch2 = GridSearchCV(estimator=base_model,
                                       param_grid=param_tree_struction2,
                                       scoring='roc_auc', cv=5, verbose=0,
                                       iid=False)
tree_struction_gsearch2.fit(X_full_train, y_full_train)
print(tree_struction_gsearch2.best_params_,
      tree_struction_gsearch2.best_score_,
      tree_struction_gsearch2.best_estimator_)
cal_metrics(tree_struction_gsearch2.best_estimator_, X_full_train,
            y_full_train, X_full_test, y_full_test)
adjust_tree_struction_model = xgb.XGBClassifier(
    learning_rate=0.1,
    n_estimators=190,
    booster='gbtree',
    colsample_bytree=1,
    gamma=0,
    max_depth=6,
    min_child_weight=6,
    n_jobs=4,
    reg_alpha=0,
    reg_lambda=1,
    scale_pos_weight=1,
    subsample=1,
```

```
    verbosity=0,
    objective='binary:logistic',
    seed=666
)
# 调整 gamma 参数
param_gamma = {
    'gamma': [i / 10 for i in range(0, 10)]
}
gamma_gsearch = GridSearchCV(estimator=adjust_tree_struction_model,
                             param_grid=param_gamma, scoring='roc_auc',
                             cv=5, verbose=0, iid=False)
gamma_gsearch.fit(X_full_train, y_full_train)
print(gamma_gsearch.best_params_, gamma_gsearch.best_score_,
      gamma_gsearch.best_estimator_)
# 计算 AUC 和准确率
cal_metrics(gamma_gsearch.best_estimator_, X_full_train, y_full_train,
            X_full_test, y_full_test)

adjust_gamma_model = xgb.XGBClassifier(
    learning_rate=0.1,
    n_estimators=190,
    booster='gbtree',
    colsample_bytree=1,
    gamma=0,
    max_depth=6,
    min_child_weight=6,
    n_jobs=4,
    reg_alpha=0,
    reg_lambda=1,
    scale_pos_weight=1,
    subsample=1,
    verbosity=0,
    objective='binary:logistic',
    seed=666
)
# 调整采样率和列采样率参数
param_sample = {
    'subsample': [i / 10 for i in range(6, 11)],
    'colsample_bytree': [i / 10 for i in range(6, 11)],
}
sample_gsearch = GridSearchCV(estimator=adjust_gamma_model,
                              param_grid=param_sample, scoring='roc_auc',
                              cv=5, verbose=0, iid=False)
sample_gsearch.fit(X_full_train, y_full_train)
print(sample_gsearch.best_params_, sample_gsearch.best_score_,
      sample_gsearch.best_estimator_)
cal_metrics(sample_gsearch.best_estimator_, X_full_train,
            y_full_train, X_full_test, y_full_test)
adjust_sample_model = xgb.XGBClassifier(
    learning_rate=0.1,
```

```
    n_estimators=190,
    booster='gbtree',
    colsample_bytree=0.8,
    gamma=0,
    max_depth=6,
    min_child_weight=6,
    n_jobs=4,
    reg_alpha=0,
    reg_lambda=1,
    scale_pos_weight=1,
    subsample=0.8,
    verbosity=0,
    objective='binary:logistic',
    seed=666
)
# 调整正则化参数
param_L = {
    'reg_lambda': [1e-5, 1e-3, 1e-2, 1e-1, 1, 100],
}
L_gsearch = GridSearchCV(estimator=adjust_sample_model,
                         param_grid=param_L, scoring='roc_auc', cv=5,
                         verbose=0, iid=False)
L_gsearch.fit(X_full_train, y_full_train)
print(L_gsearch.best_params_, L_gsearch.best_score_,
      L_gsearch.best_estimator_)
model_iteration_analysis(L_gsearch.best_estimator_,
                         X_full_train, y_full_train,
                         early_stopping_rounds=30)
# 调整学习率
param_learning_rate = {
    'learning_rate': [0.005, 0.01, 0.02, 0.05, 0.08, 0.1, 0.15, 0.2],
}
learning_rate_gsearch = GridSearchCV(
    estimator=adjust_sample_model, param_grid=param_learning_rate,
    scoring='roc_auc', cv=5, verbose=0, iid=False)
learning_rate_gsearch.fit(X_full_train, y_full_train)
print(learning_rate_gsearch.best_params_,
      learning_rate_gsearch.best_score_,
      learning_rate_gsearch.best_estimator_)
model_iteration_analysis(learning_rate_gsearch.best_estimator_,
                         X_full_train, y_full_train, early_stopping_rounds=30)
# 模型优化
best_model = xgb.XGBClassifier(
    learning_rate=0.1,
    n_estimators=190,
    booster='gbtree',
    colsample_bytree=0.7,
    gamma=0.6,
    max_depth=6,
    min_child_weight=2,
```

```
        reg_alpha=0,
        reg_lambda=1,
        scale_pos_weight=1,
        subsample=0.9,
        verbosity=0,
        objective='binary:logistic',
        seed=666
    )
    best_model.fit(X_full_train, y_full_train)
    print('---XGBoost 模型的训练集和测试集指标 ---\n')
    cal_metrics(best_model, X_full_train,y_full_train, X_full_test, y_full_test)
    print('\n')
    print(best_model.get_xgb_params())
    # 按照 XGBoost 模型分析特征的重要性
    print('\n')
    print('--- 按照 XGBoost 模型分析特征的重要性 ---\n')
    from xgboost import plot_importance
    fig, ax = plt.subplots(figsize=(10,15))
    plot_importance(best_model, height=0.5, max_num_features=100, ax=ax)
    plt.show()
    # 画 ROC 曲线
    y_pred_proba = best_model.predict_proba(X_full_test)
    fpr, tpr, thresholds = roc_curve(y_full_test, y_pred_proba[:, 1])
    print('---XGBoost 模型的 ROC 曲线 ---\n')
    plt.title('roc_curve of XGBoost (AUC=%.4f)' %
              (roc_auc_score(y_full_test, y_pred_proba[:, 1])))
    plt.xlabel('FPR')
    plt.ylabel('TPR')
    plt.plot(fpr, tpr)
    plt.show()
```

4. 基于匹配用户兴趣画像的排序

该排序算法基于召回算法提供的召回列表中的物品与用户兴趣画像的匹配度对召回物品进行降序排列，取Top*N*作为最终的排序结果，推荐给用户。11.4节介绍过该算法的原理，具体代码实现如下（对应GitHub代码仓库ranking/hm目录下的n_recalls_matching_user_portrait.py）：

```
import numpy as np

"""
基于召回物品跟用户兴趣画像的匹配度进行排序。
"""

article_dict = np.load("../../output/hm/article_dict.npy",
                       allow_pickle=True).item()
user_portrait = np.load("../../output/hm/user_portrait.npy",
                       allow_pickle=True).item()
```

```
def user_portrait_similarity(portrait, article_id):
    """
    计算某个 article 与用户兴趣画像的相似度。
    :param portrait: 用户兴趣画像。
        { 'product_code': set([108775, 116379])
          'product_type_no': set([253, 302, 304, 306])
          'graphical_appearance_no': set([1010016, 1010017])
          'colour_group_code': set([9, 11, 13])
          'perceived_colour_value_id': set([1, 3, 4, 2])
          'perceived_colour_master_id': set([11, 5 ,9])
        }
    :param article_id: 物品 id。
    :return: sim, double, 相似度。
    """
    feature_dict = article_dict[article_id]
    # article_dict[957375001]
    # {'product_code': 957375, 'product_type_no': 72,
    # 'graphical_appearance_no': 1010016, 'colour_group_code': 9,
    # 'perceived_colour_value_id': 4, 'perceived_colour_master_id': 5}
    sim = 0.0
    features = {'product_code', 'product_type_no', 'graphical_appearance_no',
                'colour_group_code', 'perceived_colour_value_id',
                'perceived_colour_master_id'}
    for fea in features:
        fea_value = feature_dict[fea]
        if fea_value in portrait[fea]:
            sim = sim + 1.0  # 只要用户的某个画像特征中包含这个物品的该画像值,
                             # 就认为该物品跟用户的兴趣匹配
    return sim/6

def user_portrait_ranking(portrait, recall_list, n):
    """
    根据用户兴趣画像匹配度进行排序。
    :param portrait: 用户兴趣画像。
        { 'product_code': set([108775, 116379])
          'product_type_no': set([253, 302, 304, 306])
          'graphical_appearance_no': set([1010016, 1010017])
          'colour_group_code': set([9, 11, 13])
          'perceived_colour_value_id': set([1, 3, 4, 2])
          'perceived_colour_master_id': set([11, 5 ,9])
        }
    :param recall_list: [recall_1, recall_2, ..., recall_k].
        每个 recall 的数据结构是 recall_i ~ [(v1,s1),(v2,s2),...,(v_t,s_t)]
    :param n: 推荐数量
    :return: rec ~ [(v1,s1),(v2,s2),...,(v_t,s_t)]
    """
    rec_dict = dict()
    for recall in recall_list:
        for (article_id, _) in recall:
            sim = user_portrait_similarity(portrait, article_id)
            if article_id in rec_dict:
```

```
                rec_dict[article_id] = rec_dict[article_id] + sim
                # 如果多个召回列表包含相同的物品，那么将相似度相加
            else:
                rec_dict[article_id] = sim
    rec = sorted(rec_dict.items(), key=lambda item: item[1], reverse=True)
    return rec[0:n]

if __name__ == "__main__":
    rec_num = 5
    customer = "00083cda041544b2fbb0e0d2905ad17da7cf1007526fb4c73235dccbbc132280"
    customer_portrait = user_portrait[customer]
    recall_1 = [(111586001, 0.45), (112679048, 0.64), (158340001, 0.26)]
    recall_2 = [(176550016, 0.13), (189616038, 0.34), (212629035, 0.66)]
    recall_3 = [(233091021, 0.49), (244853032, 0.24), (265069019, 0.71)]
    recalls = [recall_1, recall_2, recall_3]
    rec = user_portrait_ranking(customer_portrait, recalls, rec_num)
    print(rec)
```

5. 基于 Wide & Deep 模型的排序

Wide & Deep 排序算法的原理在 13.1 节中做过介绍，它是非常经典的深度学习排序算法，需要好好掌握。本节的代码实现利用了开源的 pytorch-widedeep 框架（见本章参考文献6、7），实现比较简洁，抽象合理，并且对 Wide & Deep进行了拓展，可以整合文本、图像特征，读者可以自行学习一下。

pytorch-widedeep 框架下的 Wide & Deep 的特征跟 logistic 类似，这里就不展开了，下面给出具体的模型训练和预测代码（对应 GitHub 代码仓库 ranking/hm 目录下的 wide_and_deep.py）。读者可以基于该代码实现和 pytorch-widedeep 官网进行学习，搞清楚每一步的实现逻辑。

```
import pandas as pd
import numpy as np
import torch
from sklearn.model_selection import train_test_split
from pytorch_widedeep import Trainer
from pytorch_widedeep.preprocessing import WidePreprocessor, TabPreprocessor
from pytorch_widedeep.models import Wide, TabMlp, WideDeep
from pytorch_widedeep.metrics import Accuracy, Precision, Recall, F1Score
from pytorch_widedeep.callbacks import EarlyStopping, ModelCheckpoint
from sklearn.utils import shuffle
from collections import Counter
from sklearn.metrics import accuracy_score

"""
利用开源的 pytorch-widedeep 实现 Wide & Deep 模型。
"""
```

```
# 定义'column set up'
wide_cols = [
    "sales_channel_id",
    "Active",
    "club_member_status",
    "fashion_news_frequency",
]
crossed_cols = [("product_code", "product_type_no"), ("product_code", "FN"),
                ("graphical_appearance_no", "FN"), ("colour_group_code", "FN"),
                ("perceived_colour_value_id", "FN"),
                ("perceived_colour_master_id", "FN")]

cat_embed_cols = [
    "sales_channel_id",
    "product_code",
    "product_type_no",
    "graphical_appearance_no",
    "colour_group_code",
    "perceived_colour_value_id",
    "perceived_colour_master_id",
    "FN",
    "Active",
    "club_member_status",
    "fashion_news_frequency",
    "postal_code"
]
continuous_cols = ["t_dat", "price", "age"]
target = "label"
target = df_train[target].values

# 准备数据
wide_preprocessor = WidePreprocessor(wide_cols=wide_cols, crossed_cols=crossed_cols)
X_wide = wide_preprocessor.fit_transform(df_train)

tab_preprocessor = TabPreprocessor(
    cat_embed_cols=cat_embed_cols,
    continuous_cols=continuous_cols  # type: ignore[arg-type]
)
X_tab = tab_preprocessor.fit_transform(df_train)

# 构建模型
wide = Wide(input_dim=np.unique(X_wide).shape[0], pred_dim=1)
tab_mlp = TabMlp(
    column_idx=tab_preprocessor.column_idx,
    cat_embed_input=tab_preprocessor.cat_embed_input,
    cat_embed_dropout=0.1,
    continuous_cols=continuous_cols,
    mlp_hidden_dims=[400, 190],
    mlp_dropout=0.5,
    mlp_activation="leaky_relu",
)
model = WideDeep(wide=wide, deeptabular=tab_mlp)
```

```
# 训练并验证
accuracy = Accuracy(top_k=2)
precision = Precision(average=True)
recall = Recall(average=True)
f1 = F1Score()
early_stopping = EarlyStopping()
model_checkpoint = ModelCheckpoint(
    filepath="../../output/hm/tmp_dir/wide_deep_model",
    save_best_only=True,
    verbose=1,
    max_save=1,
)
trainer = Trainer(model, objective="binary",
                  optimizers=torch.optim.AdamW(model.parameters(), lr=0.001),
                  callbacks=[early_stopping, model_checkpoint],
                  metrics=[accuracy, precision, recall, f1])
trainer.fit(
    X_wide=X_wide,
    X_tab=X_tab,
    target=target,
    n_epochs=30,
    batch_size=256,
    val_split=0.2
)

# 在测试集上进行预测
X_wide_te = wide_preprocessor.transform(df_test)
X_tab_te = tab_preprocessor.transform(df_test)
pred = trainer.predict(X_wide=X_wide_te, X_tab=X_tab_te)
# pred_prob = trainer.predict_proba(X_wide=X_wide_te, X_tab=X_tab_te)
# 预测概率
y_test = df_test['label']
print(accuracy_score(y_test, pred))

# 保存并加载
trainer.save(
    path="../../output/hm/model_weights",
    model_filename="wd_model.pt",
    save_state_dict=True,
)

# 准备数据和定义新模型组件
# 1. 构建模型
model_new = WideDeep(wide=wide, deeptabular=tab_mlp)
model_new.load_state_dict(torch.load("../../output/hm/model_weights/wd_model.pt"))

# 2. 实例化 trainer
trainer_new = Trainer(model_new, objective="binary",
                      optimizers=torch.optim.AdamW(model.parameters(), lr=0.001),
                      callbacks=[early_stopping, model_checkpoint],
                      metrics=[accuracy, precision, recall, f1])

# 3. 开始调优或直接预测
pred = trainer_new.predict(X_wide=X_wide_te, X_tab=X_tab_te)
```

19.4　小结

本章基于 H&M 数据集实现了 5 个召回算法和 5 个排序算法。本章的算法比上一章更复杂，更有挑战性，也更重要，特别是代码实现细节，需要完全理解并掌握，最好自己重新写一遍，如果能对代码进行优化完善，那再好不过了。希望读者在我们的开源工程中贡献更多、更好的代码实现。

至此，本书中所有召回、排序算法的代码实战案例就介绍完了，覆盖了第 6~13 章的绝大多数召回、排序算法，唯一的例外是 YouTube 视频推荐的召回、排序算法没有给出代码案例（YouTube 召回算法参考 9.2 节，YouTube 排序算法参考 13.2 节）。主要原因是 YouTube 视频推荐算法使用的数据集比较特殊，需要用户的搜索、观看记录，预测的是用户的播放时长，比较适合视频类推荐场景（Netflix Prize 和 H&M 数据集没有对应的数据），不过 GitHub 上有一个不错的开源实现，它基于构造的数据集给出了 YouTube DNN 的代码实现（见本章参考文献 8），读者可以参考、学习。

前面的章节介绍了关于推荐系统算法原理、工程实践、代码实战的核心内容，接下来的两章会从宏观、偏业务的角度介绍推荐系统的行业应用。

参考文献

1. H&M Personalized Fashion Recommendations（Kaggle）
2. RaRe-Technologies/gensim（GitHub）
3. Gensim（Radim Řehůřek/RaRe Consulting）
4. aksnzhy/xlearn（GitHub）
5. dmlc/xgboost（GitHub）
6. jrzaurin/pytorch-widedeep（GitHub）
7. pytorch-widedeep（Read the Docs）
8. hyez/Deep-Youtube-Recommendations（GitHub）

行业案例篇

第 20 章

推荐系统在金融行业的应用

前面的章节介绍了推荐系统最核心的算法、工程等知识，并提供了 2 个推荐系统项目的代码实战案例，相信读者现在对推荐系统有了全面的认识和了解。推荐系统怎么应用于具体的行业呢？特别是处于数字化、智能化转型（为简洁起见，后面数字化、智能化统一用**数智化**来表述）进程中的传统行业，推荐系统是服务用户的利器吗？能够产生业务价值吗？答案是肯定的。

处在数智化转型浪潮最前面的银行（特别是国有行、股份行）早已将推荐系统应用于银行 App 中了（如招行的掌上生活 App、广发银行的发现精彩 App），它们利用推荐系统为用户提供精细化的垂直内容、商品、理财产品的运营服务。除银行外，数智化步伐稍落后的零售行业也已经将个性化推荐应用于自家的小程序中，为用户提供个性化的商品推荐服务。其他行业中个性化推荐应用也不断涌现。可以说，个性化推荐是精细化运营最有力的工具，只要企业有服务终端用户的需求（特别是在移动互联网流量见顶的当下，对存量用户进行精细化运营是必然选择），那么推荐系统一定有用武之地。

本章及下一章以金融行业和零售行业为例讲解怎么将推荐系统应用于传统行业，以解决业务问题，提升用户体验，产生商业价值。

这两章内容由 to B 行业的佼佼者达观数据提供素材，经笔者完善而成。达观数据是国内推荐系统 to B 实践的引领者，在智能推荐 to B 企业服务领域的技术沉淀有 10 余年，拥有服务上千家客户的实践经验。相信他们的案例能够帮助从事 B 端工作的技术人员、业务人员更好地理解推荐系统在垂直行业的应用场景、应用方法、解决的问题及产生的商业价值。

首先简单介绍达观的推荐系统，然后以国内某银行为例讲解达观推荐系统怎么赋能金融行业。

20.1 达观数据推荐系统简介

早在 2012 年，达观数据创始人陈运文博士就带领团队参加了在伦敦举办的 EMI 数据黑客竞赛并获得了国际冠军。该竞赛要求参赛者对用户听歌行为等数据进行分析和挖掘，预测用户的兴趣偏好并进行歌曲推荐。经过激烈的鏖战，由他们开发的智能推荐系统（官网如图 20-1 所示）对 500 万听歌用户的数据进行建模，根据每个用户的兴趣偏好从数十万首歌曲中生成千人千面的推荐结果，推荐精度力克包括来自剑桥大学、牛津大学、密歇根大学等的 300 多支参赛队伍。

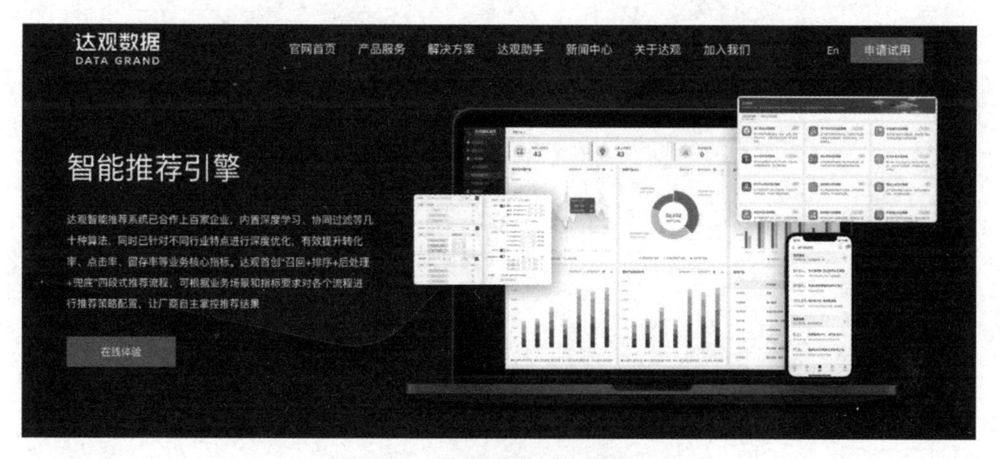

图 20-1 达观智能推荐系统官网

达观智能推荐系统基于前沿的人工智能和大数据分析挖掘技术，经过多年的产品打磨和持续的行业应用探索，通过“召回 – 排序 – 运营 – 兜底”四段式配置（这里的运营就是前面讲解的业务调控阶段，兜底是为了防止“开天窗”而采取的填补策略），实现了算法和规则（即我们前面讲解的基于规则和策略的召回算法、排序算法）相结合的推荐服务即配即用模式，服务了金融、政务、媒体、零售、广电、视频等数十个行业的上千家客户。

智能推荐在金融业务场景中有着广泛的应用。在银行业务中可进行理财、基金等金融产品的信息流或弹窗形式的推荐（如图 20-2 所示），在证券和保险业务中可进行产品、资讯等的个性化推荐以及各种圈群及定向营销推荐。

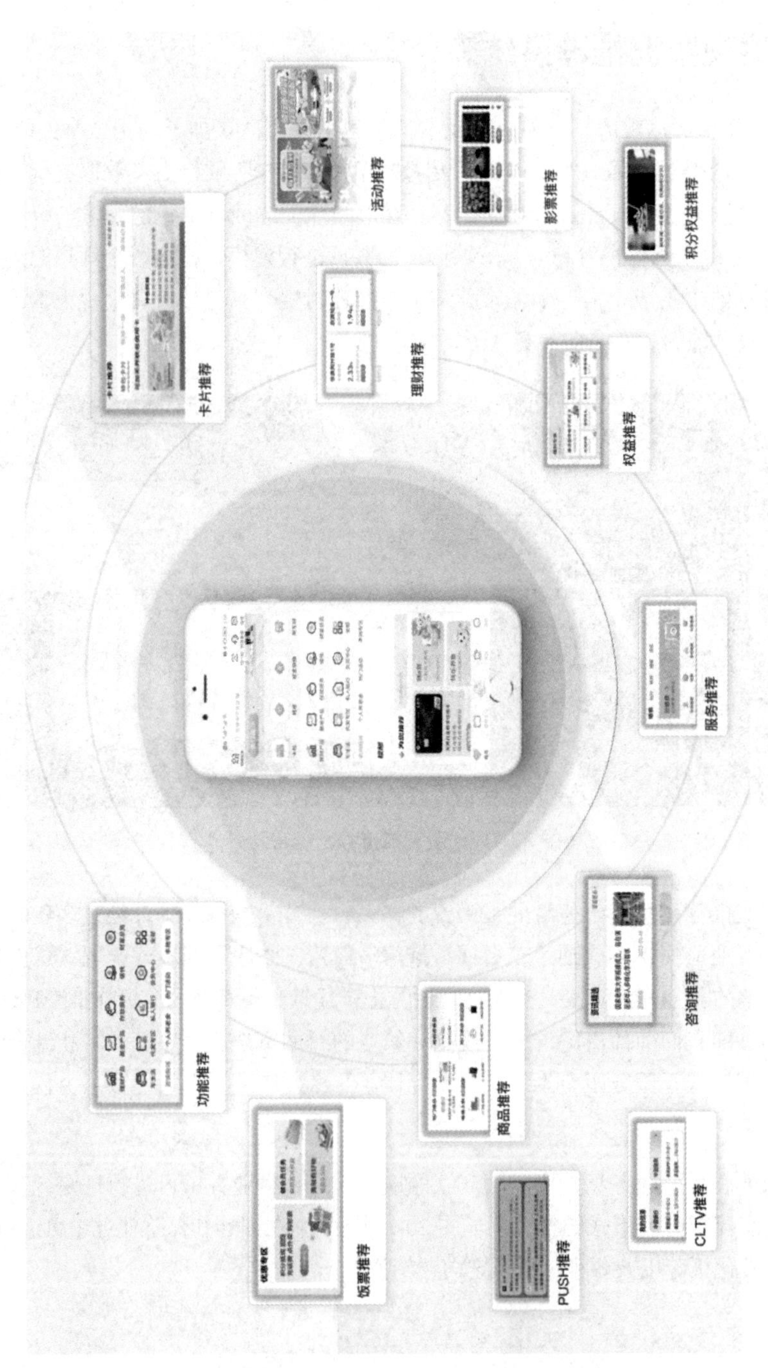

图 20-2　智能推荐在金融业务中的广泛应用

接下来介绍达观智能推荐系统服务国内某股份制商业银行的落地实践案例，包括整个项目的背景、核心功能模块与具体的技术实现方案。

20.2 项目背景

随着数字技术的深入普及，数字经济引发了前所未有的科技革新，展现出巨大的商业潜力。消费已经成为推动经济增长的重要引擎。金融零售业务具有资本占用少、周期性干扰小、经济附加值高以及风险低等诸多优点。借助机器学习、深度学习、因果推理等前沿技术，个性化推荐实现了更加精确的匹配，推动经营模式转向以数据分析挖掘驱动的范式，大大降低了金融服务的边际成本，使得多种模式的零售业务成为商业银行可持续发展的新利润增长点。

在“十四五”期间，该行在“全面建设具有国际竞争力的一流股份制商业银行”的战略目标指引下，零售业务迎来了数字融合发展的新机遇。该行期望通过赋予财富管理和生活服务更多智能的方式，实现全部客户全生命周期在多场景下的泛在线服务体验提升，快速满足各类客户的投融资一体化需求。然而，在客户需求、市场环境、发展趋势等多重影响下，该行的零售业务也面临许多挑战。

首先，长尾客户众多，需要实现分层分类经营。目前，该行的零售客户已经过亿，而其中长尾客户仅贡献较小的资产管理规模。这表明大部分零售客户的需求尚未得到满足，需要通过分析客户的交易行为和投资习惯来了解他们的产品偏好，挖掘交叉营销的机会，建立客户分层分类经营体系，并以数据驱动的方式进行规模化经营服务定制。

其次，需求变化迅速，亟需提升实时推荐服务水平。该行的零售客户平均持有金融产品数和产品渗透率有待提升。在数字时代下，Z 世代是重要的消费潜力，也是该行零售客户的主体，他们的金融服务需求更加多样化。在金融服务逐渐饱和的情况下，谁能第一时间感知客户需求并提供定制服务，谁就能掌握客户经营的主动权。

再者，产品数量众多，需要强化供需精准匹配能力。目前，该行的零售金融产品众多，产品属性特征和销售渠道多样。传统的精英模式过度依赖业务专家的经验，无法解决客户需求与银行服务错配的问题；不同渠道的客户体验也不一致，而且业务经营知识和经验难以有效传承，需要依托智能算法实现高效的“人、货、场”精准匹配。

最后，客户经理稀缺，亟需增强人机协同服务能力。零售客户规模大而客户经理较少是银行业的普遍现象。由于客户经理的精力有限，在零售客户的全生命周期管理中很难系统化地收集客户的全方位信息。

为了更好地应对上述挑战，达观构建起企业级智能推荐平台，针对该行各个渠道的客户，提供从各类产品到权益、活动等的一条龙综合营销推荐方案，持续挖掘数据，对推荐方案进行迭代，以不断提升各个业务场景的核心收益指标。

20.3　核心功能模块

达观数据帮助该行打造的智能推荐平台，以客户为中心，以各业务场景收益指标提升为目标，具备增长洞察、数字画像、推荐引擎、智能监控、应用交流和平台管理六大功能（如图 20-3 所示），为每位客户提供一站式营销推荐服务，赋能全场景，全面推动该行智能化转型。

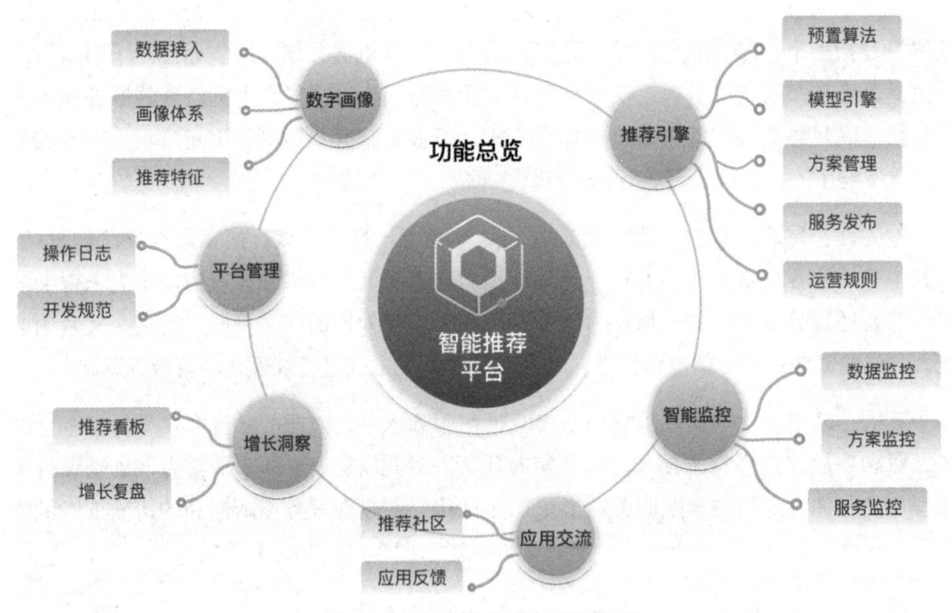

图 20-3　智能推荐平台功能总览

20.3.1　增长洞察

以该行零售业务经营目标为导向，构建统一的数据指标体系，覆盖不同推荐应用场景，比如资讯场景关注点击率、停留时长等指标，理财场景关注点击率、转化率等指标。从全局视角推进负债、财富、信贷等业务系统的智能化转型，依托底层大数据技术实时跟踪各种推荐应用场景的指标。通过内外数据融合挖掘市场商机，为零售业务经营管理人员提供科学有效的数据决策方案，辅助精准化增长策略推演机制的建立。

20.3.2 数字画像

根据零售推荐应用场景的数据需求，依托大数据平台实现对用户、物品、行为等各类批量和实时数据的接入、处理和衍生，自动化形成服务于多场景应用的推荐特征库，构建零售用户、场景、内容、渠道、组织五要素画像体系，结合相关关系建立五要素融合的零售数字经营地图，为推荐引擎提供高效的数据接入和精准画像支撑。

20.3.3 推荐引擎

整合业界领先、成熟的推荐应用算法体系，支持推荐运营规则自主配置，融入专家经验知识，实现模型引擎和策略计算双轮驱动及模型规则全生命周期管理，通过画布模式可视化组装召回、排序、兜底、规则和解释组件构建推荐方案，提供灰度在线实验测试和多方案协同服务管理，支持一键快速推荐服务以及推荐体验应用服务。

20.3.4 智能监控

围绕推荐服务应用全链路，提供数据监控、模型监控、方案监控和服务监控，实现系统化实时动态跟踪管理，及时发现推荐应用过程中的问题，支持穿透式推荐问题排查，结合流量管理负载均衡配置，提供自动化服务降级管理、资源弹性管理以及容错机制，同时建立前端应用渠道的标配兜底机制，确保服务的健壮性、可靠性和稳定性。

20.3.5 应用交流

改造手机银行 App、财富规划系统、运营管理平台等系统，建立推荐服务应用自动化反馈机制，收集最终零售客户、客户经理和经营人员的反馈建议，自动写入数字画像模块，实现推荐服务方案自动迭代优化。

20.3.6　平台管理

提供访问设置、通知设置、操作日志、用户指南和开发规范等系统性应用支撑，以确保智能推荐服务平台的安全性、规范性和可用性，提供良好的用户体验。

20.4　技术实现方案

上面介绍了该项目的背景和核心功能模块，下面基于推荐系统核心算法和达观提供的工具给出具体的技术实现方案，这也是本章的核心内容。

20.4.1　系统总体架构

系统总体架构分为平台层、功能层（上一节介绍的 6 个功能模块）和应用层（如图 20-4 所示），接下简单介绍平台层中相关平台的功能。

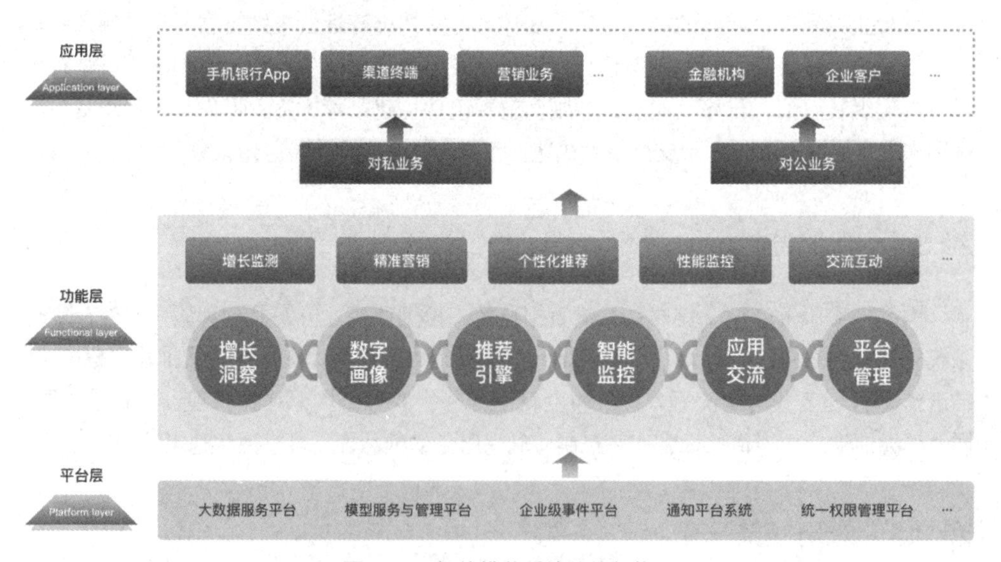

图 20-4　智能推荐系统总体架构

(1) 大数据服务平台：依托数据中台的海量数据处理能力，对推荐应用所需的内外部批量、复杂实时用户数据、物品数据和行为数据进行加工处理，生成数字画像标签供推荐平台分析和使用。

(2) 模型服务与管理平台：支撑个性化推荐应用模型体系训练、验证及批量部署，为智能推荐服务平台提供分析和建模工具支撑，生成训练好的推荐模型包，供推荐平台部署，提供推荐模型服务。

(3) 企业级事件平台：采集个性化推荐应用所需的实时事件，供大数据平台处理，同时接收来自智能推荐服务平台的推荐指令，实时流转到组织经营平台智能分发渠道端进行处理。

(4) 通知平台系统：推荐平台运行报警时系统自动发送邮件、短信。

(5) 统一权限管理平台：行内用户身份统一认证管理。

20.4.2 系统数据流

整体数据流依次经历 ETL、存储和处理，如图 20-5 所示。

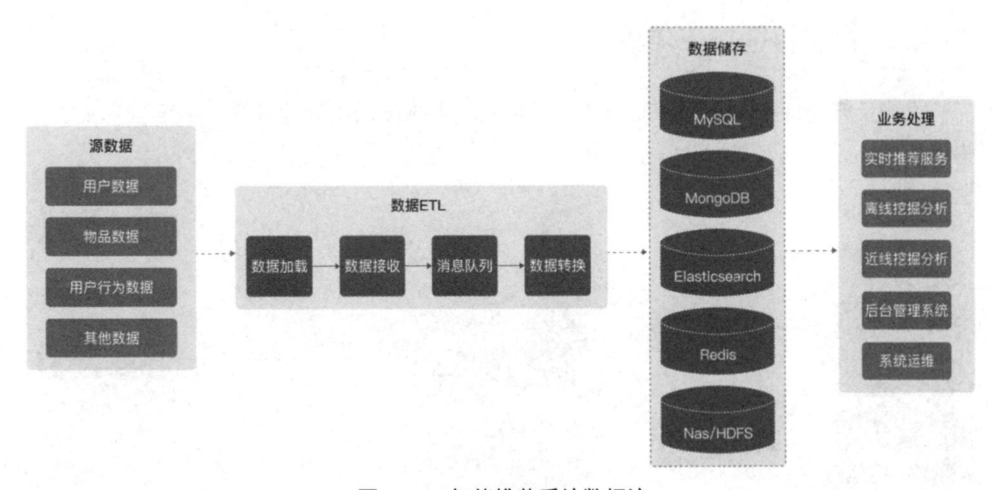

图 20-5 智能推荐系统数据流

(1) 基于推荐业务场景，梳理原始输入数据，包括用户数据、物品数据、用户行为和其他相关数据。

(2) 针对源数据存放位置的差异，开发不同的数据加载逻辑，通过 API 接收数据并缓存到消息队列，接着从队列里消费数据，进行数据预处理等操作，并按照预定逻辑存放到不同位置。

(3) 基于接收的多维度数据进行业务逻辑处理。

- 实时推荐服务，包括推荐 API 请求的参数解析和校验、场景推荐配置信息获取和解析、执行召回排序等推荐逻辑、返回推荐结果等。
- 离线挖掘分析，包括用户画像和物品画像构建、NLP 分析、特征工程、排序模型训练、推荐召回结果生成、数据指标统计等。
- 近线挖掘分析，包括用户和物品的冷启动处理、近实时行为数据处理、推荐结果预生成等；实时推荐服务，包括参数解析，基于召回、排序、运营干预、兜底等推荐流程生成推荐结果，接口异常及超时降级处理等。
- 后台管理系统，包括各种指标数据的统计和展示，算法及运营规则的配置，用户、角色及权限的配置管理等。
- 系统运维，包括日志统一收集、效果指标和服务状态监控、鉴权控制、资源使用统计等。

20.4.3　模型特征加工流程

这涉及离线特征和实时特征的加工处理及线上预测的工程化处理，主要依赖大数据技术和 Redis 相结合，如图 20-6 所示。

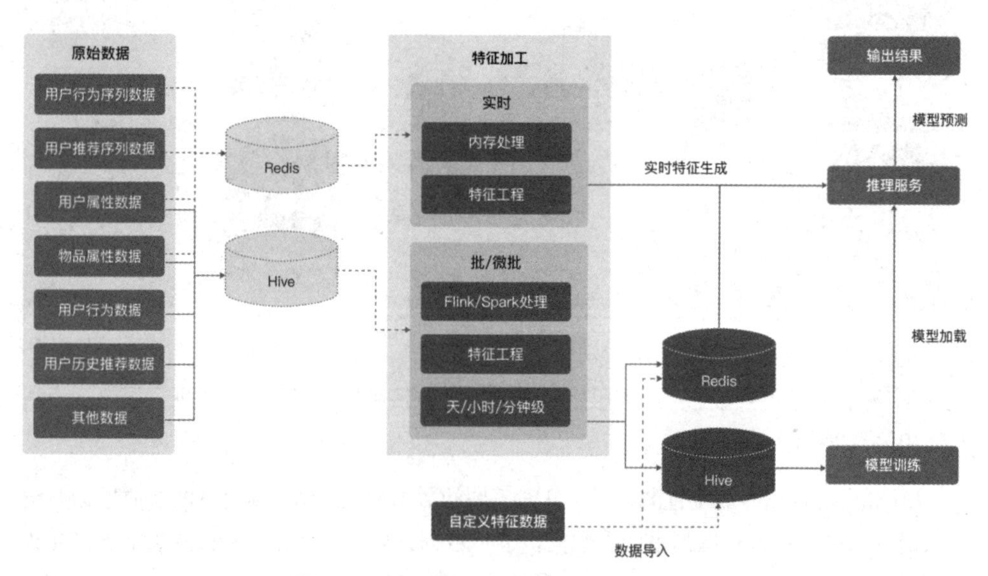

图 20-6　智能推荐系统模型特征加工流程

智能推荐平台的特征处理模块基于用户、物品及交付的多样化输入数据，实现离线特征（批处理 / 微批处理）、实时特征等的多维度加工处理，同时支持自定义特征数据导入，以应用于模型训练、实时预测、批量预测等流程和服务。

(1) 用户和物品的序列及属性数据存放于 Redis，用于实时特征处理；除了序列数据，其他数据都存放在 Hive 表中，用于批处理作业。

(2) 实时特征处理，从 Redis 拉取原始数据到内存，按照后台系统选定的特征字段及相应的处理方式对特征进行加工，并实时返回给推荐服务用于模型预测。

(3) 对于非实时特征，从 Hive 表拉取原始数据，使用 Flink/Spark 按照后台系统配置的特征字段对特征进行加工，并将结果分别存放到 Redis 和 Hive 表中，可以根据时效要求选择天级、小时级、分钟级更新；涉及模型训练所需的实时特征处理环节，基于用户历史推荐数据中的行为序列数据、推荐序列数据及其他数据，将结果写回 Hive 表中。

(4) 模型训练阶段，从 Hive 表拉取配置特征进行模型训练和指标评估等。

(5) 推断服务会从 Redis 拉取批处理和微批处理的特征以及实时特征，经过加工后生成特征向量，用于模型预测并生成推荐结果。

20.4.4 模型训练和预测流程

在推荐平台的建设中，模型的训练和预测是重中之重。该项目涉及的 Wide & Deep、DeepFM、MMoE 等诸多模型的训练和预测，都是通过统一的流程实现的，如图 20-7 所示。

(1) 足迹数据包括理财、保险等多种产品的曝光、点击、购买等交互数据，事件平台实时采集数据并写到 Kafka。

(2) 推荐平台的特征处理模块从 Kafka 实时消费足迹数据并进行特征处理，将结果数据分别写到 Hive 表和 Redis。

(3) 用户数据和物品数据的属性及画像特征批量、定时同步至大数据平台中的推荐平台租户，特征处理模型对同步过来的原始数据进行加工，处理后的用户侧和物品侧特征会同时写到 Hive 表和 Redis。

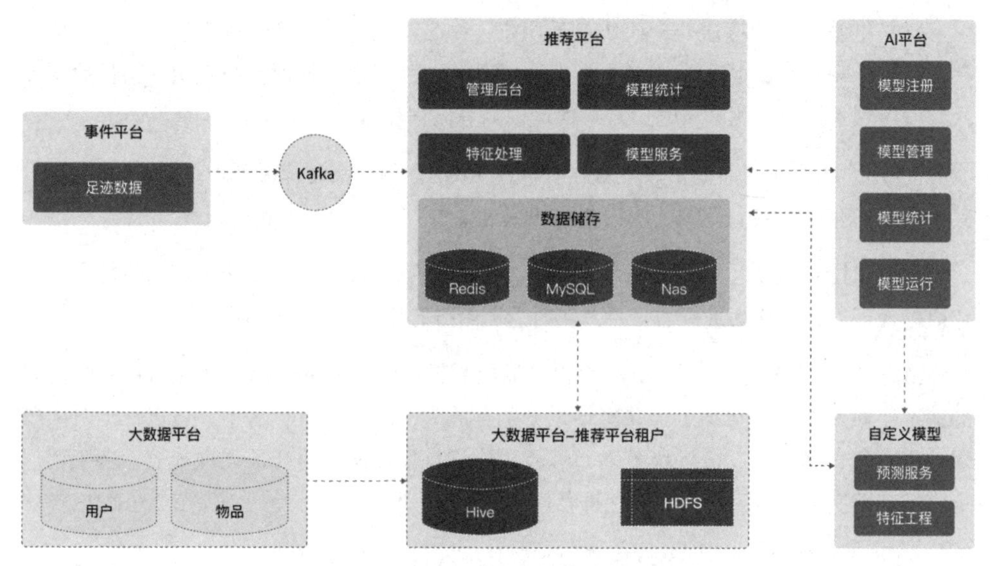

图 20-7　智能推荐系统模型训练、预测流程

(4) 推荐平台的管理后台可以配置模型的基础信息、参数、样本数据集等信息，保存后自动在模型服务与管理平台进行注册，获得模型 ID、版本号等信息；同时可以对模型进行编辑、删除、查看日志、查看训练状态及指标数据等管理操作，通过 API 同步到模型服务与管理平台进行管理；通过开启训练、中止训练等操作控制模型运行。

(5) 模型服务与管理平台所需的模型特征会从大数据平台的 Hive 表里直接拉取，然后执行模型训练，训练好的模型会保存到大数据平台 HDFS 指定路径下。

(6) 推荐平台的模型服务模块将最近一段时间有状态更新的模型进行更新，加载到内存或从内存中删除，结合 Redis 中的特征对外提供模型预测服务。

(7) 推荐平台的模型统计模块对模型的上线应用场景、调用次数、效果指标等数据进行统计，并通过 API 批量同步至模型服务与管理平台。

20.4.5　项目主要成果

在达观数据跟该行的共同努力下，该项目成功在银行落地，推荐系统成为银行运营的有力工具。该项目为该行创造了极大的业务价值，如图 20-8 所示。

图 20-8 智能推荐服务在银行业务中的应用

(1) 实现精准推荐及营销。通过前期的需求调研、数据对接、系统部署及功能开发、效果优化等环节数月的连续投入，最终帮助该行搭建了一站式推荐平台，涵盖增长洞察、推荐引擎、平台管理等六大功能模块。对接事件平台，自动采集零售客户实时行为特征数据，根据足迹变化动态调整推荐排序，支持在线推荐模型实时预估，为零售客户提供更为精准的推荐预测结果，及时抓住营销时机，提升推荐应用成效。

(2) 推荐链路全监控。接入推荐应用过程数据、埋点数据、交易数据、资源数据等，自动化跟踪推荐应用效果，使用推荐动态可视化看板进行全程监控管理，通过漏斗分析实现推荐应用系统复盘、归因定位和降级管理，支撑全行各类推荐应用的高效运营。

(3) 一站式推荐应用配置。接入零售数字画像特征数据，实现推荐规则、模型、策略和实验等系统化、灵活化、可视化配置管理，支持推荐方案快速编排、流水线作业、推荐服务接口一键发布、推荐应用模拟调试，满足零售大规模推荐应用高效定制部署需求。在场景应用上，对接业务场景数十个，包括 feed 流推荐、关联推荐、榜单推荐等形式，未来将会扩展至上百个，同时不同业务场景的点击率、转化率等指标也有大幅提升（相比之前的运营方案提升超 50%）。

(4) 高并发、高可用。提供标准化的推荐服务联机调用接口，依托金融云基础设施和推荐应用降级管理双重机制，支持亿级零售客户推荐应用，推荐响应时间在 200 ms 以内，可以保证数千的并发及数万的 TPS，并且支持弹性水平扩容和自动化运维监控。

20.5　小结

本章基于达观数据在金融行业实施推荐系统的经验，结合某银行的具体案例，讲解了银行数智化转型的背景、需求，根据该行的具体场景和业务目标，最终利用一个完整的企业级推荐系统解决精细化运营的需求，帮助银行实现了业务价值提升。

第 21 章

推荐系统在零售行业的应用

上一章介绍了推荐系统怎么应用于金融行业，帮助银行进行精细化运营。本章讲解推荐系统怎么赋能零售行业的精细化运营，包括需求背景、零售推荐场景的价值和具体的行业案例三部分。本章的两个案例（一个运动品牌、一个日用品牌）也都是达观数据真实的客户案例，希望可以帮助读者更好地理解推荐系统在零售行业的应用。

21.1　零售电商推荐需求背景

随着科技的不断革新和互联网的普及，现代零售行业进入数字化时代，数智化转型已经成为当今零售行业的重要发展趋势。对于企业来说，数智化转型是提高市场竞争力、增加收益和提升品牌声誉的关键因素之一。

数智化转型可以帮助零售企业实现从线下到线上的全面转型，将传统的用户社交行为和零售消费行为融合在一起。通过应用数字化技术，零售企业可以更加便利地向消费者提供多样化的信息和服务，提升用户的购物体验和忠诚度。数智化转型还可以通过数据收集和分析，优化营销策略和商品组合，提高销售效率和效益。

智能推荐系统在零售行业数智化转型中具有重要意义。它能够结合用户历史购买行为和个人喜好等信息，为消费者提供精准、个性化的商品和服务推荐，提升消费者的购物体验和满意度。同时，智能推荐系统还可以为零售企业提供全面的数据分析和预测，帮助企业了解消费者需求和市场动向。

如今推荐系统已经成为电商平台不可或缺的组成部分。淘宝、京东和拼多多等已经成功运用智能推荐系统为消费者提供个性化的推荐服务。一些线下零售品牌也开始跟随数智化转型的潮流，引入智能推荐系统，以期提高市场竞争力。

21.2 零售推荐场景的价值

智能推荐作为数智化转型中重要的一环，对于电商行业的人、货、场推荐策略有着极其重要的影响和作用。从人、货、场三个方面来看，智能推荐既可以为电商企业提供千人千面的个性化展现和精准化营销，提升用户体验和转化率，也可以借助文本分析等方式，挖掘产品和行为之间的关联关系，提升推荐的准确性。推荐场景也丰富多样，可以根据不同场景的特点适配推荐策略以最大程度提升转化率。下面从人、货、场三个方面详细介绍智能推荐的重要性。

1. 以人为本，提升用户体验和产品转化率

人作为市场营销中的主体，是电商企业最主要的消费者和目标受众。智能推荐技术可以根据用户的搜索记录、浏览历史、购买记录、评价等特征，为每个用户推荐最适合的商品和服务，提升用户的满意度和体验。

另外，在更深入的用户行为探索中，精准营销也被广泛应用。将运营目标人群划分为不同阶段、不同群体，采用不同的营销策略，来提供适合的产品和服务，并实时调整和优化。智能推荐系统作为精准营销的重要手段，能帮助零售企业根据用户需求、生命周期、行为等因素定制个性化的营销推广策略，提升目标人群的转化率和营销效果。

2. 聚焦货品，挖掘产品关联关系，提高推荐准确性

货是电商交易的核心，智能推荐技术可以借助文本分析等方法挖掘不同商品之间的关联关系，提高推荐准确性。例如，通过将商品按类别划分，可以为用户提供更加清晰的购买指引和方向。此外，可以对用户的查询关键字进行提取和分析，推荐其他相关商品。

通过对货进行挖掘，电商可以更好地了解用户需求，把握市场趋势，并快速反应、跟进，更好地服务消费者。

3. 场景丰富，适配推荐策略，提高转化率

智能推荐可以应用于不同的场景，如个性化推荐、相关推荐、热门推荐、搜索推荐等。举例来说，在用户浏览商品的过程中，可以通过页面 banner 推荐热门商品；在用户点击某款产品浏览详情页后，可以推荐相关产品。智能推荐系统将推荐策略与场景相融合，可以提高推荐准确性和转化率。

21.3　达观智能推荐在零售行业的应用案例

达观智能推荐系统在零售行业深耕多年，积累了丰富的实践经验，服务了包括阿迪达斯、安利、天虹、一条、虎扑、顺丰海淘、乐友母婴在内的多家知名零售企业，助力企业开展精准化运营和提升用户体验。下面通过两个案例介绍达观的智能推荐产品。

21.3.1　某知名运动品牌智能推荐案例

1. 项目背景

该品牌是全球体育用品行业的领先者，1949 年创办于德国，旗下拥有多个运动子品牌。2021 年，该品牌提出智慧零售概念，宣布了下一个五年计划（2021~2025）的战略，制定了 DTC（direct to customer，直面消费者）策略，希望借助数智化转型打通合作渠道和自有渠道，直通消费者。

2. 项目实施方案

在此背景下，达观数据于 2022 年和该品牌首次达成智能推荐营销项目合作，基于该品牌旗下六大触点，提供“31 个业务场景 +15 个模型 + 平台”的服务，如图 21-1 所示。

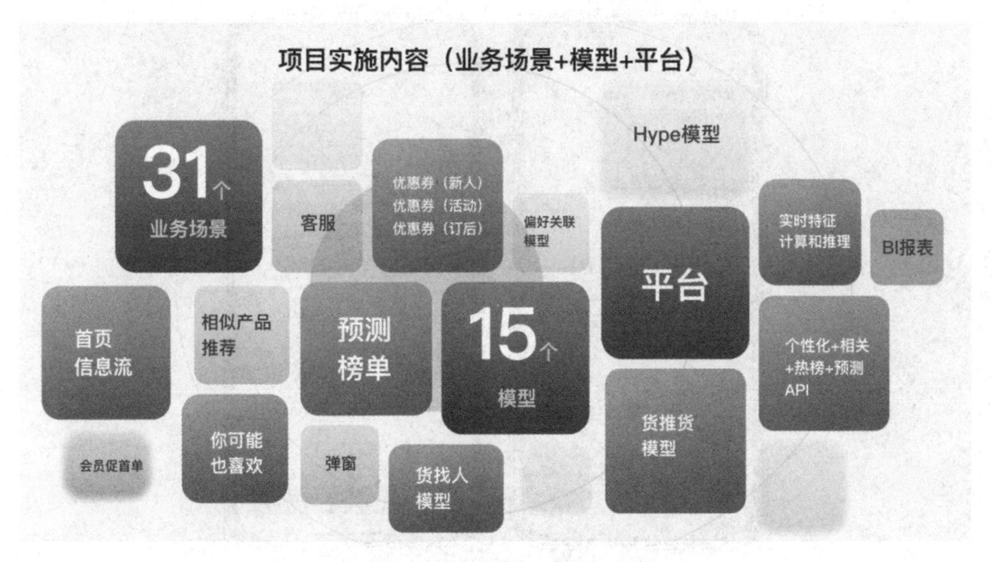

图 21-1　业务场景、模型、平台

该项目主要实现的功能如下。

(1) 对接业务场景，场景来源于 .com（网页）、WMS（小程序）和 App 等多个平台，完成不同场景的推荐逻辑需求对接、推荐接口开发适配、推荐模型开发、测试上线、接口维护等工作。

(2) 模型开发：包括推荐模型、缓存中的统计模型、商品模型等。

(3) IT 模块：用于支持整个智能推荐系统稳定运行，范围不限于接口、平台、监控、上下游对接等。

(4) 部署和运维模块搭建。

由于该项目实现了 31 个业务场景下的智能推荐，数量较多，下面通过两个具有代表性的场景来说明该推荐系统具体实施方案的特点和亮点。

- **小程序场景－商品详情页推荐**

商品详情页是电商平台的重要入口之一，通过商品详情页推荐商品（如图 21-2 所示），可以引导用户进一步浏览和购买其他商品，提升用户转化率和销售业绩。在这个过程中，推荐系统的作用举足轻重。

图 21-2　小程序场景的商品详情页推荐

达观智能推荐系统的商品详情页推荐遵循以下 3 条原则。

- 推荐内容与商品详情页的主要内容相符，以满足用户的需求。
- 根据不同商品的特点和属性进行推荐。
- 推荐内容数量适当，避免分散用户注意力或者无法满足用户的需求。

达观智能推荐系统还根据业务场景的特点制定了专门的推荐策略，主要包括以下 3 个方面。

- 基于用户的历史行为进行推荐。根据用户的历史浏览、搜索、购买、关注等多种行为数据构建用户画像，挖掘用户的潜在需求和兴趣点，在详情页推荐相关商品。
- 基于商品之间的关联关系进行推荐。通过分析商品之间的相似性、相互推荐程度等关联关系，为用户推荐和当前商品相关的其他商品。比如，在用户浏览一件衣服的详情页时，推荐可与之搭配的其他衣服、鞋子、包包等，增强用户的购买动力。
- 综合考虑多种因素进行推荐。考虑到个性化需求的多样性，达观推荐策略还综合考虑用户的性别、年龄、所在地区、购买力等多种因素，根据不同的用户画像推荐不同的商品，以提升推荐效果和转化率。

通过实施上面的策略，最终该场景的推荐产品召回率提升 93%，帮助该品牌提升了长尾商品的利用率，用户点击率提升 60%，转化率提升 20%，极大地提升了该场景的经营效益。

- **小程序场景－弹窗推荐**

在零售电商中，小程序中的弹窗推荐（如图 21-3 所示）是提高用户转化率和平台收入的重要手段之一。弹窗可以在用户使用小程序的过程中推荐相关商品或者优惠活动，吸引用户的注意力，增强用户的购买欲。下面介绍达观智能推荐系统小程序弹窗推荐的具体实现方法。

- 判断是否需要弹窗：通过离线模型预测用户对商品的评分，如果分数高于一定阈值，表示该用户对该商品有较大的兴趣，推荐效果也更好。根据预测结果决定是否向该用户推送弹窗。
- 判断弹窗类型：有些用户具有更高的消费能力，更喜欢购买高价商品。对于这些用户，可以使用全屏弹窗来吸引他们的注意力。而对于大多数普通用户，采用浮标弹窗会更加合适。根据用户历史购买记录和消费能力预测结果，判断用户属于哪一类别，然后选择相应的弹窗类型。

图 21-3　小程序场景的弹窗推荐

- 个性化推荐：在弹窗中呈现哪些商品是关键。达观智能推荐系统基于用户的历史购买记录、浏览记录和搜索行为等数据，结合用户所在地区、用户画像、商品销售数据等多个维度的信息进行计算和分析，得出用户购买偏好、兴趣点和需求，据此推荐符合用户个人需求和喜好的商品。

在零售电商中，小程序弹窗推荐的成功要素是个性化推荐。其核心是从大量数据中提取用户行为规律和购买意愿，从而为不同用户推荐不同商品。实现个性化推荐往往需要结合算法模型与大量的计算和分析，以做到精准和实时。达观智能推荐系统充分考虑到了如下场景特性。

- 避免过度打扰用户：弹窗的推荐内容不应该过多，否则会妨碍用户正常的浏览，进而影响用户对小程序的评价和使用，反而不利于提高用户转化率。
- 增强互动性：弹窗推荐不仅要考虑推荐内容，还应该考虑如何增强用户的互动性，通过引导用户做出点击、分享、评价等行为，提高用户参与度和黏性。
- 细分用户群体：可以将用户划分为不同的群体，制定不同的弹窗策略，根据不同的用户首选和习惯，策划不同的营销推广活动。

3. 项目难点及价值

实现一个有业务价值的推荐系统并非易事。该运动品牌的智能推荐项目在建设过程中存在以下难点。

- 对接场景多，时间要求紧。对于项目进度管理和时间规划要求比较高。
- 对模型效果要求高。从需求确定到模型开发上线，过程复杂，涉及的交互系统多，需要关注输入、输出和效果。
- 对系统性能要求高。系统需要保证正常运行，在 250 ms 内返回推荐结果，尤其是运维阶段。

为此，项目组安排专业的实施人员投入建设，最终顺利完成交付，为该品牌带来价值提升。从产品方面而言，达观智能推荐系统为该品牌旗下多个触点提供了千人千面的产品展现能力，并根据其业务场景深入挖掘，融合算法和业务规则，实现精准营销和推荐。从效果指标方面而言，达观智能推荐系统赋能该品牌多个业务场景，各大核心指标提升明显，如转化率、产品召回率等，显著提升了经营效益。

21.3.2 某知名日用品牌智能推荐案例

1. 项目背景

该日用品牌作为知名零售品牌，在中国地区拥有庞大的会员群体和超过4100家门店。为了更好地满足用户需求和优化用户体验，该日用品牌希望借助达观的智能推荐平台实现千人千面的推荐效果。

具体而言，达观智能推荐平台可以基于用户的历史购买记录、浏览记录、搜索记录、喜好等行为数据，结合用户画像、地理位置、性别、年龄、消费能力等多种因素，分析用户的购买意向，精准推荐符合他们实际需求的产品、活动、资讯和权益等内容。

智能推荐平台可以根据用户群体和市场趋势，不断调整和优化推荐算法模型；还能够提供实时性和参考性很强的数据分析报告，帮助该日用品牌更好地了解用户需求和市场变化，优化营销策略，进而提升转化率和用户满意度等重要指标。这有助于提高该日用品牌的运营效率和市场竞争力，促进其数智化转型和商业价值提升。

总之，该日用品牌希望借助达观的智能推荐平台，通过千人千面的推荐结果，提高产品、活动、资讯和权益等内容的推荐精准度和个性化水平，进一步增强用户的购买意愿和黏性，提升该品牌的业绩和市场竞争力。这也是该日用品牌以数智化转型为基础，推动传统零售行业向智慧零售转型的重要一步。

2. 项目实施方案

该日用品牌在中国地区拥有超过 4100 家门店和超过 7000 万名会员。要为如此庞大的顾客群体提供个性化、精准且高效的服务，就需要借助智能推荐系统。但是，搭建推荐系统面临着一些难题。

- 该日用品牌存在多个业务场景，产品种类多，导致数据和物料非常杂乱，难以统一管理，影响知识、技术和资源共享，无法形成一个完整的推荐体系。解决这一问题的关键在于建立统一的模型管理平台，对数据和物料进行统一管理。
- 实现精准推荐需要建立一些算法模型，但是该日用品牌缺乏统一的模型管理平台，无法有效地接入更多满足业务需求的模型，导致推荐策略不够丰富和灵活。为了解决这个问题，需要建立一个包含众多推荐模型的平台，以便为不同的场景提供最优化的推荐策略。
- 智能推荐系统大多数使用机器学习、深度学习、自然语言处理等技术，这些都需要对数据进行清洗和处理，算法开发时间也较长，难以落地。同时，前端 UI 交互和设计也非常关键，需要设计良好的交互和操作流程来提升用户体验。为了解决这个问题，需要建立一个高效易用的推荐系统。

虽然有如上这些困难，但达观凭借多年智能推荐的实施经验，最终为该品牌落地了多个场景的智能推荐并提升了业务价值，实现了销量和利润增长。具体来说，达观实现了如下推荐功能。

(1) 部署达观数据标准的智能推荐平台产品，服务品牌旗下各个应用的产品、活动、资讯、券和权益类商品推荐（如图 21-4 所示）。

(2) 完成推荐平台与达观数据甲方内部系统的数据对接和权限对接工作，包括该日用品牌 CDP、MP、数据中台和员工系统。

(3) 定制运营策略及人工运营规则，包括置顶规则、必推规则、去重规则、比例规则、物料封禁规则等。

(4) 算法配置定制开发，标准产品已实现部分功能，可接入第三方算法并配置。实现了自动统计本算法当前应用于哪些点位、生效起止时间，并通过列表展示，以免误操作下线已上线生产环境的算法模型。

图 21-4　产品、活动、内容资讯、券和权益推荐

(5) 点位方案配置定制开发。推荐点位的展示数量在前端设置，通过推荐中台与前端展示界面的接口参数可设置每次请求的结果数量。广告推送规则和推荐算法融合成最终推荐结果将通过分析推送规则、新增运营规则和兜底模型实现。

(6) 数据看板定制开发，帮助统计推荐相关数据。

(7) 监控告警。对接该日用品牌的微信公众号，推送系统硬件 / 接口服务告警信息。例如，统计周期内触发约定的问题，具体数据要求后期商定；每日数据同步作业任务异常告警等。

(8) 系统监控。监控请求在推荐中心各模块的服务耗时和流量分流情况，例如“猜你喜欢”推荐接口在推荐中心、算法侧、过滤规则等模块的耗时；A/B 测试 QPS 的分流监控等。

3. 项目价值

应用达观智能推荐系统为该日用品牌创造了极大的业务价值，具体体现在如下 3 个方面。

- 统一的管理平台：在达观的帮助下，该日用品牌成功建立了统一的管理平台，实现了对数据和物料的统一管理。该平台可以提高模型的开发速度和上线速度，各个场景之间也可以共享模型和数据。
- 定制开发功能模块：为了适应不同的业务场景，达观智能推荐系统帮助该日用品牌开发了针对业务需求的定制化功能模块，如看板统计、点位推荐、运营规则等，帮助该日用品牌更好地满足用户需求并增加了营收。
- 提升业务场景的点击率和转化率：智能推荐系统提供个性化推荐服务，根据用户喜好和历史行为，为用户推荐符合其需求的产品和服务。个性化推荐提升了用户体验和用户黏性，也提高了业务场景的点击率和转化率，为该日用品牌带来了更多的收益和利润。

21.4　小结

本章通过两个具体案例（一个运动品牌、一个日用品牌）讲解了零售行业数智化转型的背景、遇到的难题以及达观数据提供的推荐系统解决方案。希望可以让读者更好地了解推荐系统能为零售商业解决什么问题、带来什么价值。

ChatGPT、大模型与推荐系统篇

第 22 章

ChatGPT 与大模型

自 2022 年 11 月 30 日 OpenAI 发布 ChatGPT 以来，大模型技术掀起了新一轮人工智能浪潮。ChatGPT 在各个领域（包括对话、文本摘要、内容生成、问题解答、数学计算与推理、代码编写等）的表现显著优于之前的算法，在很多方面超越了人类专家的水平，特别是对话交流具备一定的共情能力，这让 AI 领域的工作者和普通大众相信 AGI（artificial general intelligence，通用人工智能）时代马上就要到来了。

最近 7~8 年没有哪一项科技进步如 ChatGPT 这般吸引全球的目光（上一次引发全球关注的 AI 大事件是 2016 年 AlphaGo 横扫围棋界）。除了媒体的大肆报道，国内外各类科技公司、科研机构、高等院校都在跟进大模型技术，大模型相关的创业公司如雨后春笋一样冒出来。谷歌发布了 Bard，Meta 发布了 LLaMA 等。Midjourney、Jasper、Runway、Inflection AI、Anthropic 等创业公司都获得了上亿美元的融资，估值达数十亿美金。国内各个大厂、创业公司、科研院校也相继发布了大模型产品（如百度的文心一言、华为的盘古大模型、阿里的通义千问大模型、复旦的 MOSS 等），不少大佬亲自下场开发大模型，如李开复、王慧文、王小川等。

以 ChatGPT 为代表的大模型相关技术，可以应用于搜索、对话、内容创作等众多领域。推荐系统也不例外，在这方面已经有非常多的学术研究和论文发表。相信不久的将来大模型相关技术会广泛应用于推荐系统，成为其核心技术，就像前几年深度学习技术对推荐系统的革新一样。

ChatGPT、大模型相关技术在各行各业的应用一定会出现井喷，不容忽视。笔者从 2023 年初开始一直在跟进大模型相关技术的进展以及行业应用，特别是在推荐系统领域的应用。为此创作的两章，就是希望让读者了解大模型相关知识及其在推荐系统中的应用。在这个每天都有大模型相关重磅突破出现的时间节点，我们必须跟上技术发展的步伐。

本章对 ChatGPT 和大模型相关的知识进行介绍，对这部分内容熟悉的读者可以跳过本章。具体来说，本章涵盖语言模型发展史、全球大模型简介、大模型核心技术简介、大模型的应用场景 4 个方面。下一章会重点讲解大模型在推荐系统中的应用。

22.1 语言模型发展史

语言是人类表达和交流的主要媒介，我们从幼儿开始就学习沟通和表达，并终身使用。在很长一段时间内，机器无法以人类的方式进行交流、创作。这一直是学术界、工业界的研究课题，充满挑战。随着以 ChatGPT 为标志的大模型技术出现，这一愿望变得可能。

从技术上讲，语言模型（language model，LM）是提高机器的语言智能的主要方法之一。一般来说，语言模型旨在对单词序列的生成概率进行建模，从而预测后面（或中间空缺的）单词的概率。语言模型的研究在学术界和产业界受到广泛关注。大模型是语言模型发展的高级阶段，本节梳理语言模型的 4 个发展阶段，让读者了解大模型的进化历程。

22.1.1 统计语言模型

统计语言模型（statistical language model，SLM）在 20 世纪 90 年代的统计学习方法的基础上发展而来，其基本思想是基于**马尔可夫假设**（基于最近的上下文预测下一个单词）建立单词预测模型。具有固定上下文长度 n 的 SLM 也称 n-gram 语言模型，例如 bigram 和 trigram 语言模型分别是 $n=2$ 和 $n=3$ 的情况。SLM 已被广泛应用于提升信息检索（IR）和自然语言处理（NLP）的效果。

SLM 容易受到维数灾难（the curse of dimensionality）的影响，我们无法估计高阶（n 很大）的语言模型，因为需要估计指数级（n 的指数）的转移概率，一般研究 $n=2$ 或 $n=3$ 的情况，也就是 bigram 和 trigram 语言模型。本章不展开讲解 SLM，想深入了解的读者可以阅读本章参考文献 1~4。

22.1.2 神经网络语言模型

神经网络语言模型（neural language model，NLM，见本章参考文献 5~7）通过神经网络（例如递归神经网络）来表征单词序列的概率。本章参考文献 5 的重要贡献是引入了单词的分布式表示的概念，并建立了以聚合上下文特征（分布式单词向量）为条件的单词预测函数。通过扩展学习单词或句子的有效特征的思想，开发了一种通用的神经网络方法来为各种 NLP 任务构建统一的解决方案（本章参考文献 8）。此外，word2vec（见本章参考文献 9、10）建立了一个用于学习单词的分布式表示的浅层神经网络（9.1.1 节介绍过），该网络在各种 NLP 任务中被证明非常有效。这些研究开创了将语言模型用于表示学习（而不是单词序列建模）的新范式，对 NLP 领域产生了重要影响。

22.1.3　预训练语言模型

预训练语言模型（pre-trained language model，PLM）属于早期的尝试，ELMo（见本章参考文献 11）被发明用于捕获上下文感知（context-aware）的单词表示，它首先预训练双向 LSTM（BiLSTM）网络（而不是学习固定的单词表示），然后根据特定的下游任务进行微调。此外，BERT 模型（见本章参考文献 13）基于具有自注意机制、高度并行化的 Transformer 架构（见本章参考文献 12），通过在大规模未标记语料库上预训练双向语言模型和专门设计的预训练任务获得单词表示，这些预先训练的、上下文感知的单词表示作为通用语义特征非常有效，大幅提高了在 NLP 任务中的表现。这些研究启发了大量的后续工作，确立了“先预训练再微调”的学习范式。根据这一范式已经开发出大量预训练语言模型，也引入了不同的架构（例如 GPT-2 和 BART）或改进的预训练策略。在这一范式下，通常需要对 PLM 进行微调，以适应不同的下游任务。

22.1.4　大语言模型

研究人员发现，扩展 PLM（扩展模型大小或数据大小）通常会增大下游任务的模型容量（可以理解为模型预测能力的上限）。许多研究通过训练越来越大的 PLM（例如，具有 175B 参数的 GPT-3 和具有 540B 参数的 PaLM）来探索性能极限。尽管缩放主要在模型大小上进行（这类模型参数量不一样，但具有类似的神经网络架构和预训练任务），但这些大型 PLM 表现出与较小 PLM 不同的行为，并在解决一系列复杂任务时展现出令人惊讶的能力（这种现象称为**能力涌现**，见本章参考文献 14）。例如，GPT-3 可以通过上下文学习（in-context learning，ICL）完成 few-shot 任务（22.3 节会介绍，这里不展开），而 GPT-2 不能很好地应对。因此，学术界创造了**大语言模型**（large language model，LLM，简称大模型）这个新词，来特指这类模型。LLM 吸引了越来越多人的关注，一个最著名的应用是 ChatGPT，它基于 GPT-3.5 利用对话语料进行微调并用于对话任务，展现了惊人的对话能力。

这里提一下，本章所说的大模型是指参数规模达到 10B（100 亿）的模型，这也是业内公认的大模型的参数水平。当然，要让大模型涌现新能力，参数量可能要更大才行。

LLM 和 PLM 之间有三个主要区别。首先，LLM 涌现出令人惊讶的能力，这在以前较小的 PLM 中没有观察到。这些能力是语言模型在复杂任务中表现出的关键能力，使得人工智能算法空前强大和有效。其次，LLM 将彻底改变人类开发和使用人工智能算法的方式。与小型 PLM 不同，访问 LLM 的主要方法是通过提示界面（例如，GPT-4 API）或者自然语言对话。人类必须了解 LLM 是如何工作的，并以 LLM 可以理解的方式格式化要执行的任务。最后，LLM 的发展不再明确区分研究和工程。训练 LLM 需要开发者在大规模数据处理和分布式并行训练方面有丰富的实践经验。为了开发有价值的 LLM，研究人员必须解决复杂的工程问题，与工程师合作或者自身具备很强的工程能力。

LLM 正在对人工智能社区产生重大影响，ChatGPT 和 GPT-4 的出现引发了大家对通用人工智能（AGI）可能性的重新思考。OpenAI 发表了一篇题为“AGI 及其后的规划”的技术文章，讨论了迈向 AGI 的短期计划和长期计划，有些学者认为 GPT-4 可能就是 AGI 的早期版本。随着 LLM 的快速发展，人工智能的研究领域正在发生革命性变化。在 NLP 领域，LLM（在某种程度上）可以作为通用语言任务求解器，研究范式已经转向 LLM。在 IR 领域，传统的搜索引擎受到了通过 AI 聊天机器人（比如 ChatGPT）获取信息的新方式的挑战，New Bing 通过整合 ChatGPT 做出了基于 LLM 增强搜索结果的初步尝试。在 CV 领域，研究人员试图开发类似于 ChatGPT 的视觉语言模型，以期其更好地服务于多模态对话。这一新技术浪潮可能会催生一个基于 LLM 的繁荣的应用生态系统。例如，Office 365 获 LLM（Copilot）加持，可以实现自动化办公，而 ChatGPT 已支持使用插件来实现特定功能。

尽管 LLM 已取得很大的进展并产生了深远影响，但其基本原理仍然没有得到很好的探索。首先，为什么涌现能力发生在 LLM 中，而不是较小的 PLM 中？我们缺乏对 LLM 卓越能力的关键因素的深入、详细的分析，研究 LLM 何时以及如何获得这种能力非常重要。其次，小型研究机构很难训练出高质量的 LLM，主要是由于训练 LLM 需要大规模数据、强大的硬件和卓越的工程能力，以及大量资金的支撑。目前 LLM 主要由大公司训练，其中许多重要的训练细节（如数据收集和清洗）没有对外披露。最后，使 LLM 与人类的价值观或偏好保持一致是一项挑战。尽管 LLM 的能力很强，但也可能生成错误、虚假或有害的内容，我们需要有效的控制方法来消除 LLM 使用的潜在风险。

22.2 全球大模型简介

22.1.4 节简要介绍了大模型相关的概念，本节重点讲解 OpenAI（大模型时代的领军企业）的大模型进化史和全球重要的大模型概况，让读者初步了解如今的大模型生态。

22.2.1 OpenAI 大模型发展历程

网上关于 OpenAI 的介绍非常多，这里不过多说明，本节重点介绍 GPT 系列的发展历程。GPT 系列大体经历了如下 6 个发展阶段（图 22-1 上面一行）。截至本书写作时，最新版本是 GPT-4（具备多模态能力），且一直在迭代优化中。图 22-1 下面一行展示的是基于 GPT-3.5 的一系列迭代版本，其中就有大家熟知的 ChatGPT。ChatGPT 一直在优化和进化，能力不断增强和扩展。

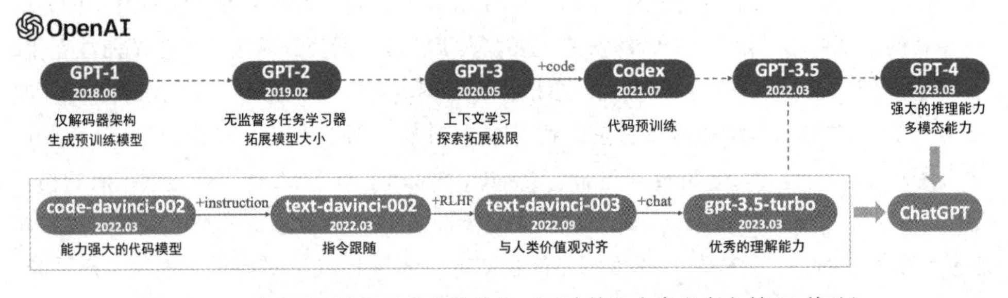

图 22-1 GPT 系列模型技术发展脉络（图片基于本章参考文献 19 修改）

22.2.2 全球大模型发展历程

除了 OpenAI 外，国内外还有非常多的公司进入大模型赛道，图 22-2 展示了截至 2023 年 6 月底国内外重要大模型的发展脉络。

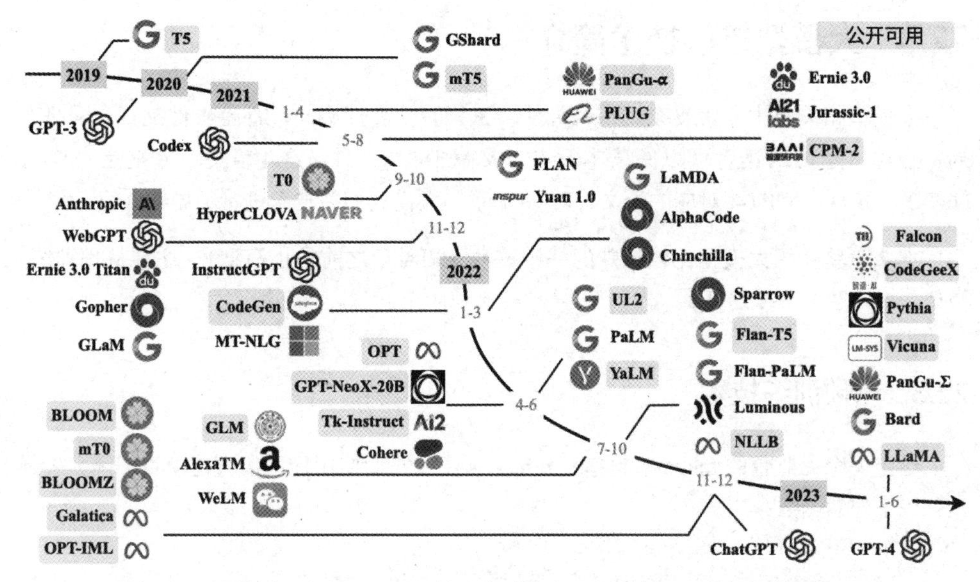

图 22-2 大模型（参数≥ 10B）的发布时间线（图片来源于本章参考文献 19）

简单介绍一下图 22-2 中比较重要的大模型。国外除了 OpenAI 的 GPT 系列（GPT-1、GPT-2、GPT-3、InstructGPT、ChatGPT、GPT-4），还有谷歌的 Bard、Meta（Facebook）的 LLaMA、Anthropic 的 Claude，国内有百度的文心一言（Ernie 3.0）、华为的盘古系列（PanGu）、智源研究院的 CPM、智谱 AI 的 GLM 系列等（还有一些国内的大模型图中没有标示，有必要简单说明一下，比如科大讯飞的星火大模型、百川智能的百川大模型、出门问问的序列猴子大模型等）。感兴趣的读者可以基于图 22-2 中的模型名称自行搜索了解，也可以阅读本章参考文献 19，这是一篇对大模型发展历史的全面总结（这篇文章的参考文献多达 600 多篇，是非常好的学习材料），本章的图片和部分素材就来源于这篇论文，强烈建议对大模型感兴趣的读者阅读原文。

目前所有的大模型架构都基于 2017 年谷歌发表的一篇著名的 Transformer 论文（见本章参考文献 12），有兴趣的读者可以阅读。

关于国内大模型创业公司和现状的报道，可以参考“大模型创业潮：狂飙 180 天”（本章参考文献 15）、“五道口大模型简史”（本章参考文献 32）、“清华系 17 人，撑起中国大模型创业半壁江山”（本章参考文献 33）、“中国大模型现状：一面狂热，一面冷峻”（本章参考文献 34）。大模型的发展速度实在太快了，可能当读者阅读本书时，又有新的创业公司闯入大模型赛道，或者有更先进、更强大的模型出现。

22.3 大模型核心技术简介

大模型相关技术非常复杂，涉及算法、工程、软硬件协同，甚至硬件配置、网络布局，想深入学习的读者可以阅读本章参考文献16~18、31，这4篇文章分别是GPT-1、GPT-2、GPT-3、GPT-4对应的论文，对GPT系列大模型相关技术进行了详细介绍。

本节简单介绍大模型比较特殊的一些技术（相对于之前的小模型），主要从预训练、微调、应用3个维度展开。

22.3.1 预训练技术

给定一个无监督的token语料库 $u=\{u_1,\cdots,u_n\}$ ，我们使用标准语言建模目标函数来最大化以下似然函数：

$$L_1(u)=\sum_i \log P(u_i \mid u_{i-k},\cdots,u_{i-1};\Theta) \tag{22-1}$$

其中 k 是上下文窗口大小（也即基于前面 k 个token来预测下一个token），条件概率 P 使用参数为 Θ 的神经网络建模。这些参数使用随机梯度下降算法进行训练。一般用多层Transformer解码器（见本章参考文献20）作为语言模型（P），它是Transformer的变体。

由于上面的语料库 u 一般是文本文档（比如网页、电子书、论文、代码等，既可以是某种语言的文档，也可以是跨语言的文档），因此上面的最优化模型不需要标注数据，直接用海量的文本进行训练，这个过程就是预训练。

预训练为LLM的能力奠定了基础。通过大规模语料库的预训练，LLM可以获得基本的语言理解和生成技能。在这个过程中，预训练语料库的规模和质量对于LLM获得强大的能力至关重要。此外，为了有效地预训练LLM，需要事先收集相关数据并进行各种预处理工作，还需要精心设计模型架构、模型加速方法和优化技术。关于预训练具体的细节，可以参考上面提到的几篇论文，这里不详细展开。

22.3.2 微调技术

经过预训练，LLM可以获得解决各种任务的一般能力，而为了在特定问题上或者领域中有更好的表现，需要对预训练模型进行微调，微调过程是监督学习任务。

用式 (22-1) 中的目标函数训练模型之后，通过监督学习任务对参数进行调整。假设有一个标记的数据集 C，其中每个实例由输入 token 序列 $x^1, \cdots, x^m$ 以及标签 y 构成。将输入送入预训练模型，获得最后一个隐藏层的激活函数 h_l^m，然后将其灌入具有参数 W_y、增加了一层线性输出层的模型中预测 y（这里用多分类任务来说明，所以输出层用了 softmax 函数，其实监督过程可以是序列建模任务等其他类型的监督学习任务）：

$$P(y \mid x^1, \cdots, x^m) = \text{softmax}(h_l^m W_y)$$

这样就获得了如下求最大值的目标函数：

$$L_2(C) = \sum_{(x,y)} \log P(y \mid x^1, \cdots, x^m)$$

将语言建模作为微调的辅助目标有助于学习，加入辅助目标的模型既可以提高监督模型的泛化能力，又可以加快模型的收敛速度。具体而言，就是优化以下目标（权重为 λ）：

$$L_3(C) = L_2(C) + \lambda * L_1(C)$$

上面讲解了微调的核心思路，下面针对大模型重点说明指令微调和对齐微调，这是大模型的特色。前一种方法旨在增强（或解锁）LLM 的能力，后一种方法旨在调整 LLM 的行为，让其具有人类的价值观或偏好（跟人类的价值观对齐）。

1. 指令微调

与预训练不同，指令微调通常更有效，因为只有中等数量的样本用于训练。指令微调是一个监督训练过程，其优化在几个方面与预训练不同，例如训练目标（比如序列到序列的损失）和优化配置参数（比如较小的批大小和学习率）。

本质上，指令微调是在以自然语言表示的格式化样本集合上微调预训练 LLM 的方法。为了执行指令微调，首先需要收集或构造符合指令格式的样本。然后使用这些格式化的样本以监督学习的方式对 LLM 进行微调（例如，使用序列到序列损失进行训练）。在指令微调后，LLM 在未知任务上表现出卓越的能力，即使在多语言环境中也是如此。

指令微调一般分为两步，第一步是以一定的格式构造监督数据集，第二步是对大模型进行微调，图 22-3 是具体的流程说明。具体怎么构造监督数据集，本章参考文献 19 中提供了 3 种方法（如图 22-4 所示），分别是基于开源的 NLP 数据集构建、基于人工编写及利用大模型生成，具体细节见原论文，这里不展开。

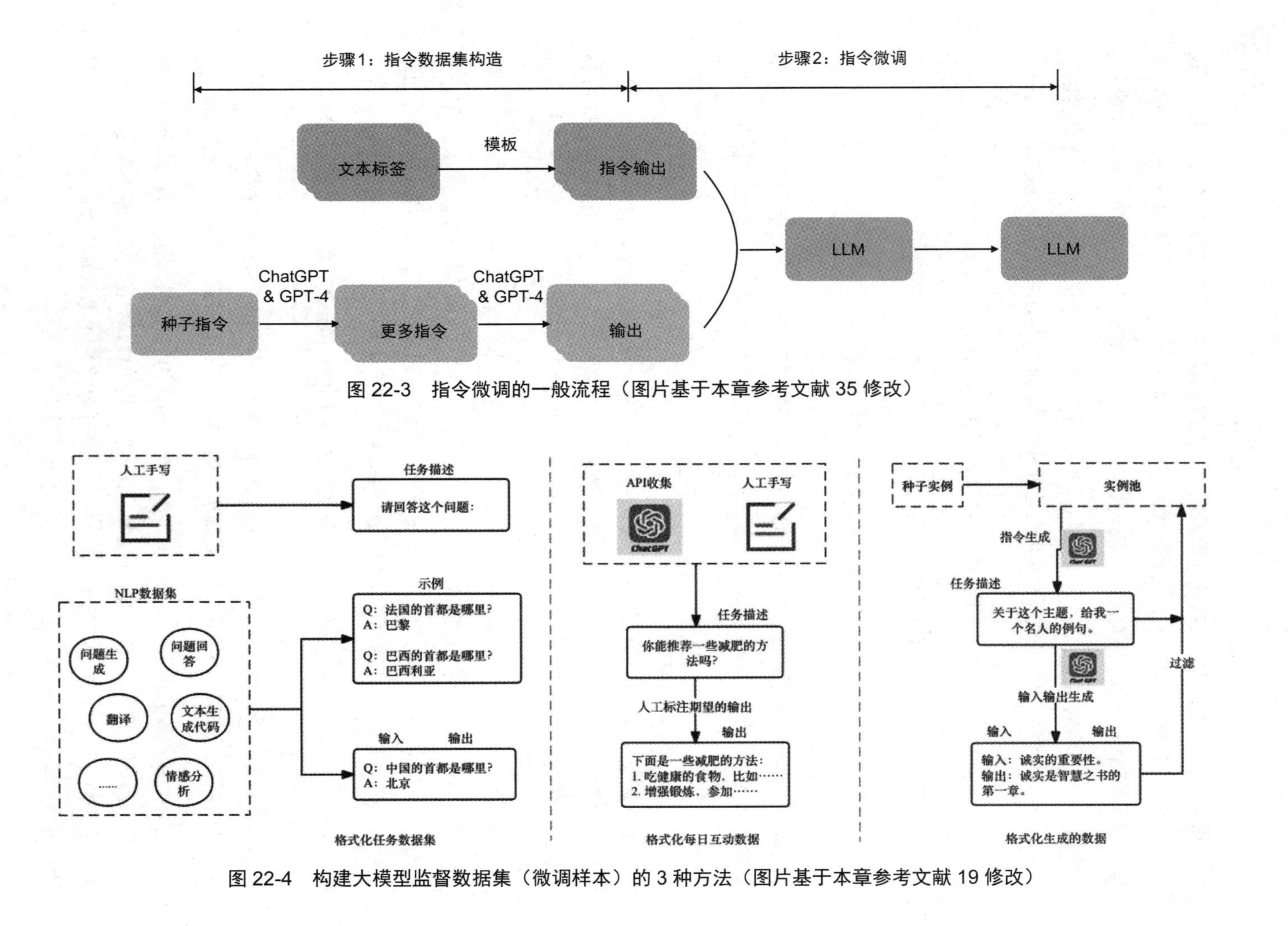

图 22-3　指令微调的一般流程（图片基于本章参考文献 35 修改）

图 22-4　构建大模型监督数据集（微调样本）的 3 种方法（图片基于本章参考文献 19 修改）

针对大模型的指令微调这类监督学习任务跟传统的监督学习不一样，读者可以参考图 22-5 的对比说明。关于指令微调的详细介绍，读者可以阅读综述文章（见本章参考文献 21、35）。

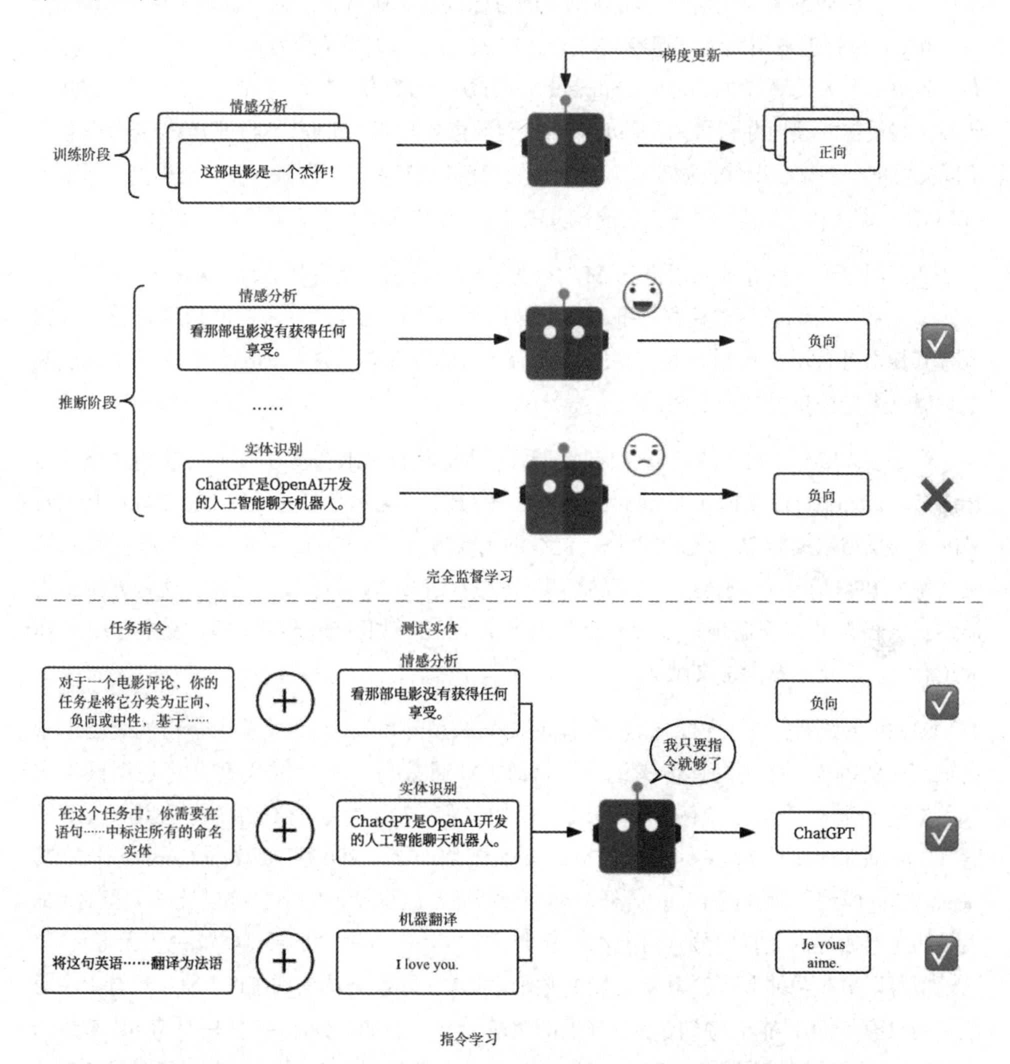

图 22-5 两种机器学习范式：(a) 传统的完全监督学习使用广泛的标记示例来表示任务语义，构建过程成本高昂，由此产生的系统很难推广到新任务中；(b) 指令学习利用任务指令指导系统快速适应各种新任务。图片基于本章参考文献 21

2. 对齐微调

LLM 在广泛的 NLP 任务中显示出非凡的能力。然而，这些模型有时可能做出意想不到的行为，例如编造虚假信息、实现不当的目标以及生成有害、误导性和有偏见的言论。通过 token 预处理来预训练模型参数，导致 LLM 缺乏对人类价值观或偏好的考虑。为此，有学者提出了人类对齐（human alignment）的方法，旨在使 LLM 的行为符合人类的期望。然而，与最初的预训练和微调（例如上面提到的指令微调）不同，这种调整需要考虑非常不同的标准（例如有用性、诚实性和无害性）。有研究表明，人类对齐在一定程度上损害了 LLM 的一般能力（在其他任务上的表现变差了），相关文献称之为对齐税（alignment tax）。

人们制定了各种标准来规范 LLM 的行为。这里以三个具有代表性的对齐标准（有用、诚实和无害）为例说明，这些标准现在已被广泛采用。此外，从不同的角度来看，LLM 还有其他对齐标准，包括行为、意图、激励和内部特性等，这些标准与上述三个标准基本相似（至少在技术处理上相似）。

为了使 LLM 与人类的价值观保持一致，研究者们提出了基于人类反馈的强化学习（reinforcement learning from human feedback，RLHF）（见本章参考文献 23、24），利用收集的人类反馈数据对 LLM 进行微调，这有助于改进模型。RLHF 采用强化学习（RL）算法（例如 PPO 算法），通过学习奖励模型（RM）使 LLM 适应人类反馈。这种方法将人类纳入大模型的训练循环，以开发良好对齐的 LLM（如 InstructGPT 模型就将 RLHF 作为核心方法，见本章参考文献 22）。

RLHF 系统有三个关键组件：预训练待对齐的 LM、从人类反馈中学习的奖励模型和训练 LM 的 RL 算法。具体来说，预训练 LM 通常是一个生成模型，它是用预先训练的 LM 参数初始化的。例如，OpenAI 使用具有 175B 参数的 GPT-3 作为其 RLHF 模型（InstructGPT）待对齐的 LM，DeepMind 使用具有 2800 亿参数的 Gopher 作为其 GopherCite 模型待对齐的 LM。此外，奖励模型通常以标量值的形式提供反映人类对 LM 生成的文本偏好的监督信号（由人类判断生成文本是否有用、是否诚实、是否无害）。奖励模型可以采取两种形式：微调的 LM 或使用人类偏好数据从头训练的 LM。现有工作通常采用具有不同于对齐 LM 的参数规模的奖励模型。例如，OpenAI 使用具有 6B 参数的 GPT-3、DeepMind 使用具有 7B 参数的 Gopher 作为奖励模型。最后，为了使用来自奖励模型的信号来优化预训练待对齐的 LM，需要设计一种用于大规模模型调整的特定 RL 算法，现有工作中广泛使用的是 PPO 算法。图 22-6 所示是 RLHF 的具体工作流，主要有 3 个步骤，下面逐一说明。

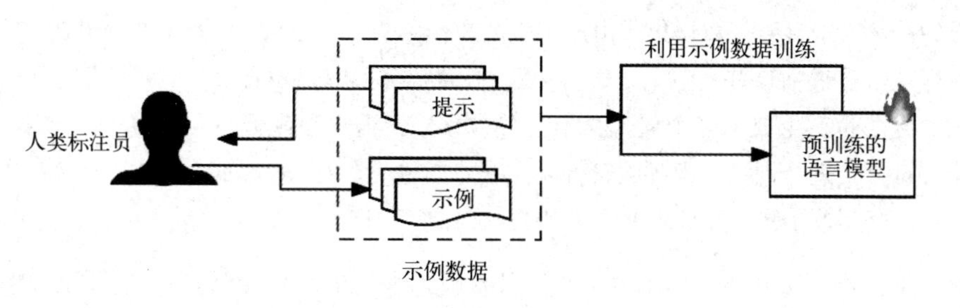

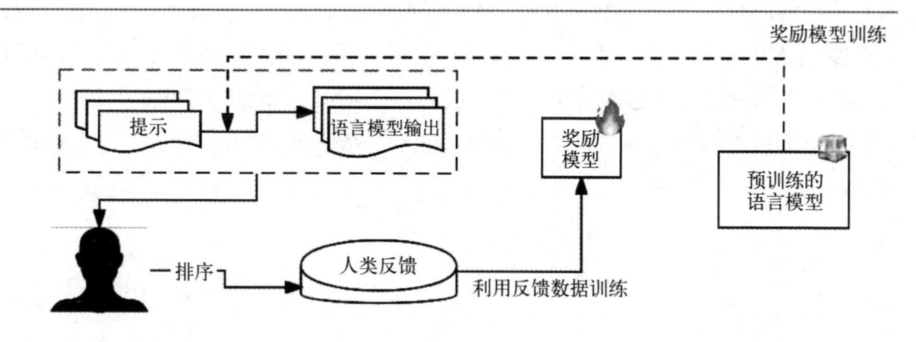

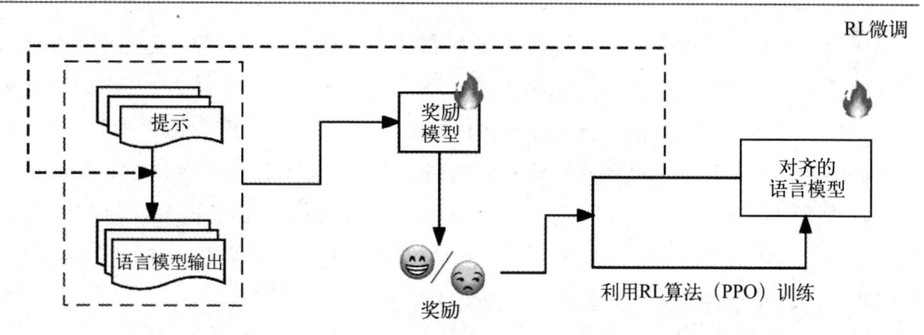

图 22-6 RLHF 算法的工作流（图片来源于本章参考文献 19）

第一步：监督微调。为了使 LM 执行目标行为，通常需要收集一个监督数据集，该数据集包含用于微调 LM 的输入提示（指令）和目标输出。这些提示和输出由标注人员为特定任务而编写，同时可确保任务的多样性（主要目的是提升模型的泛化能力）。例如，InstructGPT 要求标注人员为一些生成任务（如开放式问答、头脑风暴、聊天和重写）编写提示和目标输出。这跟 22.3.2 节所说的方法类似，这一步在某些情况下可以省略。

第二步：奖励模型训练。使用人类反馈数据来训练 RM。具体而言，利用 LM 将抽样的提示（来自监督数据集或由人工生成）作为输入，生成一定数量的输出文本。然后，由标注人员评估这些 <输入，输出> 对的质量。标注过程可以以多种形式进行，一种常见的方法是对生成的多个候选文本打分并排序，这可以降低标注人员评判的不一致性。接着对 RM 进行训练，以预测符合人类偏好的输出。在 InstructGPT 中，标注人员对模型输出由好到差排序，并训练 RM（GPT-3）来预测排序。

第三步：RL 微调。将 LM 的对齐（微调）形式化为 RL 问题。在这种设置中，预训练 LM 充当策略，该策略将提示作为输入并返回输出文本，其动作空间是整个词汇表，状态是当前生成的 token 序列，并且奖励由 RM 提供。为了避免与初始（调整前的）LM 显著偏离，惩罚项通常被加入奖励函数中。例如，InstructGPT 使用 PPO 算法针对 RM 优化 LM。对于每个输入提示，InstructGPT 计算当前 LM 和初始 LM 生成结果之间的 KL 偏差作为惩罚项。第二步和第三步可以多次迭代，以便更好地对齐 LLM，满足人类的期望。

22.3.3 应用

在预训练或适应性调整之后，使用 LLM 的一个主要方法是设计合适的提示策略来完成各种任务。一种典型的提示方法是上下文学习（见本章参考文献 25），它以自然语言文本的形式描述任务或提供示例（demonstration），然后输入大模型获得答案。此外，可以在提示中插入一系列中间推理步骤（思维链，CoT，见本章参考文献 26）来增强上下文学习能力。还有一种执行复杂任务的方法——规划（planning，见本章参考文献 27），该方法首先将任务分解为较小的子任务，然后生成一个行动计划来逐个执行这些子任务，最终获得原始问题的答案。接下来简单介绍这三种技术。

1. 上下文学习

上下文学习（in-context learning，ICL，也叫情境学习）使用格式化的自然语言提示（prompt），包括任务描述或任务示例。图 22-7 左半部分是 ICL 的示意图。首先，描述任务，从任务数据集中选择几个样本（few-shot 学习）或者不选择任何样本（zero-shot 学习）作为示例。然后，将它们以特定的顺序组合在一起，形成模板化的自然语言提示。最后，将待测试的查询实例（一般是满足某种模板的自然语言）附加到示例中，作为 LLM 的输入。基于任务示例，LLM 可以在没有显式梯度更新的情况下识别并执行新任务。

设 $D_k = \{f(x_1,y_1),\cdots,f(x_k,y_k)\}$ 表示具有 k 个示例的样本集，其中 $f(x_k,y_k)$ 是将第 k 个任务示例转换为自然语言提示的提示函数。给定任务描述 I、示例 D_K 和新的输入查询 x_{k+1}，从 LLM 生成输出 $\hat{y}_{k+1}$ 的预测可以形式化如下：

$$\text{LLM}(I, \underbrace{f(x_1,y_1),\cdots,f(x_k,y_k)}_{\text{示例}}, f(\underbrace{x_{k+1}}_{\text{输出}}, \underbrace{\_\_}_{\text{答案}})) \rightarrow \hat{y}_{k+1} \tag{22-2}$$

其中实际预测结果 $\hat{y}_{k+1}$ 被留白，待 LLM 预测。由于 ICL 的性能在很大程度上依赖示例，因此在提示中正确设计示例非常重要。关于 ICL 的详细介绍，建议阅读本章参考文献 25。

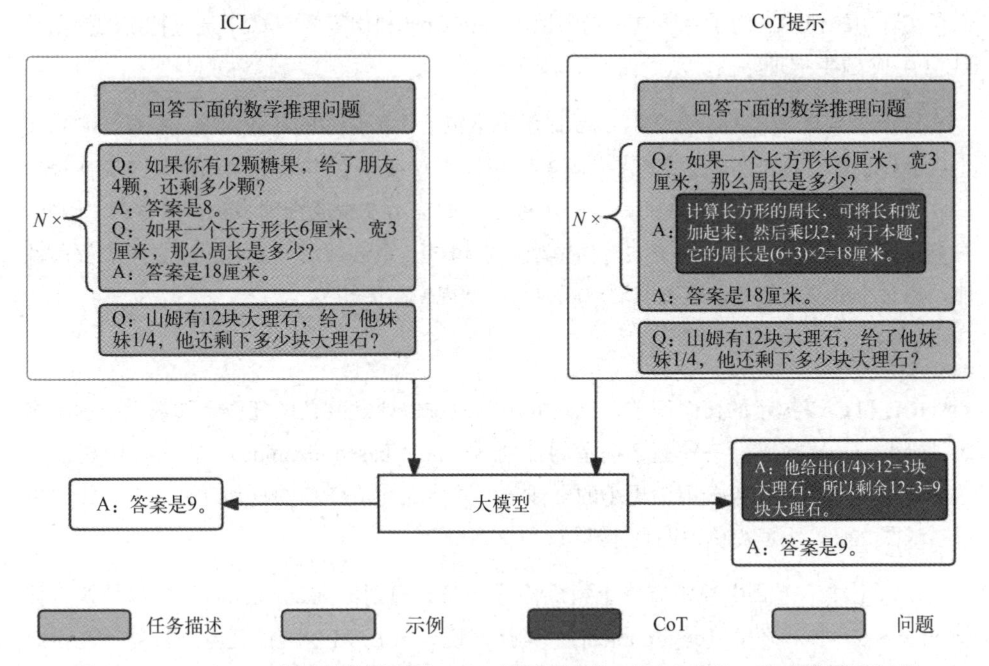

图 22-7　ICL 和 CoT 提示的比较说明。ICL 用任务描述、几个示例和一个查询提示 LLM，而 CoT 提示涉及一系列中间推理步骤（图片来源于本章参考文献 19）

2. 思维链提示

思维链（CoT）提示是一种改进的提示策略，用于提升 LLM 在复杂推理任务上的表现，如算术推理、常识推理和符号推理。CoT 没有像 ICL 那样简单地用 < 输入 , 输出 > 对构建提示，而是增加了中间推理步骤，用于引导最终输出（参见图 22-7 右半部分）。

下面详细说明怎么将 ICL 和 CoT 结合，以及 CoT 提示何时以及为何有效。通常，CoT 可以以 2 种方式与 ICL 一起使用，即少样本 CoT（few-shot CoT）和零样本 CoT（zero-shot CoT）。

少样本 CoT 是 ICL 的一种特殊情况，它结合了 CoT 推理步骤，将每个示例的 < 输入，输出 > 扩充为 < 输入 , CoT, 输出 >。设计恰当的 CoT 提示对于激发 LLM 的复杂推理能力至关重要。作为一种直接的方法，使用不同的 CoT（每个问题有多个推理路径）可以有效提高学习能力。具有复杂推理路径的提示更有可能激发 LLM 的推理能力，这可以提高生成正确答案的准确性。然而，所有这些方法都依赖带标注的 CoT 数据集，这限制了它们在实践中的使用。为了克服这一局限性，Auto-CoT 利用零样本 CoT 通过特定的提示让 LLM 生成 CoT 推理路径，从而消除手动操作。

与少样本 CoT 不同，零样本 CoT 提示中不包括人工标注的任务示例。相反，它直接生成推理步骤 CoT，然后据此推导出答案。零样本 CoT 是在本章参考文献 28 中首次提出的，其中 LLM 首先在“让我们一步一步思考”的提示下生成推理步骤，然后在“因此，答案是”的提示下得出最终答案。当模型大小超过一定规模时，这种策略会大大提高性能，但对小型模型无效，这表明涌现能力与模型规模高度相关。

3. 规划

ICL 和 CoT 提示的概念简单，比较通用，但难以处理复杂的任务，如数学推理和多跳（multi-hop）问答。一种基于提示的计划（prompt-based planning）方法因此被提出，这个方法将复杂的任务分解为更小的子任务，并生成完成任务的行动计划。具体步骤可以参考图 22-8，下面简单说明具体细节。

在这个技术范式中通常有三个组成部分：任务规划器（task planner）、计划执行器（plan executor）和环境（environment）。具体来说，由 LLM 扮演的任务规划器旨在生成解决目标任务的整个计划。计划可以以不同的形式存在，例如，自然语言形式的动作序列或用编程语言编写的可执行程序。计划执行器则负责执行计划中的行动。它既可以通过面向文本任务的 LLM 等模型来实现，也可以通过面向具体任务的机器人等对象来实现。环境是指计划执行器执行行动的地方，可以根据具体任务进行设置，例如 LLM 本身或 Minecraft 等外部虚拟世界。它以自然语言或其他多模态信号的形式向任务规划器提供有关动作执行结果的反馈。

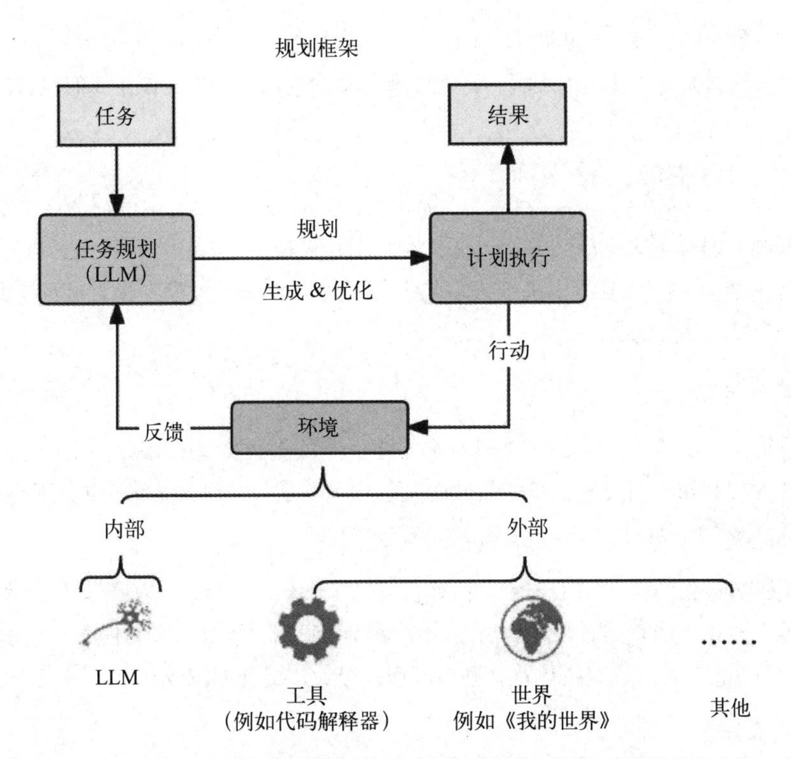

图 22-8 LLM 为解决复杂任务而制订的基于提示的计划（图片来源于参考文献 19）

面对复杂任务，任务规划器首先需要清楚地理解任务目标，并根据 LLM 的推理生成合理的计划。然后，计划执行器根据计划行事，环境会为任务规划器生成反馈。任务规划器可以结合从环境中获得的反馈完善其初始计划，形成新的执行方案，并迭代执行上述过程，以获得更好的结果。

22.4 大模型的应用场景

前面简单介绍了大模型的发展历程、国内外的主流大模型及大模型相关的核心技术。众多专家、学者认为大模型可能是 AI 革命的“导火索”，极有可能拉开 AGI 时代的序幕。

既然大家这么看好大模型技术，那么大模型的价值体现在什么地方呢？我们可以从大模型能够解决什么问题的角度出发，梳理大模型对个人生活、企业运营、社会发展可能带来的影响和革新。本节重点讲解目前已有雏形、具有颠覆性的 6 个大模型应用场景

(关于当今最强大的 GPT-4 的能力，可以阅读本章参考文献 30)。大模型在产业中的应用方兴未艾，随着大模型技术的发展，肯定会有更多的应用场景出现，让我们拭目以待。

22.4.1 内容生成

这里讲的内容生成是广义的，包括文本、图片、视频、音频、代码等，以及对文本内容进行总结、从图片或者视频中提取信息等。内容生成是大模型最直接的应用场景，下面从 5 个场景展开说明。

- **文本生成**

相信很多人体验过 ChatGPT 生成文本的能力。目前大模型可以基于用户输入的提示生成各种内容，如营销文案、特定领域的文章、运营建议、对某个事情或者问题的观点等，甚至很多人已经借助 ChatGPT 出版了图书。

受此影响最大的是文字工作者，比如自媒体、编辑、文秘、作家等。目前大模型生成的内容一般还不能直接拿来用，需要人工审核、调整，修改不当的地方。大模型是文字工作者的好帮手，可以提供思路、创作原型，极大地提升创作效率。

- **内容摘要**

所谓内容摘要，就是让大模型对已有的内容进行总结，提取核心观点，既可以对文本进行摘要，也可以对图片甚至视频进行总结。

内容摘要的应用场景比较多。对文本进行摘要可以更快了解文章的主题，从而决定值不值得通读全文。对于科研工作者，这可以极大地提高文献阅读效率。

- **图片生成**

目前大模型可以基于一段文字描述生成图片，还可以基于图片生成相似图片，以及对图片进行风格迁移。这方面比较有名的有 Midjourney、Stable Diffusion、谷歌 Imagen 等。图 22-9 就是之前走红网络的、由 Midjourney 生成的中国情侣照片，可以看到图片细节非常逼真。

图 22-9 Midjourney 生成的中国情侣照片

大模型生成图片的应用价值非常大，比如文章配图、文内关键段落配图、电影电视剧海报图、广告宣传图、电商物料图等。大模型对绘画从业者的冲击非常大，比如之前游戏公司会雇用很多插画师，现在有些选择用大模型来替代，许多插画师因此失业。

- **视频生成**

大模型可以基于一段文本描述生成逼真的视频，目前生成视频的时长和清晰度还待优化。在视频生成领域比较出名的公司是 Runway。本章参考文献 29 中有一段生成的海底生物的视频效果很惊艳。

可以想见，创意、宣传、教学、影视、游戏等领域都可以借助视频生成提高生产力。

- **代码生成**

大模型基于代码数据训练后，具备代码纠错、查找 bug、自动写代码的能力。这对于程序员的生产力提升是不言而喻的，GitHub 网站上 30%（见本章参考文献 42）的新代码是在 AI 编程工具 Copilot（GitHub 的自动化代码大模型）的帮助下完成的（类似的代码大模型还有 Meta 推出的 Code LLaMA 等）。未来随着大模型代码能力的增强，很多低难度的编程工作可能会被机器替代，这会对初中级程序员造成很大的冲击。

22.4.2 问题解答

大模型的问题解答能力包括回答知识性问题、科学计算、逻辑推理（比如数学证明、事件推理）等。2023 年 3 月 GPT-4 发布时，官方宣称 GPT-4 在各类考试（比如 SAT）、比赛中的表现达到人类顶级水平（见本章参考文献 30）。

问题解答的应用场景也非常多，比如考试、学习、法律咨询、心理咨询、职业咨询、医疗诊断、投资理财等。当然，绝大多数场景需要回答的准确度达到业界要求，特别是医疗等领域，对内容的专业度、准确性要求极高。在这些领域目前大模型不能独立胜任，需要专家最后把关，其相关技术还需进一步完善和提升。

22.4.3 互动式对话

ChatGPT 以对话的形式提供服务，也就是大家熟知的聊天机器人（前几年微软小冰曾引爆聊天机器人领域）。其对话能力就像真人一样，情商很高，非常聪明。智能对话应用有极大的市场空间。

互动式对话本质上是借助内容生成、问题解答并结合一些外部资源（比如搜索引擎）以对话的方式跟人（或者机器）交流，是对交互方式的一种革新。大模型的互动式对话能力可以赋能非常多的行业和场景。

最直接的应用是智能客服场景，不管是拨打电话（如电话销售、电话客服等）还是对话助手（比如在淘宝 App 上跟商家沟通时，首先遇到的往往是机器人客服，机器人解决不了才会切换到真人客服），都可以利用大模型进行赋能。这类垂直应用行业很多，比如问诊、理财咨询、法律咨询等。

还有一种互动方式需要借助硬件来实现，可以是平板（比如科大讯飞的 AI 学习机）、音箱（比如百度的小度音箱、阿里的天猫精灵等）或（人形）机器人（比如送餐机器人、图书馆的借书服务机器人等），未来在老人陪护、少儿看护、机器人伴侣等细分场景都有极大的市场空间。

互动式对话在虚拟人 / 数字人场景中的应用空间也极大。借助人体行为建模、TTS 能力，配合大模型的互动式对话能力，可以打造应用于各类垂直场景的数字人。这方面的应用主要有视频、直播，包括金融、保险等场景的投教视频、直播教学视频等。现在大火的直播带货也可以利用数字人进行直播，很多初创公司已经在进行这方面的探索了，很多公司通过数字人实现了降本增效。

22.4.4　生产力工具 / 企业服务

大家常用的生产力工具，比如 Excel、Word、PPT，以及 Photoshop、代码编辑器等，都可以利用大模型进行赋能。下面举例说明大模型在生产力工具和企业服务方面的应用。

微软于 2023 年 3 月 16 日发布了 Microsoft 365 Copilot，该软件集成了 GPT-4，可以进行文字和图片生成、内容归纳、数据分析和辅助决策等。国内的金山云也不甘落后，在 2023 年 7 月 6 日正式推出基于大模型的智能办公助手 WPS AI，它也是中国协同办公赛道首个类 ChatGPT 式应用。

2023 年 4 月 18 日春季钉峰会上，阿里钉钉现场演示接入通义千问大模型后，通过输入“/”在钉钉唤起 10 余项 AI 能力。目前，钉钉与大模型融合的场景已有几十个，结合大模型重构之前的各类企业工具是钉钉接下来的重点工作方向。可以预见，在不久的将来，企业微信、钉钉、飞书生态下各类基于大模型的应用会如雨后春笋一样冒出来。

阿里前 CEO 张勇在 2023 年阿里云峰会上说过，未来所有云上应用都值得用大模型重做一遍。目前阿里云、百度云、华为云、腾讯云、火山引擎等国内头部云厂商都陆续发布了基于大模型的云上生产力工具（包括算力支持、模型训练、模型服务、上层应用等整个生态链）。

有了各类云厂商和创业公司的探索，在各类垂直行业（比如金融、医疗、法律、零售、制造业等）构建大模型及相关应用一定是企业未来智能化转型的方向，未来至少有 10 年以上的机会窗口。对大模型在企业服务方面感兴趣的读者可以多关注一下相关新闻动态，相信不出 2 年各家云厂商和很多创业公司会便捷地供应大模型相关能力供各行业应用。

22.4.5　特定硬件终端上的应用

前面提到了大模型在智能音箱等硬件上的应用，本节重点介绍大模型在智能手机、智能驾驶汽车、实体机器人上的应用。

手机是目前应用最广泛的智能设备，我们自然会联想能否在手机上应用甚至部署大模型，答案是肯定的，目前业界已经在进行尝试了。华为小艺智能助手（见本章参考文献 37）已经利用大模型进行了升级，可以进行更加智能的互动。小米也在研究怎么在手机上跑通大模型（见本章参考文献 36），具体用于什么场景目前还未知（智能助手、本地搜索等肯定是方向之一）。苹果公司也在研究生成式应用，大概过不了多久，我们就可以看到苹果手机上的大模型应用了（利用大模型革新 Siri 肯定是其中之一）。

大模型的另一个智能终端应用是汽车自动驾驶。2023 年 8 月 28 日马斯克在装配了 FSD V12（特斯拉最新的自动驾驶软件）的特斯拉汽车上直播“去扎克伯格家”（见本章参考文献 38），这是第一个基于 Transformer 架构的端到端 L4 级自动驾驶系统，利用大规模深度学习模型基于收集的路况视频直接学习汽车驾驶操作，没有任何规则策略控制代码，并且模型直接部署在汽车内部，不需要联网就可以运行。FSD V12 可以看成大模型在 L4 级汽车自动驾驶上的一次成功应用。据报道，FSD V12 是在 1 万块英伟达 H100 GPU 上训练的，这是目前（截至 2023 年 8 月 28 日）已知最大规模的 GPU 集群。

利用大模型控制人形机器人也是一个非常有价值的研究方向。2023 年 7 月 28 日谷歌推出了基于 RT-2 技术（见本章参考文献 39）的人形机器人，就是基于大模型技术实现的能够进行端到端学习（类似于特斯拉的自动驾驶学习过程）的机器人产品，它可以基于对自然语言的理解抓取面前已经灭绝的动物模型（这要求机器人理解什么动物已灭绝，并且跟面前的动物模型对应起来），关于该机器人的详细信息，读者可以阅读本章参考文献 40。从华为出来创业的天才少年稚晖君也在 2023 年 8 月发布了基于大模型的人形机器人远征 A1，其表现相当惊艳（见本章参考文献 41）。

22.4.6　搜索推荐

将大模型应用于搜索的战火最早是由微软点燃的。众所周知，微软是 OpenAI 的最大投资方，因此获得了 OpenAI 大模型系列能力的独家商业使用权。ChatGPT 发布后不久，微软就宣布将大模型整合到必应搜索引擎中，以期从搜索市场霸主谷歌手中分一杯羹。

有大模型加持的搜索引擎，完全革新了之前搜索引擎的范式（对互联网上已有的知识进行索引，再基于用户输入的关键词进行匹配和排序）。大模型预先对世界上的知识进行压缩，然后基于用户输入的文本生成与之最匹配的内容，是对压缩知识的组合式、生成式的创造过程。大模型让搜索范式从判别式建模过渡到了生成式建模。

微软推出大模型版本的 Bing 之后，谷歌内部非常紧张，不久就发布 Bard 迎战，并且将大模型相关能力逐步应用到整个搜索系统中。国内的百度、360 等公司也都推出了自己的大模型产品，并且尝试将其整合到自家的搜索系统中，对搜索引擎进行迭代升级。

大模型在推荐系统中也有极大的用武之地。推荐系统基于用户的过往行为对其兴趣进行建模，进而预测用户未来的行为。用户过往行为可以作为大模型的输入，获得目标输出（对用户未来行为的预测），本章不展开说明，下一章详细讲解。

22.5 小结

本章简单介绍了语言模型的发展史、OpenAI 大模型的发展脉络、当前国内外主流的大模型，以及大模型的核心技术原理。本章提到的预训练、指令微调、对齐微调、上下文学习、思维链提示、规划等核心技术需要读者了解。

本章最后从内容生成、问题解答、互动式对话、生产力工具 / 企业服务、特定硬件终端上的应用、搜索推荐 6 个维度介绍了大模型能够赋能的领域和场景。未来大模型一定会革新所有的行业和场景。大家需要对大模型相关的技术、行业应用及场景应用保持关注，在工作中将大模型相关技术用起来。本书中增加大模型基础知识及其在推荐系统中的应用两章，也是想让读者更加了解和关注大模型。

参考文献

1. Jelinek F. Statistical methods for speech recognition[M]. MIT press, 1998.
2. Gao J, Lin C Y. Introduction to the special issue on statistical language modeling[J]. ACM Transactions on Asian Language Information Processing (TALIP), 2004, 3(2): 87-93.
3. Rosenfeld R. Two decades of statistical language modeling: Where do we go from here?[J]. Proceedings of the IEEE, 2000, 88(8): 1270-1278.
4. Stolcke A. SRILM-an extensible language modeling toolkit[C]//Seventh international conference on spoken language processing. 2002.
5. Bengio Y, Ducharme R, Vincent P. A neural probabilistic language model[J]. Advances in neural information processing systems, 2000, 13.
6. Mikolov T, Karafiát M, Burget L, et al. Recurrent neural network based language model[C]// Interspeech. 2010, 2(3): 1045-1048.
7. Kombrink S, Mikolov T, Karafiát M, et al. Recurrent Neural Network Based Language Modeling in Meeting Recognition[C]//Interspeech. 2011, 11: 2877-2880.

8. Collobert R, Weston J, Bottou L, et al. Natural language processing (almost) from scratch[J]. Journal of machine learning research, 2011, 12(ARTICLE): 2493-2537.

9. Mikolov T, Sutskever I, Chen K, et al. Distributed representations of words and phrases and their compositionality[J]. Advances in neural information processing systems, 2013, 26.

10. Mikolov T, Chen K, Corrado G, et al. Efficient estimation of word representations in vector space[J]. arXiv preprint arXiv:1301.3781, 2013.

11. Peters M E, Neumann M, Iyyer M, et al. Deep contextualized word representations[C]// Proceedings of NAACL-HLT. 2018: 2227-2237.

12. Vaswani A, Shazeer N, Parmar N, et al. Attention is all you need[J]. Advances in neural information processing systems, 2017, 30.

13. Devlin J, Chang M W, Lee K, et al. Bert: Pre-training of deep bidirectional transformers for language understanding[J]. arXiv preprint arXiv:1810.04805, 2018.

14. Wei J, Tay Y, Bommasani R, et al. Emergent abilities of large language models[J]. arXiv preprint arXiv:2206.07682, 2022.

15. 晚点团队. 大模型创业潮：狂飙 180天, 2023.

16. Radford A, Narasimhan K, Salimans T, et al. Improving language understanding by generative pre-training[J]. 2018.

17. Radford A, Wu J, Child R, et al. Language models are unsupervised multitask learners[J]. OpenAI blog, 2019, 1(8): 9.

18. Brown T, Mann B, Ryder N, et al. Language models are few-shot learners[J]. Advances in neural information processing systems, 2020, 33: 1877-1901.

19. Zhao W X, Zhou K, Li J, et al. A survey of large language models[J]. arXiv preprint arXiv:2303. 18223, 2023.

20. Liu P J, Saleh M, Pot E, et al. Generating wikipedia by summarizing long sequences[J]. arXiv preprint arXiv:1801.10198, 2018.

21. Lou R, Zhang K, Yin W. Is prompt all you need? no. A comprehensive and broader view of instruction learning[J]. arXiv preprint arXiv:2303.10475, 2023.

22. Ouyang L, Wu J, Jiang X, et al. Training language models to follow instructions with human feedback[J]. Advances in Neural Information Processing Systems, 2022, 35: 27730-27744.

23. Christiano P F, Leike J, Brown T, et al. Deep reinforcement learning from human preferences[J]. Advances in neural information processing systems, 2017, 30.

24. Ziegler D M, Stiennon N, Wu J, et al. Fine-tuning language models from human preferences[J]. arXiv preprint arXiv:1909.08593, 2019.

25. Dong Q, Li L, Dai D, et al. A survey for in-context learning[J]. arXiv preprint arXiv:2301.00234, 2022.

26. Wei J, Wang X, Schuurmans D, et al. Chain-of-thought prompting elicits reasoning in large language models[J]. Advances in Neural Information Processing Systems, 2022, 35: 24824-24837.

27. Zhou D, Schärli N, Hou L, et al. Least-to-most prompting enables complex reasoning in large language models[J]. arXiv preprint arXiv:2205.10625, 2022.

28. Kojima T, Gu S S, Reid M, et al. Large language models are zero-shot reasoners[J]. Advances in neural information processing systems, 2022, 35: 22199-22213.

29. 熊嘟嘟. 生成高质量视频大模型来啦，网友：太高清了，还开源，要对标Gen2, 2023.

30. 机器之心. GPT-4震撼发布：多模态大模型，直接升级ChatGPT、必应，开放API，游戏终结了, 2023.

31. OpenAI. GPT-4 Technical Report, 2023.

32. 陈彩娴. 五道口大模型简史, 2023.

33. 程茜. 清华系17人，撑起中国大模型创业半壁江山, 2023.

34. 张小珺. 中国大模型现状：一面狂热，一面冷峻, 2023.

35. Zhang S, Dong L, Li X, et al. Instruction tuning for large language models: A survey[J]. arXiv preprint arXiv:2308.10792, 2023.

36. 曹思颀. 雷军：小米手机已跑通大模型，将投入 1000亿坚持高端, 2023.

37. 关注前沿科技. 华为率先把大模型接入手机！小艺+大模型，智慧助手智商+++, 2023.

38. 关注前沿科技. 马斯克直播自动驾驶「去小扎家」，45分钟仅一次人工干预：FSD V12不再会是“测试版”, 2023.

39. Brohan A, Brown N, Carbajal J, et al. Rt-2: Vision-language-action models transfer web knowledge to robotic control[J]. arXiv preprint arXiv:2307.15818, 2023.

40. ZeR0. 真能听懂人话！机器人ChatGPT来了，谷歌发布又一AI大模型黑科技, 2023.

41. 关注前沿科技. 稚晖君半年干出个人形机器人！有脑有手步伐稳健，上得实验室下得厨房，价格20万以内, 2023.

42. CSDN. GitHub：30%的新增代码由AI工具Copilot完成, 2021.

第 23 章

ChatGPT、大模型在推荐系统中的应用

第 22 章介绍了 ChatGPT、大模型的基本概念、核心技术原理、应用场景，有了这些背景知识的铺垫，下面介绍 ChatGPT、大模型在推荐系统中的应用。为了方便描述，本章将 ChatGPT、大模型应用于推荐系统统称大模型在推荐系统中的应用。

如前所述，当预训练语言模型的模型参数增多后，模型会在下游任务中表现出一些独特的能力，比如复杂推理、知识发现、通用常识理解等。学术界将这种现象叫作能力**涌现**（emergent，详见本章参考文献 1），具备这些能力的模型才是真正意义上的大模型。

能力涌现是非常重大的发现和突破。大模型经过海量数据的预训练后，会具备通用能力，可以应对一些常见的下游任务（比如将预训练后的大模型直接用于翻译任务中）。那么我们自然会想到，能不能用预训练后的大模型做个性化推荐？

目前已经出现不少利用大模型来解决推荐系统问题的学术论文，相信在不久的将来，大模型将应用在企业级推荐系统中。就像当初深度学习的发展历程一样，由学术界落地至工业界，最终工业界主流的推荐算法都被深度学习推荐算法革新。

我在 2023 年上半年研读了非常多有关大模型应用于推荐系统的论文，对这个领域非常看好。本章基于我对众多论文的理解来讲解大模型在推荐系统中的应用，算是一个入门综述。

具体来说，本章会从大模型为什么能应用于推荐系统、大模型在推荐系统中的应用方法、大模型应用于推荐系统的问题及挑战、大模型推荐系统的发展趋势与行业应用 4 个维度展开。希望读者通过本章的学习，能够了解大模型与推荐系统的关系，以及大模型怎么应用于推荐系统，更多关注这方面的技术成果，研究、跟进并实践大模型推荐系统。

讲解之前说明一下，本章所说的大模型推荐系统是一个比较宽泛的概念，利用

BERT、T5、GPT 系列、LLaMA 系列等较大的预训练模型进行个性化推荐都在本章的讨论范围之内。

23.1　大模型为什么能应用于推荐系统

当前的大模型基于 Transformer 架构，其核心是预测下一个 token（token 可以简单理解为一个单词或者一个单词的一部分）出现的概率。由于海量互联网文本数据可以作为训练数据，所以模型的训练过程不需要人工标注数据（仍需要对数据进行预处理），一旦模型完成预训练，就可以用于解决语言理解和语言生成任务。

在推荐系统中，用户一定时间段内的操作行为是一个有序的序列，每个用户的操作序列类似于一篇文本，所有用户的操作行为序列就可以作为大模型的训练语料库。那么预测用户的下一个操作行为就相当于预测词序列的下一个 token（这里推荐系统的物品类似于语言模型中的一个 token）。通过这个简单的类比，我们就知道推荐系统可以嵌入大模型理论框架中，大模型一定能用于解决推荐系统的问题。

不过在实际场景中，推荐系统的数据来源非常复杂，除了上面提到的用户交互序列，还有用户画像信息（比如年龄、性别、偏好）、物品画像信息（比如标题、标签、描述文本）等。这些信息有的可以用自然语言来呈现，有的是较为复杂的多模态数据（比如图片、视频）。它们都可以输入大模型中，给大模型提供更多的背景知识，以便推荐系统获得更加精准的推荐效果。

虽然大模型暂时还无法充分利用推荐系统的所有多模态数据，但是处理文本数据的效果已经非常优秀，且具备 zero-shot、few-shot 的能力（简单解释一下，zero-shot 就是大模型经过预训练后可以直接解决未知的下游任务，few-shot 就是给出几个示例，大模型可以解决类似的问题，也就是举一反三的能力）。这两个强大的能力可以用于解决推荐系统问题，已经有很多论文利用大模型的这两个能力进行推荐，只不过需要设计一些 prompt（提示）和 template（模板）来激活大模型的推荐能力。这里说一下我个人对激活的理解。大模型有上百亿、上千亿甚至上万亿参数，是一个非常庞大的神经网络。当我们用一些 prompt 让大模型以推荐系统的角色进行推荐时，就激活了深度神经网络中的某些连接，这些连接是神经网络的某个子网络，而这个子网络具备个性化推荐的能力。这个过程和人类大脑神经元的工作机制非常类似，比如当你看到美食时，就会激活大脑中负责进食的区域，产生分泌口水、吞咽等行为，这里的看到美食就类似大模型的 prompt。另外，在我们进行头脑风暴时，受到别人启发突然想到某个绝妙的创意也是一种激活过程。few-shot 更复杂一些，需要在 prompt 中给大模型提供一些推荐的案例（比如用户看了 A、B、C 三个视频后，会看另外一个视频 D），让它临时学习怎么进行推荐。

prompt 没有改变大模型的参数（没有进行梯度下降的反向传播训练），为什么能让大模型具备 few-shot、zero-shot 的能力呢？原因还是和上面提到的类似，prompt 作为一个整体，激活了大模型神经网络的某个功能区域。大模型具备多轮对话能力的原因也是类似的，我们可以将多轮对话看作一个整体，这个整体激活了大模型在某个对话主题下的功能区域，导致大模型能“记住”之前的信息（整个对话过程就是一次连贯的语言生成过程，只不过部分话语是人类给出的，模型接着人类的话语继续生成）。但是对话结束后，对话中产生的新信息没有被大模型学习到，因为目前的大模型不具备增量学习（遇到新信息后学习这个新信息）的能力，而人是具备增量学习能力的，因此增量学习肯定是大模型未来一个重要的发展方向。

另外，因为大模型学习的是互联网上的海量知识，所以可以解决深度学习推荐模型冷启动问题（这是其当前主要瓶颈），有大模型加持的推荐系统将对新物品、新用户非常友好。

大模型还有一个很大的优势：可以通过对话的方式跟用户互动。如果将推荐系统设计成一个像 ChatGPT 那样能跟用户互动的对话式推荐引擎，就可以响应用户的自然语言，满足用户的个性化推荐需求，提高用户的参与度。

通过上面的介绍，相信大家已经大致知道为什么大模型可以应用于推荐系统，那么具体怎么做呢？这就是下一节的主题，也是本章最核心的知识。

23.2　大模型在推荐系统中的应用方法

大模型能够以语言理解、语言生成和对话的方式解决各类问题，这些能力可以用在推荐系统的各个部分。下面从数据处理与特征工程、召回与排序、交互控制、冷启动、推荐解释、跨领域推荐 6 个维度来讲解大模型怎么赋能推荐系统。

23.2.1　大模型用于数据处理与特征工程

在很多场景下，推荐系统存在数据不足的问题，那么利用大模型生成辅助数据就是一个非常自然的想法。

GReaT 是一种基于大模型微调而来的方法，能够根据表格数据生成样本（支持 Excel、MySQL 等格式，详见本章参考文献 2）。GReaT 先将表格数据转换为文本输入大模型进行微调，如图 23-1 所示，微调后的模型就可以基于一定的策略来生成新样本了，如图 23-2 所示。该方法可以保证生成的样本跟原始样本分布一致，这对于数据量不足的推荐场景来说是一种比较好的补充手段。与其他方法相比，GReaT 可以在不用重新训练模型的情况下对特征子集进行任意组合。除了可以用来生成新的样本数据，还可以补充缺失数据。

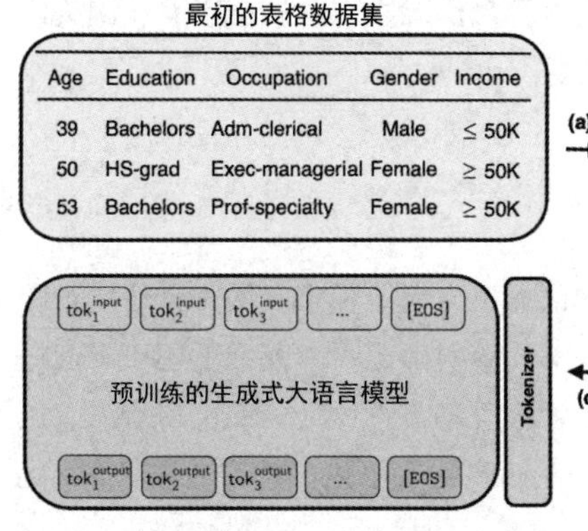

图 23-1 微调步骤的 GReaT 数据管道。首先，文本编码步骤将表格数据转换为有意义的文本（a）；随后进行特征顺序置换（b）；最后，将获得的句子用于大模型的微调（c）（图片来源于本章参考文献 2）

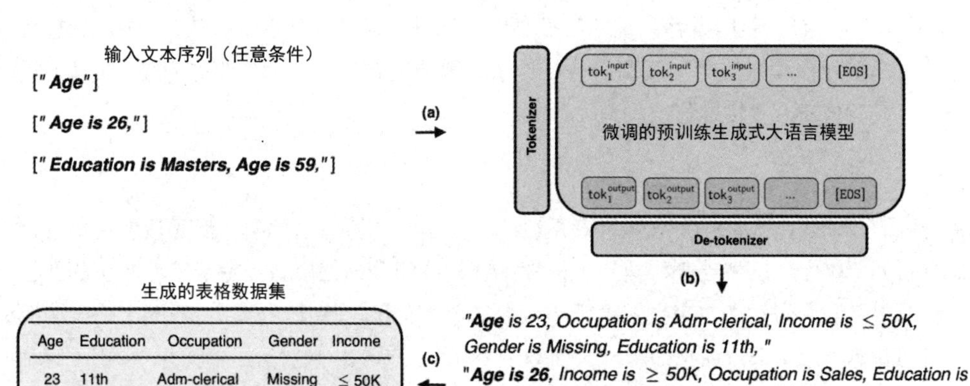

图 23-2 合成数据生成方法的采样过程。为了让预训练的 LLM 生成新数据，需要将单个特征名称或 < 特征 , 特征值 > 对的任意组合转换为文本（a）；随后，将文本输入微调后的 LLM，完成采样（b），最终将数据转换为表格格式（c）（图片来源于本章参考文献 2）

在传统的推荐系统中，类别数据通常可以进行 one-hot 编码，也可以采用简单的嵌入方法来获得稠密的嵌入表示。随着大语言模型的出现，我们完全可以将大模型作为辅助文本特征编码器，比如可以利用 BERT 将各类信息（物品标题、标签、描述文本等）进行嵌入，将获得的嵌入向量作为其他推荐模型（可以是大模型，也可以是传统的推荐模型）的输入。

利用大模型获取新的特征，可以获得两大好处：(1) 为后期的神经网络推荐模型进一步提供具有语义信息的用户 / 物品表示；(2) 以自然语言为桥梁实现跨领域推荐，因为跨领域的特征一般不共享（跨领域物品的元数据的字段不一样）。

23.2.2　大模型用于召回与排序

推荐系统最核心的模块莫过于召回、排序了，前面也介绍了很多召回、排序的策略和算法。大模型也能应用于召回、排序（下面的讲解没有明确说明大模型是用于召回还是排序，读者可以基于具体模型的特性和输入数据自己思考一下，大模型更适合做召回还是排序呢？），可以说，召回和排序是大模型最容易也是最有可能革新传统推荐系统的方向，下面重点介绍。

在讲解之前，先介绍一下大模型应用于召回、排序的方式。我们知道，训练大模型一般分为预训练、微调两个阶段，针对大模型应用于推荐系统，有 3 种主要的使用方式（如图 23-3 所示）：利用推荐系统的数据预训练后进行推断（预训练范式），利用预训练好的大模型和推荐系统数据微调后进行推断（微调范式），利用预训练好的大模型通过 prompt 进行推断（直接推荐范式）。

1. 预训练范式

所谓预训练范式，就是利用推荐系统相关数据来预训练大模型，然后让大模型直接进行召回、排序，这相当于构建一个推荐系统领域的垂直大模型。由于推荐系统的数据量相对于互联网海量文本来说规模较小，数据形式也比较特殊，所以一般基于一个中等规模的开源大模型来预训练即可，比如基于 BERT、T5、M6 进行预训练。如果想了解基于 BERT 的推荐算法，可以阅读本章参考文献 3 和 5，它们分别介绍了 U-BERT 算法和 BERT4Rec 算法；如果想了解基于 T5 开源模型的预训练方法，可以阅读本章参考文献 6，其中讲解了 P5 算法；如果想了解基于 M6 的大模型推荐系统，可以阅读本章参考文献 7，其中介绍了 M6-Rec 算法。下面简单介绍 BERT4Rec 和 P5 算法。

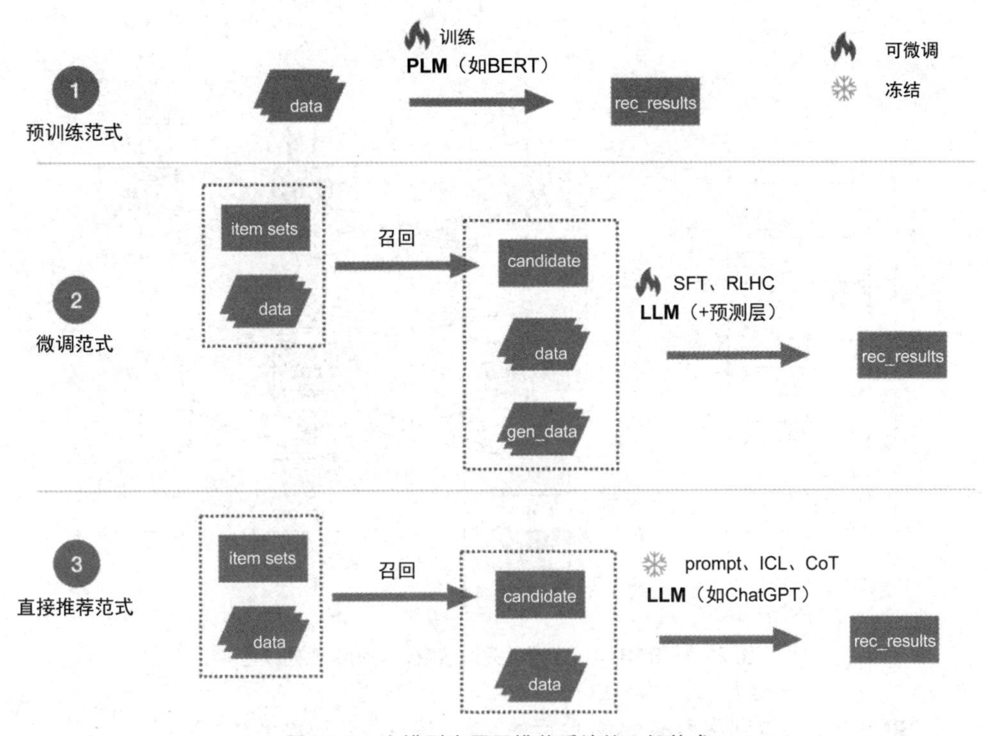

图 23-3 大模型应用于推荐系统的一般范式

BERT4Rec 基于 Transformer 和 BERT 架构来训练一个双向神经网络大模型，为了避免信息泄露（双向模型会导致用户行为序列中后面待预测的物品也用于建模，相当于提前泄露了信息），采用完形填空（cloze）目标函数进行训练，也就是随机遮盖序列中的某个 token，通过模型来预测被遮盖的 token 的概率来建模。

下面简单介绍 BERT4Rec 的核心思想（模型架构如图 23-4 所示）。在序列推荐（sequential recommendation）任务中，$\mathcal{U}=\{u_1,u_2,\cdots,u_{|\mathcal{U}|}\}$ 代表用户集，$\mathcal{V}=\{v_1,v_2,\cdots,v_{|\mathcal{V}|}\}$ 代表物品集，列表 $\mathcal{S}_u=[v_1^{(u)},\cdots,v_t^{(u)},\cdots,v_{n_u}^{(u)}]$ 是用户 $u\in\mathcal{U}$ 按照时间排列的交互序列，这里 $v_t^{(u)}\in\mathcal{V}$ 是用户 u 在时间 t 交互的物品，n_u 是用户 u 的交互序列的长度。给定交互历史 $\mathcal{S}_u$，序列推荐旨在预测用户 u 在时间 n_u+1 交互的物品。这可以形式化为在时间 n_u+1 对用户 u 的所有可能的交互物品的概率进行建模：$p(v_{n_u+1}^{(u)}=v\,|\,\mathcal{S}_u)$。

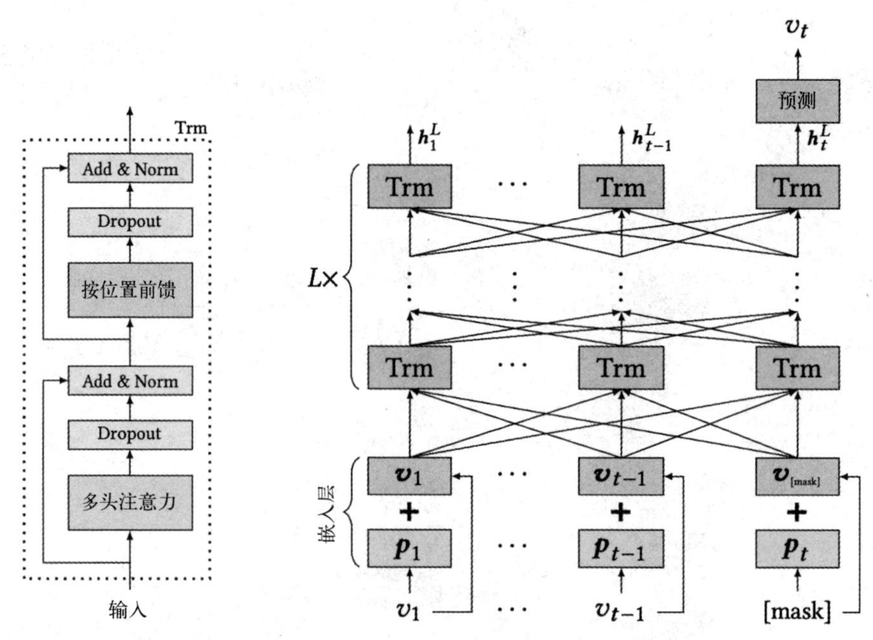

图 23-4　BERT4Rec 通过完形填空任务训练双向模型

BERT4Rec 可以利用预测 token 前后的 token 信息，获得更多样本数据，这跟用户实际行为序列之间的依赖关系保持一致，因此效果非常不错。本章参考文献 8 中提出的 SASRec 算法就是一个单向的自注意力网络，BERT4Rec 可以看作它的一种自然推广。

P5 将预测评分、评论、推荐解释、序列推荐、直接推荐构建在统一的模板下（图 23-5 为 P5 模型通用的 prompt 模板），然后利用开源大模型 T5（见本章参考文献 9）来进行预训练，完成预训练后，直接利用 prompt 模板为用户进行各类推荐。

在模型架构方面，P5 建立在编码器 - 解码器框架上，原论文使用 Transformer 块来构建编码器和解码器。假设输入 token 序列的嵌入是 $\boldsymbol{x}=[x_1,\cdots,x_n]$，如图 23-6 所示，在将嵌入序列灌入双向文本编码器 $\varepsilon(\cdot)$ 之前，我们将位置编码 $\boldsymbol{\rho}$ 添加到原始嵌入中，以捕获它们在序列中的位置信息。此外，为了让 P5 知道输入序列中包含的个性化信息，原论文还应用整词嵌入（whole-word embedding）来指示连续的子词标记是否来自同一原始词。例如，我们直接将 ID 号为 7391 的物品表示为 item_7391，那么单词将被句子片段分词器拆分为 4 个单独的 token（“item”“_”“73”“91”）。在共享的整词嵌入“⟨w10⟩”的帮助下，P5 可以更好地识别具有个性化信息的句子片段。

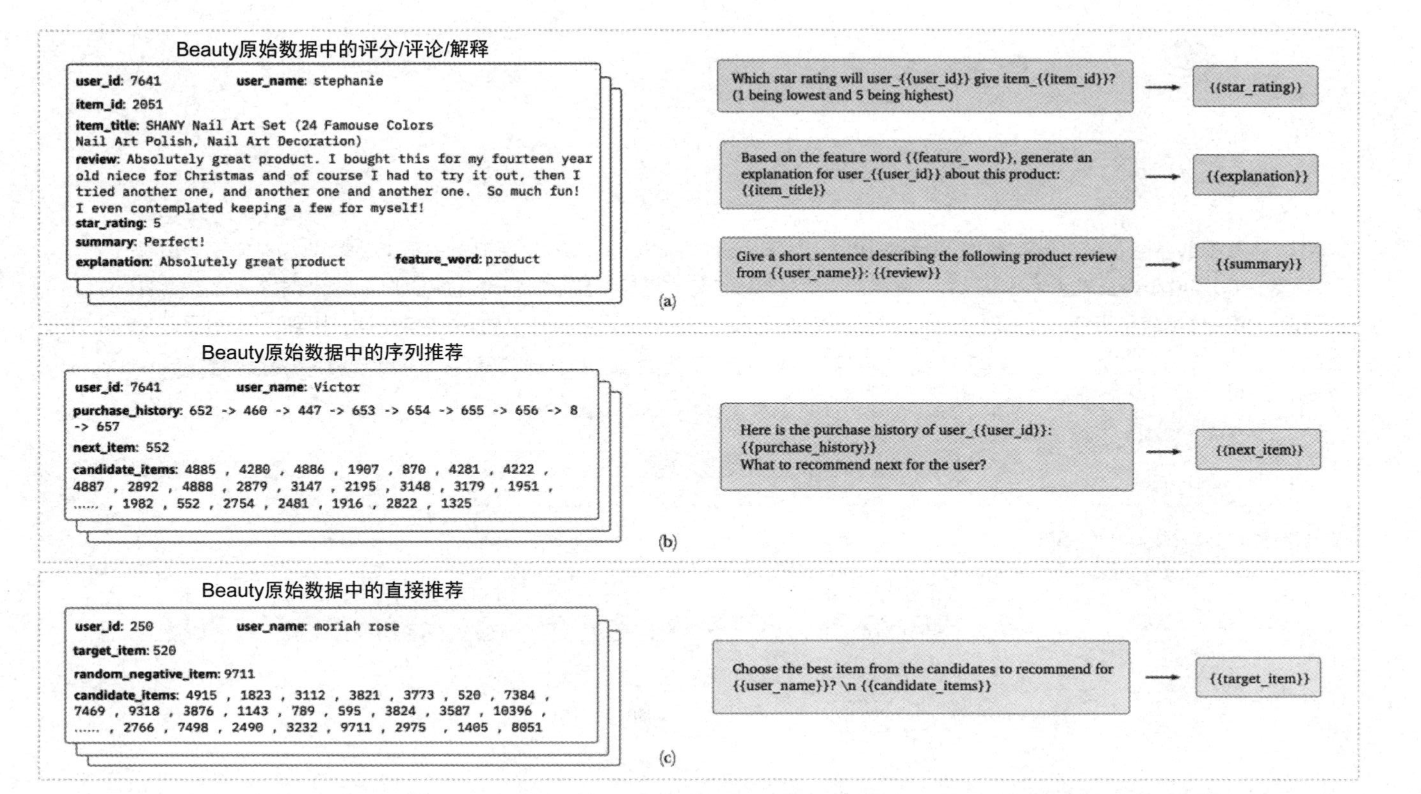

图 23-5　P5 的个性化提示模板。想从原始数据中构建输入－目标对，只需将提示中的字段替换为原始数据中的相应信息。P5 的 5 个任务族的原始数据有 3 个独立来源。具体而言，评分、评论、解释 prompt 具有共享的原始数据（a）。序列推荐（b）和直接推荐（c）使用类似的原始数据，但前者需要用户交互历史。（图片来源于本章参考文献 6）

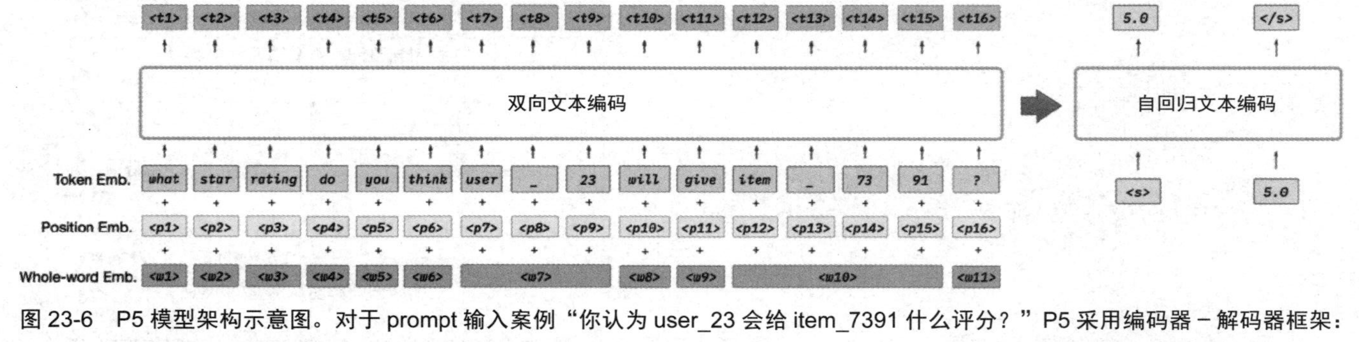

图 23-6　P5 模型架构示意图。对于 prompt 输入案例“你认为 user_23 会给 item_7391 什么评分？”P5 采用编码器－解码器框架：首先用双向文本编码器对输入进行编码，然后通过文本自回归解码器生成推荐。与特定任务的推荐模型相比，P5 依赖在大规模个性化 prompt 集合上基于多任务 prompt 的预训练，能够适应不同的推荐任务，甚至可以推广到新的任务中（图片来源于本章参考文献 6）

然后，文本编码器取上述 3 个嵌入的和 $\boldsymbol{e}=[e_1,\cdots,e_n]$ 并输出它们的上下文表示 $\boldsymbol{t}=[t_1,\cdots,t_n]=\varepsilon(\boldsymbol{e})$。接着解码器 $D(\cdot)$ 结合之前生成的 token $\boldsymbol{y}_{<j}$ 和编码器输出 $\boldsymbol{t}$，预测未来 token $P_\theta(\boldsymbol{y}_j \mid \boldsymbol{y}_{<j},\boldsymbol{x})=\mathcal{D}(\boldsymbol{y}_{<j},\boldsymbol{t})$。在预训练阶段，P5 通过端到端的方式学习模型参数 θ，目标是最小化以输入文本 x 为条件的标签 token y 的负对数似然：

$$\mathcal{L}_\theta^{\mathrm{P5}}=-\sum_{j=1}^{|y|}\log P_\theta(\boldsymbol{y}_j \mid \boldsymbol{y}_{<j},\boldsymbol{x})$$

P5 框架下的所有推荐任务都有同样的目标函数。因此，推荐任务统一为一个模型、一个损失函数和一种数据格式。P5 这种“大一统”的思路非常有意思，通过一个模型可以解决推荐系统遇到的各种各样的问题，避免了为每类推荐任务构建单独的模型这种耗时耗力的过程，这也跟大模型“一次预训练解决多个下游任务”的思路一脉相承。

除了上面介绍的 BERT4Rec、P5 等预训练大模型推荐系统外，这类方法还有很多，如本章参考文献 31 中提到的 Transformers4Rec 等，读者可以自行学习。大模型预训练除了可以直接用于推荐预测外，也可以获得用户或者物品的嵌入向量（参考 23.2.1 节），再利用向量做召回。

2. 微调范式

所谓微调范式，是指利用特定领域的数据微调预训练好的大模型，待大模型微调好后再进行下游的个性化推荐。微调过程中会进行模型的梯度下降训练，只不过微调是对模型进行小规模调整，训练时间和训练成本都更少。

微调范式是一种非常重要的范式，其主要价值体现在以下三方面。

(1) 预训练提供了更好的初始化模型，这些模型通常具备泛化能力，能够执行不同的下游推荐任务，从各个角度提升推荐的效果，并且在微调阶段加速收敛。

(2) 模型在庞大的源语料库上进行预训练，可以学习到更多通用知识，有利于执行下游推荐任务（比如可以缓解冷启动问题）。

(3) 预训练可以看作一种正则化，避免在资源缺乏时和小数据集上发生过拟合。

微调范式非常灵活，预训练可以采用各种各样的大模型（如 T5、LLaMA 等）。微调过程可以分为对整个模型进行微调、对模型的部分参数进行微调、对模型的额外部分进行微调（如在预训练模型上新增加一层用于下游推荐任务，微调这个新增加的层），下面分别介绍。

- **微调整个模型**

在这一微调范式下，模型用不同的数据源进行预训练和微调，微调过程调整的是整个模型的参数。预训练和微调阶段的学习目标也可能不同。对不同领域的数据源进行预训练和微调，也称跨领域推荐。

受 BERT 在 NLP 中成功应用的启发，本章参考文献 3 提出了一种新的基于预训练和微调的方法 U-BERT。与典型的 BERT 应用不同，U-BERT 是为推荐系统定制的，并在预训练和微调中使用了不同的算法框架。在预训练中，U-BERT 专注于内容丰富的领域，并引入了一个用户编码器和一个评论编码器来对用户行为进行建模。在微调中，U-BERT 专注于内容不足的目标领域，除了从预训练阶段继承的用户编码器和评论编码器外，U-BERT 还引入了一个物品编码器来对物品表示进行建模。此外，该论文还提出评论协同匹配层的概念，用来捕捉用户和物品评论之间更多的语义交互。最终 U-BERT 将用户表示、物品表示和评论交互信息结合起来，大幅提高了推荐系统的性能。图 23-7 就是 U-BERT 利用大模型将一个场景的丰富信息迁移到另外一个场景，然后进行个性化推荐。下面重点介绍 U-BERT 核心算法的原理。

图 23-7 同一用户为不同领域的两个物品撰写的两条评论（图片来源于本章参考文献 3）

在预训练阶段，U-BERT 执行两项自我监督任务，根据内容丰富领域的大量评论来学习用户的一般表示；在微调阶段，U-BERT 使用监督学习在内容不足领域进一步细化用户评论表示。为了完成推荐任务，我们需要在同一框架中对用户 ID、物品 ID 和评论进行建模。在预训练和微调阶段，用户 ID 保持不变，而物品 ID 由于场景差异不重叠。因此，U-BERT 在预训练和微调阶段引入了不同的架构。

在预训练阶段，U-BERT 引入了一个基于多层 Transformer 的评论编码器（这里对两个场景中的评论进行统一建模，即两个场景的评论数据都用到了）和一个用户编码器，对评论文本进行建模并构造了评论增强（review-enhanced）的用户表示。此外，原论文提出了两个新的预训练任务——掩盖意见 token 预测和意见评分预测，来训练这两个任务（完整的模型架构参考图 23-8，这里的意见是用户对物品评论的关键词，比如“五星好评”“非常棒”这类表达用户意见的文本信息）。

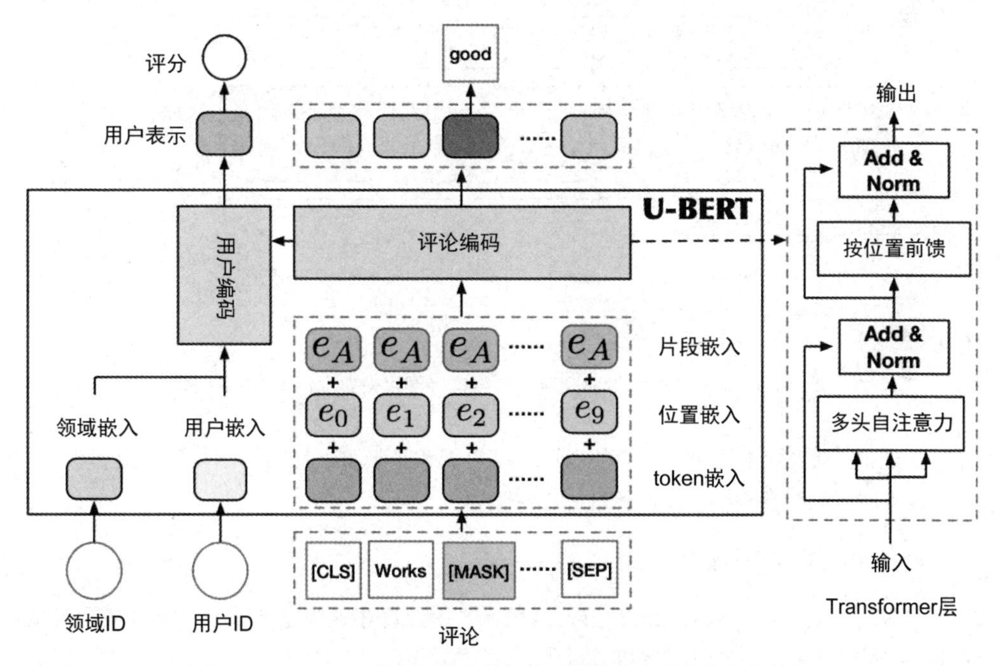

图 23-8 U-BERT 的预训练阶段架构（图片来自本章参考文献 3）

在微调阶段，U-BERT 进一步使用物品编码器来表示物品，并使用评论协同匹配层来捕捉用户和物品评论之间的语义交互信息。最后，将获取的所有用户表示、物品表示和评论交互信息灌入目标域中的下游推荐系统预测层中（完整的模型架构参考图 23-9，可以看到微调阶段的架构跟预训练稍有不同，但整体是一致的）。

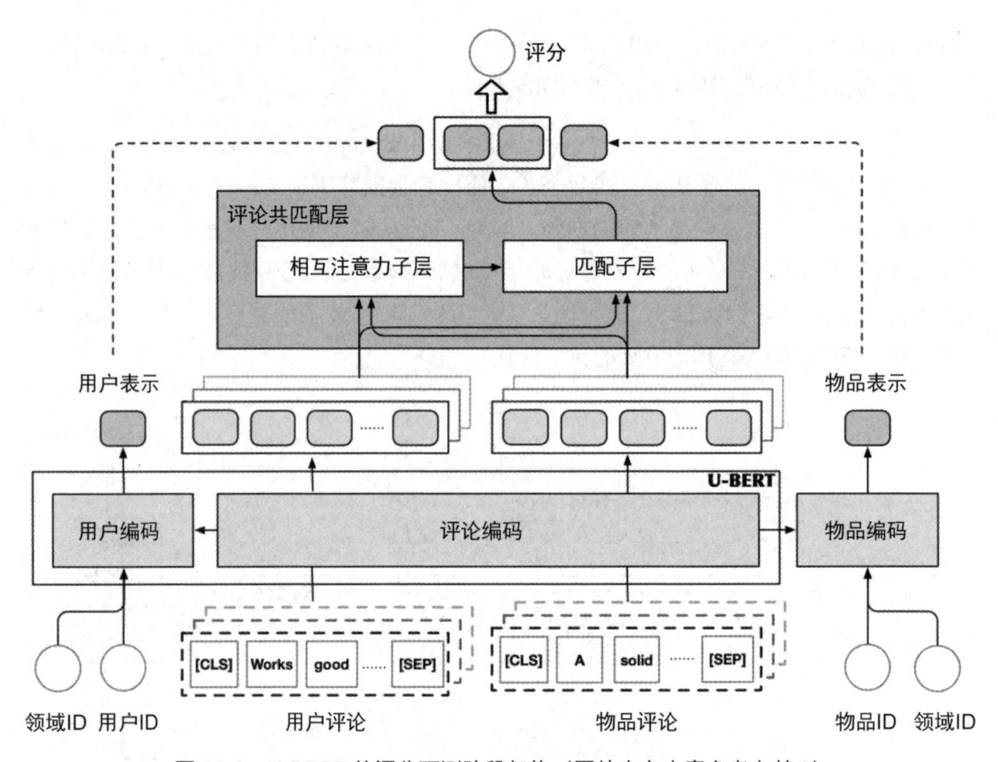

图 23-9　U-BERT 的评分预测阶段架构（图片来自本章参考文献 3）

U-BERT 首先预训练一个完整的模型，然后对整个模型（修改了架构后）进行微调，整体效果较好，但是数据量、计算量等都比较大。

- **微调模型的部分参数**

由于微调整个模型耗时较长且灵活性较低，因此许多大模型推荐系统选择微调模型的部分参数，以平衡训练开销和推荐性能。

本章参考文献 10 提出了一个新方法——UniSRec，它应用线性变换层处理来自不同领域物品的 BERT 表示，然后采用自适应 MoE（混合专家）策略来获得通用物品表示，以处理领域偏差问题（不同领域专家权重不一样）。同时，考虑到从多个特定领域的行为模式中学习可能会导致冲突，UniSRec 在预训练阶段提出了用于多任务学习的“序列–物品”和“序列–序列”对比学习任务。这种方法只需对模型参数的一小部分进行微调，就能使模型快速适应冷启动，如图 23-10 所示。

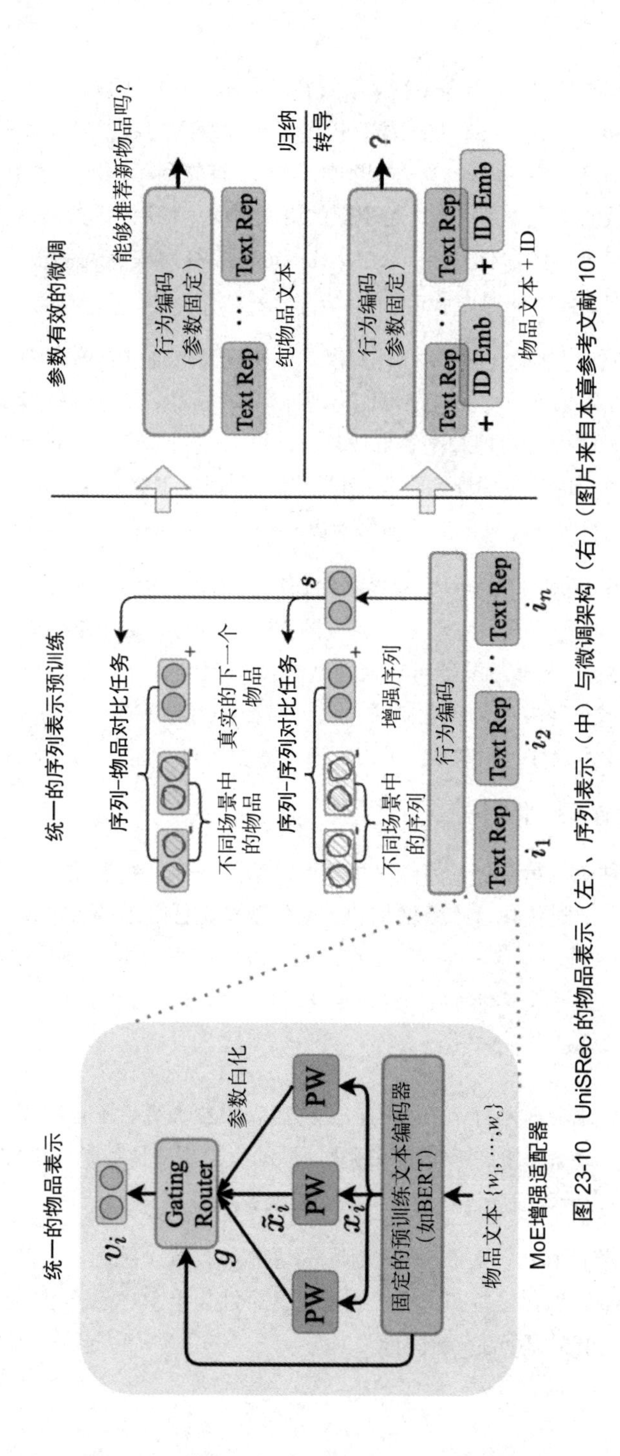

图 23-10 UniSRec 的物品表示（左）、序列表示（中）与微调架构（右）（图片来自本章参考文献 10）

基于物品的文本信息（item text）来学习物品表示，该文本以自然语言的形式描述物品特征，具备更强的迁移能力。自然语言提供了一种通用的数据形式来拟合不同任务或不同领域之间的语义差距。基于这一思想，UniSRec 首先利用预训练模型学习文本嵌入。由于来自不同领域的文本表示可能跨越不同的语义空间（使用相同的文本编码器），因此 UniSRec 提出了基于参数白化（parametric whitening）和 MoE 的增强适配技术，将文本语义转换为适合推荐任务的通用形式。

由于不同的领域对应不同的用户行为模式，所以简单地混合来自多个领域的交互序列进行预训练往往效果不佳，而且很可能出现冲突。UniSRec 的解决方案是引入“序列－物品”和“序列－序列”两种对比学习任务，这可以进一步增强不同领域在学习物品表征时的融合性和适应性。在预训练阶段，利用多任务训练策略来联合优化“序列－物品”对比损失函数和“序列－序列”对比损失函数。

由于 UniSRec 模型可以学习交互序列的通用表示，所以可以固定主要架构的参数，只微调 MoE 增强适配器的一小部分参数（图 23-10 中的 Gating Router 部分），以增强模型的适应性。MoE 增强适配器可以快速适应新的领域，融合预训练模型与新领域的特征，并在新领域获得较好的预测效果。另外，根据目标域中的物品 ID 是否在训练集中存在，原论文中考虑了两种微调：归纳（不在）、转导（在），见图 23-10 最右边。

- **微调模型的额外部分**

除了上述两种微调策略外，另外一种微调策略是在预训练模型上增加的特定任务层来执行推荐任务，通过优化这个新增加的、聚焦于特定任务层的参数来实现微调的目标（见本章参考文献 11）。还有一种方法是在微调阶段使用跟初始化的预训练模型具有类似架构的新模型，并使用微调的新模型进行推荐（见本章参考文献 12）。

3. 直接推荐范式

直接推荐范式跟上面两种范式不同，大模型完成预训练后不再需要微调，直接就能用于个性化推荐。这里的预训练模型一般是通用的大模型（比如 ChatGPT、GPT-4、Bard 等），而不是单独为推荐任务进行预训练的大模型。

我们在 23.1 节提到过，大模型是基于海量文本数据预训练的，海量文本本身就压缩了各个领域的基础知识，这些知识可以用于进行个性化推荐。只不过，我们需要用特定的提示才能激发大模型的个性化推荐能力。

推荐系统的提示需要采用特定的模板。推荐系统跟其他下游任务最大的不同是具有个性化特点，因此需要个性化的提示。个性化提示包括不同用户和物品的个性化字段，例如用户的偏好可以通过物品 ID 或对用户的描述（如姓名、性别、年龄等）来表示。此外，个性化提示的预期模型输出也应该根据输入物品的变化而变化，这些物品的字段可以由物品 ID 或包含详细描述的物品元数据来表示。

大模型不需要进行任何微调，只需利用特定提示激发其推荐能力，就可以直接用于下游推荐任务，我们将这种能力叫作 zero-shot 能力。另外，第 22 章中提到，大模型具备 ICL 的能力，也就是给出几个“输入－输出”示例，大模型就能够举一反三（这个过程类似于迁移学习的过程，23.1 节也解释了大模型为什么具备这个能力），这就是大模型的 few-shot 能力。因此，利用直接推荐范式的个性化推荐可以分为 zero-shot 推荐、few-shot 推荐两大类。

- **zero-shot 推荐**

zero-shot 直接利用预训练的大模型，通过设计特定的 prompt 和模板来让大模型完成推荐任务。这类推荐的效果主要由大模型自身的通用能力及 prompt 的独特设计决定，一般会用 ChatGPT、GPT-4 等超大的大模型，这类模型的通用能力更强。本章参考文献 13 提供了一个比较好的 zero-shot 推荐的案例，下面介绍具体的步骤和原理（读者也可以阅读本章参考文献 14、15、16，了解更多的 zero-shot 推荐实现方案）。

本章参考文献 13 将推荐看成一个有条件的排序任务（思路有点类似于贝叶斯估计），给定用户的历史交互序列 $\mathcal{H}=\{i_1,i_2,\cdots,i_n\}$（按照交互时间升序排列）作为初始条件，大模型推荐系统的任务是对召回的候选集 $c=\{i_j\}_{j=1}^{m}$（可以使用其他传统的召回算法获得，候选物品来自整个物品池 $\mathcal{I}(m \ll |\mathcal{I}|)$，另外，每个物品 i 有一个关联的文本描述 t_i）进行排序，使得用户最喜欢的物品排在前面。这就是一个典型的利用大模型进行推荐系统排序的方案。

对每个用户，首先构造两个自然语言模式（pattern）：一个是用户的历史交互序列 $\mathcal{H}$（conditions），一个是抽取的候选物品集 $\mathcal{C}$（candidates），然后将这两个模式输入一个自然语言模板 T 中形成最终的指令（prompt），以期大模型理解指令并输出推荐排序结果。大模型排序方法的总体框架如图 23-11 所示。接下来，我们详细描述指令的设计过程。

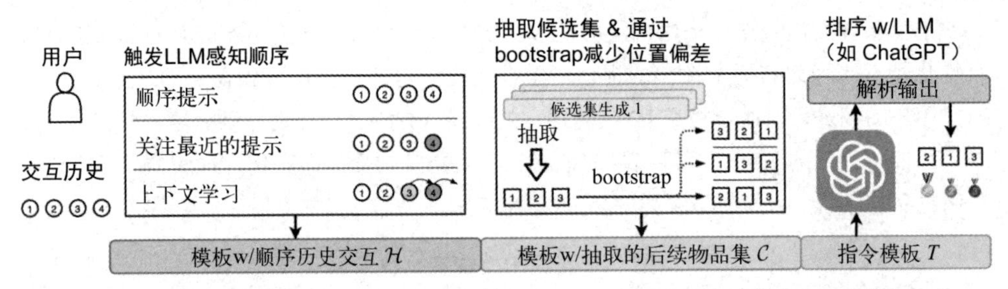

图 23-11 利用大模型进行 zero-shot 推荐排序的技术方案（图片来源于本章参考文献 13）

用户历史交互序列（对应图 23-11 左边部分）：为了研究 LLM 能否从用户历史行为中捕获用户偏好，我们将顺序历史交互 $\mathcal{H}=\{i_1,i_2,\cdots,i_n\}$ 作为 LLM 的输入包含在指令中。为了使 LLM 能够意识到历史交互的顺序性，有如下三种构建指令的方法。

- **顺序提示**：按时间顺序排列历史交互。例如："I've watched the following movies in the past in order: '0. Multiplicity', '1. Jurassic Park', ⋯"。
- **关注最近的提示**：除了顺序历史交互外，我们还可以添加一句话来强调最近的交互。例如："I've watched the following movies in the past in order: '0.Multiplicity','1. JurassicPark', ⋯ Note that my most recently watched movie is Dead Presidents. ⋯"。
- **上下文学习（ICL）**：ICL 是让 LLM 执行各种任务的一种效果突出的提示方法，它在提示中包括示例样本（可能带有任务描述），并指示 LLM 解决特定任务。对于个性化推荐任务，简单地引入其他用户的示例可能会带来噪声，因为不同的用户通常具有不同的偏好。我们通过调整 ICL，增补输入交互序列来引入示例样本。例如：" If I've watched the following movies in the past in order: '0. Multiplicity', '1. Jurassic Park', ⋯, then you should recommend Dead Presidents to me and now that I've watched Dead Presidents, then ⋯"。

抽取候选物品集（对应图 23-11 中间部分）：要排序的候选物品通常由几个候选模型生成（多路召回）。为了用 LLM 对这些候选物品进行排序，我们先按顺序排列候选物品 $|\mathcal{C}|$。例如："Now there are 20 candidate movies that I can watch next: '0. Sister Act', '1. Sunset Blvd', ⋯"。按照经典的候选集生成方法，候选物品没有特定的顺序。我们将不同候选集生成模型的召回结果放到一个集合中并随机排序。我们考虑一个相对较小的候选集，并保留了 20 个候选物品（$m=20$）进行排序。实验表明，LLM 对提示中示例的顺序很敏感。因此，我们在提示中为候选物品生成了不同的顺序，这使得我们能够进一步验

证 LLM 的排序结果是否受到候选集排列顺序的影响，即位置偏差（这种位置偏差确实存在），以及如何通过 bootstrap 来减小位置偏差。

使用大型语言模型进行排序（对应图 23-11 右边部分）。为了使用 LLM 作为排序模型，我们最终将上述模式集成到指令模板 T 中。一个可行的示例指令模板是："[pattern that contains sequential historical interactions $\mathcal{H}$(conditions)] [pattern that contains retrieved candidate items $\mathcal{C}$(candidates)] Please rank these movies by measuring the possibilities that I would like to watch next most, according to my watching history. You MUST rank the given candidate movies. You cannot generate movies that are not in the given candidate list."。

解析 LLM 的输出（对应图 23-11 右边部分最上面）。将指令输入 LLM，可以获得 LLM 的排序结果以供推荐。请注意，LLM 的输出仍然是自然语言文本，我们使用启发式文本匹配方法解析输出，并将推荐结果与候选集进行匹配。具体来说，当物品的文本较短且能够区分时，如电影标题，我们可以在 LLM 输出和候选物品的文本之间直接执行高效的子串匹配算法，如 KMP。我们可以为每个候选物品分配一个索引，并指示 LLM 直接输出排序后的物品索引。尽管提示中包含了候选物品，但 LLM 可能生成候选集合之外的物品。而 GPT-3.5 出现这种误差的比例非常小，约为 3%。在这种情况下，我们可以提醒 LLM 这个错误，让它重新输出，也可以简单地将其视为不正确的输出而忽略。

本章参考文献 13 在两个公开数据集上进行实验，得到了几个关键发现，这些发现可以用于指导如何将 LLM 作为推荐系统的排序模型。

- LLM 可以利用用户历史行为进行个性化排序，但很难感知给定的交互历史的顺序。
- 采用专门设计的提示，如通过关注最近提示和上下文学习，触发 LLM 感知历史交互的顺序，从而提升排序效果。
- LLM 优于以前的 zero-shot 推荐方法，特别是在由多个不同的召回排序算法生成的候选集上有较好的表现，因此是一种非常有竞争力的方法。
- LLM 在排序时存在位置偏差和热门偏差，这可以通过提示或 bootstrap 策略来缓解。

- **few-shot 推荐**

所谓 few-shot 推荐，就是在预训练好的大模型基础上，提供几个示例样本，指导大模型该怎么推荐，激活大模型的个性化推荐能力。本章参考文献 17 中设计的方法就是一个非常好的案例，下面简单讲解其核心思想。

本章参考文献 17 设计了一组提示，并评估了 ChatGPT 在 5 种推荐场景（包括评分预测、序列推荐、直接推荐、解释生成和评论摘要）中的表现。与传统的推荐方法不同，整个评估过程中不会微调 ChatGPT，只依靠提示本身将推荐任务转换为自然语言任务。此外，该论文还探索了使用 few-shot 提示来注入包含用户潜在兴趣的交互信息，以帮助 ChatGPT 更好地了解用户的需求和兴趣。在亚马逊 Beauty 数据集上的实验表明，ChatGPT 在某些任务中取得了较好的结果，在其他任务中也能够达到基线水平。

使用 ChatGPT 完成推荐任务的工作流程如图 23-12 所示，包括 3 个步骤。首先，根据推荐任务的具体特征构建不同的 prompt。其次，将这些 prompt 用作 ChatGPT 的输入，指示 ChatGPT 根据 prompt 中的要求生成推荐结果。最后，输出优化模块对 ChatGPT 生成的推荐结果进行检查和优化，将优化后的结果作为最终推荐结果返回给用户。下面对这 3 个步骤加以说明。

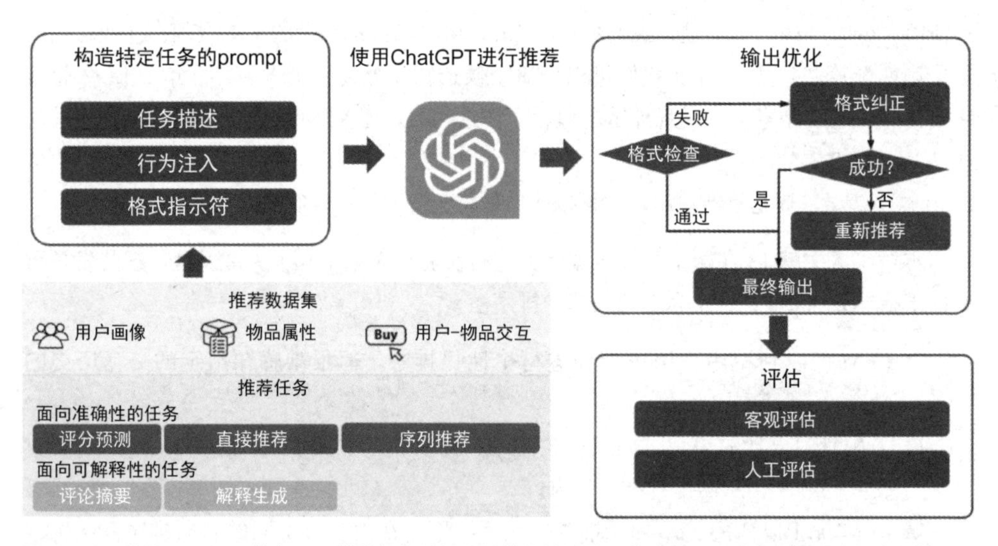

图 23-12 利用 ChatGPT 执行 5 项推荐任务并评估其推荐性能的工作流程（图片来源于本章参考文献 17）

步骤 1：构造特定任务的 prompt

通过设计针对不同任务的 prompt 来激发 ChatGPT 的推荐能力。每个 prompt 包含 3 个部分：任务描述、行为注入和格式指示符。任务描述用于将推荐任务转换成适合处理的自然语言形式。行为注入旨在评估 few-shot prompt 的影响，它整合了“用户－物品”交互，能够帮助 ChatGPT 更有效地确定用户偏好和需求。格式指示符用于约束输出格式，让推荐结果更易于理解和评估。图 23-13 和图 23-14 是两个 prompt 示例。

评分预测

zero-shot

How will user rate this product_title: "SHANY Nail Art Set (24 Famous Colors Nail Art Polish, Nail Art Decoration)" , and product_category: Beauty? (1 being lowest and 5 being highest) Attention! Just give me back the exact number a result , and you don't need a lot of text.

few-shot

Here is user rating history:
1. Bundle Monster 100 PC 3D Designs Nail Art Nailart Manicure Fimo Canes Sticks Rods Stickers Gel Tips, 5.0;
2. Winstonia's Double Ended Nail Art Marbling Dotting Tool Pen Set w/ 10 Different Sizes 5 Colors - Manicure Pedicure, 5.0;
3. Nail Art Jumbo Stamp Stamping Manicure Image Plate 2 Tropical Holiday by Cheeky®, 5.0 ;
4.Nail Art Jumbo Stamp Stamping Manicure Image Plate 6 Happy Holidays by Cheeky®, 5.0;
Based on above rating history, please predict user's rating for the product: "SHANY Nail Art Set (24 Famouse Colors Nail Art Polish, Nail Art Decoration)", (1 being lowest and5 being highest,The output should be like: (x stars, xx%), do not explain the reason.)

序列推荐

zero-shot

Requirements: you must choose 10 items for recommendation and sort them in order of priority, from highest to lowest. Output format: a python list. Do not explain the reason or include any other words.
The user has interacted with the following items in chronological order: ['Better Living Classic Two Chamber Dispenser, White', 'Andre Silhouettes Shampoo Cape, Metallic Black', ..., 'John Frieda JFHA5 Hot Air Brush, 1.5 inch'].Please recommend the next item that the user might interact with.

few-shot

Requirements: you must choose 10 items for recommendation and sort them in order of priority, from highest to lowest. Output format: a python list. Do not explain the reason or include any other words.
Given the user's interaction history in chronological order: ['Avalon Biotin B-Complex Thickening Conditioner, 14 Ounce', 'Conair 1600 Watt Folding Handle Hair Dryer', ..., 'RoC Multi-Correxion 4-Zone Daily Moisturizer, SPF 30, 1.7 Ounce'], the next interacted item is ['Le Edge Full Body Exfoliator - Pink']. Now, if the interaction history is updated to ['Avalon Biotin B-Complex Thickening Conditioner, 14 Ounce', 'Conair 1600 Watt Folding Handle Hair Dryer',......, 'RoC Multi-Correxion 4-Zone Daily Moisturizer, SPF 30, 1.7 Ounce', 'Le Edge Full Body Exfoliator - Pink'] and the user is likely to interact again, recommend the next item.

直接推荐

zero-shot

Requirements: you must choose 10 items for recommendation and sort them in order of priority, from highest to lowest. Output format: a python list. Do not explain the reason or include any other words.
The user has interacted with the following items (in no particular order): [""Skin Obsession Jessner's Chemical Peel Kit Anti-aging and Anti-acne Skin Care Treatment"", 'Xtreme Brite Brightening Gel 1oz.',......, 'Reviva - Light Skin Peel, 1.5 oz cream']. From the candidates listed below, choose the top 10 items to recommend to the user and rank them in order of priority from highest to lowest. Candidates: ['Rogaine for Women Hair Regrowth Treatment 3- 2 ounce bottles', 'Best Age Spot Remover', ...""L'Oreal Kids Extra Gentle 2-in-1 Shampoo With a Burst of Cherry Almond, 9.0 Fluid Ounce""].

few-shot

Requirements: you must choose 10 items for recommendation and sort them in order of priority, from highest to lowest. Output format: a python list. Do not explain the reason or include any other words.
The user has interacted with the following items (in no particular order): ['Maybelline New York Eye Studio Lasting Drama Gel Eyeliner, Eggplant 956, 0.106 Ounce', ""L'Oreal Paris Healthy Look Hair Color, 8.5 Blonde/White Chocolate"", ..., 'Duo Lash Adhesive, Clear, 0.25 Ounce']. Given that the user has interacted with 'WAWO 15 Color Professionl Makeup Eyeshadow Camouflage Facial Concealer Neutral Palette' from a pool of candidates: ['MASH Bamboo Reusable Cuticle Pushers Remover / Manicure Pedicure Stick', 'Urban Decay All Nighter Long-Lasting Makeup Setting Spray 4 oz', ...,'Classic Cotton Balls Jumbo Size, 100 Count'], please recommend the best item from a new candidate pool, ['Neutrogena Ultra Sheer Sunscreen SPF 45 Twin Pack 6.0 Ounce', 'Blinc Eyeliner Pencil - Black', ...,'Skin MD Natural + SPF15 combines the benefits of a shielding lotion and a sunscreen lotion']. Note that the candidates in the new pool are not ordered in any particular way.

图 23-13　亚马逊 Beauty 数据集上面向准确性任务的 prompt 示例（图片来源于本章参考文献 17）

解释生成

zero-shot

Here is user's interaction history:
1. Prolab Caffeine- Maximum Potency 200 mg 100 Tablets
2. DevaCurl Mist-er Right Lavender Curl Revitalizer 12.0 oz
3. TIGI Catwalk Curl Collection Curlesque Leave-In Conditioner, 7.27 Ounce
4. e.l.f. Pigment Eyeshadow, Naturally Nude, 0.05 Ounce
Help user generate a 5.0-star explanation about this product "SHANY Nail Art Set (24 Famouse Colors Nail Art Polish, Nail Art Decoration)" with around 10 words.

few-shot

Here are some recommended products and their corresponding explanations for user:
1. product "TIGI Catwalk Curl Collection Curlesque Curls Rock Amplifier, 5.07 Ounce, Packaging May Vary" **and its explanation** "One of the few things I have found that work for white people with curly hair"
2. product "DevaCurl Mist-er Right Lavender Curl Revitalizer 12.0 oz" **and its explanation** "it makes my hair greasy and gross"
Help user generate a 5.0-star explanation about this product "SHANY Nail Art Set (24 Famouse Colors Nail Art Polish, Nail Art Decoration)" with around 10 words?

评论摘要

zero-shot

Here are some summaries of user:
1. "Loving this sooo muchh"
2. "Amazing color"
3. "..Hong Kong Collection <3 OPI"
Write a short sentence to summarize the following product review from user: "So i was pretty excited that i got this in the mail, but seriously.....i think its just the color of mine, i don't know, not good cover stick... Received it sticking to the top...so basically it was broken when i opened it because of the air mail looks very pasty...very white i shall say...im never buying this product ever..". **The sentence should be around 4 words.**

few-shot

Here are some reviews and their corresponding summaries of user:
1. Review:"After watching kardashian episode back in 2009 kim mentioned OPI my private jet.. and i was like what is that? i looked it up online and LOVED it and i just got it 1 week shipping.. awesomee just love this color its sparkley brown and its turns black sometimes cool!! well for mee looolll LOVE this color <3 on my toes and fingers lol". **Summary:**"Loving this sooo muchh"
2. Review:"I love this and im glad im adding this to my collection! (: a nice top coat or alone very shimmery and very pretty, especially the top brush cap thing its silver than the original black! (: i recommend this". **Summary:**"Amazing color"
Write a short sentence to summarize the following product review from user: "So i was pretty excited that i got this in the mail, but seriously.....i think its just the color of mine, i don't know, not good cover stick... Received it sticking to the top...so basically it was broken when i opened it because of the air mail looks very pasty...very white i shall say...im never buying this product ever..". **The sentence should be around 4 words.**

图 23-14 亚马逊 Beauty 数据集上面向可解释性任务的 prompt 示例（图片来源于本章参考文献 17）

步骤 2：利用 ChatGPT 生成推荐结果

这一步就是将前面构造好的 prompt 输入 ChatGPT（比如通过调用 ChatGPT 的 API 等），获得最终的输出（推荐结果）。由于这一步完全基于 ChatGPT 的自然语言生成能力，属于“黑盒”，因此这里不展开说明。

步骤 3：输出优化

为了确保生成结果的多样性，ChatGPT 在响应生成过程中引入了一定程度的随机性，这可能导致对相同输入产生不同的输出。因此，当使用 ChatGPT 进行推荐时，输出结果可能跟期望的不一致（比如数量或者格式不一致）。虽然提示结构中的格式指示符可以缓解这一问题，但在实际使用中，它仍然不能保证预期的输出格式。因此，需要通过输出优化模块检查 ChatGPT 的输出格式。如果输出通过了格式检查，它才将直接用作最终推荐结果，否则会根据预定义的规则对其进行校正。如果格式校正成功，则校正后的结果将用作最终输出，否则将相应的提示输入 ChatGPT 进行重新推荐，直到输出满足格式要求。

需要注意的是，在评估ChatGPT的输出时，不同的任务有不同的输出格式要求。例如，对于评分预测，输出只需要特定的分数，而对于序列推荐或直接推荐，输出是推荐物品列表。特别是对于序列推荐，一次性将数据集中的所有物品注入ChatGPT是一项挑战（因为ChatGPT有输入token数量限制）。因此，ChatGPT的输出可能与数据集中的物品集不匹配（输出的物品不在数据集中）。为了解决这个问题，本章参考文献17引入了一种基于相似性的文本匹配方法，将ChatGPT的预测映射回原始数据集。尽管这种方法可能无法完全反映ChatGPT的能力，但它仍然可以间接展示ChatGPT在序列推荐中的潜力。

23.2.3 大模型用于交互控制

所谓大模型应用于交互控制，是指利用ChatGPT、LaMDA（由谷歌于2022年初发布，比ChatGPT还早，见本章参考文献18）这类基于对话的大模型来革新现有的推荐交互范式，让ChatGPT、LaMDA来控制整个推荐流程，这包括两个方面：一是让ChatGPT、LaMDA整合所有的推荐模块（比如召回、排序等）来控制整个推荐流程，由ChatGPT、LaMDA来决定在什么时间节点、什么场景下调用哪个模块来与用户交互；二是采用对话交互的方式为用户进行推荐，而不是传统的在App上通过用户触屏互动的方式进行推荐（这对于汽车、智能音箱、机器人等产品来说非常有吸引力，也可能是唯一可行的交互方式）。

谈及利用ChatGPT、LaMDA的交互控制能力来进行个性化推荐，目前已经有一些相关的研究，本章参考文献19、20就是这方面的尝试。本章参考文献19利用ChatGPT整合传统推荐召回模块来控制整个推荐流程，而本章参考文献20利用LaMDA进行交互式对话推荐。这两篇文章刚好覆盖了上面提到的对话大模型应用于推荐系统流程控制的两个方面，下面详细说明。

1. 利用ChatGPT控制推荐流程

本章参考文献19提出了一种新的基于ChatGPT的大模型推荐系统Chat-REC。Chat-REC可以通过上下文有效地学习用户偏好，并在用户和待推荐物品之间建立联系，这使得推荐过程更具互动性和可解释性。此外，在Chat-REC框架内，用户的偏好可以迁移到不同的场景中，用于跨领域推荐，并且基于prompt的信息注入，Chat-REC可以处理新物品的冷启动问题。Chat-REC改进了Top-*k*的推荐效果，并在zero-shot评分预测任务中表现很好。Chat-REC的流程架构如图23-15所示，下面简单介绍相关原理。

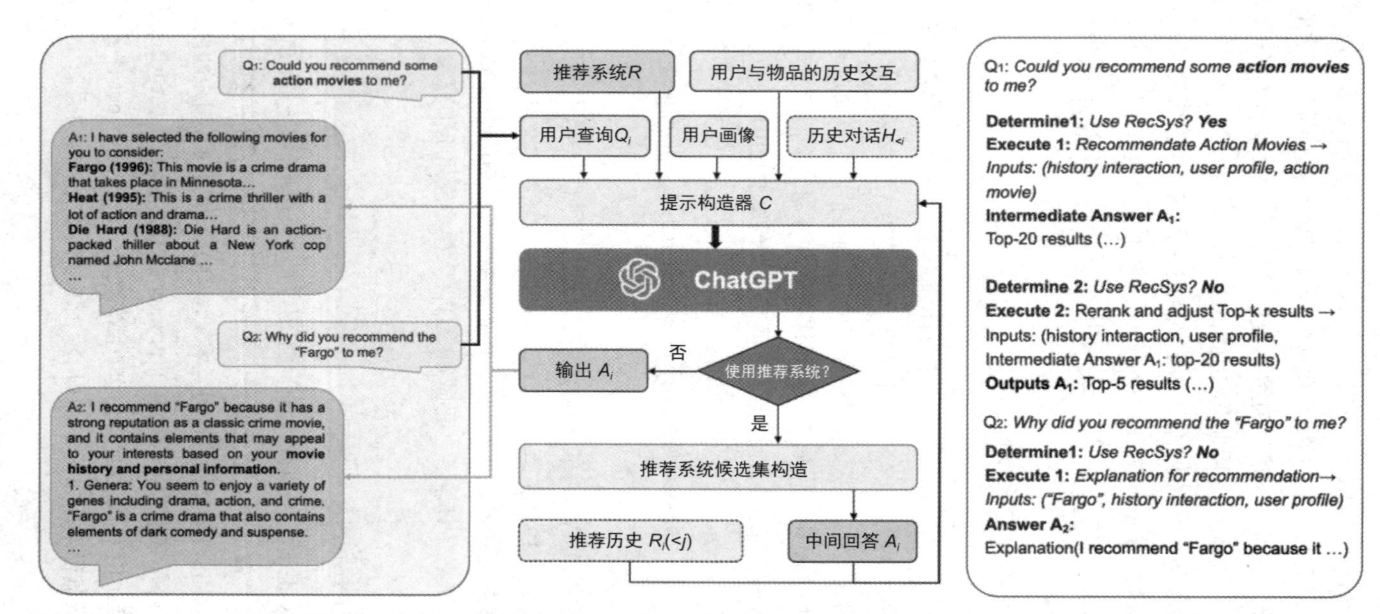

图 23-15 Chat-REC 的流程架构。左侧显示了用户和 ChatGPT 之间的对话；中间部分的流程图显示了 Chat-REC 是如何将传统推荐系统与 ChatGPT 等对话式人工智能联系起来的；右侧描述了交互过程中的具体判断逻辑（图片来源于本章参考文献 19）

Chat-REC 的输入包括 4 部分（参见图 23-15 中间上面部分）：用户与物品的历史交互、用户画像、用户查询 Q_i、历史对话 $H_{<i}$，另外还有一个传统的推荐系统 R。如果该任务被确定为推荐任务，则 Chat-REC 使用 R 来生成候选物品集，否则直接回应用户，例如对生成任务的解释或对所推荐物品的详细介绍。Chat-REC 的 prompt 构造器模块采用上面提到的 4 类输入来生成捕获用户查询和推荐信息的自然语言段落，下面详细介绍。

- 用户与物品的历史交互，例如点击、购买或评过分的物品，这些信息用于了解用户的偏好并为推荐注入个性化。
- 用户画像，其中包含用户的人口统计学信息和偏好信息。这可能包括年龄、性别、地点和兴趣。用户画像有助于系统了解用户的特征和偏好。
- 用户查询 Q_i，这是用户对信息或推荐的特定请求。这可能包括他们感兴趣的特定物品或类型，或者对特定类别物品的推荐请求。
- 历史对话 $H_{<i}$，其中包含用户和系统之间先前的对话。该信息用于理解用户的上下文信息，从而让 Chat-REC 提供更个性化和相关的反馈。

如图 23-16 所示，Chat-REC 是一个具有对话界面的推荐系统，使交互式和可解释的推荐成为可能。基于上述输入，prompt 构造函数模块生成一个自然语言段落（参见图 23-17 和图 23-18），总结用户的查询和推荐信息，并对用户的请求提供更个性化和相关的反馈。推荐系统生成的中间答案随后用于细化 prompt 构造函数，并生成优化的 prompt 以进一步从推荐候选集中筛选更匹配的物品，最终的推荐结果和简单的解释会一并反馈给用户。

Chat-REC 可以看成基于传统推荐召回算法的一种排序策略。传统的推荐系统通常会生成少量经过排序的候选物品，每个物品都有反映推荐结果的置信度或质量的分数。然而，考虑到物品集的巨大规模，现有推荐系统的性能可能不能令人满意，仍有很大的改进空间，这正是大模型的用武之地。

Chat-REC 将 ChatGPT 跟传统推荐系统结合，通过缩小候选集来提高推荐系统的性能。推荐系统生成一大堆候选物品，这对用户来说可能有点多，ChatGPT 的超强 ICL 能力让缩小候选物品集成为可能。首先，我们将用户的画像、历史交互信息、商品描述和用户评分转换为 prompt。然后，ChatGPT 根据上述信息总结用户对候选集中物品的偏好，ChatGPT 可以从上下文中学习，并有效地捕捉用户的背景信息和偏好。有了这些信息，就可以建立物品属性和用户偏好之间的关系，进而更好地进行推荐。通过上下文学习，LLM 可以增强其推理能力，从而获得更准确、更个性化的物品推荐。

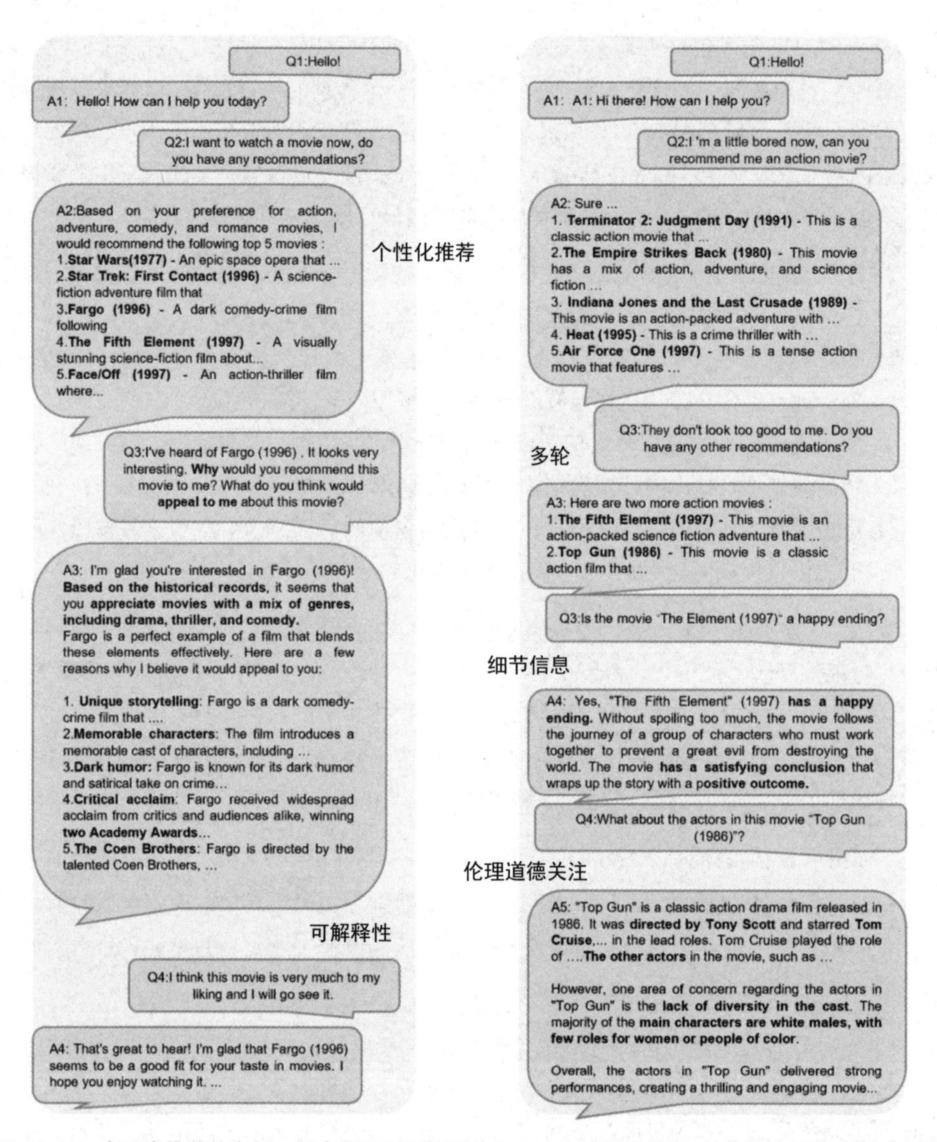

图 23-16　交互式推荐的案例。图中展示了不同用户和 LLM 之间的对话。其中用户画像和用户历史对话被转换为个性化推荐的相应 prompt，但这部分 prompt 的输入对用户来说是不可见的。左边的对话显示，当用户询问为什么推荐电影时，LLM 可以根据用户的偏好和推荐的电影的具体信息给出解释。右侧的对话显示，Chat-REC 可以根据用户反馈进行多轮推荐。关于电影细节的问题也可以用特定的方式回答。LLM 在推荐电影时也会考虑到伦理和道德问题。（图片来源于本章参考文献 19）

I want you to recommend movie to a user based on some personal information and historical records of film watching.

user profile:{user profile } (e.g.He is 24 years old, and work as technician.)

The historical records includes the movie name,type and how many points he/she scored out of 5. The higher the score, the more he likes the movie. You are encouraged to learn his movie preferecen from the movies he have watched. Here are some examples:

{history_movie} (e.g. a Sci-Fi Thriller movie called Net, The (1995), and scored it a 3)

Here's a list of movies that he is likely to like: {candidate_list}

Please select top 5 movies in the list that is most likely to be liked. The first film to be selected is {top1_movie}.Please select the remaining 4 movies. Only Output the movie name .

图 23-17 Top-*k* 推荐的 prompt（图片来源于本章参考文献 19）

I want you to act as a movie recommender. You task is to predict the user's rating of some movies out of 5 based on his profile and historical records of film watching.Clear scores must be given.

user profile:{user profile }

The historical records includes the movie name and how many points he/she scored out of 5. The higher the score, the more he likes the movie.You are encouraged to learn his movie preferecen from the movies he have watched.

{history_movie}

Here's a list of movies:.You are going to predict his ratings for these movies.The range of the score is 0-5. A definite value must be given. Seperate movie and rating by "-".
Output should be formatted as :[movie]-[rating]

movie_list:{movie_list}

图 23-18 评分预测的 prompt（图片来源于本章参考文献 19）

一旦 ChatGPT 了解了用户的偏好，由传统推荐系统生成的候选集就被提供给 ChatGPT。ChatGPT 可以进一步根据用户的偏好对候选集进行筛选和排序，确保向用户提供一组更小、更相关的物品，提高找到用户喜欢的物品的可能性。

2. 利用 LaMDA 进行对话式推荐

本章参考文献 20 基于谷歌的 LaMDA 对话大模型实现了一个对话式推荐系统（conversational recommender system，CRS）——RecLLM。RecLLM 实现了端到端的对话式推荐，借助大模型可以实现用户偏好理解、灵活的对话管理和可解释的推荐。为了实现个性化，利用大模型理解自然语言表示的用户画像，并使用它们来优化与用户的互动对话。该论文还提出了一个基于大模型技术的用户模拟器以生成合成对话，以解决对话数据不足的问题。RecLLM 的整体架构如图 23-19 所示。

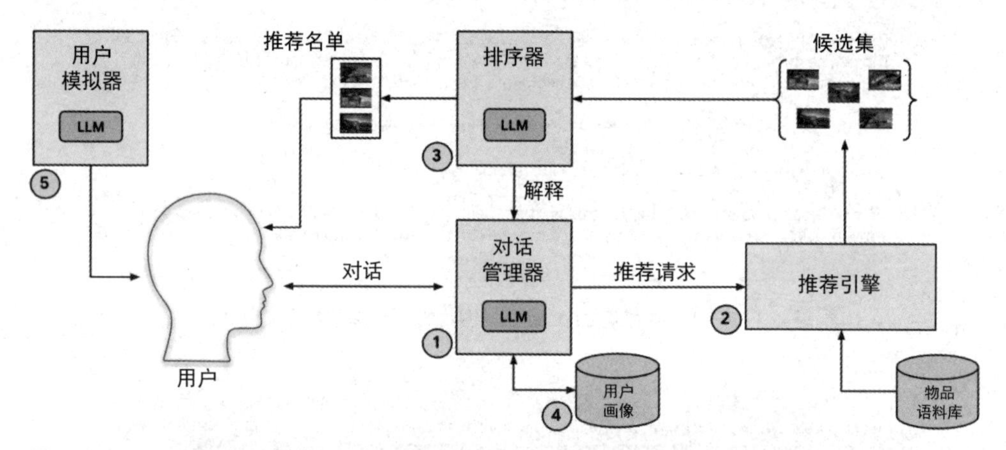

图 23-19　RecLLM 的主要模块。(1) 对话管理模块使用大模型与用户对话、跟踪上下文并进行系统调用，例如向推荐引擎提交请求，所有这些都在统一的语言模型控制下进行。(2) 在大模型 CRS 框架下，实现物品库中物品的抽取。(3) 排序模块使用大模型将从对话上下文中提取的偏好与物品元数据相匹配，并生成给用户的推荐列表。大模型还同时生成对推荐的解释，这些解释可以呈现给用户。(4) 大模型利用自然语言描述的用户画像来调节对话上下文，目的是提高个性化水平。(5) 利用大模型实现的用户模拟器可以作为插件接入 CRS，以生成用于训练各个系统模块的数据。（图片来源于本章参考文献 20）

关于图 23-19 中的 5 个模块，这里简单说明一下。①是对话管理系统，是 RecLLM 的核心，下面会重点说明。②是传统的推荐搜索系统，在合适的时机对话系统会进行调用。③在前面介绍召回、排序时讲过类似的思路，RecLLM 的排序模块的一个特点是在生成排序的同时生成一段解释，这样可以提升用户的信任度和使用体验。④是用户画像的存储模块，RecLLM 将用户的画像按照自然语言的形式存储，比如“I do not like listening to jazz while in the car”，把每一条信息当成一条知识存到用户画像模块的后端存储系统中，在需要的时候基于用户对话的最后一句话进行嵌入，然后在用户画像的所有知识中进行相似性查询（用户画像的知识也进行过离线向量化），找出最相似的一条知识。

下面详细介绍对话管理模块。它是 CRS 的核心模块，充当用户与系统其他部分之间的接口。它负责引导用户对推荐语料库进行多轮探索，并为用户生成合理、有用的反馈信息。在这个过程中，它必须隐式或显式地执行上下文跟踪，以提取用户偏好和意图的有用表示。这些信息可用于调整对话策略，也可以作为 API 调用以启动系统操作的信号（例如，通过向传统的推荐引擎后端发送搜索查询）。从端到端的角度来看，对话管理器的目标是基于给定的上下文信息（历史对话、用户画像、物品摘要等）执行相关动作或者生成自然语言应答。对话管理模块的原理图如图 23-20 所示。

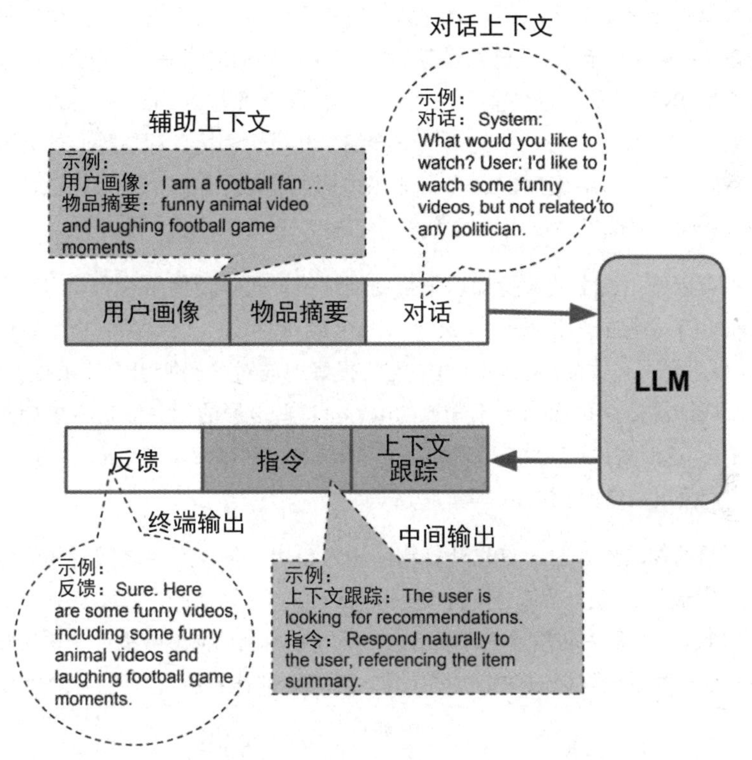

图 23-20 统一的大模型对话管理模块。大模型将完整的对话上下文作为输入，并在终端输出一系列消息，这些消息就是 CRS 对用户请求的回应（图片来源于本章参考文献 20）

23.2.4 大模型用于冷启动

冷启动问题在第 14 章已经深入介绍过，本节简单介绍怎么利用大模型解决冷启动问题。为了解决这个问题，可以对内容特征进行建模或从辅助领域迁移知识。前一种方法侧重于根据物品或用户的内容（如文本、图像或元数据）获得其特征（如 23.2.2 节中的 U-BERT 方法)。后一种方法利用其他领域的信息，如社交网络或产品描述，来推断用户的偏好（如 23.2.2 节提到的 U-BERT、UniSRec 方法)。此外，还有一种方法是让推荐系统快速适应新的领域（如通过 EE，或者跟用户互动的方式快速探索出用户的兴趣)。推荐模型在冷启动中的良好泛化能力对于提升用户体验和用户参与度至关重要。

借助上述思路，大模型的推理能力和压缩的知识可以用于解决推荐系统冷启动问题。有了关于物品（无论是新物品还是旧物品）的文本描述和简介信息，大模型都可以有效地将这些物品相互关联起来，这为我们便捷地解决冷启动问题提供了新的机会。23.2.3 节中介绍的 Chat-REC 就具备这种能力。例如，用户要求推荐 2024 年上映的新电影，Chat-REC 可以使用用户关于电影的描述（比如导演、演员、剧情、标签等）的文本数据来生成嵌入，然后计算其与系统中 2024 年新上映电影的相似性来进行推荐。该功能使新物品推荐相关且准确，可改善整体用户体验。

大模型可以使用所学的大量知识来帮助推荐系统缓解新物品冷启动问题。然而，由于目前 ChatGPT 掌握的知识截至 2021 年 9 月（最新的 GPT-4 已经将知识更新到 2023 年 4 月了)，当遇到未知物品时，ChatGPT 无法很好地应对，例如用户请求推荐 2024 年上映的新电影或请求推荐 ChatGPT 不知道的电影（这些电影的相关信息不在 ChatGPT 的训练语料库中)。这时可以引入关于新物品的外部信息，利用大模型生成相应的嵌入表示并事先缓存它们（可以借助 Milvus 等向量数据库)。

当遇到新的物品推荐时，首先计算物品嵌入与用户偏好嵌入之间的相似性，然后根据相似性检索最相关的物品信息，并利用 Chat-REC 事先构造的语言模板输出最终推荐（也就是当 ChatGPT 无法推荐时，可以增加判断规则，利用向量数据库去检索相似物品)。这种方法允许推荐系统与 ChatGPT 协同工作，更好地推荐新物品，从而提升用户体验（如图 23-21 所示)。

想要解决冷启动问题，要么学习对内容特征进行建模，以便在没有交互记录的情况下进行推荐，要么学习从辅助领域迁移知识。新领域适应的解决方案通常遵循元学习（meta learning）或因果学习（causal learning）框架，这些框架使模型对领域适应具有稳健性。

本章参考文献 21 提出了一个 PPR（personalized prompt-based recommendation）框架，可以很好地解决用户冷启动问题。对于每个用户，首先通过 prompt 生成器根据用户画像（用户的静态属性，如年龄、性别等）构建个性化 prompt（这里的 prompt 是 soft prompt，即嵌入向量形式的 prompt，而不是前面提到的自然语言形式的 prompt，关于 soft prompt 的介绍，可以阅读本章参考文献 22、23），并将其插到用户行为序列的开头，然后将新序列输入预先训练的序列模型中，以获得用户的行为偏好。这里不展开讲解，有兴趣的读者可以阅读原论文。

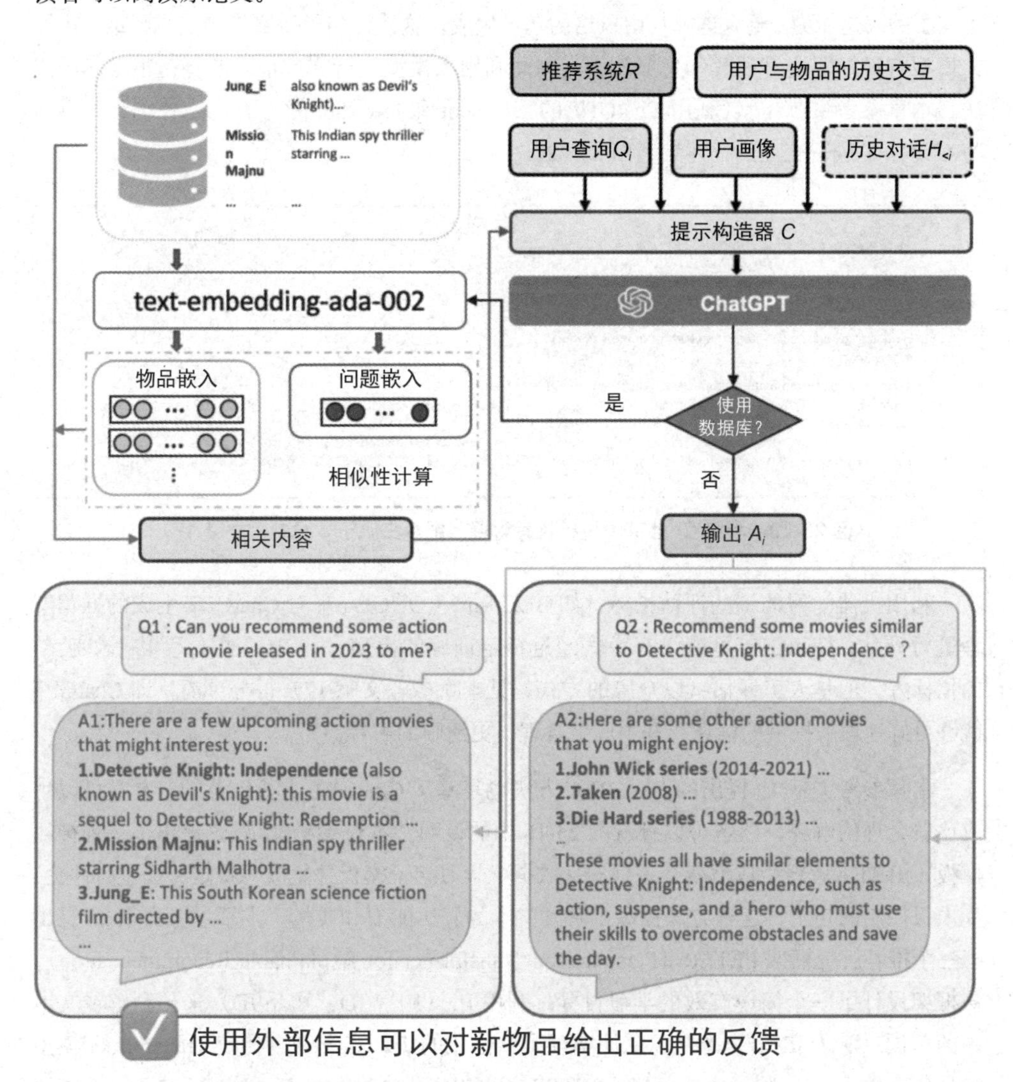

图 23-21 上面的部分展示了 Chat-REC 利用外部信息进行新物品推荐的流程，底部展示了在合并外部信息后，Chat-REC 可以有效地进行新物品推荐（图片来源于本章参考文献 19）

23.2.5　大模型用于推荐解释

基于文本的推荐解释由于其在向用户传达丰富信息方面的优势，已成为推荐系统的一种重要解释形式。然而，当前生成解释的方法要么局限于预定义的句子模板，这限制了句子的表达能力；要么选择自由风格的句子生成，这使得句子质量控制变得困难。由于大模型有很好的语言理解和生成能力，因此利用大模型进行文本推荐解释是很自然的想法。本章参考文献 17 就利用 ChatGPT 的 zero-shot 和 few-shot 能力进行推荐解释，具体与 ChatGPT 进行交互的描述参考图 23-22。

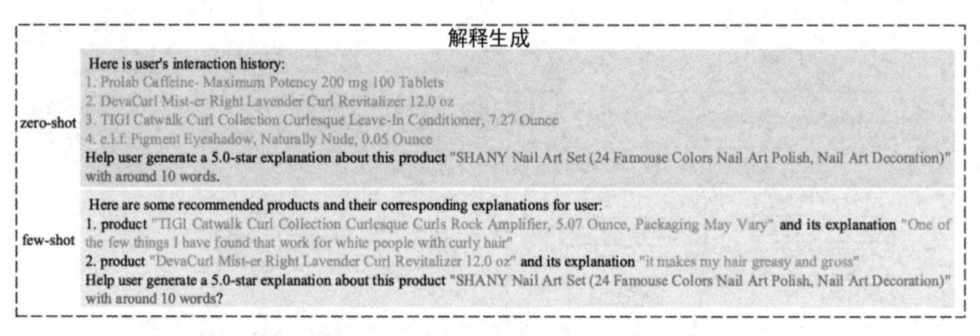

图 23-22　利用 ChatGPT 进行推荐解释（图片来源于本章参考文献 17）

利用机器学习的一些评估指标（如 BLEU-n、ROUGE-n）对 ChatGPT 生成的推荐解释进行评估，ChatGPT 可能没有一些经过特定训练的模型（如 P5，见本章参考文献 6）的指标好，但是人工评估（以众筹的方式，见本章参考文献 17）得分更高，即 ChatGPT 能够更好地理解提供的信息，并生成更合理、更清晰的解释。

本章参考文献 19 提出的 Chat-REC 方法也是基于 ChatGPT 进行推荐的，并且可以生成比较合理的解释，读者可以查看图 23-16 中的说明。本章参考文献 21 提出了一种神经模板（NETE）解释生成框架，该框架从数据中学习句子模板并生成对特定特征进行评论、受模板控制的句子，这种方法提高了解释文本的表达能力和质量。本章参考文献 25 提出了一个推荐解释框架 PETER（Personalized Transformer for Explainable Recommendation），该框架设计了一个简单有效的学习目标，利用 ID（用户 ID、物品 ID）来预测解释文本中的单词，赋予 ID 语言意义，从而实现了个性化的 Transformer（传统 Transformer 模型不具备这种能力）。除了生成解释，PETER 还可以提供个性化推荐，这使它成为一个能够完成推荐、解释 pipeline 任务的统一模型。如果读者对利用大模型做推荐解释感兴趣，可以好好阅读这几篇论文，这里就不展开说明了。

23.2.6 大模型用于跨领域推荐

为了解决推荐系统中的数据稀疏和冷启动问题，可以利用来自其他领域的行为信息来提升目标域的推荐效果，这就是跨领域推荐。跨领域推荐是指借助一些链接信息，推荐系统在一个领域学到的知识可以用于在另外一个领域进行个性化推荐，机器学习中的迁移学习可以用于解决这类问题。大多数方法依赖两个领域的重叠数据（如重叠的用户、物品、社交网络、属性等）来进行跨领域的知识转移。有一些方法试图学习面向用户的不同下游任务的通用用户表示，然而，需要这两个领域有共享数据限制了该方法的应用范围。

跨领域推荐是一个非常大的、非常复杂的问题，有兴趣的读者可以阅读本章参考文献 26 进行了解。本节主要聚焦怎么利用大模型解决跨领域推荐问题。

由于大模型压缩了互联网世界的海量信息，因此任何两个领域之间在大模型中可能存在某种链接，只要找到这两个领域的链接关系，就可以借助大模型来进行跨领域推荐。比如借助物品的描述信息，可以将大模型作为物品描述特征编码器，实现迁移学习和跨领域推荐，这里描述物品信息的自然语言就是连接来自不同领域的异构信息的桥梁。

本章参考文献 19 中的 Chat-REC 模型就是一个利用 ChatGPT 进行跨领域推荐的案例。利用互联网上的信息预先训练的 ChatGPT 实际上可以作为多用途的知识库。

如图 23-23 所示，一旦关于电影推荐的对话结束，用户就向 Chat-REC 询问关于其他类型作品的建议。Chat-REC 根据用户对电影的偏好推荐各种选项，如书籍、电视剧、播客和电子游戏。这展示了 Chat-REC 将用户偏好从电影转移到其他物品的能力，从而生成跨领域推荐。这种跨领域推荐能力有可能显著扩展推荐系统的应用范围，提高推荐相关性。

23.2.2 节中提到的 U-BERT 大模型推荐系统所做的也属于跨领域推荐。在预训练中，U-BERT 专注于内容丰富的领域，并引入了一个用户编码器和一个评论编码器来对用户行为进行建模。在微调中，U-BERT 借助预训练模型获得的用户表示，在内容不足的目标领域进行个性化推荐。

另外，23.2.2 节中提到的 UniSRec 模型可以很好地解决跨领域推荐问题。UniSRec 模型通过基于文本的预训练模型以通用的方式表示物品，可以实现领域自适应，该方法不要求源域和目标域密切相关。UniSRec 通过精心设计的通用预训练任务和 MoE 增强的适配器架构，借助 UniSRec 模型中的通用 SRL（sequence representation learning）方法，可以在来自多个源域的数据上进行预训练，并应用到没有共享数据的目标域中。

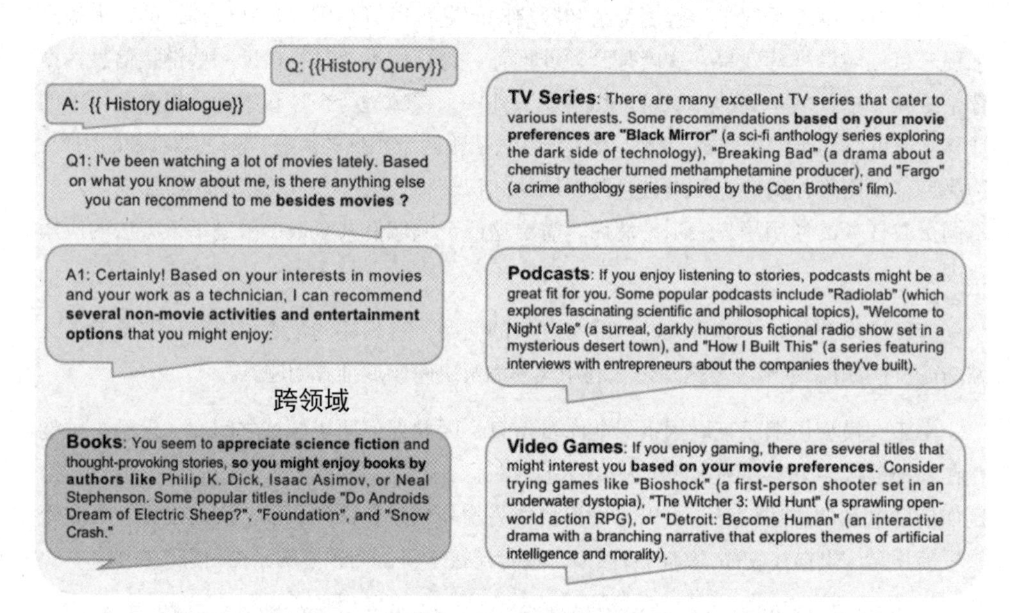

图 23-23 Chat-REC 跨领域推荐的案例（图片来源于本章参考文献 19）

23.3 大模型应用于推荐系统的问题及挑战

前面讲解了大模型在推荐系统各个方面的应用，推荐系统的每一个子领域或者细分方向都可以被大模型赋能。看起来大模型无所不能，实际上大模型在推荐系统的应用还处在学术研究、业务探索阶段。将大模型应用于推荐系统并非易事，会面临非常多的问题和挑战，下面针对这些方面做简单说明。

大语言模型本身存在一些问题，比如产生幻觉、知识过时（大模型只能获取训练时使用的语料库中的知识）、资源消耗大（训练、推理需要大量的 GPU 计算资源）等。这些问题目前也有一些处理方式，比如可以利用 RLHF 等技术减少幻觉产生，在大模型应用时接入搜索引擎更新知识，通过模型蒸馏、模型压缩（比如 model quantization）等技术优化资源消耗。但是这些问题还是无法彻底解决，这对大模型应用于推荐系统会产生副作用。

本节不深入探讨大模型本身的问题带来的困难与挑战，而主要讲解大模型应用于推荐系统这个下游任务时存在的问题及挑战，分 5 个维度展开说明。

23.3.1　大模型进行信息交互的形式限制

目前大模型主要还是语言大模型，推荐系统跟大模型交互必须将所有信息编码为文本注入模型，而推荐系统需要的重要信息除了文本外还有用户 ID、物品 ID，这些一般是数字或者字符串的形式，它们跟文本不在同一个语义空间，不适合直接当成文本使用。如果无法很好地整合这些信息，可能会导致部分信息丢失，导致预测准确度降低。

针对物品 ID，很多大模型方法（如本章参考文献 17）直接用物品的标题来代替，这虽然可以部分解决冷启动问题，但是用户与物品的协同交互信息等可能会缺失，导致效果不佳。同时，很多物品的标题很相似甚至一样，导致很难区分。

用户 ID 识别目前也没有很好的解决方案，一般是将用户的历史行为或者与大模型交互的上下文作为信息，输入大模型给用户进行推荐。很多用户可能交互历史比较多，很难全部输入大模型（一是 token 限制，二是大模型目前存在位置偏差，下面将会讲到），所以在必要的时候需要借助传统推荐系统进行召回，然后利用大模型优化召回结果，将最终的推荐结果展示给用户。

另外，用户或者物品的信息可能是多模态的（比如图片、视频、音频等），这些信息怎么编码进大模型，需要依赖多模态大模型技术的进步，当前还比较难充分利用这类信息。

23.3.2　大模型输入的 token 数量限制

目前 ChatGPT 只能输入 4000 个 token（约 3000 个单词），GPT-4 提升到了 32k token（3.2 万个 token，约 2.4 万个单词），最新的 GPT-4 Turbo 可接收 128k token，约 9.6 万个单词。token 的数量限制严重影响大模型的 ICL（上下文学习）、CoT（思维链）能力，因此是一个非常重要的问题。

token 太少的话，将大模型应用于推荐系统至少会存在两个问题：一是待推荐的物品集可能无法全部输入大模型，导致大模型可能会输出不在候选物品集中的物品。如果预测的物品不在候选物品集中，可以根据物品的名称进行语义匹配，但是效果不一定好（见本章参考文献 17）；二是用户的交互行为记录或者用户跟大模型的历史对话可能无法全部输入模型中，导致大模型无法获得用户全面的兴趣偏好和上下文信息，使得推荐精度下降。

目前虽然有论文（见本章参考文献 27）提到可以将 token 拓展到 100 万，但是在超大规模的大模型中能否很好地应用还不清楚，这个方法也没有得到工业界的有效性验证。更多的 token 输入对模型的推理速度也会产生影响，这也是一个必须考虑的问题。

23.3.3　位置偏差

位置偏差说的是将大模型用于排序时，当把候选物品集输入大模型，输入物品的顺序对最终预测结果影响比较大。将待推荐的物品放到候选物品集前面（这时大模型会先读到这个物品）的预测结果比放在后面好（本章参考文献 13、17 都提到了这个现象），本章参考文献 13 通过 bootstrap（多次随机化候选物品集的输入顺序）的方式来缓解这个问题。

23.3.4　流行度偏差

这个问题在一般推荐系统中也存在，即推荐系统一般会倾向于推荐更热门的物品。由于大模型学习的是全世界的知识，因此热门物品在大模型的训练语料库中当然会更多，这导致大模型在应用于推荐时，也会倾向于推荐热门物品。本章参考文献 13 中提到，当输入给用户的推荐候选集数量更少时，流行度偏差会好些。但是候选集太少，可能会错失用户可能感兴趣的物品（召回率可能会降低）。

23.3.5　输出结果的随机性

大模型的输出带有随机性，一般会有一个温度参数来控制，温度参数范围为 0~100，值越大，生成的文本随机性也越大。大模型的输出随机性是有价值的，可以让大模型展示出一定的组合式创造能力。

大模型输出结果的随机性会导致多次输入相同的推荐候选集，获得的输出可能不一样，这给推荐的追溯和排查带来一定难度，甚至会出现输出的物品不在候选集中的情况。目前这个问题不太好解决，一般会在大模型输出后增加一次优化，微调输出结果，保证最终给用户的推荐是满足要求的。

23.4　大模型推荐系统的发展趋势与行业应用

前面花了非常多的篇幅讲解大模型怎么应用于推荐系统，知道大模型可以应用于推荐系统的各个方面，包括数据处理、特征工程、召回、排序、交互控制、冷启动、推荐解释、跨领域推荐等，见识了大模型的威力。

目前大模型在推荐系统中的应用还处于起步阶段，但是在各个方面都有相关的学术探索并取得了较好的实验结果，未来几年有望在企业落地。我相信再过1~2年（2024~2025年），随着大模型技术的发展，大模型训练、推理一定会加速，成本也会降低，目前大模型存在的一些问题（见上一节的介绍）也会出现比较好的解决方案，大模型的行业应用一定会遍地开花。

下面基于笔者在推荐系统行业多年的实践经验及对大模型和大模型推荐系统的理解，谈谈大模型推荐系统在未来几年的发展趋势，从下面5个维度探讨大模型应用于推荐系统的形式及可能对推荐系统行业带来的影响和变革。

23.4.1　大模型和传统推荐系统互为补充

传统推荐系统发展了这么多年，技术已经非常成熟，在商业上也获得了非常好的成果，很多方法非常有价值。在未来几年，主流的推荐系统架构应该会保持不变（主要是App产品的形态不变，比如淘宝还是以手机上的触屏交互为主），大模型可能会作为整个推荐架构中各个模块的补充，比如通过大模型提取特征、进行召回和排序、利用大模型压缩的知识进行跨领域、多场景的推荐等。这方面的应用在23.2节中也介绍了很多，无非是未来几年怎么更好地落地到工业界，真正产生业务价值。

目前的推荐系统是场景特定的机器学习应用，这是指在任何一个新场景，需要基于新数据重新训练推荐模型，每个场景的模型大小、参数等可能不一样，当前的推荐系统还无法兼容非常多的行业、场景。今后可以基于大模型进行预训练，然后在不同场景进行微调或者进行zero-shot、few-shot推荐，这样可以极大地降低推荐系统应用到新行业、新场景的难度，这对于云计算厂商或者to B创业公司是非常大的利好。同理，有多个业务的生态型公司，也会受益于大模型推荐系统的强大泛化能力，可以将其应用于公司的各个子业务中。

23.4.2　融合多模态信息是大模型推荐系统的发展方向

大模型较难处理用户 ID、物品 ID 这类数据，目前没有很好的方法将这些信息注入大模型中（将用户本身的识别问题及用户与物品的交互信息压缩到大模型的参数中），这也是整个推荐系统行业需要克服的困难。

目前 GPT-4 已经具备了一定的多模态能力了，Midjourney、Runway 的 Gen 系列模型能很好地生成图片、视频。待大模型的多模态能力更加完善，就可以更好地应用于推荐系统。

推荐系统的数据本身是多源的、异构的（参见第 4 章的介绍），包含用户 ID、物品 ID、表格数据、文本、图片、视频、音频等。如果大模型具备一致地处理多模态数据的能力，那么可以更好地学习到这些数据中蕴含的物品与物品之间、物品与用户之间、用户与用户之间的联系，进而做出更加精准、一致的推荐。

23.4.3　基于增量学习的大模型推荐系统一定会出现

当前的大模型学习范式主要有 3 个：预训练范式、微调范式、直接使用范式。这很难将动态的信息压缩到模型中，而人类的学习是增量式的。怎么让大模型具备增量学习能力是一个比较大的挑战，也是非常有业务价值的一个方向。

让大模型具备增量学习能力的方法可能有两个：一个是通过快速微调的方式将新信息注入模型中，其难度更低，属于打补丁的做法，效果可能也会打折扣；二是直接让整个大模型（通过预训练过程）具备增量学习的能力，也就是将新样本输入模型后在神经网络中“走一遍”，动态微调大模型的参数。

一旦大模型具备了增量学习能力，现在的实时推荐系统就可以做成自动进化的系统，无须太多的人工和工程干预就可以自动学习用户随时间变化的兴趣，做到越来越智能，越来越懂用户，最终极大地提升用户体验和商业价值。具备增量学习能力的大模型也是一个强化学习器。

23.4.4　对话式推荐系统会成为重要的产品形态

23.2.3 节中介绍了 2 个利用大模型进行交互控制的算法案例。大模型最大的价值是可以利用自然语言与用户进行流畅的交互，就像人与人对话一样自然。这种对话式推荐最大的价值在于互动性，能够提高用户的信任感和接受度，同时在对话过程中可以逐步挖掘用户当前真实的兴趣偏好。

未来对话式推荐系统的应用场景会非常多，包括对话机器人、车载智能设备、智能音箱、智能电视、VR/AR 等，这些场景的交互逻辑一定会被基于大模型的对话式推荐系统革新。

传统的推荐场景，比如抖音首页推荐、淘宝推荐等，如果借助对话式推荐的思路，在用户的使用过程中通过提示等方式配合滑动，也可以部分起到对话互动的作用，具体产品形态怎么实现，需要产品经理和设计师进行探索。目前在淘宝搜索“淘宝问问”可以进入交互式商品推荐落地页，这是淘宝进行的交互式推荐的实践。

23.4.5 借助大模型，推荐和搜索有可能合二为一

ChatGPT 发布后不久，微软就宣布将 ChatGPT 整合到必应搜索中，目前百度、谷歌的搜索系统都有大模型相关能力加持。基于前面提到的大模型的互动对话能力，搜索和推荐很有可能融合到统一的业务框架中（目前手机百度中虽然包含推荐，但是搜索和推荐比较割裂，没有真正融为一体）。

搜索是用户基于明确目标的信息获取过程，用户通过输入关键词或者一句话来获取所需的内容。而推荐是基于用户过往的历史，通过学习用户的兴趣给用户进行推荐。我们可以将推荐系统理解为基于用户所有历史（或者挖掘出的用户的兴趣点）的搜索过程，在这个思考框架下，它们就是统一的。另外，搜索和推荐的技术体系是一致的，在工业界都是分为召回、排序的过程，所利用的算法也是通用的，这有利于搜索与推荐的统一。

大模型通过互动对话可以非常自然地在同一个对话框中融合推荐、搜索能力，即可以通过自然语言跟用户互动，将推荐、搜索融入服务用户的统一能力体系当中。

23.5 小结

本章基于 ChatGPT、大模型的核心能力，介绍了大模型为什么能应用于推荐系统，详细讲解了在推荐系统的各个维度上怎么应用大模型，涵盖数据处理、特征工程、召回、排序、交互控制、冷启动、推荐解释、跨领域推荐等。大模型在召回、排序中的应用是

本章的重点，读者需要了解大模型最重要的 3 种应用范式：预训练范式、微调范式、直接推荐范式。

当前大模型应用于推荐系统存在一些问题和挑战，比如受信息交互形式、输入 token 数量的限制，同时大模型也存在位置偏差、流行度偏差及输出结果随机等问题。虽然有这么多问题，但未来几年大模型一定会在推荐系统行业遍地开花。大模型可以跟传统推荐系统很好地融合、取长补短，待多模态信息处理和增量学习的问题解决后，大模型一定会应用到推荐系统中。另外，由于大模型天然的自然语言处理能力，对话式推荐肯定会在非常多的场景中起主要作用，搜索与推荐由于所解决问题的相似性，可以在自然语言下统一到一个框架。

目前 ChatGPT、大模型在推荐系统的应用还处于学术研究阶段（读者可以阅读本章参考文献 28、29 进一步了解大模型应用于推荐系统的各种可能），只有比较少的行业探索案例。本章结合学术文章并基于笔者自己的行业经验和对推荐系统的理解进行介绍。笔者对大模型在推荐系统中的应用非常有信心，相信用不了 1~2 年的时间，以大模型为基础能力的推荐系统一定会革新现有的推荐体系。希望读者多关注这方面的研究和行业动向，多思考、多实践，务必跟上技术的发展大势。

参考文献

1. Wei J, Tay Y, Bommasani R, et al. Emergent abilities of large language models[J]. arXiv preprint arXiv:2206.07682, 2022.

2. Borisov V, Sessler K, Leemann T, et al. Language Models are Realistic Tabular Data Generators[C]// The Eleventh International Conference on Learning Representations. 2022.

3. Qiu Z, Wu X, Gao J, et al. U-BERT: Pre-training user representations for improved recommendation[C]// Proceedings of the AAAI Conference on Artificial Intelligence. 2021, 35(5): 4320-4327.

4. Liu P, Zhang L, Gulla J A. Pre-train, prompt and recommendation: A comprehensive survey of language modelling paradigm adaptations in recommender systems[J]. arXiv preprint arXiv:2302.03735, 2023.

5. Sun F, Liu J, Wu J, et al. BERT4Rec: Sequential recommendation with bidirectional encoder representations from transformer[C]//Proceedings of the 28th ACM international conference on information and knowledge management. 2019: 1441-1450.

6. Geng S, Liu S, Fu Z, et al. Recommendation as language processing (rlp): A unified pretrain, personalized prompt & predict paradigm (p5)[C]//Proceedings of the 16th ACM Conference on Recommender Systems. 2022: 299-315.

7. Cui Z, Ma J, Zhou C, et al. M6-rec: Generative pretrained language models are open-ended recommender systems[J]. arXiv preprint arXiv:2205.08084, 2022.

8. Kang W C, McAuley J. Self-attentive sequential recommendation[C]//2018 IEEE international conference on data mining (ICDM). IEEE, 2018: 197-206.

9. Raffel C, Shazeer N, Roberts A, et al. Exploring the limits of transfer learning with a unified text-to-text transformer[J]. The Journal of Machine Learning Research, 2020, 21(1): 5485-5551.

10. Hou Y, Mu S, Zhao W X, et al. Towards universal sequence representation learning for recommender systems[C]//Proceedings of the 28th ACM SIGKDD Conference on Knowledge Discovery and Data Mining. 2022: 585-593.

11. Shang J, Ma T, Xiao C, et al. Pre-training of graph augmented transformers for medication recommendation[J]. arXiv preprint arXiv:1906.00346, 2019.

12. Zhou K, Wang H, Zhao W X, et al. S3-rec: Self-supervised learning for sequential recommendation with mutual information maximization[C]//Proceedings of the 29th ACM international conference on information & knowledge management. 2020: 1893-1902.

13. Hou Y, Zhang J, Lin Z, et al. Large language models are zero-shot rankers for recommender systems[J]. arXiv preprint arXiv:2305.08845, 2023.

14. Wang L, Lim E P. Zero-Shot Next-Item Recommendation using Large Pretrained Language Models[J]. arXiv preprint arXiv:2304.03153, 2023.

15. Sileo D, Vossen W, Raymaekers R. Zero-shot recommendation as language modeling[C]//European Conference on Information Retrieval. Cham: Springer International Publishing, 2022: 223-230.

16. Ding H, Ma Y, Deoras A, et al. Zero-shot recommender systems[J]. arXiv preprint arXiv:2105.08318, 2021.

17. Liu J, Liu C, Lv R, et al. Is chatgpt a good recommender? a preliminary study[J]. arXiv preprint arXiv:2304.10149, 2023.

18. Thoppilan R, De Freitas D, Hall J, et al. Lamda: Language models for dialog applications[J]. arXiv preprint arXiv:2201.08239, 2022.

19. Gao Y, Sheng T, Xiang Y, et al. Chat-rec: Towards interactive and explainable llms-augmented recommender system[J]. arXiv preprint arXiv:2303.14524, 2023.

20. Friedman L, Ahuja S, Allen D, et al. Leveraging Large Language Models in Conversational Recommender Systems[J]. arXiv preprint arXiv:2305.07961, 2023.

21. Wu Y, Xie R, Zhu Y, et al. Personalized prompts for sequential recommendation[J]. arXiv preprint arXiv:2205.09666, 2022.

22. Li X L, Liang P. Prefix-tuning: Optimizing continuous prompts for generation[J]. arXiv preprint arXiv:2101.00190, 2021.

23. Qin G, Eisner J. Learning how to ask: Querying LMs with mixtures of soft prompts[J]. arXiv preprint arXiv:2104.06599, 2021.

24. Li L, Zhang Y, Chen L. Personalized transformer for explainable recommendation[J]. arXiv preprint arXiv:2105.11601, 2021.

25. Li L, Zhang Y, Chen L. Generate neural template explanations for recommendation[C]//Proceedings of the 29th ACM International Conference on Information & Knowledge Management. 2020: 755-764.

26. Zhu F, Wang Y, Chen C, et al. Cross-domain recommendation: challenges, progress, and prospects[J]. arXiv preprint arXiv:2103.01696, 2021.

27. Bulatov A, Kuratov Y, Burtsev M S. Scaling Transformer to 1M tokens and beyond with RMT[J]. arXiv preprint arXiv:2304.11062, 2023.

28. Wu L, Zheng Z, Qiu Z, et al. A Survey on Large Language Models for Recommendation[J]. arXiv preprint arXiv:2305.19860, 2023.

29. Lin J, Dai X, Xi Y, et al. How Can Recommender Systems Benefit from Large Language Models: A Survey[J]. arXiv preprint arXiv:2306.05817, 2023.

结　尾　篇

第 24 章

推荐系统的未来发展

随着科学技术的进步，以及信息技术、网络技术和物联网技术的快速发展，信息的生产与传播更加快速、便捷。特别是 ChatGPT 大火之后，大模型技术引领了新一轮科技革命，让每个人都可以轻松地产出各种各样的内容（文字、图片、视频、音频等），信息的数量以指数级增长。

现在，我们的生活中充斥着各种信息，如何高效获取对自己有价值的信息对每个互联网公民来说愈发重要。推荐系统作为一种高效的信息过滤工具，变得不可或缺。

推荐系统作为一项技术在国内的发展时间并不长，从 2012 年今日头条将推荐系统作为产品核心功能，到现在是 11 年。在这 11 年中，推荐系统的商业价值得到肯定，它在内容分发、用户体验、商业变现等方面具有重要意义。

目前，推荐系统已经成为 to C 互联网产品的标配技术。一个 to C 产品要想为用户提供一种被动高效获取信息的方法，就绕不过推荐系统。（其实 to B 产品也是类似的，B 端最终服务的也是 C 端用户。）正是人类需求的不确定性与信息的爆炸式增长让推荐系统成为一项长久而实用的技术，它不会昙花一现，将不断优化发展。

本书已经对推荐系统的算法、工程、评估、产品、运营、代码实现、行业案例等方方面面进行了深入介绍。可以发现，虽然推荐系统进入国内只有短短 11 年，但是它的发展越来越快，各种新方法、新应用场景、新产品形态层出不穷。那么未来，推荐技术会朝哪些方向发展呢？推荐系统行业会有哪些变化呢？推荐系统的应用场景和价值体现会出现什么新的特点呢？这些问题值得我们深入思考。

针对上述问题，本章谈谈推荐系统未来的发展与变化。我将结合自己对推荐系统的理解和行业判断，从政策及技术发展对推荐系统行业的影响、推荐系统行业的就业环境变化、推荐系统的应用场景及交互方式、推荐算法与工程架构的发展、人与推荐系统的有效协同、推荐系统多维度价值体现6个方面来讲解。本章为读者提供了多个视角，希望读者可以把握其中的脉络，对推荐系统的未来发展有更深入的理解。

24.1 政策及技术发展对推荐系统行业的影响

推荐系统的发展与社会环境和技术趋势密不可分，不过我认为对推荐系统行业的发展来说，政策和技术的影响都是正向的，会促使其逐步规范与完善。下面就从政策和技术两个维度来进行分析。

24.1.1 政策层面的影响

随着数据化、智能化等技术走向成熟，大数据与人工智能在科技发展中起着越来越重要的作用，早已得到国家层面的重视，相关的支持政策接连发布。

要想发展好大数据与人工智能，首先必须有相关人才。在国家教育政策的支持下，我国高校从2016年开始开设大数据和人工智能相关专业，甚至创办大数据、人工智能学院，不少高校设立了相关硕士点、博士点。在2023年，全国开设了大数据相关专业的高校超过715个，已经有492所高校获得人工智能学科建设资格。虽然现在互联网红利见顶，但是互联网产业的数字化、智能化是潮流，势不可挡。未来，大数据与人工智能专业的就业前景非常可观，这促使高校不遗余力地推进大数据与人工智能专业的建设。

推荐系统是人工智能中非常重要且具有极大业务价值的子领域。同时，由于构建推荐算法模型依赖对大规模用户行为数据进行处理与挖掘，所以大数据技术也是推荐系统领域必备的技术。推荐系统行业直接受益于教育政策对大数据与人工智能的支持，未来有充足的人才储备。

上面提到的只是国家在教育层面的布局，其实国家已将大数据与人工智能提高到了战略高度，希望通过大数据与人工智能革新各个产业。政策层面的大力支持，媒体的引导宣传，抖音等产品的样板示范作用，让个性化推荐相关产品和业务得到更多投资人、公司管理层的重视，这也有利于推荐系统在更多行业和场景中落地。

另外，2022年3月1日正式出台的《互联网信息服务算法推荐管理规定》是我国首次从法律层面对推荐算法进行约束和规范，其最终目的也是规范市场、提升产品服务质量、保护消费者权益。有了法律的规范与约束，相信推荐系统未来的发展会越来越健康、越来越好。

24.1.2　技术层面的影响

云计算是近 15 年非常火的技术，目前已经比较成熟，大公司早已布局，并已成为盈利源泉，比如阿里云、腾讯云、亚马逊的 AWS、微软的 Azure 等。

经过十多年的发展，云计算基础设施已经相对健全，未来会在 SaaS 服务等 to B 行业应用中大力发展，其中就包括推荐 SaaS 服务。创业公司只需利用云平台提供的各种 SaaS 服务就可以轻松搭建自己的推荐系统模块，大大降低了推荐系统的准入门槛。除了云计算公司提供这类服务，to B 的创业公司（如达观数据等）也在这方面有所布局，提供 PaaS 或者 SaaS 的推荐服务，以及推荐系统的私有化部署方案。

构建一个完善、稳定、高效、低成本、灵活的推荐系统非常困难，涉及数据、算法、工程、产品交互、业务指标等方方面面，只有深入、全面地了解这些知识，再结合公司的业务情况，才能构建出具备商业价值的推荐系统。在这一背景下，创业公司一般可以选择利用云服务来构建自己的推荐业务，这种方式投入低，无固定成本，是非常好的选择。只有中、大规模公司或者将推荐系统作为核心竞争力的公司才会自建推荐算法业务体系。

2022 年 11 月底 ChatGPT、大模型引爆新一轮科技革命，内容生产更加高效，用户与产品的互动更加便捷、人性化。大模型相关技术及对话式交互方式一定会对推荐系统产生深远影响。第 23 章已经讲解了大模型与推荐系统可能的结合点，以及大模型给推荐系统可能带来的变革，直接受到影响的是推荐系统就业环境。

24.2　推荐系统行业的就业环境变化

推荐系统从业者的就业范围广（推荐、搜索、广告等技术体系一脉相承）、薪资高，是非常好的职业选择。不过在互联网红利消失的未来，推荐方向的人才会供过于求，而且很多公司不需要从零开始建立推荐算法团队了，而会选择直接购买云平台或者 to B 公司的推荐服务，因此相关岗位竞争压力较大。本节谈谈在科技不断发展变化的背景下，推荐方向的工作形式和工作重点可能会发生哪些变化。

24.2.1 推荐算法商业策略师是新的职业方向

随着推荐系统相关的云产品越来越成熟，创业公司或者需要推荐能力的传统行业（比如银行、零售企业等）会更倾向于直接购买推荐云服务或者 to B 公司的 PaaS 私有化部署服务（对数据安全要求高的企业会采用该方案，如银行），快速搭建自己的推荐算法产品，而不是从零开始自己摸索。购买推荐服务的好处是轻量、快速，让公司可以将更多的精力投入到核心业务上，轻装上阵，实现快速发展。

因此，为了更好地将推荐产品落地到企业中，企业对人才的要求有了变化：不需要精通具体的算法实施和工程，而需要了解各类算法的优缺点和应用场景，能将推荐算法跟本公司的业务结合起来，让推荐算法更贴合本公司的业务情况，最终让推荐算法产生业务价值。

这就需要从业者了解推荐系统的全流程，知道构建推荐系统可能遇到的困难，有全局把控能力，善于沟通，有敏锐的商业嗅觉。这样的人才可以称为推荐算法商业策略师，他们的工作目标是基于云服务或者创业公司提供的推荐系统解决方案，将推荐系统落地到本公司的业务中，to B 数智化转型中的传统行业尤其需要这类人才。

当然，为了帮助这些企业布局推荐系统，将推荐系统作为核心业务的 to B 公司也需要大量懂推荐系统算法、策略的从业人员。

24.2.2 在特定领域和场景下出现新的推荐形态

随着智能硬件技术、5G 通信技术、语音交互技术的发展，推荐系统的应用及交互方式会拓展到更多领域。在新的业务场景下，怎么构建推荐业务及推荐算法是非常值得思考的一个问题，也是未来新的机会。

在这个背景下，云计算与 to B 服务公司也会涌入新赛道。提供推荐 SaaS 或者 PaaS 服务的云计算公司或者 to B 创业公司也需要大量精通推荐算法和工程的专业人才，为这些新领域提供推荐解决方案，这对推荐算法从业者也是机会。

24.2.3 推荐系统行业从业者需要更加关注业务价值产出

推荐系统偏业务和工程，企业构建推荐系统的目的就是借助其创造更多的商业价值。

在当前互联网红利见顶的情况下，原来通过融资烧钱发展用户的粗放式经营模式不再有市场。在竞争日益激烈的商业环境下，企业从创立第一天就应该考虑商业变现的事情，需要在创业早期就尝试商业化，学习这方面的技能，积累相关经验，这样才更有可能生存下来。

推荐系统作为一个高价值的模块，需要肩负起商业变现的责任，因此从业人员需要更加关注推荐系统的业务价值产出，并尽量量化推荐系统的价值，建立价值产出的闭环体系。只有让老板、让客户看到推荐的价值，得到他们的大力支持，推荐业务最终才有更好的落地空间。

因此，那些有产品思维和商业头脑，知道怎么量化、可视化业务价值，知道怎么利用推荐系统创造商业价值的推荐算法人才，更有机会和前景。

24.3　推荐系统的应用场景及交互方式

目前推荐系统主要应用于 PC 端和移动端，未来随着智能化的发展，智能设备会出现在更多场景中，这些设备当然也需要借助推荐技术来分发信息。同时，这些智能设备的交互方式会发生变化，可以借助语音、手势、视线追踪等更多新的交互方式与用户互动。另外，传统行业的数智化转型也有非常多需要精细化、个性化运营的场景。

应用场景的变化一定伴随着交互方式的变化，在下面要介绍的几类场景中，主流的交互方式跟手机上的触屏交互不一样，应用场景的切换对智能推荐的交互及展示方式有极大影响，进而影响推荐系统的算法、工程等方方面面。

24.3.1　家庭场景

2015 年 5 月，乐视智能电视发布，随后，小米、微鲸、暴风影音、华为，以及五大电视厂商（长虹、创维、TCL、海信、康佳）纷纷入局智能电视行业，国外电视厂商也强势涌入中国智能电视市场。智能盒子（小米盒子、天猫魔盒等）种类繁多，五花八门，家庭互联网进入智能时代。

目前，智能电视的交互方式主要以操作遥控器为主（虽然很多智能电视具备语音交互能力，但是目前还存在诸多问题，交互能力有限），相对手机来说没有那么方便，个性化推荐的作用因此凸显出来了。

我之前工作过的一家公司从 2012 年开始构建个性化推荐系统，开发了家庭智能软件产品——电视猫，其推荐系统在提升电视猫的用户体验、创造商业价值等方面产生了巨大的价值。爱奇艺、腾讯视频、优酷等互联网视频巨头都已经在智能电视方面布局，并且提供了一定的智能推荐服务。另外，广电体系下的公司都在家庭互联网的视频推荐业务方面有需求，有的已经入局做智能推荐。

由于交互方式和展示方式上的特殊性，以及面对的是相对固定的多人场景，因此在智能电视或者智能盒子上构建推荐系统跟移动端有很大的差别，且更有难度。其中有很多点值得探索和挖掘，比如怎么更好地跟用户交互，怎么识别多人场景并提供精准推荐。

家庭场景中另外一个不得不说的智能硬件是智能音箱。前几年亚马逊的 Echo 在美国大热，引爆了智能音箱市场，国内快速跟进，百度、阿里、腾讯、小米、科大讯飞等一众企业纷纷入局，上演了智能音箱大战。目前，国内智能音箱每年的销售量达千万级，逐渐成为家庭中仅次于智能电视的现象级智能硬件产品。

智能音箱以语音交互为主，部分产品支持触控的方式交互。智能音箱上的应用目前种类非常多，可以非常自然地整合个性化推荐能力。由于交互方式、展现方式的限制，如何在智能音箱上整合智能推荐系统的精准推荐能力以及信息分发能力是一个非常值得挖掘的方向。

另外，各种特定场景的机器人应用（比如学习型机器人、家庭护理型机器人等）也可以借助语音、手势进行交互，其中有非常多可以整合推荐系统的场景待探索和开发。

随着 ChatGPT 和大模型技术的发展，目前像百度、阿里等公司已经将相关大模型技术整合到智能音箱中了，国外也有公司将大模型能力整合到了智能机器人中。有了大模型的加持，智能音箱和智能机器人可以更高效、更智能地与人互动，这方面值得相关从业者进行探索。

在家庭物联网场景中，推荐系统也有用武之地，比如智能冰箱。目前很多智能冰箱带有智能电子屏，可以记录食物品类和消耗情况，推荐系统便可基于此自动给用户提供食品补充的个性化推荐甚至直接下单，这个领域同样值得期待和探索。

24.3.2 车载场景

车载场景是一个非常重要的场景，用户规模巨大，同时也比较特殊：司机的注意力集中在开车上。现阶段车载智能设备的交互方式以语音交互为主，因此相关应用有所局限，主要是播放音乐、新闻等。推荐系统也聚焦在音乐、新闻等信息流推荐上。

待未来自动驾驶技术更加成熟，汽车会成为一个移动的互联网空间，这时候可以探索的应用场景和产品形态就有无限可能。在这个移动的空间中，如何基于场景（地理位置）和产品做个性化的信息分发和物品推荐是非常值得探索的方向（除了常规的新闻、音乐、视频推荐，线下消费推荐也成为可能）。

24.3.3　VR/AR/MR 场景

VR（虚拟现实）/AR（增强现实）/MR（混合现实）等技术的发展，给人类提供了了解世界、获取信息的新窗口。这类设备的交互方式以语音、手势、触控、头部动作、视线跟踪等为主。目前，这类设备上的生态还不成熟，内容也相对少，还不满足做智能推荐的条件，不过是一个比较值得期待的方向。特别是当 MR 发展成熟时，人们可以在行走中获取信息，并可以整合周围的环境信息，推荐系统一定有很多新奇的玩法。

这里特别提一下，苹果公司在2023年6月发布的Vision Pro是MR行业的一次大突破，Vision Pro 整合了多种交互方式，提供了工作、视频、游戏等多个应用场景。我相信随着 Vision Pro 的发布，相关应用在未来几年一定会爆发，对于推荐系统是极好的新场景应用机会。

24.3.4　传统行业的精细化、个性化运营场景

传统行业进行数智化转型是未来发展的必经之路，也是企业在激烈竞争中的必然选择。比如银行业，目前在推进所谓的大财富生态建设，各大银行都在自己的 App 上提供理财、生活、资讯、商品、O2O 等方面的应用。在这些场景中进行精细化、个性化运营是提升用户体验、增强品牌触达甚至带来转化的最佳方式。

另外，证券、保险等金融机构也有类似的诉求，其他传统行业，如医药零售、能源、机械制造等，均存在线上（如小程序）精细化运营的需求，待各类创业者去挖掘。

关于这一场景，第 20 章、第 21 章已做过简单介绍。我在过去几年也一直从事金融行业推荐系统的精细化运营工作，现在自己创业，做的也是企业精细化运营，我相信这个方向在未来 10 年都是好机会。

24.4　推荐算法与工程架构的发展

推荐系统中最重要、最核心、最有技术含量的一个模块非推荐算法莫属。目前主流的、在工业界大量使用的推荐算法有基于内容的推荐算法、各类协同过滤算法等。这些传统推荐算法时至今日仍发挥着巨大的作用。随着机器学习技术、大数据技术、云计算及软硬件的发展，会有更多新的学习范式应用于推荐系统中。除了算法层面的变化外，通信技术（特别是5G）的发展让实时推荐成为可能，推荐系统在数据处理、工程架构等方面也会迎来新的发展与机会。下面从算法和工程两个角度来梳理推荐系统的未来发展。

24.4.1　推荐算法的新范式

过去10多年，深度学习技术飞速发展（标志性事件是2012年AlexNet的发布），它在推荐系统中的应用也越来越广泛。使用深度学习可以获得比传统算法更高的精准度且不需要复杂的人工特征工程，因此受到推荐算法工程师的追捧，逐渐成为推荐系统中的主流技术。第9章、第13章就提到了很多基于深度学习技术的召回、排序算法。

推荐系统本质上是一个交互式学习引擎，它会根据用户对推荐物品的反馈（是否浏览、是否点击、是否购买等）来调整后续给该用户的推荐结果，这是一个互动的过程，用户与推荐系统互动得越多、越频繁，推荐系统就越懂用户，给用户的推荐也会越精准。在机器学习领域，有一种学习范式可以称为互动式学习的典范，它就是强化学习。在强化学习中，智能体通过与环境互动获得环境的反馈，基于反馈调整自己并再次与环境交互，形成新的交互方式与策略。通过多轮互动，智能体可以更好地从环境中学习，获得更大的综合回报，如图24-1所示。

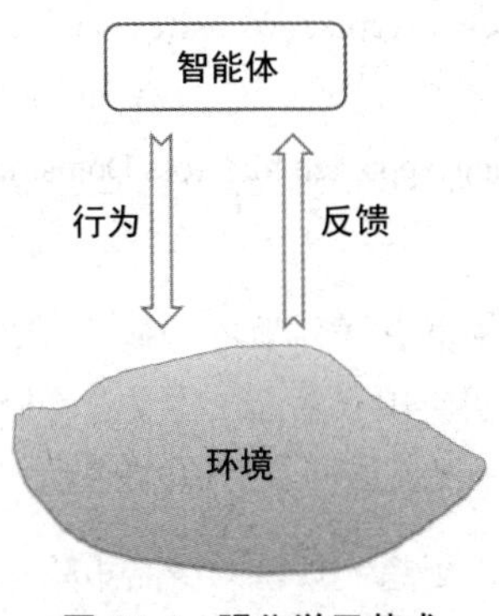

图24-1　强化学习范式

如果我们在强化学习范式下考虑推荐系统，推荐算法就是智能体，而使用推荐系统的人和对应的产品就是环境，推荐系统通过与人互动（推荐系统给人推荐物品，人对推荐的物品进行操作）更深入地了解人的行为特点、兴趣偏好。推荐系统从与人的互动中不断迭代，提升推荐效果。强化学习在推荐系统中的应用在工业界已经有一些成果，感兴趣的读者可以查看以下文献：

- Deep Reinforcement Learning for Online Advertising in Recommender Systems
- Deep Reinforcement Learning for List-wise Recommendations
- Recommendations with Negative Feedback via Pairwise Deep Reinforcement Learning
- Top-K Off-Policy Correction for a REINFORCE Recommender System

另外，推荐对强化学习感兴趣的读者阅读 *Reinforcement Learning* 一书，会让你对强化学习有更深刻的理解。随着推荐系统越来越趋向实时化，我相信强化学习在推荐系统中的应用一定是未来非常值得探索的方向，也一定会产生极大的商业价值。这里顺便提一下，最近大火的 ChatGPT 用到的 RLHF 就是一种基于人类反馈的强化学习。

机器学习中另外一个非常重要的学习范式是迁移学习。所谓迁移学习，简单来说就是将从一个领域获得的知识通过某种方式应用于另外一个领域（需要找到这两个领域之间的某种关联关系）。这种学习范式对人类来说是再平常不过的事情了，举一反三、触类旁通等词就是描述人类大脑的迁移学习能力。迁移学习在推荐系统中的应用目前有少量尝试，读者可以查看以下文献：

- Social-behavior Transfer Learning for Recommendation Systems
- Transfer Learning in Collaborative Filtering with Uncertain Ratings
- Selective Transfer Learning for Cross Domain Recommendation
- Transferring User Interests Across Websites with Unstructured Text for Cold-Start Recommendation
- A Multi-View Deep Learning Approach for Cross Domain User Modeling in Recommendation Systems

其实，大模型的核心思想中就有迁移学习的影子，比如大模型在预训练阶段学到的普适知识通过微调就可以在上层应用（翻译、写文章、摘要等）中使用，大模型在推断阶段的 ICL 靠人工给出的几个示例就能回答类似的问题。

目前一些大公司已经构建出了超大规模的产品矩阵，在这些产品之间进行迁移学习是非常自然的事情（比如淘宝上的用户行为关系可以迁移到盒马上用于推荐）。另外，云计算公司一般会为多家同类型公司提供服务，因此迁移学习可以落地的场景非常多，比如算法成果迁移等。当然，考虑到信息安全和隐私，这在下面要提到的联邦学习框架下是可行的。

监督学习目前还是机器学习中最重要、应用最广的学习范式，但是获得大量标注样本非常费时、费力、费钱，因此如何在没有大量标注样本的情况下进行学习是一个重要的问题（在医学等领域，标注样本不足是很常见的事情），迁移学习提供了一种可行的方案。另外一个可行的方式是半监督学习，半监督学习利用标注样本和无标注样本来进行学习，可以很好解决标注样本不足的问题。目前可获取的数据中，无标注数据数量巨大，比如视频、音频、评论信息、物品简介信息等，这些信息在半监督学习范式下都可以使用。这方面的技术目前在企业级推荐系统上应用很少，但它是一个非常值得深入挖掘的方向。ChatGPT、大模型中利用少量标注数据进行监督微调也可以看成半监督学习的应用。

目前还有不少产品是通过“霸王协议”来获取用户数据的，而这不符合法律规定。随着用户隐私意识的增强和法律层面对隐私保护的重视，未来推荐系统会更难获取用户数据，这就要求推荐算法保护用户隐私，在这个方向上，联邦机器学习是一种非常好的学习范式。

联邦机器学习是一种机器学习框架，能有效帮助机构在满足用户隐私保护、数据安全和法律法规的要求下使用数据和进行机器学习建模。联邦机器学习在推荐系统中的应用在业界已经有比较好的尝试，未来会是推荐系统发力的一个方向。

随着 Transformer、BERT、GPT 等技术的流行，ChatGPT 和大模型等场景应用有了爆发之势，这些新技术怎么整合到推荐系统中也值得期待。另外说一下，ChatGPT 对交互方式有很大革新，那么 ChatGPT 等技术怎么在特定场景中颠覆原有的交互方式，是否对特定场景的推荐系统产生影响，值得大家关注、思考和探索。

以上是推荐算法方面可能的发展方向和变化，在数据处理及工程方面，推荐系统也会面临很多调整、变化与发展，下面简单梳理一下。

24.4.2 推荐系统工程层面的发展变化

现在主流的基于内容的推荐算法和协同过滤算法都只利用了部分用户数据及物品数据训练模型，还没有将所有可用的信息综合起来进行推荐。原因有三：一是数据量太大，二是数据处理复杂（特别是富媒体数据，处理起来成本高、难度大），三是对推荐算法的性能和可拓展性要求极高。随着特征工程技术的进步、数据处理能力的增强、计算成本的降低以及算法自身的发展，相信在不久的将来，获取更多的数据进行更加复杂的训练成为可能，而更多的数据和更复杂的模型会让最终的推荐效果更好。这种复杂的模型可以是更深层的深度学习模型，还可以是各种模型的混合，甚至是 GPT 大模型。

未来在 GPU、TPU 等硬件上进行推荐模型的训练、推理也是大势所趋。特别是当大模型相关技术大量应用于推荐系统后，这将是主流技术的必然选择。

随着通信技术的发展，特别是 5G 技术的普及，信息传输的速度更快、传输费用更低，我们可以在极短的时间内获得大量数据，计算能力的增强和算法模型的发展让数据处理变得更加快速即时，同时用户也期望获得即时快速的互动体验。在这些因素的影响下，实时推荐正变得越来越好用，目前大火的信息流推荐就是很好的体现。实时推荐不仅用户体验好，并且具备更大的商业价值（提高了信息分发效率，单个推荐位有了更高的周转率和商业价值），实时推荐是推荐系统未来最为重要的发展方向之一（很多手机 App 上的推荐早已实时化了，比如抖音、淘宝等）。

要想做好实时推荐，除了算法外，工程架构、交互方式等都需要进行相应调整。在工程上需要采用流式处理技术（如 Flink、Spark Streaming 等）来进行特征处理与模型训练，以便更好地响应用户的实时操作。下面介绍一种创新的实时推荐思路，即云端、终端协同。

在云端实时处理海量的用户信息非常费力，在终端完成这件事是一种比较有创意的想法。具体做法是先在云端基于全量数据离线训练一个复杂的模型，并将该模型同步到终端，终端基于该模型和用户的交互信息，实时优化模型，最终模型越来越适配用户的兴趣，如图 24-2 所示。

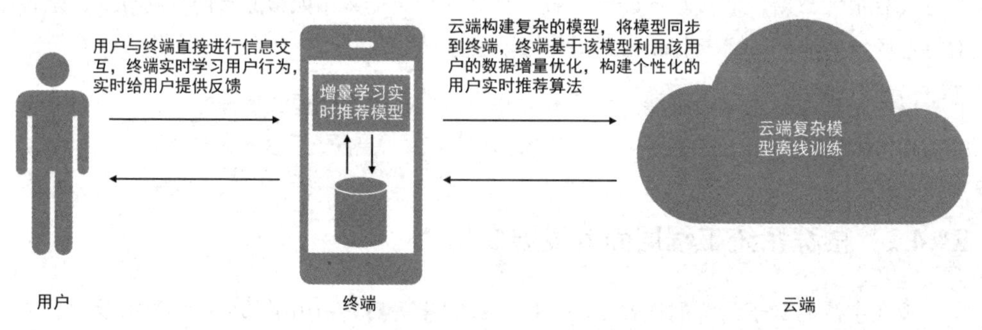

图 24-2　终端上模型增量学习，为用户提供更加个性化的实时推荐

这种部署方式不受网络因素的影响，实时推荐变得更容易，同时模型是为用户量身打造的，更符合用户口味。当然，这对终端性能、存储能力、模型实时训练等提出了很高的要求。但不可否认，这是一个值得尝试、有巨大应用价值的方向。

在交互方式上，推荐系统也需要给用户提供更加自然流畅的体验。目前移动端的下拉刷新就是一种比较好的交互方式，当推荐场景拓展到家庭智能设备、车载设备甚至虚拟设备上时，交互方式也许会产生重大革新。特别是随着 ChatGPT 等大模型技术的出现，未来对话式语音交互会有非常大的发展空间，这将革新特定场景下推荐系统的交互方式。

还有一个不得不提的点是特征工程，怎么为推荐算法构建特征，这是任何机器学习算法必须面对的问题。随着富媒体信息在所有信息中的占比越来越大，以及实时推荐对特征处理时效性的要求，这个问题变得日益严峻。幸好深度学习技术可以降低人工构建特征的难度，另外，自动化特征工程在某种程度上也可以缓解这个问题。

目前的推荐算法多部署在云端，所有人共用一套推荐算法。随着边缘计算技术的发展，未来极有可能在终端上部署比较复杂的模型，到那时就可以从零到一为每个用户构建个性化的推荐算法模型了，直接在终端生成推荐结果。这种部署方式有几大优点：一是推荐更加即时，可以给用户提供更好的体验；二是每个人拥有为自己量身定制的算法，精准度会更高；三是信息直接在终端进行处理，更加安全可靠。

总之，随着机器学习算法以及硬件技术、信息处理技术、信息传输技术的发展，未来的推荐系统在算法实现、工程架构等方面都会产生极大的变化，会出现更多的可能性。这些都是值得我们期待、思考、探索的方向。

24.5 人与推荐系统的有效协同

以深度学习为代表的第三次人工智能浪潮给学术界和产业界带来了极大利好，机器学习在很多方面的能力比肩甚至超越了人类。2022 年底 ChatGPT 的问世拉开了新一轮科技革命的序幕（这极有可能是第四次人工智能浪潮），让 AGI 时代的到来变得更有可能，甚至比专家预估的时间提前。

但在涉及创造、情感方面，在可预见的未来里，机器无法取代人。为用户提供有价值的信息和情感联系是好的、具备人文关怀性质的推荐系统必备的能力，这就要求人和机器有效协同，这也会是未来很长一段时间推荐系统的常态。在数据过滤、特征选择、模型调整、结果干预、展示优化、效果调控等推荐系统的各个维度，人工都可以发挥极大的作用，加入人工因素的推荐系统将更有情感、更加安全、更可控。顺便说一下，目前在大模型领域，OpenAI 一直在做的一件非常重要的事情就是采用技术手段将大模型的“价值观”与人类的价值观对齐，让用户能以更加安全、可控的方式使用大模型。

比如在前面提到的银行精细化运营场景中，银行就要求在整个推荐过程中加入人工控制。在内容选择环节，需要对内容进行筛选，保证内容满足银行 App 的用户定位和价值定位。在内容投递环节，还需要对投递的内容进行人工审核，确保内容在质量、安全性上满足监管要求。

目前，人在推荐系统中所起的调控作用还比较粗糙，更多是对结果的干预。未来，人工怎么跟推荐系统更好地协同，怎么在推荐系统中发挥人的创造力和情感力量将是非常值得思考和探索的领域。

24.6　推荐系统多维价值体现

作为一种创造商业价值的工具，推荐系统已经被过度商业化了，在用户体验上虽有所考虑、手段有所收敛，但是做得还不够。特别是在人文关怀、生态健康发展和弘扬社会正向价值观，是当前推荐系统价值体现中普遍缺失的部分。因此，推荐系统还有很长的路要走。

随着科技的发展，特别是云计算将很多技术能力变成了像水、电、煤气一样可以方便获取的资源，各家公司在技术能力上的差异会越来越小。这时，能够让你脱颖而出的可能就是产品能不能打动用户，能不能跟用户产生共情。推荐系统作为一个跟用户强交互的产品模块，也要顺应这种趋势变化。因此，未来能够做好推荐系统的一定是那些能够定义好推荐系统价值的企业，不光要考虑其商业价值，更应该考虑用户体验、情感连接和人文关怀。

24.7　小结

本章基于我在推荐领域多年的实践经验和深入思考，从多个维度对推荐系统的未来发展进行了梳理和总结。

国家层面对大数据与人工智能技术的大力支持，有利于推荐系统行业吸引更多的专业人才，同时竞争也明显加剧。云计算等技术的发展让构建推荐系统就像购买商品一样方便，创业公司可以更轻量、更便捷、低成本地在产品中整合推荐能力。

政策层面的支持、技术的发展，对推荐系统行业的就业也会产生深远影响。企业需要推荐算法商业策略师更好地将推荐算法落地到产品中，更多关注推荐系统的业务价值产出。

物联网、通信技术、硬件技术、大模型技术的发展，拓展了推荐系统的应用场景，对推荐算法从业者来说都是新机会。在这些场景中，推荐系统与人的交互方式会发生极大的变化，语音交互、手势交互、视线追踪等新交互方式成为可能。

最近几年，深度学习在推荐算法上取得了非常耀眼的成果。未来，新的推荐范式，如强化学习、迁移学习、半监督学习、联邦机器学习、大模型技术等会在推荐系统中规模化使用。推荐系统的训练、推理也可能在 GPU 等硬件上进行。技术的进步让推荐系统利用更多富媒体数据训练模型成为可能，推荐系统也会更加实时化、个性化，甚至可能每个用户都会拥有一套为其量身定制的个性化推荐引擎。

除了商业价值外，推荐系统在用户体验、人文关怀、生态繁荣、弘扬正向价值观等维度也需要有所突破，而且这些维度的价值会越来越重要，会成为推荐系统的核心竞争力。人的作用由此凸显出来，在未来很长一段时间里，人将与机器将协同发展。只有为推荐系统注入更多人类的情感和灵魂，整个推荐系统行业才会更加欣欣向荣！

推荐系统预备知识

本附录梳理了构建企业级推荐系统需要具备的知识和技能，方便读者学习。

推荐系统是机器学习的一个分支，它通过机器学习算法将物品分发给对其感兴趣的用户。推荐系统解决的是物品与用户精准、有效匹配的问题。匹配问题是一个算法问题。设计推荐系统的过程涉及构建机器学习算法，这就需要了解和掌握机器学习、数学等知识。

当推荐算法模型构建好了，推荐系统需要为用户提供个性化、自动化、及时的服务，因此需要完成代码实现并部署到服务器上，这样的推荐系统才算得上一种互联网软件服务。因此，了解和掌握计算机相关知识（网络、存储、编码、部署、运维、测试等），才能真正理解和实现推荐系统的整个服务流程。

推荐系统还是一个偏实际应用、商业服务的领域。构建推荐系统需要了解业务场景相关的很多知识。比如，推荐系统需要解决什么问题？实现什么业务目标？在什么场景下为用户提供推荐服务？用户怎么与推荐系统交互？怎么评估推荐系统的效果？这些问题都涉及具体的产品、运营及业务知识。

通过前面的简单介绍，可知推荐系统是一个综合性学科，涉及数学、机器学习、软件与编程、产品、运营、商业等方面的知识。只有了解和掌握这些知识，才能构建出有业务价值的推荐系统。

具体来说，本附录会从数学基础、机器学习、推荐系统、编程能力、数据结构与算法、工程技能、大数据相关技术、其他支撑技术、项目实践、产品与交互、英文文献阅读能力 11 个方面梳理构建推荐系统需要的知识储备。本附录可作为学习推荐系统的参考指南，读者可以按照这个大纲针对自己比较薄弱的环节进行针对性的学习。

在具体讲解之前，先简单描述推荐系统业务流程及推荐算法工程师的职业定位。本附录的知识点梳理是根据推荐系统业务流程涉及的知识点及推荐算法工程师的具体工作进行的。

图 A-1 所示的是一种可行的推荐系统业务流程，用户通过终端（如手机）访问推荐业务，终端调用推荐系统 Web 服务接口（可能会用 CDN 加速，同时通过 Nginx 等 Web 服务进行反向代理），推荐系统 Web 服务接口从推荐结果库（这里采用事先计算型服务架构，先将推荐结果计算出来，第 17 章介绍了另外一种实时装配型服务架构）中将用户的推荐结果取出，组装成合适的数据格式返回给用户。另外一侧，用户在终端上的行为会通过日志收集系统收集到大数据平台，经过 ETL 处理进入数据仓库。基于这些行为数据构建推荐算法模型为用户生成推荐结果，并通过 Kafka 管道存入推荐结果库中。

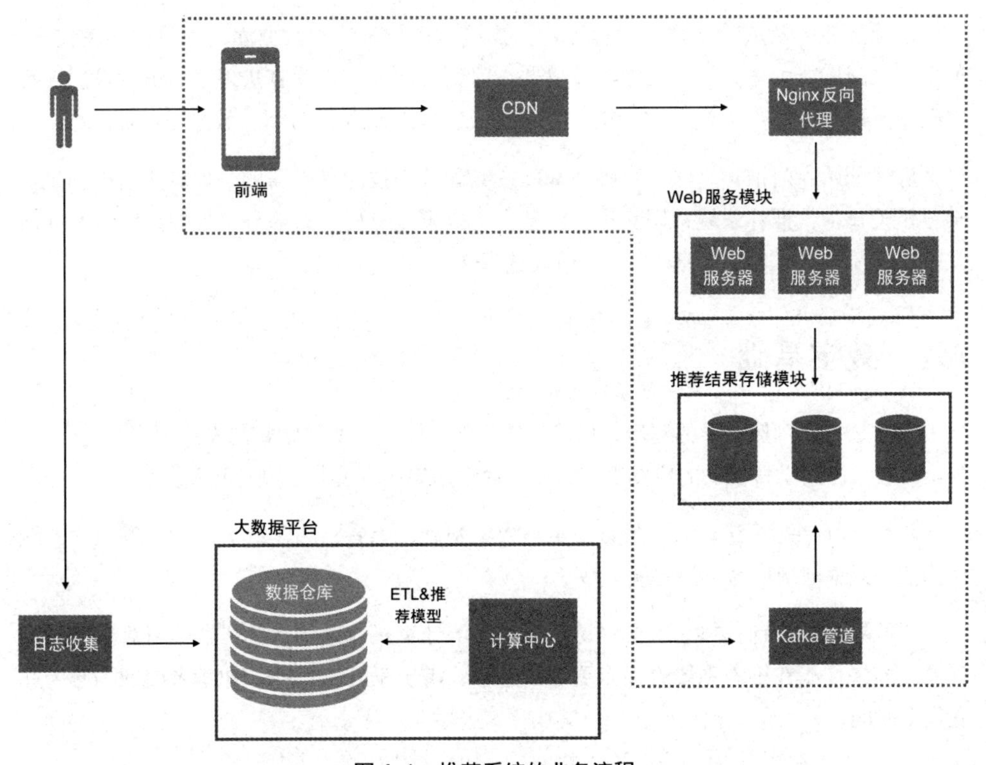

图 A-1 推荐系统的业务流程

下面结合图 A-1 说明构建推荐系统需要用到哪些技术，需要学习哪些知识。当然，在一家公司开发推荐算法并非一定会接触到图 A-1 中的所有方面（如果是创业公司，很有可能都会接触，因为一般创业公司没有足够的资源招聘开发各个模块的人，往往需要一人“身兼数职”）。而了解所有模块对形成全局认识大有裨益。

可以将图 A-1 中涉及的知识点分为**基础技能**、**核心技能**、**补充技能**三大块。推荐算法工程师一般可分为**偏算法类与偏工程类**，前者主要根据产品特性、已有数据资源、计算资源设计高效可行的算法，可能会涉及实现相关算法，而后者主要负责推荐算法工程的封装与实现、推荐推断与服务模块及推荐支撑模块开发等偏工程实现的工作。

偏算法类的工程师需要数学基础好，机器学习理论扎实，最好有相关学术经验。偏工程类的工程师需要编程能力强，熟悉软件架构设计、面向对象编程思想、设计模式等，最好有开发较大工程项目的实际经验。

基础技能涉及数学知识、编程知识、数据结构与算法、数据库、大数据相关技术、英文文献阅读能力等，核心技能涉及机器学习相关技术、推荐算法理论、推荐算法工程实现等，补充技能涉及产品 UI 交互、网络协议、Web 服务、CDN、数据交互协议等。

从零开始入门推荐算法工程师，基础技能和核心技能是必需的，如算法基础、机器学习相关技术、推荐系统常用算法。但是为了内容完整性，这部分将推荐系统涉及的所有知识点都罗列出来了，读者可以分阶段选择性学习。

A.1　数学基础

数学是一切自然科学的基础，任何自然科学（以及人文科学）的发展都离不开数学，甚至可以说一门学科发展的成熟度与其使用数学知识的深度与广度正相关。

要想学好推荐算法，需要具备一定的数学基础。笔者认为学好大学的高等数学、线性代数、概率与统计这三门课就足够了。

离散数学作为计算机系的必修课程，对理解计算机体系结构和机器学习算法非常有帮助。如果你想在推荐系统方面有更深的造诣，需要学习这门课，初学者前期不必为此花很多时间。

A.1.1　高等数学

现代科技（自然科学和工程学科）的发展得益于以微积分为核心的高等数学。机器学习是计算机与数学的交叉学科，自然也离不开高等数学。

推荐模型（甚至绝大多数机器学习算法模型）最终可以归结为一个最优化问题。简单来说，最优化问题就是求函数极值的问题，需要利用各种数学技巧、数值计算技巧来求解模型的最优参数，常用的有极大似然估计、梯度下降算法等。

深度学习的激活函数、机器学习模型的目标函数的性质需要了解，以便计算梯度逐步迭代求解最优解（深度学习使用的是梯度的反向传播算法），这些都涉及微积分相关知识。

另外，算法的时间复杂度、空间复杂度（比如归并排序的时间复杂度是 $O(n \log n)$）等都需要用高等数学中无穷小的形式来描述。

需要掌握的高等数学知识主要有初等函数的基本性质、极限、积分、微分、求极值、无穷小量等，特别是最优化问题中的梯度下降算法，这是绝大多数机器学习问题求解的核心方法。

A.1.2 线性代数

矩阵运算是一种非常简洁、高效的数学运算。用矩阵描述线性方程组非常简单（$\boldsymbol{Ax}=\boldsymbol{b}$，$\boldsymbol{A}$ 是系数矩阵，$\boldsymbol{b}$ 是数值向量，$\boldsymbol{x}$ 是未知向量），很多机器学习算法利用了矩阵相关知识，如奇异值分解、降维方法等。矩阵运算非常适合在 GPU 等现代芯片架构上做并行处理。

比较出名的利用矩阵运算的推荐算法是矩阵分解算法（Spark MLlib 有分布式矩阵分解算法 ALS，可以直接用于推荐系统），深度学习中从上一层到下一层的信息传递本质上是使用了矩阵乘法。计算相似度的余弦相似度算法也需要利用向量的内积运算。

对于线性代数，需要掌握基、矩阵及向量相关运算、线性方程、正交性、特征值、特征向量等基本知识点。

A.1.3 概率与统计

用于模型训练的样本可以从特定概率分布中随机抽样得到。基于该观点，任何推荐算法可以看成一个概率估计问题。很多机器学习问题可以采用概率的思想来解释（比如利用 logistic 回归解决二分类问题，预测值可以看成点击概率），最后通过极大似然估计等方法估计相关参数。

很多推荐算法可以利用概率的思想来建模，朴素贝叶斯方法就是一种最简单的利用概率方法进行推荐的算法（见第 8 章）。也可以将推荐系统看成二分类问题，将用户是否喜欢某个物品看成一个概率，概率值的大小代表用户喜欢的程度，从而可以用 logistic 函数拟合用户对物品的兴趣（如果是多分类问题，可以用 softmax 函数）。贝叶斯估计也是常用的概率估计方法，在推荐系统中广泛使用，比如主题模型（topic model）。

通过 A/B 测试评估推荐算法效果，看新算法相对于旧算法提升是否显著，这就需要了解置信度、置信区间相关知识。

总之，概率与统计知识对于构建推荐系统非常重要。我们需要掌握概率的含义、概率的计算、频率与概率的关系、常用分布、贝叶斯公式、极大似然估计、先验估计、概率密度函数、均值、方差、样本、抽样、置信度、置信区间等相关知识。

A.1.4 离散数学

计算机专业的学生必学的一门课程是离散数学，这门学科涵盖的内容有集合论、图论、代数结构、组合数学、数理逻辑等。

计算机运算本质上是布尔代数，通过二进制数来解决所有计算问题。深度学习的神经网络模型其实是一种有向图的结构。像滴滴打车为司机寻找到达目的地的最短路线其实是图的最短路径问题。机器学习的维度灾难是一种组合爆炸。很多算法问题可以转化为图的问题来解决。目前比较火的图神经网络就是图论和深度学习算法结合的一个分支领域，学术界和工业界也有非常多将图相关技术用于推荐系统的尝试。

学习离散数学有助于更好地理解计算机体系结构及一些重要的推荐算法。

A.2 机器学习

推荐系统是机器学习的一个分支，主要解决为海量用户推荐物品的问题，可以将推荐系统看成一个监督学习问题。机器学习中的各种算法和范式都可以用于推荐系统中，比如回归、聚类、奇异值分解、深度学习、强化学习、迁移学习等。

了解和掌握传统机器学习算法（常用的聚类、分类、回归、集成学习），对构建推荐系统非常有帮助。

另外，需要了解和掌握机器学习的一些基本概念和相关知识点，如训练集、测试集、验证集、模型训练、模型推断、特征工程、模型效果评估、过拟合、类不平衡、泛化能力等，构建推荐算法模型的过程中一定会涉及这些概念。

A.3 推荐系统

推荐系统是一种解决信息过载的技术手段，我们需要知道什么场景下需要推荐算法、什么场景不需要推荐算法、使用推荐算法会面临哪些挑战、推荐算法的应用场景有哪些等。

推荐系统常用的算法有基于内容的推荐、协同过滤推荐（包括基于用户的协同过滤和基于物品的协同过滤、矩阵分解、深度学习等）。需要理解这两大类算法，弄清楚算法原理，能够大致推导实现步骤，同时知道怎么评估推荐算法的好坏，有哪些衡量推荐算法质量的指标，这些指标怎么计算，怎么解决推荐系统冷启动问题等。

上面提到的推荐系统相关的问题和知识点本书都会讲到，重点是各种召回、排序算法以及推荐系统工程相关知识。

A.4 编程能力

推荐算法工程师除了设计算法外，还需要实现算法，即使是利用现有的算法框架实现推荐，在数据处理、特征工程、模型训练、模型推断等阶段也需要动手编程。所以，推荐算法工程师需要有一定的编程基础。

工业界最常用的编程语言是 Java。Java 有非常成熟的生态系统，并且推荐系统前期数据处理依赖大数据技术，而大数据技术基本是基于 Java（或者基于 JVM 的 Scala 语言）生态系统的。掌握 Java/Scala 开发有助于快速学习各类大数据开源技术。

随着深度学习、大模型等新一轮人工智能浪潮的到来，Python 的重要性日益凸显。基于 Python 的算法框架有 TensorFlow、PyTorch 等，它们基本都采用 Python 跟用户交互（底层是用 C++ 写的）。现在主流的算法也多利用 Python 来实现。目前 Python 是最受欢迎的编程语言，也是算法工程师的第一语言。Python 作为一门较古老的编程语言，生态相当完备，易于学习，并且有非常成熟的数据处理分析库 NumPy、pandas、SciPy 及流行的机器学习框架 scikit-learn 等。

作为推荐算法工程师，熟悉 Java/Scala、Python 语言基本就够了。如果只学习其中一种，建议优先学习 Python，因为 Python 更简单易学，目前最火的大数据技术 Spark、Flink 都支持 Python 编程交互。学会了 Python，处理大数据和构建算法模型都不是问题。第 18 章、第 19 章代码实战部分的代码都是用 Python 实现的。

A.5 数据结构与算法

上一节提到开发推荐算法需要掌握编程技能，任何类型的编程都或多或少涉及一些数据结构与算法。我们需要了解常用的数据结构（比如集合、列表、哈希、链表、B+ 树等）、常用的排序算法和搜索算法，以及算法的时间复杂度和空间复杂度。对布隆过滤器、压缩算法、加密算法等更高深的算法也需要有所了解，知道它们可以解决哪些问题，需要的时候可以通过查找相关资料快速学习。

A.6 工程技能

推荐算法的实现需要考虑很多工程问题。采用什么数据处理平台，模型训练采用什么技术，推荐结果存储在哪里，推荐结果怎么提供给用户，推荐系统怎么跟其他系统结合，这些问题都需要采用工程技术来解决。

随着用户规模的增长，数据量越来越大，处理数据和训练推荐模型花的时间越来越长，怎么高效地处理大规模数据和并发计算是摆在大家面前的棘手问题。

用户访问推荐页面是否有延迟，页面展示是否正确，怎么应对开天窗，怎么缩短访问时长，怎么提升推荐服务的并发能力，怎么提升系统的稳定性，这些问题都需要结合工程知识和行业经验来改善和优化。

怎么设计一套高效的推荐算法组件，让整个团队的开发效率更高，更容易将推荐算法落地到实际产品中；怎么在算法精准度、效率、计算复杂度、业务目标上做平衡也是一种工程实现的哲学。

总之，需要有足够多的工程实践经验，才可以设计出高效易用、有业务价值的推荐算法体系。工程实践经验不是一蹴而就的，需要在实际工作中逐渐积累，很多经验是踩坑后的总结反思。

A.7　大数据相关技术

推荐系统是一个系统性工程，从图 A-1 可知，搭建一个稳定、高效的推荐系统相当复杂，涉及很多知识。to C 互联网产品构建在规模用户的基础上（即使是 B 端客户，最终目的也可能是服务于 C 端用户，比如帮助银行做 App 上的推荐系统，最终也是服务于银行 App 用户），大量用户的行为会产生海量数据，这时大数据相关技术就有了用武之地。

随着互联网和信息技术的发展，以及开源技术的流行和开源社区的壮大，出现了很多优秀的开源框架，如 Hadoop、Hive、Spark、Flink 等，它们是构建企业级推荐系统的基石。下面简单介绍推荐系统用到的一些大数据开源技术。

A.7.1　数据收集系统

构建推荐算法模型依赖用户行为数据等各类数据，而这些数据来源于用户在客户端的操作，我们需要将这些操作日志“运输”到数据中心，这个过程就是数据收集。

大数据生态系统中常用的收集转运数据的组件有 Flume、Kafka、Pulsar、Logstash 等。当所有需要的数据收集到数据中心后，就可以进行处理、训练、构建推荐算法模型了。

A.7.2　数据存储系统

收集到数据后，需要将其保存下来。如果公司的数据量很大，单台服务器存放不下，就需要利用分布式数据存储技术，此时 Hadoop 的 HDFS 就派上用场了。HDFS 可以横向扩容，支持数据读取等常用文件操作，并且每个数据块可以保留多份副本，即使一台服务器出故障也不会丢失数据，安全可靠性极高。

做数据分析时需要更好地存储、获取、处理数据。一般采用 Parquet 的数据格式存储数据。Parquet 是基于 Hadoop 生态的一种列式数据存储格式，不管采用 Hadoop 生态中的什么分析组件，不管数据模型及编程语言是什么，Parquet 格式都可以轻松满足需求。Parquet 能够比较好地压缩数据，极大地减少存储资源消耗。

另外，随着公司数据的增长和业务规模的扩大，我们会从更多的维度对数据进行分析和处理，这时就有必要构建完善的数据仓库了，大数据社区构建数据仓库的组件主要有 Hive 和 HBase。Hive 是基于关系型数据库查询语言 SQL 的结构化数据存储组件，采用表的形式存储结构化数据，利用 SQL 进行查询非常适合批处理的数据分析形式。如果需要对数据进行实时的分析和处理，可以将数据存到 HBase，它是一种列式数据存储组件。

A.7.3 数据分析系统

随着谷歌在 2003 发表了 3 篇具有划时代意义的论文，大数据从萌芽迅速繁荣壮大，其中最重要的大数据技术当属 2006 年启动的 Hadoop 工程。Hadoop 包含 HDFS 和 MapReduce 两个组件（Hadoop 2.*x* 版本后还有 Yarn 进行资源管理）。HDFS 可以利用廉价的服务器构建分布式集群，方便存储大量数据，并且有很高的容错性。MapReduce 是一个基于 HDFS 的数据分析组件。经过十几年的发展，围绕 Hadoop 形成了一个完善的大数据生态系统，正是 Hadoop 生态系统的发展掀起了大数据浪潮。此后陆续出现的 Spark、Flink、Presto、Druid、Impala 等基于 Hadoop 的数据分析软件，拓展了大数据分析能力，也壮大了整个大数据生态系统。

Spark、Flink 等大数据工具，既可以处理批数据，也可以处理实时数据。对于推荐系统相关的数据预处理、特征工程非常实用。Spark、Flink 支持非常多的算子操作，同时也有相关机器学习库，这些算法和库方便我们构建各种机器学习与推荐模型（Spark 的 MLlib 机器学习库本身就包括 ALS 矩阵分解推荐算法）。

A.8 其他支撑技术

除了上面提到的知识点外，还需要对本节要讲到的一些知识有所了解，其中一些是构建完备的推荐系统必不可少的部分，另一些能够支撑推荐系统服务更好地运转。

A.8.1 数据库

在图 A-1 所示的推荐系统架构中，需要将为用户生成的推荐结果存入数据库中，方便 Web 服务获取推荐结果并返回给用户，业界主要有关系型数据库和 NoSQL 数据库两大类。

关系型数据库最早被广泛使用，在整个互联网发展史上具有非常重要的地位，被各类公司用作最核心的数据存储（如交易数据、用户注册信息等）。关系型数据库最大的特点是以行列的形式存储数据，类似于二维电子表格，现实生活中非常多的数据可以抽象为这种形式。对这些表格数据进行操作（增删改查）采用 SQL，它简单易学，非常高效。目前比较火的开源关系型数据库有 MySQL 和 ProgreSQL 等。

推荐系统虽然不直接利用关系型数据库存储最终推荐结果，但是推荐物品相关信息、用户相关信息等会存放其中。推荐算法工程师至少需要熟悉一种关系型数据库，并且熟练使用 SQL。

推荐系统每天（甚至每分或者每秒）需要为每个用户计算推荐结果，如果用户量大，将这些推荐结果插入数据库是非常频繁的读写操作，采用关系型数据库非常不合适，这时 NoSQL 就派上用场了。NoSQL 采用键－值对的形式存储数据，键就是用户 id，值就是用户的推荐结果。目前非常流行的 NoSQL 如 CouchBase、Redis 等都适合存储推荐结果，它们的读写都非常高效，并且可以横向扩容。

A.8.2 操作系统

除了软件体系外，整个互联网行业的基础架构基本构建在 Linux 操作系统之上，推荐系统的任务调度、任务监控、Web 服务等都部署在 Linux 服务器上。因此，推荐算法工程师需要熟悉 Linux 操作系统，掌握 Linux 上磁盘、内存、核、进程、网络、文件目录结构等相关的常用操作。

A.8.3 网络

推荐结果需要存到数据库。用户访问推荐服务时，推荐系统从数据库中取出推荐结果并通过互联网展示在用户眼前，这个过程中涉及数据在网络中的传输，因此需要对网络延迟、网络传输等过程以及 HTTP、HTTPS、TCP 等网络协议有所了解。为了加速用户获取推荐结果的过程，提升用户体验，一般互联网公司会通过 CDN 来加速用户查询过程，因此需要对 CDN 技术有所了解。

A.8.4 数据交互协议

像 JSON、XML、Protobuf、Avro 等常用的数据交互和序列化协议需要大家熟悉，特别是 JSON，可读性强，很多互联网公司将 JSON 格式作为数据交互协议，大量用于数据接口中。

A.8.5 Web 服务

从图 A-1 可知，用户获取推荐数据需要通过 Web 服务模块，该模块从推荐结果数据库中将用户的推荐结果取出，组装成合适的格式返回给用户。

常用的 Web 服务组件有基于 Java 语言的 Tomcat、Spring Boot，基于 Go 语言的 Gin、Beego，以及基于 Python 语言的 Flask、FastAPI 等。如果你的工作中涉及为推荐业务开发接口，则需要熟悉这部分内容。

A.8.6 A/B 测试与指标体系

前面讲过，推荐算法开发是一个逐步迭代优化的过程，需要根据公司的业务场景构建一套完善的指标体系，搭建一个好用的 A/B 测试平台来评估推荐算法的表现及对业务的价值，通过不断迭代优化，让推荐算法朝着驱动公司业务发展、为公司创造业务价值的方向进化。

推荐算法工程师在平时的工作中会经常接触这两块，因此有必要对其有所了解。

A.8.7 任务调度与监控

一个完整的推荐系统涉及很多模块（至少有特征工程、模型训练、模型推断等核心模块），需要通力合作才能提供完整、优质的推荐服务。这些模块之间往往存在依赖关系，一个模块的运行依赖另一个模块的结果。推荐系统要想正常运行，需要借助一些调度工具（如 Azkaban、Airflow 等）来部署各个模块。

一个完整的推荐系统中模块众多（推荐算法有多个召回模块），每个模块是否正常运行至关重要。如果某个模块出错了，我们需要及时发现并快速修复，以免影响用户体验和商业价值。这就需要对所有核心推荐服务进行监控。

A.9　项目实践

在找推荐算法相关工作时，如果有推荐系统或者机器学习相关项目经验，简历更容易被选中，获得更多面试机会。提前熟悉整个推荐算法的流程，对个人的学习和成长非常有帮助。

第 18~19 章将书中涉及的各种算法都实现了一遍。第 20~21 章介绍了行业应用的案例。

A.10　产品与交互

产品是推荐系统价值呈现的载体。用户通过产品中的推荐模块获得推荐结果，所以推荐系统怎么和用户交互，操作是否便捷流畅，都会影响最终的推荐效果。好的 UI 及交互方式产生的价值往往比好的算法还大。

推荐算法工程师需要对 UI 展示与交互逻辑有一定了解，这有助于更好地理解推荐业务，并通过适当的算法逻辑满足特定的 UI 交互需要。

A.11　英文文献阅读能力

推荐系统、机器学习等相关文献及学习资料，还是英文的比较好。遇到复杂的问题，自己搞不定，可以通过谷歌搜索解决方案。好的开源项目绝大多数是国外的，参考学习材料基本是英文的。因此，为了提升自己的能力，更好地解决问题，需要具备读懂英文材料的能力。

阅读英文比较难的一点是专业词汇，个人建议可以尝试多读英文材料，遇到不懂的单词多查查，当看懂 3 本以上英文参考书后，基本就具备阅读计算机行业英文文献的能力了。

A.12　小结

本附录比较全面地梳理了学习推荐系统需要掌握的基础技能和核心知识。推荐系统是一个跨数学、机器学习、计算机科学、工程、产品、运营、商业等的偏工程应用的业务系统，涉及的知识比较多。

希望本附录可以给大家提供有价值的参考。大家可以根据自己的实际情况进行针对性的学习。与推荐系统算法、工程不直接相关的知识点，本书不会细讲，需要读者自行学习。本书只讲解推荐系统最核心、最重要的知识点。